复杂断块油藏断裂控藏作用及特色勘探技术

朱 平 毛凤鸣 李亚辉 陈丽琼 编著

中国石化出版社

内 容 提 要

本书通过对江苏油田高邮凹陷断裂对成藏的控制作用和复杂小断块精细识别技术的深入系统研究，总结形成了一套具有江苏特色的复杂断块油藏断裂控藏理论体系，建立了以侵入岩发育区圈闭识别技术、隐蔽性断层识别技术和复杂断裂带小断块精细描述识别技术为支撑的一套适合复杂小断块油藏勘探的特色技术和方法，取得显著的勘探成效。

本书可供石油勘探专业技术人员使用，也可作为大专院校相关专业师生的教学参考书。

图书在版编目(CIP)数据

复杂断块油藏断裂控藏作用及特色勘探技术／朱平等编著．
—北京：中国石化出版社，2014.12
ISBN 978-7-5114-3050-2

Ⅰ.①复… Ⅱ.①朱… Ⅲ.①复杂地层-断块油气藏-油气勘探 Ⅳ.①P618.130.8

中国版本图书馆 CIP 数据核字(2014)第 268434 号

中国石化出版社出版发行

地址:北京市东城区安定门外大街 58 号
邮编:100011 电话:(010)84271850
读者服务部电话:(010)84289974
http://www.sinopec-press.com
E-mail:press@sinopec.com
北京柏力行彩印有限公司印刷
全国各地新华书店经销

*

787×1092 毫米 16 开本 13.5 印张 324 千字
2014 年 12 月第 1 版 2014 年 12 月第 1 次印刷
定价:68.00 元

前　　言

苏北盆地具有独特的构造演化史及小、碎、贫、散、窄的断块地质特征，是典型的复杂小断块油藏分布区，而高邮凹陷是其中油气最富集也是最复杂的代表，凹陷内断裂发育，构造破碎，不同级别断层纵横交错。一级、二级控凹、控带断裂长期发育，多期活动，形成复杂断裂带；控区、控圈的三级、四级断层相互切割，形成不同断裂系统背景的复杂断块区、断块群；控圈、控藏的低级序及隐蔽性断层发育，构成了以小断层控制为主的复杂小断块圈闭。勘探实践表明：高邮凹陷已发现油藏几乎都与断层有关，断层是形成油气藏的主导因素。由于断层的规模、期次、产状不一，其控圈、控藏的作用十分复杂，成为制约高邮凹陷深化勘探所面临的难点问题。

经过三十多年的勘探开发，高邮凹陷的勘探已进入精查细找的精细勘探阶段，圈闭目标越来越碎小，难度越来越大。通过精确刻画断层、深化断层控藏机理和控藏作用的研究，准确评价小断块圈闭的有效性，进而落实钻探目标，是提高勘探成功率的关键所在，更是老区挖潜增储的重要途径。

为实现中国石化集团公司稳定东部整体战略部署，江苏油田分公司对苏北盆地复杂断块油藏的勘探和研究十分重视，全面组织和推进了复杂断块油藏的理论研究、技术攻关和勘探部署，开展以断裂控藏作用为主要研究对象的科技攻关。针对江苏油田复杂断块油藏的勘探实际，瞄准制约高邮凹陷乃至东部老区深化勘探所面临的难点和技术瓶颈问题，对控制成藏关键因素——断层作用和复杂小断块精细识别技术开展了深入系统研究。

通过系统研究和对勘探实践的总结认识，形成了一套具有江苏油田特色的断裂控藏理论、地质评价研究方法和配套勘探技术系列。在解决老区勘探关键问题、扩大增储领域方面，提供了行之有效的工作流程、研究方法和技术对策。

第一，形成了一套了具有江苏油田特色的复杂断块油藏断裂控藏理论体系。提出了苏北盆地箕状断陷成因新观点，明确了箕状断陷的断裂带以张性为主，斜坡的断裂(NE)和鼻状高带(NW)具有伴生关系并成带分布，体现右行剪切转化来的压性特征；提出了断拗期和断陷期不同的断裂控砂机制，断拗期一级、二级断层控砂，而断陷期表现为盆缘断裂控“型”、调节带控“源”、坡折带控砂的机制。将高邮凹陷圈闭样式类型划分为三带六类，隐蔽性断层控制的断块圈闭是研究区重要的圈闭类型；提出了斜坡带差异性控藏、断裂带多重性控藏的理论。在精细剖析油藏和落空断块的基础上，创立了断层封闭定量评价量版和评价标准，实现了科学有效地定量评价断层封闭性，在勘探应用中大大地提高了圈闭钻探成功率。

第二，通过与勘探实践相结合，建立了以侵入岩发育区圈闭识别技术、隐蔽性断层识别技术和复杂断裂带小断块精细描述识别技术为支撑的，一套适合复杂小断块油藏勘探的特色技术和方法。

研究取得的成果具有三大特色：一是突出了在一、二级断层控制和影响下，三、四级断层以及更低级序乃至隐蔽性断层的形成、发展和分布规律，以及不同期次断层、隐蔽性断层对油气成藏的影响及控藏机理；二是建立的隐蔽性断层识别技术、侵入岩发育区圈闭识别技术等体现了复杂小断块油藏勘探的特色；三是在实际勘探开发生产中得到推广应用，有效地指导了江苏油田断块油藏的勘探实践。“十一五”以来，该技术系列已成功应用在高邮凹陷沙埝、花瓦、永安等地区的勘探实践中，钻井成功率提高了15%，在高邮凹陷年探明石油地质储量中的贡献率占到60%以上，年均增长探明石油地质储量1000×10^4t以上，取得了显著的经济和社会效益。

本书得到了江苏油田勘探开发科学研究院等相关单位领导、专家与朋友的大力支持和热情帮助！在此一并表示诚挚的谢意！本书在编写中，难免有不足之处，欢迎各位读者批评指正。

目　录

绪　论

勘探实践与统计表明，断裂控油气(烃)是中国陆相盆地的基本特征。罗群等(2007)统计了松辽等全国18个含油气盆地、40个典型油气藏的烃源岩、运移、圈闭、油气聚集、保存和分布的控制因素，发现断裂对他们有重要的控制作用，断裂对各主要成藏主控因素的控制率都在70%以上。断裂控制大多数油气藏分布，70%以上的油气藏沿断裂展布或分布在断裂附近。

苏北盆地目前已发现35个油气田、279个油藏，几乎所有的油气田和油藏都与断裂活动密切相关，平面和纵向上油气沿断裂分布，其油藏以复杂断块油藏为主，具有“小、碎、贫、散、窄”的特点，油田或油藏规模小、构造极破碎、资源储量丰度低、油气分布极为分散。复杂断块油藏的这些特点反映了断裂的差异和成藏条件的多样性及断裂对油藏控制的显著特征。

本书以苏北盆地高邮凹陷勘探实践为基础，提出了“复杂断块油藏断裂控藏作用”理论，深入研究了高邮凹陷断裂对砂体分布、圈闭类型、油气成藏的控制特征和机理，系统总结了复杂断块油藏特色勘探技术，对于总结油气分布规律、指导油气勘探、深化和发展我国陆相断陷湖盆油气勘探和开发地质学理论、方法与技术具有重要的理论和现实意义。

第一节　断裂控藏研究现状

复杂断块油田的成藏条件富集规律与断层密切相关。断裂控藏包含了以下几点：断裂控制着烃源岩的形成、类型、规模、分布及转化程度，断裂控制储集体的形成、分布及储集性能的演化，断裂能形成多种类型的圈闭，断裂影响油气的运聚、油气藏破坏及再分配。

大量野外露头以及钻遇断层钻井的岩心分析均证实，断层不是一个简单的物理面，而是具有一定厚度和复杂内部结构的带(Zhang等，2010)，通常包含强烈变形的断层核(Fault core)、碎裂带(Damage zone)及其周围未变形的母岩(Host rock)(Chester等，1993；Caine等，1996)。断层核部积聚了多期断层活动累积的位移，由滑动面、断层泥、碎裂岩和断层角砾岩等构成。破裂带发育在断层核两侧，包括局部的碎裂带、次级断层和裂缝发育带(Chester and Logan，1986；Chester等，1993)。在脆性条件下，发育脆性断裂带，进一步可以划分为诱导裂缝带、破碎带，常发育伴生裂缝、断层岩(付晓飞等，2005)。断层结构对储层岩石渗透率非均质性的分布具有非常重要的影响。

断裂控藏研究中，国内外学者对断裂在油气运聚中所起的作用研究较深入，目前国内外绝大多数学者(Smith，1966；Weber，1978；Hooper，1991；Allen，1994；罗群等，1998；吕延防等，2002)认为，断裂既可作为油气的运移通道，也可作为油气的遮挡，具有开启和封闭双重性，这种双重性主要取决于控藏断裂的封闭能力。因此，断裂的封闭性及断裂带内部结构等成了半个多世纪以来断裂控藏机制研究的热点和难点问题(Smith，1966；Harding，1988)。

一、控藏断层的封闭性

勘探实践表明，断层封闭性特征受控于多种地质因素，断层封闭性的研究备受关注。

1. 断层封闭性的主要影响因素

（1）排替压力

Smith(1966)研究了断层封闭性机理，建立了断层封闭性理论模型，揭示目的盘岩层排替压力小于对置盘地层排替压力时，断层封闭；目的层砂岩与对盘泥岩对置，断层封闭。Smith(1980)、Harding(1988)等研究证实断层两侧砂泥对置断层封闭理论的正确性，阐明了断层封闭性的原理及其对油气成藏的影响。

Dewney(1984)指出，断层封闭具双向性，即垂向封闭和侧向封闭。断层在垂向上的封闭性主要取决于上下岩层之间的排替压力差及断裂带内部的充填物质(付晓飞等，1999)。陈发景(1989)指出，断层侧向、垂向封闭能力大小受目的盘储层与对置盘地层、断裂充填物及盖层内断层裂缝排替压力差的大小控制，若目的盘储层排替压力小于对置盘地层排替压力或断裂充填物排替压力时，断层侧向封闭，否则侧向开启；若目的层储层排替压力小于盖层内断层裂缝排替压力时，断层垂向封闭，否则垂向开启。

赵密福(2001)指出，断层侧向封闭性受断裂带内部成岩胶结作用、断层面两盘的岩性配置关系、断层面物质涂抹作用及断裂带内部颗粒碎裂作用等因素控制。断层带的胶结作用有利于断层封闭，特别是对断裂带伴生的次级破裂网络的封闭是极其重要的(Knipe，1997)。

错断地层的岩性对断层封闭性的影响表现在两个方面：一是表明了沿断层带塑性涂抹或这种岩性注入的可能性，同时也反映断层两侧砂岩与砂岩相接触的可能性(Knott，1993)。断层带泥岩涂抹被认为是一种十分有效的断层封闭机制(Weber 等，1978；Bouvier 等，1989；Lindsay 等，1993；Gibson 等，1994；Yielding 等，1997；Alexander 等，1998)。泥岩涂抹在断层两盘削截砂岩层上形成薄层泥质岩层。断裂带内的泥质含量越高，孔渗性越差，排替压力越高，发生油气运移的可能性越小。

断层带宽度与断距存在近似的正相关关系，断距越大，断层带越宽，孔隙度和渗透率因机械因素而导致的减少作用就越大。Weber 等(1978)发现，随着断距增加泥岩涂抹层逐渐变薄。

（2）断面正应力

断面的封闭程度往往受断面正压应力大小的控制。当断面正应力大于等于抗压强度的时候，断层处的裂隙就会闭合，或者造成断面物质的压紧、研磨，断层具有较好的封闭能力；相反，断层不利于封闭(Harding，1989)。

断面正应力的大小主要取决于断面的倾角、埋深、走向，构造应力的大小和方向，以及地下岩石和流体的密度等因素。

通常断层倾角越大，埋深越浅，承受上覆地静压力就越小，断层带紧闭程度越低，越不利于断层的垂向封闭，反之断层封闭性就越好。板状断层的倾角常常较大，不利于油气的封闭，而铲状断层倾角上陡下缓，在地层深处断层倾角较缓的部位断层封闭性较强，易于封堵油气。

随着深度增加断层封闭效率增加(Knott，1993；Gibson，1994)。随着埋深增加，由于受到更大围压和强烈的机械、化学成岩作用，断层岩的孔隙度和渗透率降低。同时，更进一步的成岩作用会引起胶结作用或开启裂缝的闭合，两者共同的作用使断层带的流体连通性随深度的增加而降低(Kontt，1993)。因而，深部断层往往比浅部断层具有更高的断层封闭能力。

断层的走向影响断层的封闭性，其本质是最大和最小水平主应力的方位影响了断层封闭性。当断层走向与最大主应力的方向接近于垂直的时候(图0-1)(夹角 $\theta=90°$)，断层面受到的压应力最大，断层的紧闭程度最大，此时断层的垂向封闭性最好；断层走向斜交于最大主压应力方向时(夹角 $0°<\theta<90°$)，随着夹角的增大，断层面承受的压应力越大，断层的紧闭程度最大，此时断层垂向封闭性越好；当断层走向与最大主压应力方向近于平行时(夹角 $\theta=0°$)，断层面所受的压力最小，断层的紧闭程度最小，垂向封闭性最差。因此，走向与区域最大主应力垂直的断层封闭概率比那些与最小主应力垂直的大(Knott，1993)。

(3) 异常流体压力

在断层两侧的泥岩具有异常流体压力的情况下，泥岩流动性就会变好，断层面也就易于被泥岩充填，从而造成封堵。

对于持续性沉降的盆地，泥岩内的地层流体压力 P 可以通过压实曲线用平衡深度法求得(Magara，1978)。

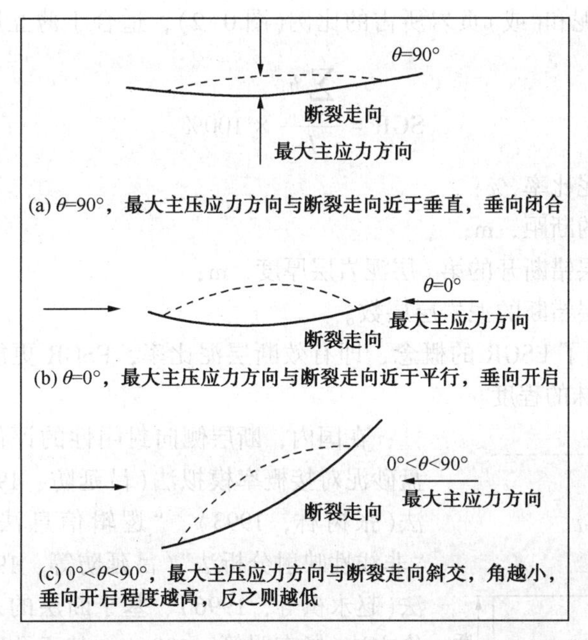

图0-1　断层走向与主压应力方向的夹角控制断层封闭性

2. 断层封闭性评价方法

在断层封闭性评价与预测方面，研究的方法很多。断层侧向封闭性的研究方法有：断面剖面分析法(Allan，1989)、"压力—深度"图解(Watts，1987)、三维地震断层切片的方法(Bouvier，1989)、泥岩涂抹潜力(CSP)(Bouvier，1989)、泥岩涂抹因子 SSF(Lindsay，1993)、断层泥比率 SGR(Yielding，1997)、泥岩剪切带(Berg，1995)、三角形对置图(Knipe，1997)。其中断层面物质涂抹分析法(CSP、SSF、SGR)是近年来定量确定断层侧向封闭性的有效方法，也是定量判断在断层面附近形成的泥岩涂抹带是否连续分布的一个重要的参数。

(1) 根据断层两盘砂泥岩对置状态评价断层封闭性

包括 Knipe 图解法、Allen 图解法、横向封堵系数法(刘泽荣，1998)、砂泥对接概率数值模拟法(吕延防，1996)等判断和评价断层封闭性。

(2) 泥岩涂抹层状态研究判断断层封闭性

Weber(1978)等人利用一种环形剪切实验装置来模拟断层泥的形成，提出了泥岩涂抹对断层封闭性的重要影响。

Lindsay 等提出了泥岩涂抹因子(SSF)(Shale Smear Factor，SSF=断距/泥岩层厚度)表征断层涂抹层的连续程度，SSF 小于 4 涂抹层连续分布，断层侧向封闭，SSF 大于 7 时泥岩涂抹变得不完整(Lindsay，1993)。泥岩涂抹因子(SSF)与烃源岩层的厚度、层数成反比，而与断距成正比。该公式过于简单，不能真实反应断层的纵向涂抹情况，对厚的非均质碎屑岩层不适合。

Lehner 改进了 Lindsay 的 SSF 计算方法，提出了泥岩涂抹势方法(CSP)(Clay Smear Potential)(Lehner F K，1996)。泥岩涂抹势(CSP)(Bouvier，1989)主要与泥岩层厚度和断距有关。

G. Yielding(1997)提出了断层泥比率 SGR(Shale Gouge Ratio)。断层泥比率(SGR)法是在断层位移段内测定泥和(或)页岩所占的比例(图 0-2)，适合于薄互层的碎屑岩地层的特点。SGR 的计算公式：

$$SGR=\frac{\sum_{i=1}^{n} h_i}{L}\times 100\%$$

式中 SGR——断层泥比率,%；

L——断层的断距，m；

h_i——被断层错断开的第 i 层泥岩层厚度，m；

n——被断层错断的泥岩层层数。

Knipe(1998)提出了 ESGR 的概念，即有效断层泥比率，ESGR 更能准确预测断裂带中断层泥含量和泥岩涂抹的程度。

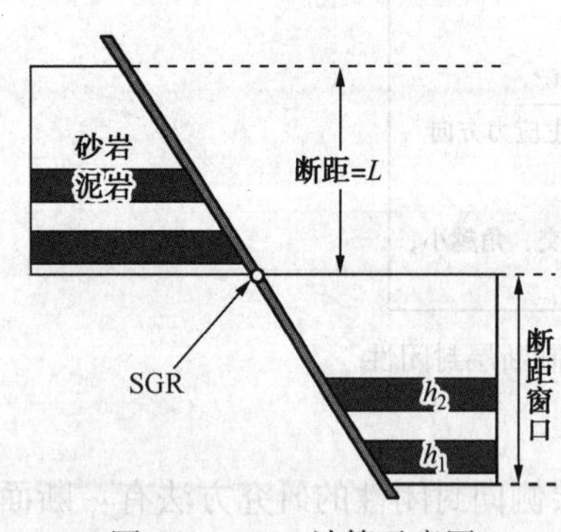

图 0-2 SGR 计算示意图

在国内，断层侧向封闭性的评价方法主要有断层两盘砂泥对接概率模拟法(吕延防，1996)、断面剖面分析法(张树林，1993)、“逻辑信息法”(曹瑞成，1995)、“非线性映射分析法”(吕延防等，1995)、注水开发测试法(赵永祺等，1996)、基于断层的几何学和运动学的评价方法(杨克明等，1996)、基于孔隙压力和有效应力原理的评价方法(王志欣等，1997)、多级模糊综合评价法(刘泽荣等，1998)、灰色关联分析法(王朋岩，2003)、地球化学法(侯读杰等，2005)和基于地震资料的断层侧向封闭性定量研究方法(刘俊榜等，2010)。

评价断层垂向封闭性的方法主要有：根据断面正压力(陈劲人等，1993；童亨茂，1998)、地应力作用方向和强度(万天丰等，2004 年)、断层与地层产状的匹配关系(Knott，1993)、断层埋深、断距及活动速率(鲁兵等，1996)和断层连通概率法(张立宽等，2007)。根据断裂带化学沉淀胶结程度(付广，2002)、断裂充填物压实程度(吕延防，2006)、断层封堵系数法(刘泽容，1998)、排替压差计算法(吕延防，2008)、断层两盘油水界面高差(吕延防，1996）等判断断层封闭性及断层封闭程度。

关于断层封闭性的研究多从断层对流体流动的封堵能力的角度考虑，因而更多关注断层及其附近岩体现今的渗透性好坏。然而，油气沿断层的运移是发生在地质历史时期的事件，断层带现今的渗透特征难以搞清这种复杂的地质过程，对该方面的研究仍需进一步加深。

二、断层的开启性和输导作用

断层既可以是油气聚集的封堵条件，也是控制油气运移的重要输导体系。油气以断层作为通道的运移具有幕式特点（Hooper，1991）。断层幕式活动期地震泵效应使烃类等流体被间歇抽到浅部储层中，这是流体沿断层运移的最主要方式。Hooper（1991）研究了流体沿断层运移的证据后提出，流体沿生长断层向上的运移具阶段性。在活动期，流体能集中涌流；静止期，流动受阻滞。

Downey（1990）提出在下列三种情况下，控油断层面可起到开启裂缝的作用：①在埋藏深的张性环境下，控油断层带能起传导性开启裂缝的作用；②在地层压力范围内，断层面常在张性环境中传导流体；③在断层活动期间，断层面能传导油气。

断裂对油气输导作用主要表现为断裂自身的构造属性和两盘岩性的对接关系（罗群，2000）。断层作用形成的构造岩（泥岩沾污带或涂抹泥）改变了岩石的原始孔隙结构，使垂直断层方向渗透率增加（Hippler，1993）。

断层活动增大了油气运移效率或改变了油气运移方向、方式和途径（罗群等，1997），断裂也能促进油气的初次运移、二次运移和三次运移。

王平（1994）提出复杂断块油气田中油气再运移普遍存在，特别是纵向再运移，油气的差异分离现象和复杂断块油气藏中油气的梳状分布都是油气再运移的结果。

油气运移存在输导体系的有效和无效之分，在有效输导体系中，有“高效输导体系”（曾溅辉等，2000）。对于断陷盆地，存在“网毯”式、“T”式、“Y”式、“F”式、“阶梯”式等许多油气输导模式（李丕龙等，2004）。目前，输导体系研究主要包括三个方面：一是输导体系的动态研究。通过研究断层的活动历史，研究不同时期的断层活动性。二是运用含氮化合物含量变化来追踪油气运移路径（王铁冠等，2001），推测油气运移的优势通道的分布。三是探索对输导层输导效率的评价，不仅要考虑其渗透性，同时也要考虑在不同运移动力条件下，输导性能的不同（郝芳等，2002）。

（1）断层活动性的评价方法

目前，定量研究生长断层的活动性，主要是计算断层的生长指数（Thorsen，1963）、断层落差（赵勇等，2003）等推断断层活动强度。断层活动强度可以用断距、断层年龄和断层活动速率来表征。

（2）流体沿断层的运移方式与示踪

流体通过断层输导的方式可以根据断裂带附近地层水矿化度的异常变化、原油性质的变化、原油成熟度和含氮化合物指标的变化等来表征。

对于同一地区、来自于同一母源的原油，运移效应是控制含氮化合物分布的主要因素（Li 等，1995；李素梅等，1999；黎茂稳，2000），利用吡咯类含氮化合物的分馏作用已成为研究石油二次运移的一种重要手段。除运移因素外，沉积环境、母质类型、成熟度、生物降解等其他非运移因素对含氮化合物均有一定影响（Li 等，1997；张春明等，1999）。

物性上，沿断层走向运移的特征表现为原油密度、黏度由小变大，凝固点逐渐降低(陈伟等，2010)。李梅等(2010)通过对 Cl^- 质量浓度和地层水矿化度的分析，认为真武断裂沟通了烃源岩和有利圈闭。

综上，目前关于断层的研究主要侧重于断裂带断层的活动性和封闭性、油气沿断层的运移方式，关于油气动态成藏过程和断裂控藏模式研究程度相对较低。

第二节 高邮凹陷断裂特征及主要研究成果

一、断裂特征

1. 断裂形成背景复杂，应力场多变。

高邮凹陷所在的苏北盆地位于郯庐断裂中南段，属下扬子地台。晚白垩世之前，郯庐断裂为左行走滑，晚白垩世至新近纪郯庐断裂改为右行走滑。受郯庐断裂不同时期应力场性质、强度、演化的控制，盆地在伸展、走滑、反转、复合、联合应力场中形成、演化，盆地成盆地质环境复杂。

高邮凹陷内发育600多条四级以上控油断裂，和不计其数的五级及五级以下的控油断裂，都是郯庐断裂不同时期、不同地区、不同方式应力场伴生、派生的低级序断裂，郯庐断裂在晚白垩世至新近纪，其应力场以反转右行伸展为主，导致油区不同级序的控油断裂应力场发生反转、复台、联合，致使油区不同级序的控油断裂在油气成藏中具有通道、封堵、调整、改造和破坏等不同的作用。

2. 断裂类型多、规模小、差异性大，隐蔽性断层发育。

高邮凹陷的断裂在规模、性质及活动期等不同方面表现出较强的差异性。平面上，凹陷的边界及凹陷内部的主干断裂以NEE走向为主，次级断裂表现为NE向、NEE向—近EW向，亦有部分NW向断裂。根据断裂规模及对构造和沉积建造的控制作用，高邮凹陷的断裂分为五级，规模较大的三级以上断裂均系长期活动断裂，四级及其以下断裂多为短期活动断裂。

在四、五级断裂中，延伸短、断距小，常规地震勘探中难以发现的隐蔽性断层非常发育。自东向西，高邮凹陷有五条NNE向隐蔽性断层集中发育带，这五个带也是基底较大型NNE向断裂带所在的部位，古近纪斜向拉伸下形成带状出现的NE－NNE向断层集中区。隐蔽性断层发育区也是隐蔽性断块圈闭有利的发育区。

3. 断裂控藏作用具有多重性

高邮凹陷以断块为主，断层极为发育，构造破碎，油藏规模较小，不同构造带、不同断块之间，纵向上油气分布差异性很大。这种复杂断块油藏特有的“小、碎、贫、散、窄”成藏特征是由于断裂性质的差异性以及控藏特征的多样性造成的。

断裂控藏作用具有多重性。首先，大断层是主要的油气运移通道，纵向上油气在多层系中聚集成藏；其次，大断层具有良好的封闭性，平面上富集油藏沿一、二级大断层呈串珠状分布；另外，大断层长期活动对油气藏也具有调整和破坏作用，并可在上覆层位形成次生油气藏。

在不同构造带，断裂的活动性及其与砂体、构造背景的匹配关系决定了不同类型的油气输导和运聚模式。断阶带，油气以纵向运移为主，由长期活动大断层和派生断层构成的“Y”型断裂输导模式；斜坡带，以横向运移为主，由反向断层构成的阶梯状输导模式和顺向断层构成的断层调节多源复合输导模式。斜坡带外坡，油气主要沿构造脊运移，三级断层控制油气聚集；在内坡，油气主要沿砂岩发育带运移，成藏受构造和砂体双重控制，以层状油藏为主，小断层可以控制大油藏。

4. 受多期次火山岩影响，隐蔽断层及圈闭识别难度大

高邮凹陷广泛发育了玄武岩和辉绿岩为主的浅、中、深多套火成岩，特别是高邮北斜坡和南断阶地区。控凹的吴堡和真武断裂深切到地幔，长期活动导致晚白垩世至新近纪有多期玄武岩喷发和辉绿岩侵入。在油气成藏中火山岩具有三种作用，火山岩发育区地温梯度升高加速烃源岩成熟，次生孔隙发育的火成岩可为油气储层，致密的火成岩可为油气隔挡层。

火山岩发育对油区油藏保存和勘探开发具有不利因素。一是火山岩具有很强的波阻抗界面，使火成岩反射能量极强，屏蔽下伏岩层反射能量，常导致地震资料品质低、多解和复杂化，构造面目全非，影响准确揭示勘探目标。二是火山岩层发育和分布影响油层和油藏的保存，油藏长期被调整、改造或破坏，致使火山岩发育区的勘探风险大、勘探难度大。

隐蔽性断层发育，导致油藏的含油气带窄，加上广泛分布的火山岩屏蔽、畸变、多次波干扰以及村镇水网密布等地表条件限制，导致目标区二维、三维地震资料信噪比低，勘探目的层反射不明显、不连续，断面波不清晰，断点模糊，不同人解释方案常不相同，导致构造落实难度大、勘探目标易失利。由隐蔽性断层构成的隐蔽性断块圈闭是高邮凹陷重要的圈闭类型，其识别难度大，断裂成像精度直接影响钻探成败。

二、断裂控藏的基本作用方式

高邮凹陷已发现的油田或油气藏都与断裂密切相关，洼陷的形成及烃源岩的类型、规模、分布及转化程度也都与断裂活动密切相关，断裂控制沉积砂体的形成与分布，断裂控制并形成了多种类型的圈闭，断裂还导致油气藏破坏或再分配。

通过分析认为高邮凹陷控藏断裂的作用体现为以下几个方面：控洼(控源)、控储(砂、裂缝)、控运(输导断裂)、控聚、控圈、调整和破坏作用。

(1) 控洼断裂控制烃源岩的展布及热演化

不同规模的控洼断裂是烃源岩赖以形成的负向构造单元的边界条件和控制因素。断裂活动控制着这些负向构造单元的埋藏演化，决定了烃源岩的热演化。

(2) 控坡断裂控制沉积砂体分布

边界断裂控制着陡坡带砂砾岩体的发育，坡洼过渡带(坡折带)主控断裂控制深洼区低位域砂体和浊积扇砂体的发育。

(3) 开启性断裂控制油气运移

断面具有运聚通道的作用，控油断层既可作为油气初次、二次运聚排烃的通道又可作为纵横向沟通的桥梁，控制油气纵横向运聚和层位调配，晚期断层可调整再分配早期油藏的油气。断裂控制了油气运移的距离和油气运移的方式，靠断裂带距离越近的圈闭含油气性越好。

(4) 封堵性断裂控制圈闭的类型和分布

断裂的封堵性是构成断块圈闭的主要因素。断距和断序控制有效遮挡，断距大于储层厚度有利于油气聚集成藏。断距与盖层厚度匹配良好，沿控油断裂带能形成有效断块圈闭成藏。若断距太大，油气易“跑”，断距小了，圈得少，而未错开区域盖层的三级控油断层控制的圈闭油气最富集。

此外，隐蔽断裂和转换断层的发育，控制着不同类型的复杂断块圈闭。

(5) 成藏期后活动断裂具有调整、破坏和改造作用

成藏期之后的活动断裂，能将早期油藏中的油气调整至浅层的新圈闭中，在新层系聚集、形成新油藏。同样，成藏期后断裂活动期影响着早期油藏的改造程度。

三、断裂控藏作用的研究思路及主要成果

1. 研究思路

以复杂小断块构造形成的地质背景、成因机制以及断裂构造样式和断层圈闭特征研究为基础，以大量典型油气藏解剖为依据，重点开展在一、二级断层控制和影响下，三、四级断层以及更低级序乃至隐蔽性断层的形成、发展和分布特征，以及不同期次断层对油气成藏的影响及控藏机理的研究。

针对高邮凹陷的具体构造断裂特征及油气成藏条件和控制因素，以小断层的精细识别、刻画及复杂小断块构造的精细描述为支撑，在深入细致地开展大量含油断块精细解剖和落空断块原因分析的基础上，注重断层识别、断层封闭、断层输导及断层活动与油气成藏关系等方面的新技术、新理论的研究应用。

通过与勘探实践相结合，研究和总结出符合高邮凹陷石油地质特征和油气勘探实际的断层封闭条件、断层控藏特征、断层控藏模式和复杂小断块油藏富集规律，形成一套适合复杂小断块油藏勘探的理论体系和技术方法，并能在实际勘探开发生产中推广应用。

2. 主要成果

通过对控制成藏关键因素(断裂作用)和复杂小断块精细识别技术开展深入系统研究，形成了一套了具有江苏油田特色的断裂控藏理论、评价、研究方法和配套特色勘探技术。主要体现在以下几个方面：

(1) 形成了一套具有江苏油田特色的复杂断块油藏断裂控藏理论体系

① 以复杂断块形成的地质背景、断裂成因机制及动力学特征研究为基础，提出苏北盆地箕状断陷成因新观点，明确了箕状断陷的断裂带以张性为主，而斜坡的断裂(NE)和鼻状高带(NW)具有伴生关系并成带分布，体现右行剪切转化来的压性特征，为断裂形成、演化及与油气成藏关系的深化研究提供了理论依据。

② 高邮凹陷的断裂在规模、性质及活动期等不同方面表现出较强的差异性。平面上，高邮凹陷的边界及凹陷内部的主干断裂以NEE走向为主，次级断裂表现为NE向、NEE向—近EW向，亦有部分NW向断层。NEE向断层规模较大，延伸较长；NE向断层规模小、延伸较短，常被夹持在两条较大的NEE向断层之间。根据断裂规模及对构造和沉积建造的控制作用，将高邮凹陷的断裂划分五级，规模较大的三级以上断裂均系长期活动断层，四级及其以下断裂多为短期活动断层。

常规地震勘探中难以发现的隐蔽性断层具有延伸短与断距小的特征。断续出现的NNE

向隐蔽性断层主要有两种情况，一种是被限制在 EW 向(或 NEE 向)较大型断层之间，延伸长度较小，断层落差也较小；另一种情况是与 EW 向或 NEE 向断层连接成较大型的断层。自东向西，高邮凹陷发育五条 NNE 向隐蔽性断层集中发育带，这五个带是古近纪斜向拉伸下形成带状出现的 NE－NNE 向断层集中区。

③ 将高邮凹陷上白垩统至新近系划分为断拗、断陷、拗陷三个阶段。断拗期，盆地呈广湖相沉积充填；断陷期发育湖泊—三角洲、河流、扇三角洲、近岸水下扇等多种沉积体系；拗陷期以河流相沉积为主。在不同阶段，控砂机制不同。断拗期，一、二级断层断槽控砂，三、四级断层活动性弱，不对沉积起控制作用。断陷期，表现为盆缘断裂控“型”、断层调节带控“源”、断层坡折带控砂的特点。

④ 根据断裂的成因、形成演化及组合关系，将高邮凹陷中、下构造层的构造样式分为 3 类 9 种，不同样式的构造变形包含有不同的运动学和动力学意义。根据断裂的组合形态，将断裂的剖面构造样式分为 y 状、帚状、梳状、地堑状、阶梯—地堑状、垒—堑状等样式，平面构造样式划分为平行式、斜交式、平行—斜交式等类型。

依据成因，将高邮凹陷与断层有关的油气圈闭划分为与断层有关的背斜圈闭、与断层有关的断块圈闭、与断层有关的隐蔽圈闭三大类，细分为逆牵引背斜、断鼻、顺向断块、反向断块、地堑或地垒断块、断层—岩性、断鼻—岩性、断层—岩性上倾尖灭等 17 类圈闭。由隐蔽性断层构成的隐蔽性断块圈闭包括隐蔽性断块圈闭、隐蔽性断鼻圈闭、隐蔽性断层—岩性圈闭等类型。

按照控制油气田或油气富集区的三级构造或三级复合圈闭群，将高邮凹陷圈闭样式类型划分为三带六类圈闭样式：复背斜断鼻、断块群，堑式断背斜断块群，滚动断背斜断块群，断层—岩性断块群，雁列式断块群和构造转换带断块群。

⑤ 建立了箕状断陷斜坡带差异性控藏模式以及断裂带断层多重性控藏模式。

通过典型油藏解剖和成藏特征分析认为：第一，大断层是主要的油气运移通道，纵向上油气在多层系中聚集成藏；第二，大断层具有良好的封闭性，平面上富集油藏沿一、二级大断层呈串珠状分布；第三，大断层对油气藏具有调整、破坏作用，大断层长期活动可导致天然气等轻质组分漏失，压力系数降低，可导致油气藏充满度降低，并可在上覆层位形成次生油气藏，还可导致大气水下渗，使得油气藏遭到氧化、破坏。

通过断层与圈闭及储盖配置关系研究，提出斜坡带油气成藏受砂体、断层、构造等多种因素控制。斜坡带外坡，砂岩发育、物性良好，油气主要沿构造脊运移，三级断层控制油气聚集，油气富集在具有鼻状构造背景的断块群中；在内坡，储层变差，油气主要沿砂岩发育带运移，成藏受构造和砂体双重控制，以层状油藏为主，形成小断层控大油藏的特征，实践证明 50~80m 断距的早期小断层可控制含油层段达 200m 的富集油藏，使勘探发现向内坡有效推进，极大地扩展了增储领域。

建立了两带三类断层输导模式：断阶带，油气以纵向运移为主，由长期活动大断层和派生断层构成的“Y”型断裂输导模式；斜坡带，以横向运移为主，由反向断层构成的阶梯状输导模式和顺向断层构成的断层调节多源复合输导模式。

⑥ 创立了断层封闭性定量评价图版，实现了科学、定量评价断层封闭性。在精细剖析油藏和落空断块的基础上，通过对断层封闭要素与成藏相关关系的统计分析和量化研究，明确了影响断层封闭性的主要因素有断层活动期次、断层规模、断层产状及对置盘砂地比等，

而断层规模和对置盘砂地比是其主控因素，并建立了各参数对应的关系图版。针对主要控藏的三、四级断层砂泥对接封闭模式，创立了断层封闭定量评价量版和评价标准。当对置盘砂地比<18%时，断层封闭性好；当对置盘砂地比>37%时，断层封闭性差；当对置盘砂地比处于18%~37%时，断层封闭存在多样性。从而实现了科学有效地定量评价断层封闭性，在勘探应用中大大地提高了圈闭钻探成功率。

(2) 建立和完善了以复杂小断块精细描述评价技术为核心的特色勘探配套技术

以侵入岩发育区圈闭识别技术、隐蔽性断层识别技术和复杂断裂带小断块精细描述识别技术为支撑的一套适合高邮凹陷复杂小断块油藏勘探的特色技术和方法。

① 建立了以侵入岩地震相断层识别法为核心的技术系列，完善了侵入岩发育复杂区圈闭识别技术。通过地震正演模拟和井震关联验证，建立了在断层断点处不同侵入岩体变化模式所对应的地震、地质模型，分析侵入体在断层处的地震相特征与断层的关系，构建利用侵入岩地震相特征识别断层的模式。研究表明，当侵入岩体穿越断层时，由于断层两侧地层性质的突变，会导致侵入岩体厚度和产状发生突变，从而导致侵入岩体地震相特征的横向突变，以此判别断层的存在，实践证明是一种有效方法。

② 建立了隐蔽性断层识别技术系列。在高邮凹陷区域应力和断层成因研究的基础上，分析发育在主控断层间、用常规解释方法难以识别或落实的隐蔽性断层的发育机制、展布规律，并在勘探实践中总结了一套适于识别这类断层的技术。其中关键技术主要有随机测线法、相干体(方差体)、频谱分解、数据融合、切片及三维可视化技术等。通过这些技术的应用，在北斜坡发现、落实了一大批隐蔽断块圈闭，取得了很好的勘探效果。

③ 逐步完善了复杂断裂带小断块识别技术。针对江苏地表、地下地质的复杂性，在高精度采集和资料处理基础上，从深大断裂带发育机制、展布特征和局部构造发育特点的研究入手，利用井震资料进一步摸清复杂断裂带断层发育、组合模式，在实践中形成了以井剖面控制法、断层趋势面法、倾角方位角法、叠后滤波法等有效技术来帮助解决复杂断裂带的断层识别与组合问题，取得了良好效果。

④ 在完善断层侧向封堵评价技术和储层预测评价技术的基础上，形成了复杂断块圈闭有效性评价标准和评价技术。

(3) 明确了复杂小断块油藏的增储领域及勘探潜力，取得良好的勘探效益

本成果形成的配套勘探技术系列有效地指导了复杂断块的勘探实践，提高了圈闭识别的精度和勘探成功率。“十一五”以来，针对高邮凹陷复杂小断块油藏，应用该技术系列部署探井近80口，探井成功率提高了15%，取得了很好的勘探效益。

第一章 地质背景

第一节 构造特征

一、区域构造特征

苏北盆地位于下扬子地台北部边缘，北侧受苏鲁造山带限制，南侧为通扬隆起，西侧紧临郯庐断裂，向东与南黄海盆地连为一体，盆地内部进一步划分为滨海隆起、盐阜坳陷、建湖隆起和东台坳陷等四个一级构造单元。

高邮凹陷位于苏北盆地东台坳陷中部(图 1-1)，东西长约 100km，南北宽 25~35km，面积 2670km^2。其南部与通扬隆起相邻，北部以平缓的斜坡与柘垛低凸起相接，西部以柳堡

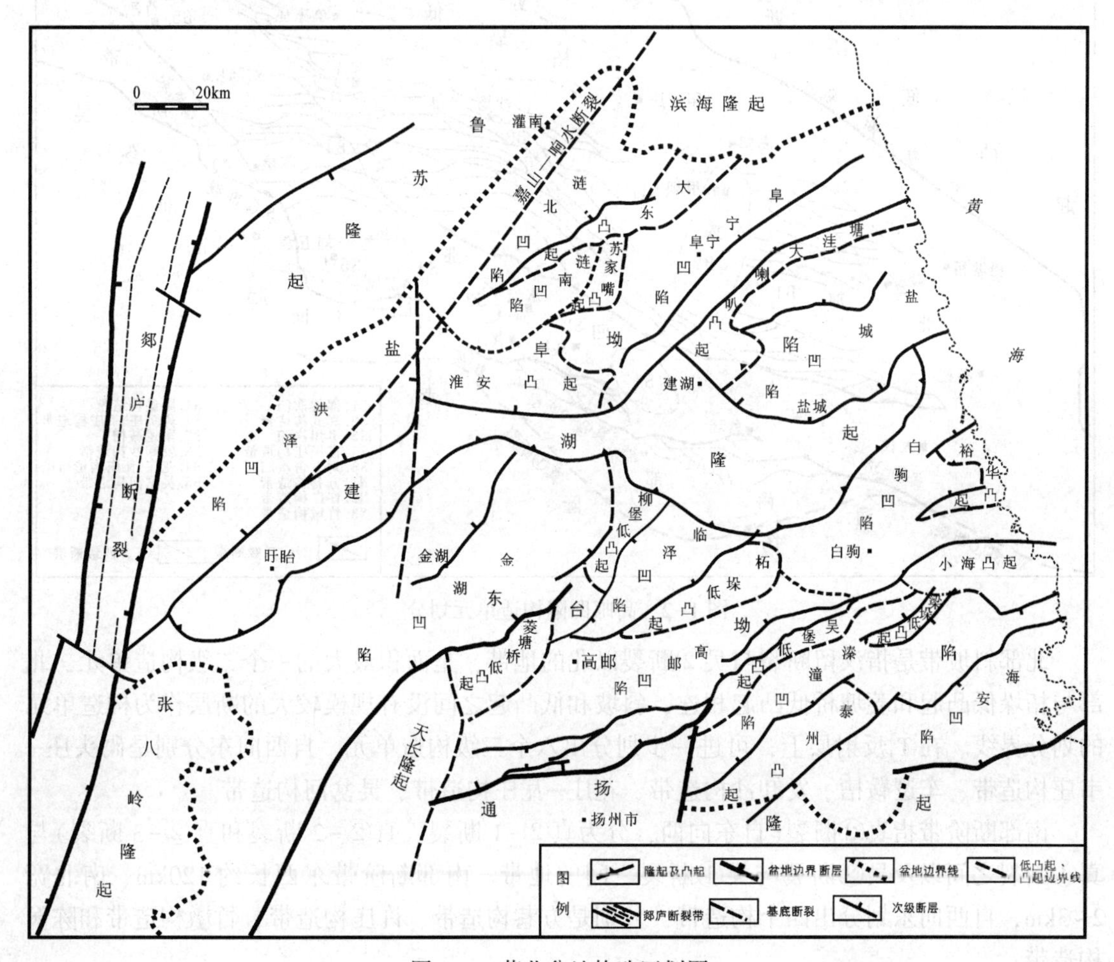

图 1-1 苏北盆地构造区划图

和菱塘桥二低凸起间的鞍部与金湖凹陷相通，东邻吴堡低凸起和白驹凹陷；凹陷呈南断北超、南深北浅、南陡北缓的箕状结构。高邮凹陷沉积岩系发育，烃源岩环境好，油气藏类型多，富集程度高，是苏北盆地勘探程度最高的含油气区。

二、高邮凹陷构造特征

高邮凹陷是苏北盆地东台坳陷的一个亚一级构造单元。真①和吴①断裂为凹陷的边界断层，真②断裂、吴②断裂及汉留断层为次一级断层，以这些断层为基础，构成了高邮凹陷南断北超、南陡北缓的箕状凹陷结构的总体构造格局。

平面上，由南往北高邮凹陷分为南部断阶带、深凹带、北部斜坡带三个二级构造单元（图1-2，表1-1）。南部真①—吴①断裂是高邮凹陷与通扬隆起及吴堡低凸起的分界断层，吴②—真②断裂是深凹带与南部断阶带的分界断层。在东西方向上，以沙埝—富民一线为界，西部为双断地堑式断陷结构，由南往北，断阶、深凹、斜坡三分清楚；东部由于汉留断裂向东逐渐消亡，深凹与斜坡无明显分界，属单断单斜式断陷结构。

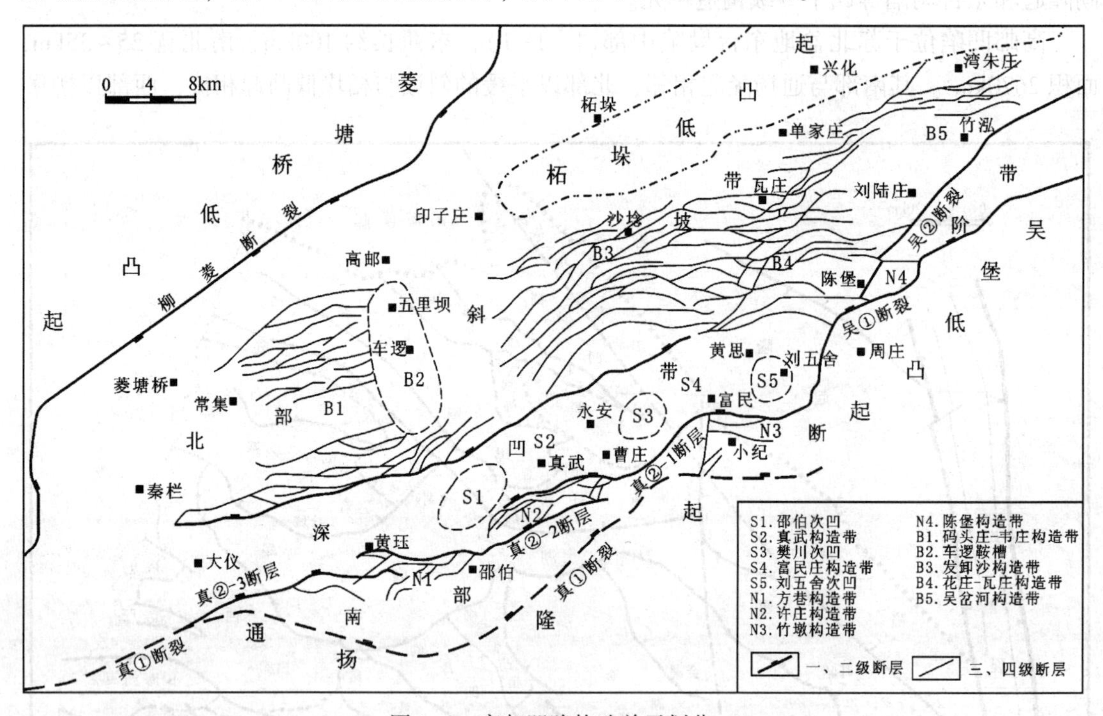

图1-2　高邮凹陷构造单元划分

北部斜坡带是指汉留断裂与吴②断裂以北的地带，是面积最大的一个二级构造单元，北部与柘垛低凸起和菱塘桥低凸起相连，斜坡和低凸起之间没有规模较大的断层作为构造单元的划分界线。在T_3^3反射层上，可进一步划分出六个三级构造单元，自西向东分别是码头庄—韦庄构造带、车逻鞍槽、发卸沙构造带、花庄—瓦庄构造带、吴岔河构造带。

南部断阶带指真②断裂（自东向西，分为真②-1断裂、真②-2断裂和真②-3断裂）与真①断裂之间以及吴②断裂与吴①断裂之间的地带。南部断阶带东西长约120km、南北宽2~3km，自西向东划分出四个构造带，分别是方巷构造带、许庄构造带、竹墩构造带和陈堡构造带。

深凹带是汉留断裂与真②断裂之间的地区，具有较厚的戴南组与三垛组沉积。深凹带划分出五个三级构造单元，自西向东分别是邵伯次凹、真武构造带、樊川次凹、富民构造带与刘五舍次凹。

三级构造单元的分布主要有以下两个特征：①EW向沿着或平行大断裂呈串珠状分布，大多数三级构造带从西向东沿真武断裂和吴堡断裂带分布；②南北呈条带状分布，凹陷呈现西、中、东三个构造高带，西部的黄珏南、韦庄—大仪集背斜、码头庄背斜呈构造轴向近南北的构造高带；中部的许庄、竹墩、富民和沙卸发呈NE轴向的宽缓构造；东部的周庄—陈堡断块群和吴岔河断鼻构成另一构造高带。

表1-1 高邮凹陷构造单元划分

亚一级构造单元	二级构造单元	三级构造单元
高邮凹陷	北部斜坡带	码头庄—韦庄构造带
		车逻鞍槽
		发卸沙构造带
		花庄—瓦庄构造带
		吴岔河构造带
	深凹带	邵伯次凹
		真武构造带
		樊川次凹
		富民构造带
		刘五舍次凹
	南部断阶带	方巷构造带
		许庄构造带
		竹墩构造带
		陈堡构造带

第二节 地层特征

苏北盆基底特征复杂，可划分为前扬子板块基底、稳定地台阶段沉积基底和中生代沉积基底等三层结构。

盆地盖层包括晚白垩世—新生代沉积，盖层内部发育三个主要不整合面，即盆地基底不整合面(上白垩统和古近系与基底之间的不整合面)、古近系戴南组与下伏地层之间的不整合面、新近系盐城组与下伏地层之间的不整合面。形成这三个不整合面的构造运动分别为仪征运动、吴堡运动和三垛运动。其中，仪征运动是苏北盆地一次区域性隆升运动，奠定了苏北晚白垩世—新生代盆地的基础，所形成的盆地基底不整合面在盆地斜坡上表现极其清楚。吴堡运动是苏北盆地内最重要的构造运动之一(汪祖智，1993)，所形成的T_3^0地震反射面在凹陷内分布广泛，特征清晰，可以连续追踪，是戴南组与阜宁组的分界，也是下构造层与中构造层的分界(表1-2)，三垛运动形成的T_2^0角度不整合面代表了高邮凹陷断陷期的结束。

盐城组沉积时期，断裂活动迅速减弱甚至停止，T_2^0界面构成了中构造层与上构造层的分界。

表 1–2　高邮凹陷晚白垩世—新生代构造演化特征简表

<table>
<tr><th colspan="2">地质年代</th><th>地层</th><th>构造层</th><th>盆地结构</th><th>沉积充填</th><th>构造变形</th><th>构造演化期次</th></tr>
<tr><td colspan="2">第四纪</td><td>东台组</td><td rowspan="2">上构造层</td><td rowspan="2">坳陷</td><td>海陆交互相</td><td rowspan="2">主干基底断层继承性活动。少量盖层正断层继承性活动</td><td rowspan="2">热坳陷期</td></tr>
<tr><td colspan="2">新近纪</td><td>盐城组</td><td>冲积、河流相</td></tr>
<tr><td rowspan="5">古近纪</td><td>渐新世</td><td colspan="2"></td><td>隆升</td><td colspan="3">三垛运动：断块差异升降，NE向弱挤压</td></tr>
<tr><td rowspan="3">始新世</td><td>三垛组</td><td rowspan="2">中构造层</td><td rowspan="2">断陷</td><td>河流、湖沼相</td><td rowspan="2">主干基底断层走滑正断层活动，盖层正断层活动，少量沉积基底卷入正断层继承性活动</td><td rowspan="2">非均匀裂陷伸展期</td></tr>
<tr><td>戴南组</td><td>河流、三角洲、湖相</td></tr>
<tr><td colspan="2"></td><td>隆升</td><td colspan="3">吴堡运动：断块差异升降，近NS向引张</td></tr>
<tr><td>古新世</td><td>阜宁组</td><td rowspan="2">下构造层</td><td rowspan="2">断拗</td><td>湖相</td><td>主干基底断层活动，大量沉积基底卷入正断层形成</td><td rowspan="2">均匀裂陷伸展期</td></tr>
<tr><td rowspan="3">白垩纪</td><td rowspan="3">晚白垩世</td><td>泰州组</td><td>河流、湖相</td><td>主干基底断层及少量沉积基底卷入正断层活动</td></tr>
<tr><td colspan="2"></td><td>隆升</td><td colspan="3">仪征运动：整体隆升，NW-SE向引张</td></tr>
<tr><td>赤山组</td><td></td><td></td><td>河流相</td><td></td><td></td></tr>
</table>

上白垩统泰州组—新近系广泛发育，厚度超过6000m，地层发育特征(表1–3)如下。

一、下构造层地层特征

1. 泰州组

泰州组(K_2t)厚度一般为100~400m，纵向上分为泰一段(K_2t_1)和泰二段(K_2t_2)。

泰一段(K_2t_1)厚度100~200m，岩性主要为浅棕色、棕色含泥砾和砾石的块状砂岩，夹有薄层褐色—暗褐色及少量黑色泥岩、泥页岩等。底部与下伏地层呈不整合接触。

泰二段(K_2t_2)厚100~250m，以黑色、深灰色泥岩为主，下部20m左右的黑色泥岩与薄层灰岩或泥灰岩互层。在北斜坡和柘垛低凸起，具有西红东黑的分布特征。古生物组合中，泰一段底部介形类为西氏枣星介—卵形达蒙介—球形柔星介组合，泰二段以女星介种群—方星介—泰州似土星介组合为代表，泰二段黑色泥岩中女星介个体数量多；轮藻类以小河口颈轮藻—柱状宽轮藻组合为代表；孢粉组合反映了以典型的古老植物(如隐孔粉、克拉梭粉、皱体双囊粉等)的衰亡以及与现代植物有亲缘关系的被子植物(如桃金娘粉、藜粉等)的普遍出现为特征。

2. 阜宁组

阜宁组(E_1f)位于泰州组之上，划分为阜一段(E_1f_1)、阜二段(E_1f_2)、阜三段(E_1f_3)和阜四段(E_1f_4)等四个岩性段。自下而上，岩性由粗到细可划分为两个正旋回，正旋回上部的阜四段和阜二段的半深湖—深湖相暗色泥岩为主的岩系是良好生油岩。

表 1-3 高邮凹陷白垩系—第四系地层简表

地层					地层厚度/m	相带	岩性特征	标志层
系	统	组	段	代号				
第四系		东台组		Qd	50~350	泛滥平原相	粉砂质粘土、泥质粉细砂岩、砂砾岩	
新近系	上中新统	盐城组	二段	Ny_2	100~1000	冲积、泛滥平原相	棕灰、灰白色中粗砂层、砂砾层与灰绿色、土黄色粘土呈不等厚互层，底为黑白砾石层	底部砾层
			一段	Ny_1	100~800		由三个不等厚沉积旋回组成，每旋回自下而上均由棕灰、灰白中粗砂岩、砂砾岩、棕红、灰绿泥岩组成	
古近系	始新统	三垛组	二段	E_2S_2	200~700	河流	浅棕色、棕红色泥岩，粉砂质泥岩与灰色、浅灰色、棕红色粉砂岩不等厚互层	E_2S_1 中下部湖侵暗色泥岩为区域标志层
			一段	E_2S_1	200~600	河流夹湖沼	暗棕色、棕红色泥岩夹浅棕色粉砂岩，底部浅棕色细砂岩夹黑色泥岩	
		戴南组	二段	E_2d_2	100~700	河流三角洲	暗棕色、棕红色泥岩，粉砂质泥岩与浅棕色细砂岩、粉细砂岩互层	E_2d_1 上部电性“五高导”黑色泥岩为区域标志层
			一段	E_2d_1	150~700	三角洲与水下冲积扇	灰棕色、棕红色泥岩、泥页岩与棕色细砂岩、粉细砂岩、粉砂岩互层	
	古新统	阜宁组	四段	E_1f_4	150~350	浅—深湖	深灰、灰黑色泥页岩、泥灰岩、泥岩。上部普遍含有碳酸盐岩沉积	最大湖侵泥页岩为区域标志层
			三段	E_1f_3	150~350	三角洲	深灰色、灰黑色泥岩与浅灰色细砂岩、粉砂岩、泥质粉砂岩互层	
			二段	E_1f_2	100~350	浅—半深湖	黑色、灰黑色泥灰岩、泥岩	湖侵泥页岩及其电性“七尖峰”为区域标志层
			一段	E_1f_1	300~900	河流、三角洲	棕红色、棕褐色泥岩与棕红色、暗棕色、浅棕色含灰粉砂岩、细砂岩互层	
白垩系	上统	泰州组	二段	K_2t_2	100~250	三角洲、浅—半深湖	以黑色、深灰色泥岩为主，下部 20m 左右的黑色泥岩与薄层灰岩或泥岩互层	中下部湖侵黑色泥岩，女星介丰富为区域标志层
			一段	K_2t_1	100~200	河流、三角洲	浅棕色、棕色含泥砾和砾石的块状砂岩，夹有薄层褐色暗褐色及少量黑色泥岩、泥页岩	

(1) 阜一段

阜一段(E_1f_1)厚度一般为300~900m，岩性为棕红色、棕褐色泥岩与棕红色、暗棕色、浅棕色含灰粉砂岩、细砂岩互层。古生物组合中，介形类仅见该段上部地层，以海安中华金星介—北陵直星介组合为代表，且化石种属单调，丰度低；轮藻类以吴堡扁球轮藻—变异培克轮藻—黄尖冠轮藻组合为典型代表；孢粉为小榆粉—漆树孢粉组合，指示半干旱的中—南亚热带气候。

(2) 阜二段

阜二段(E_1f_2)厚约100~350m，西厚东薄。该段主要为黑色、灰黑色泥灰岩、泥岩等，是盆地内有利的生油层段之一。纵向上，下部为灰黑色泥岩夹碳酸盐岩，中部为深灰—灰黑色泥岩夹数层泥灰岩、油页岩和页岩，视电阻率曲线上表现为7个明显的小尖峰，通称“七尖峰”段，厚度一般20~30m左右，全区广泛分布，为区域性的标志层，西部码头庄地区在相当于“七尖峰”附近多有辉绿岩侵入；上部为较纯的灰黑色泥岩夹少量泥灰岩，俗称“泥脖子段”。

(3) 阜三段

阜三段(E_1f_3)厚度一般为150~350m，与下伏阜二段(E_1f_2)为整合接触。该段主要为深灰色、灰黑色泥岩与浅灰色细砂岩、粉砂岩、泥质粉砂岩互层。西部码头庄地区主要为一套灰黑色，深灰色泥岩、灰质泥岩，仅在顶、底夹有灰质细—粉砂岩。柘垛低凸起(局部)顶部有剥蚀现象。古生物组合中，介形类以沼真星介—平静里海玻璃介—驼盲星玻璃介组合为代表，轮藻类以荒漠戈壁轮藻—长形培克轮藻—江苏冠轮藻组合为代表。

(4) 阜四段

阜四段(E_1f_4)厚150~350m，主要为深灰、灰黑色泥页岩、泥灰岩、泥岩。上部普遍含有碳酸盐沉积，以薄层云质灰岩、泥灰岩等形式出现。古生物组合中，介形类以膨胀新单角介—近愉伴玻璃介—双瘤小爬星介组合为代表，还有多毛纲栖管化石、有孔虫、鱼类和钙质超微化石等多门类生物繁殖共生。

二、中构造层地层特征

1. 戴南组

戴南组(E_2d)沉积于吴堡运动造成的不整合面之上，分戴一段和戴二段。

(1) 戴一段

戴一段(E_2d_1)：厚度一般为150~700m，主要为灰棕色、棕红色泥岩、泥页岩与棕色细砂岩、粉细砂岩、粉砂岩互层。上部有黑色泥岩段或深灰色泥岩段的“五高导段”沉积。北斜坡北部及柘垛低凸起沉积缺失。古生物组合中，介形类以德卡里金星介—后双脊湖花介—网纹中华金星介组合为代表，该组合繁衍于整个戴南组，以中华金星介的灭绝、金星介的兴起为特征；轮藻类以华南新轮藻—常州横棒轮藻—潜江扁球轮藻组合为代表；孢粉以榆—杉—松组合为特征，显示该时期湿热程度有所增加，为湿润的中—南亚热带气候。

(2) 戴二段

戴二段(E_2d_2)厚度一般为100~700m。岩性主要为暗棕色、棕红色泥岩，粉砂质泥岩与浅棕色细砂岩、粉细砂岩互层，柘垛低凸起上沉积缺失。古生物组合包括介形类、轮藻和孢粉，与下伏戴一段属同一个组合。戴二段沉积范围比戴一段略大，岩性稳定。

2. 三垛组

三垛组(E_2s)位于戴南组(E_2d)之上，分为垛一段(E_2s_1)和垛二段(E_2s_2)。

(1) 垛一段

垛一段(E_2s_1)厚约200~600m，岩性为暗棕色、棕红色泥岩夹浅棕色粉砂岩，底部为浅棕色细砂岩夹黑色泥岩。古生物组合中，介形类以近湖北湖花介—美丽土星介—正式异星美星介组合为代表，轮藻类以江陵钝头轮藻—潜江扁球轮藻—沙德勒似轮藻组合为代表；孢粉为杉粉—山核桃粉组合，反映半干旱偏湿的中亚热带气候环境。

垛一段主要属于河流和泛滥平原沉积，在底部块状砂岩之上，有10~20m的高电导泥岩层，反映短期的湖侵沉积，可作为区域性地层对比的重要标志层。

(2) 垛二段

垛二段(E_2s_2)厚200~700m，为浅棕色、棕红色泥岩，粉砂质泥岩与灰色、浅灰色、棕红色粉砂岩不等厚互层。古生物组合中，介形类以阜宁土星介—中华美星美星介—鳍星介组合为代表，组合内以鳍星介为特征分子；轮藻类仍为垛一段的组合向上延续，属种稀少；孢粉为白刺粉—网面三沟粉—网面三孔沟粉组合，反映半干旱的气候环境。

三、上构造层地层特征

上构造层包括新近系盐城组和第四系东台组。

1. 新近系盐城组

根据岩性特征，盐城组(Ny)分为盐一段(Ny_1)和盐二段(Ny_2)。

(1) 盐一段

盐一段(Ny_1)厚100~800m，与下伏垛二段(E_2s_2)呈不整合接触。该段由三个不等厚、粒度向上变细的沉积旋回组成，每个旋回自下而上均由棕灰、灰白色中粗砂岩、砂砾岩，棕红、灰绿色泥岩组成。古生物组合中，介形类以放射土星介—薄真星介—近锐玻璃介组合为代表，轮藻类以中华梅球轮藻—苏北迟钝轮藻—洪积有盖轮藻组合为代表，伴生少量栾青轮藻；孢粉为松粉—水蕨孢—菱粉组合，反映湿润多雨的亚热带气候。盐一段沉积时期，属河流沉积，岩性稳定。

(2) 盐二段

盐二段(Ny_2)厚100~1000m，该段为棕灰、灰白色中粗砂层、砂砾层与灰绿色、土黄色偶夹棕色的黏土、粉砂质黏土呈不等厚互层，底部以白色石英砾和黑色燧石砾为主的砂砾层为标志。

盐二段属冲积、洪积泛滥平原沉积。地层分布遍及全区，并具东厚西薄、东细西粗、东部黏土色暗西部较淡(黄或棕色)的变化特征。

2. 第四系东台组

东台组分布范围广，厚约50~350m。下部为褐黄、土黄及灰绿色粉砂质黏土、黏土、泥质粉细砂岩、砂砾岩，黏土中含铁锰质结核，底部为砾石层。上部为杂色黏土、粉砂质黏土及泥质粉砂层，岩性和厚度具有西粗、薄和东细、厚的变化特点，为泛滥平原沉积，与下伏地层呈假整合接触。

第二章　断裂特征及成因机制

第一节　断裂特征

一、断裂分级及主干断裂特征

在地震剖面上，高邮凹陷的断裂主要表现出正断层特征。平面上，凹陷边界及凹陷内部的主干断裂以 NEE 走向为主，凹陷内部的次级断裂表现为 NE 向、NEE 向—近 EW 向，亦有部分 NW 向断裂。断裂在规模、断层性质及断层活动期等不同方面表现出较强的差异性。

1. 断裂分级

在高邮凹陷，根据断裂规模及对构造和沉积建造的控制作用，可将断裂划分五级(图 2–1、表 2–1、表 2–2)。

表 2–1　断裂级别划分及依据

级别	断层规模		断层对盆地发育的影响
	尺度	断距	
一级	断层沿走向延伸数十至数百公里；断裂深，基本切割泰州组到盐城组的全部地层	上千米	对盆地构造的演化起、沉积控制作用，并对油气的富集有明显的控制作用
二级	断层沿走向延伸数十公里；断裂深，基本切割泰州组到盐城组的全部地层	几百米至千米	控制凹陷的构造格架、沉积发育，并对油气富集带有明显的控制作用
三级	断层沿走向延伸数公里至十几公里；向深部延伸至不同深度	几百米	控制构造带的形成，影响构造带的油气富集，部分三级断层对沉积有控制作用
四级	断层沿走向延伸数百米至数公里，切割不同层位的地层	100~200m	控制局部构造，形成圈闭，影响含油小断块的油气富集程度
五级	延伸数百米至数公里	一般小于 100m	将构造和油水关系复杂化

表 2–2　高邮凹陷一级、二级断裂统计表

级别	名称	走向	倾向	长度/km	最大断距/m	活动时期		
						生长	活动	消失
一级	真①	NEE	NNW	71	>3350	K_2	E_1~E_2	N_1
	吴①	NNE	NWW	45	>3500	K_2	E_1~E_2	N_1
二级	真②	NEE	NNW	51	2930	E_1	E_1~E_2	E_2
	汉留	NEE	SSE	50	1200	E_1	E_1~E_2	E_2
	吴②	NNE	NW	60	2200	E_1	E_1~E_2	E_2

一级断裂为控制盆地边界和盆地形成的深大断裂，沿走向延伸几十千米或更长；向深部消失于盆地基底中，纵向断距可达上千米，活动期长、基本切割泰州组到盐城组的全部地层，控制凸起和洼陷的布局，影响凹陷内部的结构形态以及沉积岩相和地层厚度等变化，并对油气的富集有明显的控制作用。在高邮凹陷中真①断裂为一级主干断裂，走向55°~70°，倾向NW，倾角30°~50°，断距700~3000m以上，东西延长80km左右，断层剖面结构呈上陡下缓的犁式结构，向深部延伸至基底中。控制凹陷东部的吴①断裂亦为一级断裂。

二级断裂是指凹陷内控制构造带形成及发育的断层，为构造带的边界断层，沿走向延伸可达十几至数十千米，向深部收敛于一级断裂之上，纵向位移达几百米至千米，对凸起和洼陷内部的结构形态、沉积岩相和地层厚度变化有控制作用，是划分二级构造单元的重要依据，并对油气富集带有明显的控制作用。如控制深凹带分布的真②、汉留断裂为二级断裂。

三级断裂是指凹陷内控制构造带形成及发育的断层。沿走向延伸数千米至十几千米，向深部延伸至不同深度，纵向断距可达几百米，控制三级构造带的结构和布局，是划分三级构造带的主要依据。

四级断裂属于盆地内沉积层中发育的小断层，规模小、延伸不长，是划分自然断块的依据。平面上，四级断层一般延伸数百米至数千米，断距一般为一到两百米，四级断层对构造和沉积基本没有控制作用，控制断块的结构、布局及圈闭，影响含油小断块的油气富集程度，是高邮凹陷发育最普遍的断层。

五级断裂属于派生、调整局部应力的小断层，平面上一般延伸数百米至数公里，断距一般小于100m，五级断层将构造和油水关系复杂化。

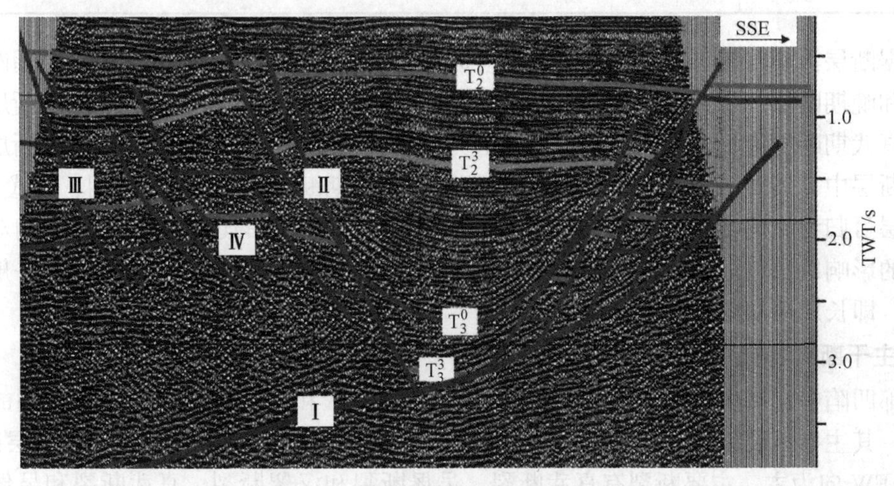

图2-1 高邮凹陷断裂级别划分图

一般，规模较大的三级以上断裂均系长期活动断层；而四级及其以下断裂多为短期活动断层，系三级以上断裂在构造演化过程中某一次活动的伴生产物。不同期次的四级及其以下断裂在地层中有的是相互独立的，可形成明显的上下两套断裂系统；有的晚期断层会对早期断层进行改造，使构造更加复杂化。

依据断层活动期次及形成时间可将高邮凹陷长期活动断层划分为吴堡—三垛期、真武—三垛期、吴堡—盐城期、真武—盐城期和仪征—盐城期断层；短期活动断层可划分为吴堡期、真武期、三垛期和盐城期断层(表2-3)。

表 2-3 断层活动期次分类表

断层	断层活动期	断层特征
短期活动断层	吴堡期	断层切割阜宁组及以下沉积地层，上下断距基本相同，一般消失在泰州组中或搭在其他断层上
	真武期	断层切割戴南组，一般不切割阜宁组，或消失在阜四段中或搭在其他断层上，上下断距基本相同
	三垛期	断层切割三垛组、戴南组，一般不切割阜宁组，或消失在阜四段中或搭在其他断层上，上下断距基本相同
	盐城期	断层切割盐城组及以下沉积地层，可切割到阜宁组，上下断距基本相同
长期活动断层	吴堡—三垛期	断层切割三垛组至阜宁组及以下地层，断距由上到下逐渐增大，下降盘地层厚度大于上升盘
	真武—三垛期	断层切割三垛组、戴南组，一般不切割阜宁组，或消失在阜四段中，断距由上到下逐渐增大，下降盘地层厚度大于上升盘
	吴堡—盐城期	断层切割盐城组至阜宁组及以下地层，断距由上到下逐渐增大，地层厚度下降盘大于上升盘
	真武—盐城期	断层切割盐城组、三垛组、戴南组，一般不切割阜宁组，或消失在阜四段中，断距由上到下逐渐增大，下降盘地层厚度大于上升盘
	仪征—盐城期	主要为边界大断层，断层主要切割盐城组至泰州组，断距由上到下逐渐增大，下降盘地层厚度大于上升盘

根据断层活动时期与大规模油气运移时间的先后关系又可将断层划分为：早期断层、同期断层和晚期断层。研究表明，高邮凹陷主要油气运聚期为三垛期，在短期活动断层中，吴堡期、真武期断层为早期断层，三垛期断层为同期活动断层，盐城期断层为晚期断层；在长期活动断层中，吴堡—三垛期、真武—三垛期可归为同期断层；吴堡—盐城期、真武—盐城期活动断层可归为晚期断层；仪征—盐城期断层主要为长期活动的边界大断层，它们对油气运移时间的影响以及对油气成藏的作用不同于短期活动断层或其他长期活动断层，一般单独划分一类：即长期活动的边界大断层。

2. 主干断裂特征

高邮凹陷中、新生代断裂系统由 NEE、NE、近 EW 和 NW 向的四组不同级别的断裂构造构成，其主导断裂为 NEE、NE 向的基底主干大断层，由此派生形成的次级断层以 NNE、NE、近 EW 向为主。主要断裂有真武断裂、吴堡断裂和汉留断裂。真武断裂和吴堡断裂是高邮凹陷的南部边界断裂。

（1）真武断裂

真武断裂是高邮凹陷的南部边界，同时也是苏北盆地的南部边界断裂，活动时期长、规模大。真武断裂总体走向为 NE－NEE，倾向为 NNW，包括真①断裂和真②断裂，二者限制了高邮凹陷南部断阶带西段的范围(图 2-2)。

真①断裂西起黄珏西，东至吴堡，长达 71km，断裂下切至古生界，上切至新近系盐二段。真①断裂倾角在纵向上变化显著，在浅层超过 50°，向深部很快变缓，在 4500m 深度已经接近 30°(图 2-3)。真②断裂西起黄珏，东至周庄，长达 51km，向下终止于真①断裂，

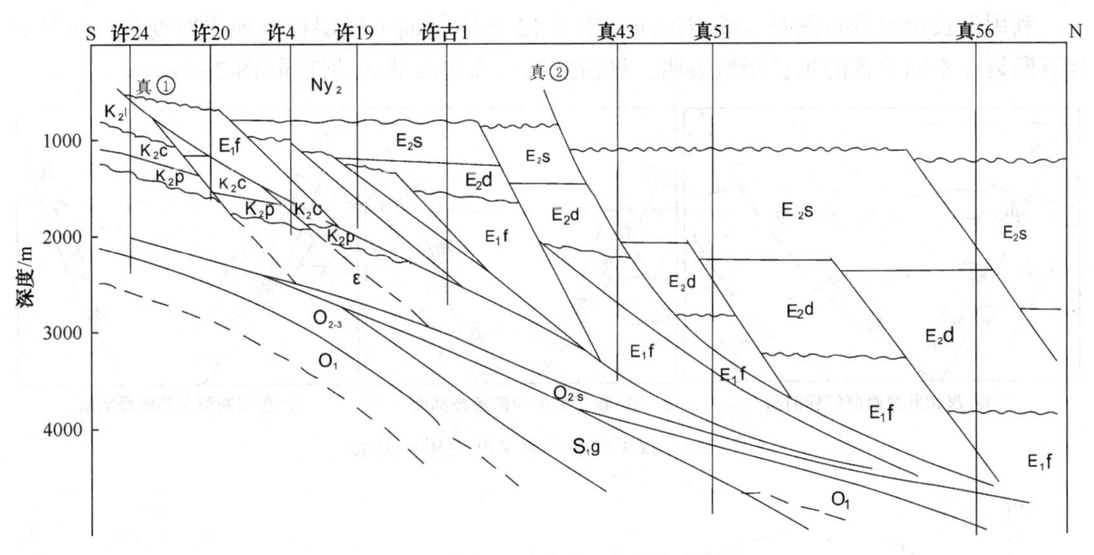

图 2-2 高邮凹陷许庄–真武构造剖面

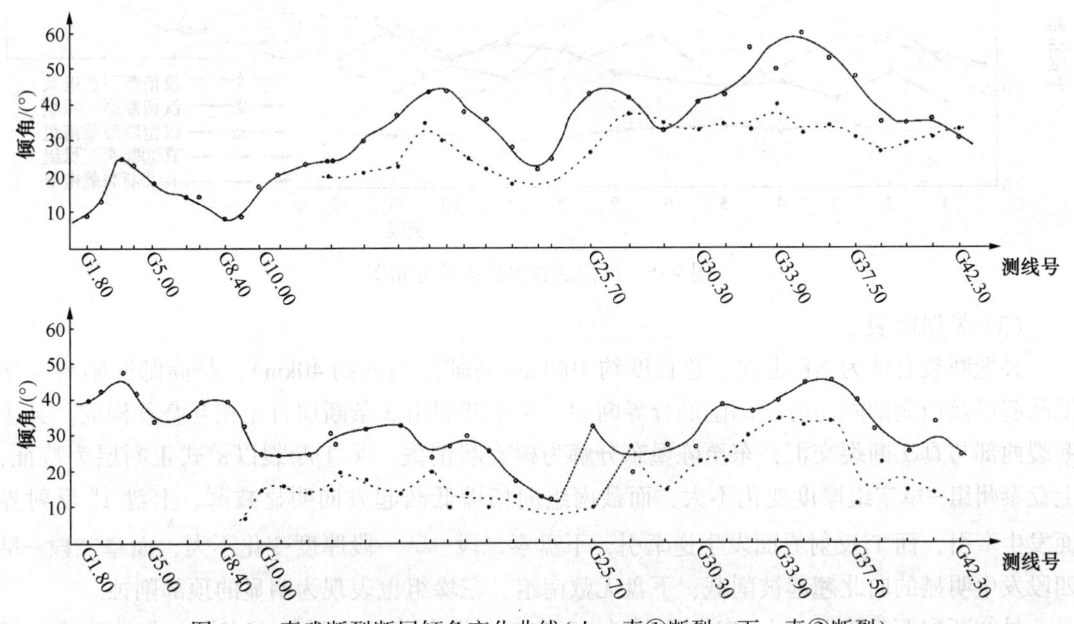

图 2-3 真武断裂断层倾角变化曲线(上：真①断裂，下：真②断裂)

上切至新近系盐二段。真②断裂在盆地的浅部表现为 3 条断层以 NE 向首尾相叠(图 1-2)。

(2) 汉留断裂

汉留断裂由多条南倾断层组成。沿走向，断裂的结构和控制的地层形态发生明显变化(图 2-4)。在西部，汉留断裂终止于真②断裂之上，汉留断裂为平面式，而真②断裂近铲式，上盘地层向真②断裂方向倾斜。在中部，汉留断裂与真②断裂规模基本相当，形态相近，深凹带地层基本为水平或对称的下凹。在东部的部分位置，汉留断裂表现出比真②断裂更强的活动性，上盘地层向汉留断裂方向倾斜。汉留断裂和真②断裂都是在真①断裂上盘发育的，三者在不同的地质历史时期和不同的部位具有复杂的联动关系，共同构成了高邮凹陷中最为复杂的伸展断裂系统。

利用生长指数分布图对沿断裂走向分布的 12 条横剖面上断层控制地层厚度进行统计并计算断裂在不同位置的生长指数表明，汉留断裂东部比西部活动性弱(图 2-5)。

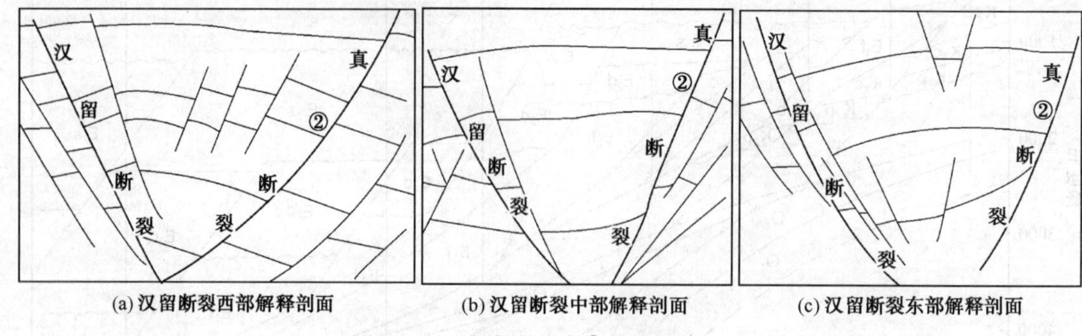

图 2-4　汉留断裂与真②断裂相互关系

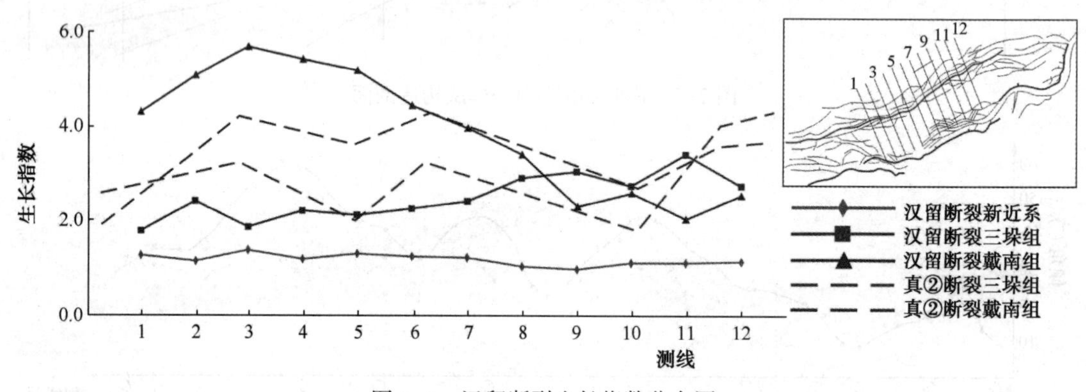

图 2-5　汉留断裂生长指数分布图

(3) 吴堡断裂

吴堡断裂总体为 NE 走向，总长度约 100km(高邮凹陷内约 40km)，是高邮凹陷与吴堡低凸起以及白驹凹陷与海安凹陷的分界断裂。吴堡断裂由 3 条断层首尾相互叠置构成。吴①断裂西部与真①断裂交汇，东至陈堡东分解为树支状消失。吴①断裂以铲式正断层为特征，上盘泰州组—阜宁组厚度变化不大，而戴南组向柘垛低凸起方向明显减薄。上盘 T_3^0 反射界面发生牵引，而 T_2^3反射界面发生逆牵引，下盘泰二段—阜一段厚度变化不大，而阜二段—阜四段发生明显的向北翘起被削截，下盘无戴南组，三垛组也表现为明显的顶部削蚀。

吴②断裂西起陈堡，由 NE 方向转为 NNE 方向经白驹凹陷延伸至小海凸起的西部，长约 60km。吴②断裂主体以坡坪式断层为特征，断层形态的变化在上盘形成凹-隆-凹的格局。吴③断裂西起吴堡低凸起的东部，经小海凸起北缘，向东延伸至海域，断层主体段剖面略有铲式形态，长约 40km。

根据断层之间的形态变化和叠置情况，吴堡断裂可分为 5 段，各区段内部断面的变化又可以形成次级单元(图 2-6)。

二、断裂平面展布特征

高邮凹陷内发育有各种不同尺度和不同性质的断裂，其中与凹陷走向一致的 NE、NEE 向断层占 85%，EW 向断层占 10%，另有少量的 NW 向断层。NEE 向断层规模较大，延伸较长，走向多为30°左右，虽发育稀疏，但贯穿全区。NE向断层主要育在凹陷的东部和北部，断层规模小，延伸较短，常被夹持在两条较大的NNE向断层之间。NEE向断层控制了凹陷的总体面貌，与凹陷的走向和真武等边界断裂的走向保持一致。

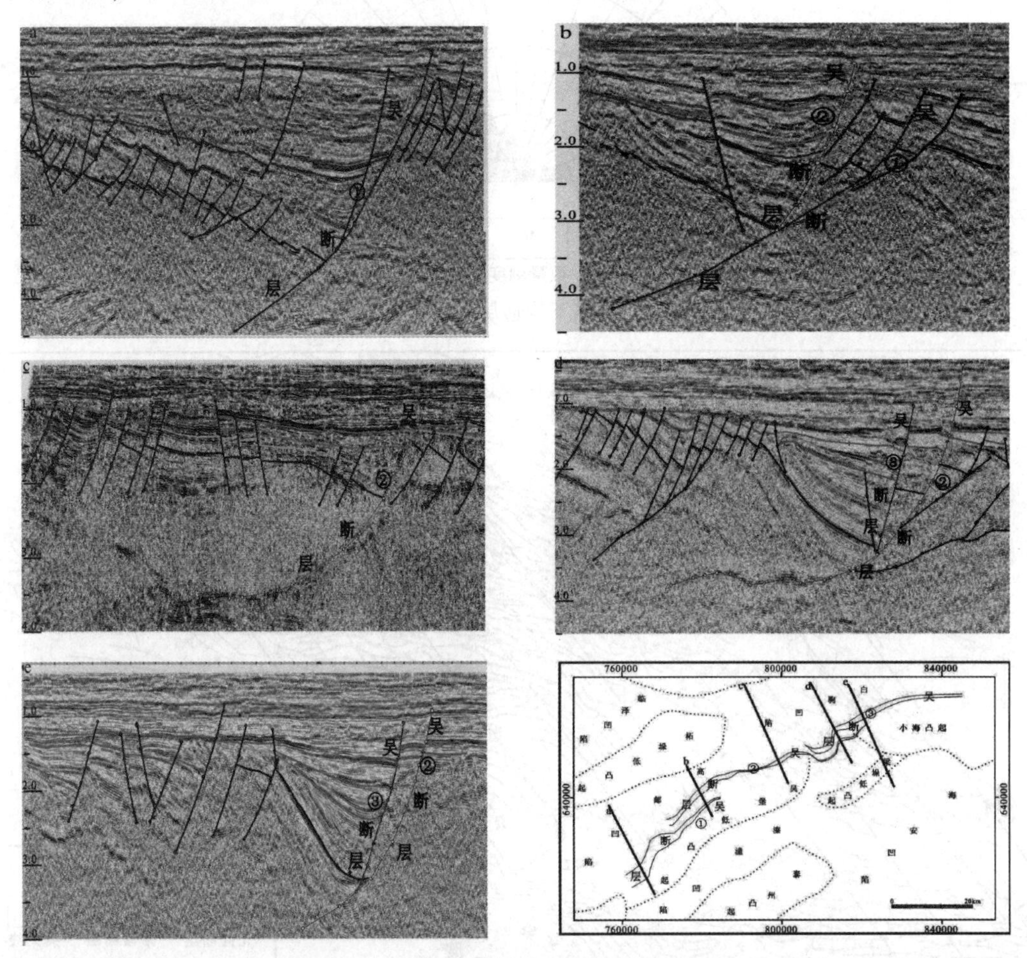

图2-6　吴堡断裂不同位置结构特征

以T_3^0不整合为界，中下构造层特征差异明显。下构造层构造形变主要为多米诺式断层组、共轭正断层系为主。中构造层断层较下构造层断层分布稀疏，南倾增多。

1. 下构造层断裂展布特征

下构造层中，真①断裂、真②断裂表现为贯穿始终的完整断裂，而吴堡断裂表现为尾端发育羽状断裂系的主断裂。汉留断裂终止于真①断裂之上，向西撒开。平面上，断裂总体走向为NEE、NE、和近EW向(图2-7)，其主导断裂为NEE、NE向的大断层，控制了凹陷的总体面貌，与凹陷的走向和边界的真武断裂和吴堡断裂的走向保持一致，由此派生形成的次级断层以NE、近EW向为主(图2-8)。

(1) NEE向断裂

NEE向断裂是下构造层内发育规模最大，分布最广，对盆地演化影响最大的一组断层，在高邮凹陷的南部、西部最发育，以真武和汉留断裂为代表。特征如下：

① 断裂性质为正断层，走向基本稳定，为70°左右，倾向变化不定，但以北倾为主。

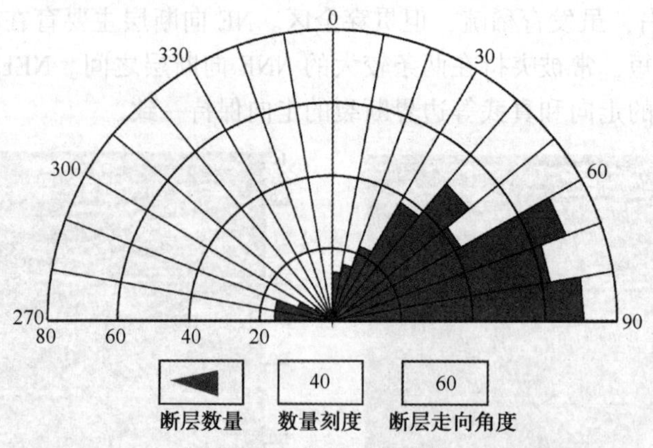

图 2-7　高邮凹陷下构造层断层走向玫瑰花图

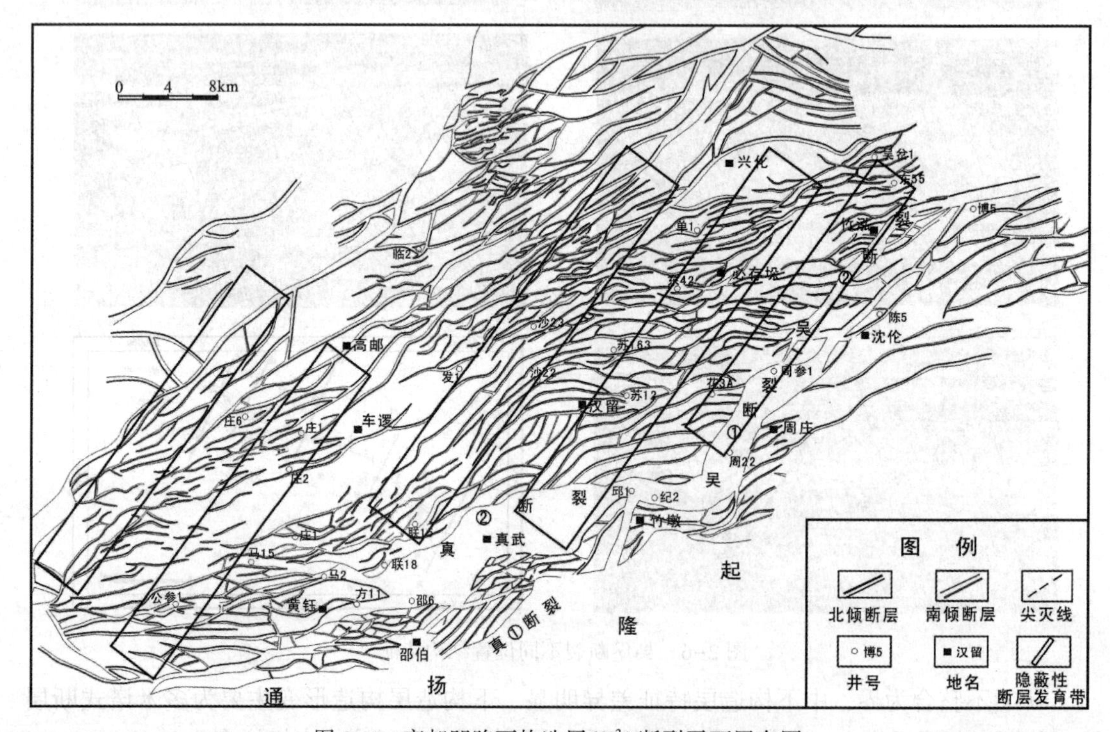

图 2-8　高邮凹陷下构造层(T_3^3)断裂平面展布图

② 断裂波状弯曲，不平直。相邻断层带常相互贯通、连续，构成网格状、树枝状的组合形态。

③ 断裂规模不一，发育时间早晚不同，时限长短不同。一至四级断层均有发育。如真武断裂，发育时间贯穿苏北盆地形成演化的全部过程，为一、二级大断层，构成高邮凹陷的南部边界断裂。

(2) NE 向断裂

下构造层中 NE 向断裂主要呈带状发育，以吴堡断裂、花瓦断裂和兴化–卸甲庄断裂为代表，具有以下主要特点：

① 以斜列的断裂带形式出现，斜列方式为左列式。断层主要沿盆地基底中 NE 向左行平移断层发育。其延伸方向，除大部分沿袭早期断层的方向外，在其尾端处常与 NEE 向断层

接结、贯通。二者联为一体后，在区域性张应力的作用下伸展，由左行平移断层转化为正断层为主，兼有右行平移的断层性质。

② 断裂总体延伸方向为40°~60°左右，单条断层的延伸方向多为45°左右。

③ 有些NE向断裂规模较大，贯穿全区，发育稀疏，如吴堡断裂；有些则规模较小，如兴化—卸甲庄断裂和瓦庄—花庄断裂，NE向断层断距规模较小、延伸距离短，限制在近EW向及NEE向主干断层之间。

④ NE向断裂表现出弯曲和相互连贯的现象，具有形成时间较早的特征。

(3) 近EW向断裂

主要分布在凹陷中东部的沙埝地区及大断层的旁侧，特征如下：

① 断裂近EW向展布，走向为80°~100°。

② 在斜坡带上断层规模均较小，集中分布，密度大，间隔均匀。

③ 集中发育在NE及NEE向主干断裂旁侧，形成羽状分支。

④ 断裂产状稳定，多为向北倾斜。

(4) NWW向断裂

主要分布在高邮凹陷的西端，数量少，走向280°~300°，多向南西倾斜，大小不一，形态多样，分布不均匀。在三级构造内发育此走向的次级断层，一般为四级断层，如南断阶的竹墩构造和永安构造等。

(5) NNE向隐蔽性断层的分布

隐蔽性断层是指常规地震勘探中难以发现的断层，隐蔽性断层的一般特征就是延伸短与断距小。

高邮凹陷花瓦地区已揭示的隐蔽性断层实例表明，区内的隐蔽性断层实际上也是断续出现的NNE向断层。它们一种情况下是被限制在EW向(或NEE向)较大型断层之间，延伸长度较小，断层落差也较小；另一种情况是与EW向或NEE向断层连接成较大型的断层。各反射层构造图显示，高邮凹陷内广泛分布着NE－NNE向隐蔽性断层。

在T_4^0和T_3^3反射层上，NE－NNE向断层多处出现，且总体上是沿NNE呈多个带状出现(图2-8)。若将这些带状出现的NE－NNE向断层与基底断层图进行对比，两者相吻合，指示为基底NNE向断层带活动的产物。基底内较大型的NNE向断裂带内也是古近纪早期NE－NNE向断层成带出现的地带。而其间的NE－NNE向断层呈零星出现，指示其间基底内仍有零星分布的NNE向基底断裂。因而，高邮凹陷内NNE向隐蔽性断层的空间分布实际上是受这一方位基底断裂分布的控制。其成带出现的地带就是基底内大型NNE向断裂带存在的部位。由于较大型断层带内多是由多条断层组成，旁侧同方位的断层也较发育。由它们的复活也就会造成古近纪NE－NNE向断层成带出现。

2. 中构造层断裂展布特征

平面上，中构造层断裂总体走向为NEE、NE和近EW向，局部地区发育NWW向断层(图2-9)。主干断裂走向为NEE和近EW向，由此派生形成的次级断裂以NE和近EW向为主。真②断裂在中构造层具有明显的分段性，大致分为3段；吴堡断裂中吴①、吴②断裂尾端羽状断裂不发育，汉留断裂发育一系列次级断层。

(1) NEE向断裂

NEE向断裂在中构造层中发育规模大、分布广，指示了主要的区域拉张方向。具有如下特征：

① 断裂发育规模不一、时间早晚不同，一至四级断层均有发育。

② 断裂性质为正断层，走向基本稳定，但倾向变化不定，汉留断裂及北斜坡区以南倾为主，南部真武断裂带以北倾为主。

③ 断裂形态呈波状弯曲，相邻断裂带相互贯通、连接构成树枝状组合形态。

④ 在不同构造位置与下构造层断裂关系不一，部分具有继承性，部分具有独立性，部分具有改造性。

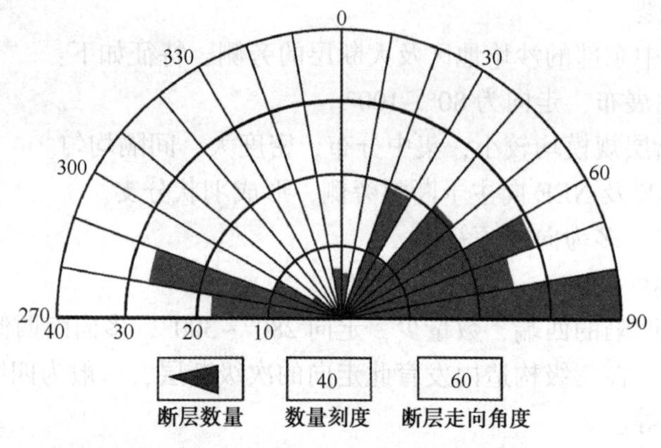

图 2-9　中构造层断层走向玫瑰花图

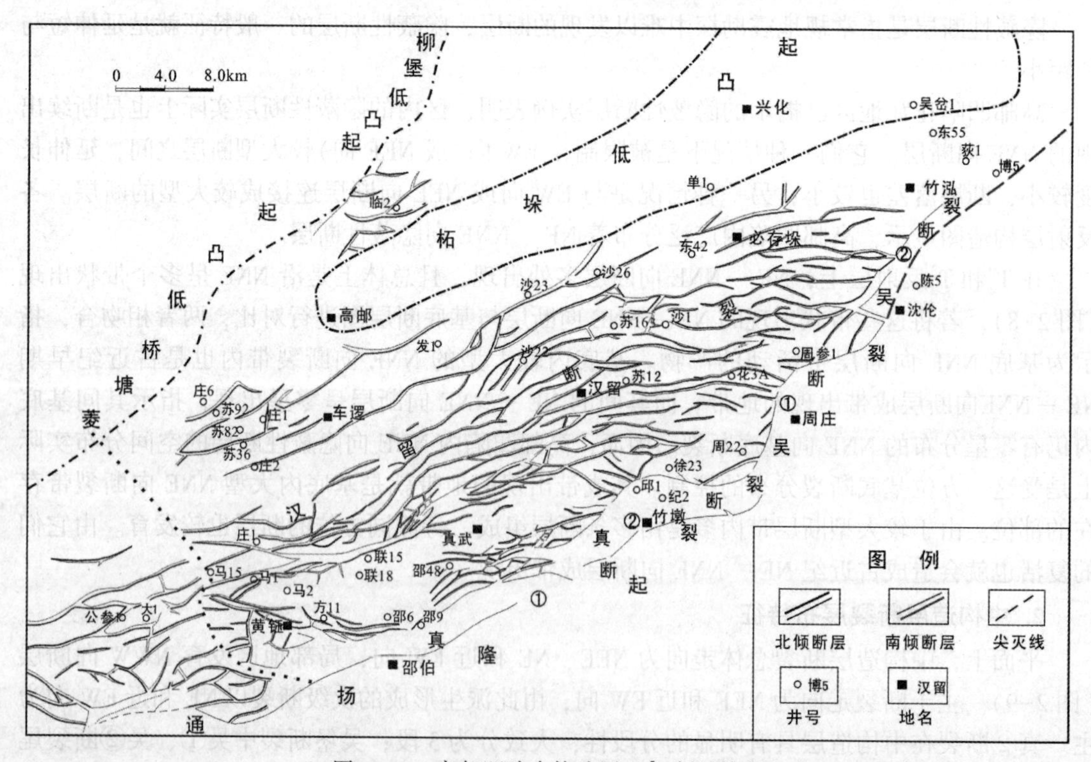

图 2-10　高邮凹陷中构造层(T_2^5)断层特征

(2) 近 EW 向断层

主要集中分布在凹陷中东部以及汉留、真②主干断裂的旁侧，特征如下：

① 断层近 EW 向展布，走向为 80°～90°。

② 汉留、真②主干断裂的旁侧较为发育，与主干断裂连接，形成树枝状或羽状分支。

③ 在斜坡带上分布不均，产状不稳定。

（3）NE 向断层和 NWW 向断层

NE 向断层主要为吴②、吴①主干断裂、真②分支断裂的部分段落及断阶带内，斜坡区发育较少。NWW 向断层在上构造层主要发育于高邮西部及黄珏地区的真②分支断裂附近。

（4）NNE 向隐蔽性断层的分布

对比高邮凹陷各反射层上的 NE－NNE 向断层，早期这些断层较发育，而晚期明显减少。在 T_4^0和 T_3^3反射层上，出现了较大的 NE－NNE 向断层；而在 T_2^5和 T_2^3反射层上这些方位的断层显著减少(图 2-10)。另一个特征是，晚期出现的 NE－NNE 向断层常是早期者的复活，并以与 EW 和 NEE 向断层相连接者居多。这些现象表明，高邮凹陷内 NE－NNE 向断层主要是吴堡期活动的产物。

第二节　断裂成因及演化

一、断裂成因机制

经过多方面分析，认为控制高邮凹陷断陷盆地及其中断层发育与演化的主要因素是基底断层与区域应力场。

1. 古近纪断陷期区域应力场

古近纪之前高邮凹陷内形成了 NEE 走向(印支期逆断层)与 NNE 走向(郯庐左行平移断裂系)两组基底断裂系统。

高邮凹陷在古近纪断陷盆地发育期间，区域应力状态是 SN 向拉伸，为区域性伸展的动力学背景，拉伸应力(σ_3)水平，挤压应力(σ_1)垂直，中间应力轴(σ_2)水平。由于高邮凹陷内基底断层都不垂直于古近纪的区域拉伸方向，从而在古近纪成盆期基底断裂主要呈现为斜向拉张。斜向拉伸作用在高邮凹陷表现的十分突出，影响着断层的展布与组合方式。

图 2-11 为鲁西南古近纪断陷盆地的沉积格局与实测应力场分析图，其沉积格局显示早阶段是利用区内 NW 向基底断层再活动而控制盆地发育，而晚阶段新生的控盆边界为东西走向，明显指示了 SN 向拉张的应力状态。

通过对盆缘正断层擦痕的实测及应力场反演，表明古近纪期间为 SN 向拉张的应力状态。张力等(2010)对苏鲁造山带周缘断陷盆地内古近纪正断层擦痕进行了系统的测量，所反演出应力场均指示近 SN 向拉伸(图 2-12)。这表明古近纪期间中国东部大陆边缘均处于 SN 向拉张状态。应力场实测结果还表明，古近纪的应力为纯拉伸状态，挤压应力(σ_1)近直立，表明不是压扭性应力状态。

高邮凹陷在三垛组沉积之后发生了重要的三垛事件。该事件使得盆地抬升，缺失渐新统，结束了断陷盆地发育阶段。三垛事件是发生区域性挤压的结果，是区域应力状态发生了重大转变，由前期的 SN 向拉张的伸展应力状态，突然发生了区域性挤压，从而造成了盆地的抬升与随后部分地区古近系的沉积缺失。高邮凹陷北斜坡上以出现一系列的 NNW－SSE 走向的构造高带与低带相间排列为特征。而三垛事件之后高邮凹陷内的盐城组沉积也转变为

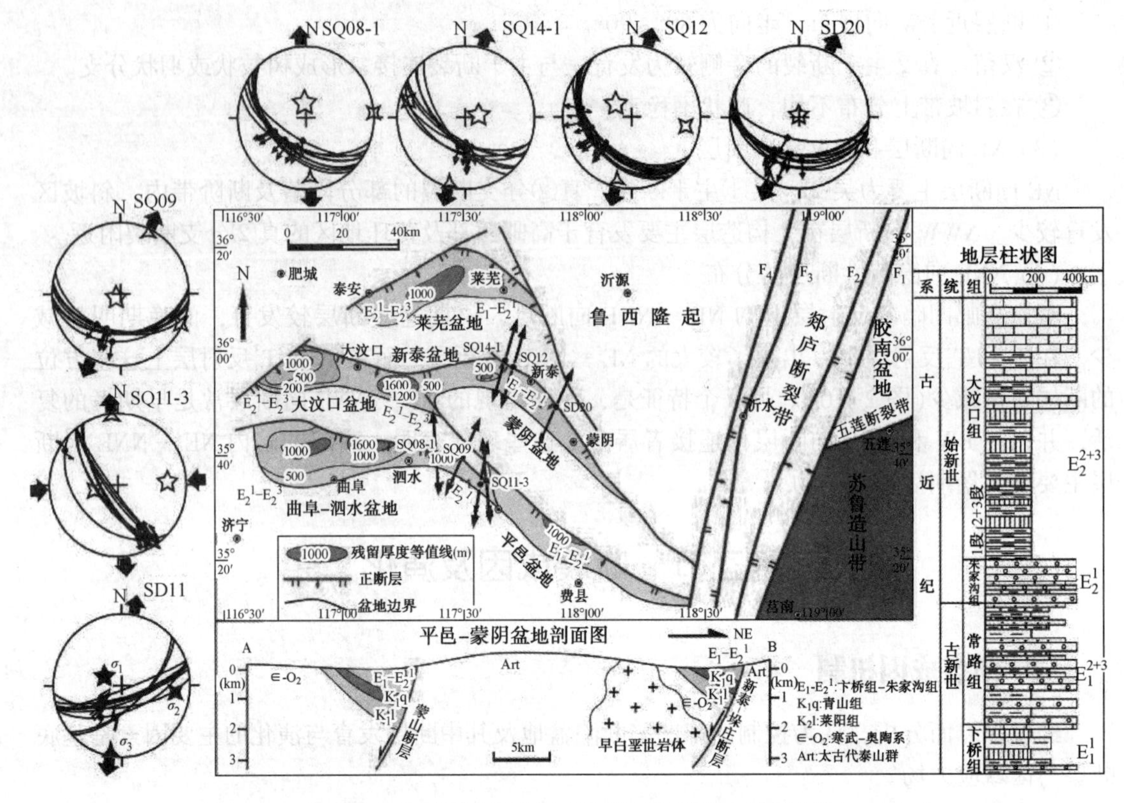

图 2-11　鲁西南古近纪断陷盆地沉积格局与实测应力场(据张力，2010)

NNW－SSE 向展布，显示前新近纪的古地貌出现了 NNW 向展布的隆–洼格局。

高邮凹陷盐城期以出现拗陷式盆地为特征，接受披盖式沉积。盐一段沉积时仍有少量的正断层在活动，指示处于弱拉伸状态。至盐二段沉积时才没有正断层的活动，完全进入拗陷型盆地演化阶段。盐一段沉积时相当于断–拗过渡阶段。在此阶段，仍处于 SN 向拉伸的应力状态，属于区域伸展应力场，但这一阶段的应力强度已大为减弱，为弱拉伸，从而只能形成少量的同沉积正断层，更多的是利用早期断层复活而出现正断层活动。

2. 古近纪不同方向断裂系统的成因

(1) 古近纪 EW 向断裂的成因

高邮凹陷 EW 向正断层主要是在 SN 向拉张应力作用下新形成的断层，垂直于区域拉张方向。一种情况，它们广泛形成于北斜坡东部、吴堡断裂西侧；另一种情况，在 NNE 与 NE 向断层斜向拉张中出现的分枝断层，成为斜交式断层组合，规模较小。高邮凹陷内 NE－NNE 向吴堡断裂带西侧的北斜坡东段，主要是出现 EW 向断层，而真武断裂带北侧主要为与该断裂带平行 NEE 向断层。

应用 FLAC(连续介质差分法模拟)进行的数值模拟(图 2-13)，在 SN 向拉张作用下，NNE 向断层对旁侧应力状态影响较小，且范围局限，从而吴堡断裂西侧主要是出现垂直于区域拉张方向的 EW 走向正断层。这也是高邮凹陷 NNE 至 NE 向吴堡断裂带西侧的北斜坡东段主要伴生 EW 向正断层的原因。

(2) 古近纪 NEE 向断裂的成因

高邮凹陷内 NEE 向断层是以真武断裂带为代表，但是在其北侧的断阶带、深凹带与北

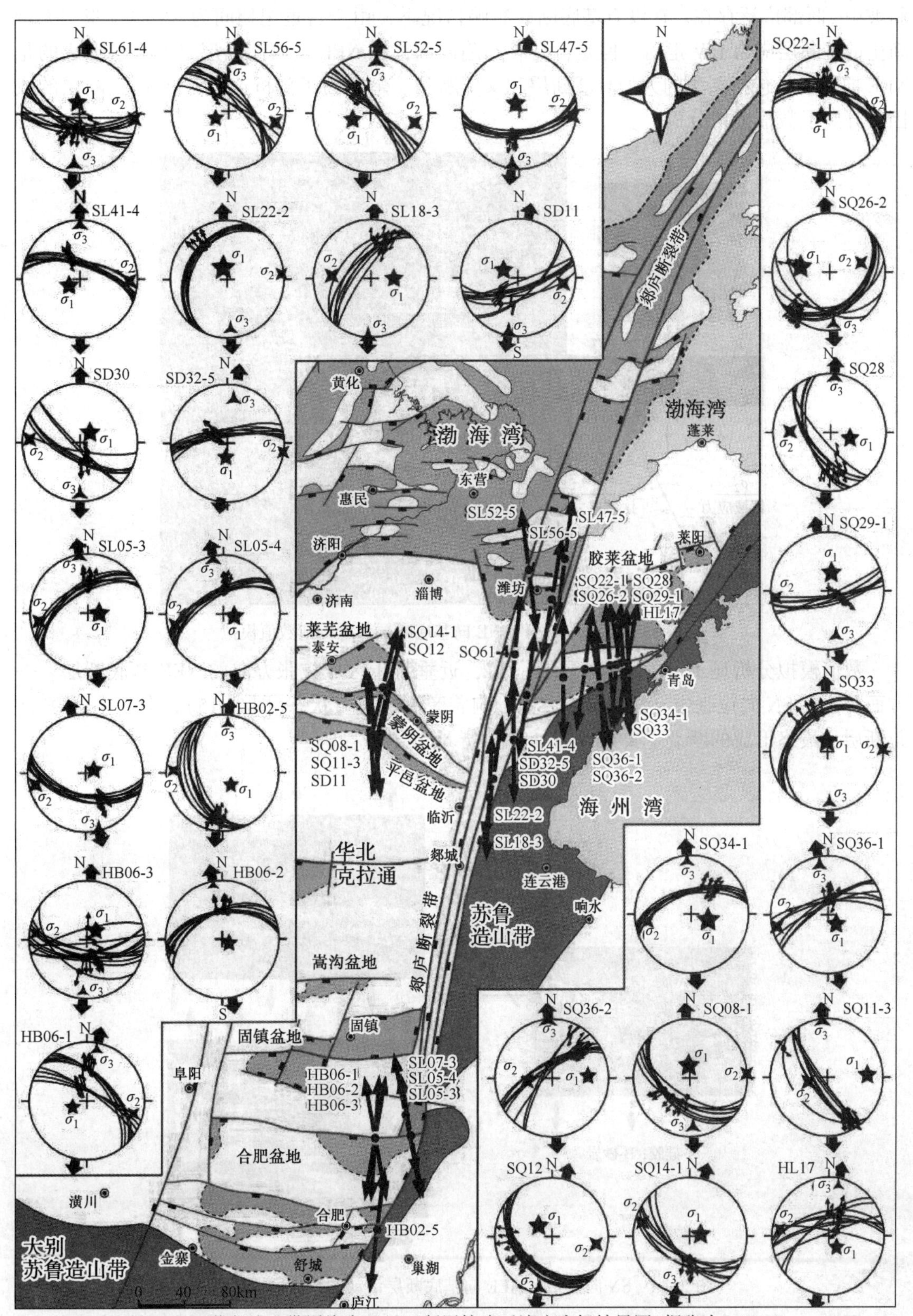

图 2-12 苏鲁造山带周缘古近纪正断层擦痕反演应力场结果图(据张力，2010)

斜坡中—西部广泛存在。在没有基底断裂影响情况下，由于古近纪期间为SN向拉张，大量新生的正断层应为EW走向。但是，高邮凹陷内部，在NEE向真①断层之上大量形成的是NEE向断层，包括新生的大型真②断层和汉留断裂。笔者为了剖析这些NEE向正断层的成因，开展了数值模拟分析。

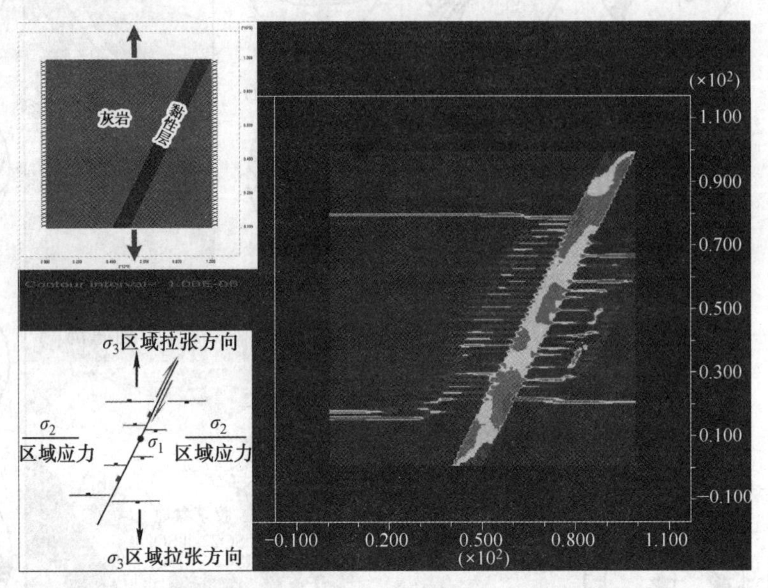

图2-13　SN向拉张下NNE向基底断层伴生构造数值模拟

数值模拟分析显示(图2-14、图2-15)，近垂直于区域拉张方向的NEE基底断层，一方面易于在SN向拉张中复活，另一方面影响着旁侧的应力状态(图2-15)，会新生NEE向正断层，最终形成的断裂主要是NEE向占主导地位。

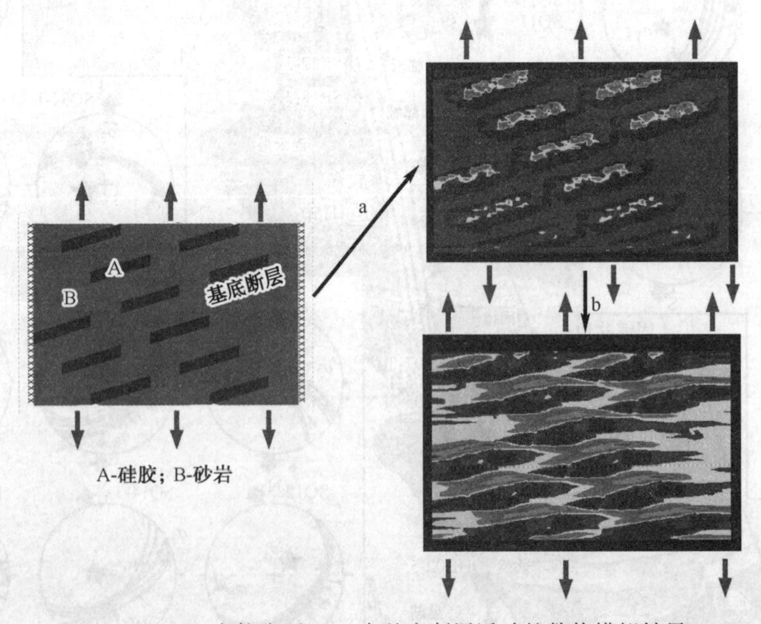

图2-14　SN向拉张下NEE向基底断层活动的数值模拟结果

图2-14所显示的是在SN向拉张下，由于NEE向基底断裂的存在影响了旁侧应力状态，

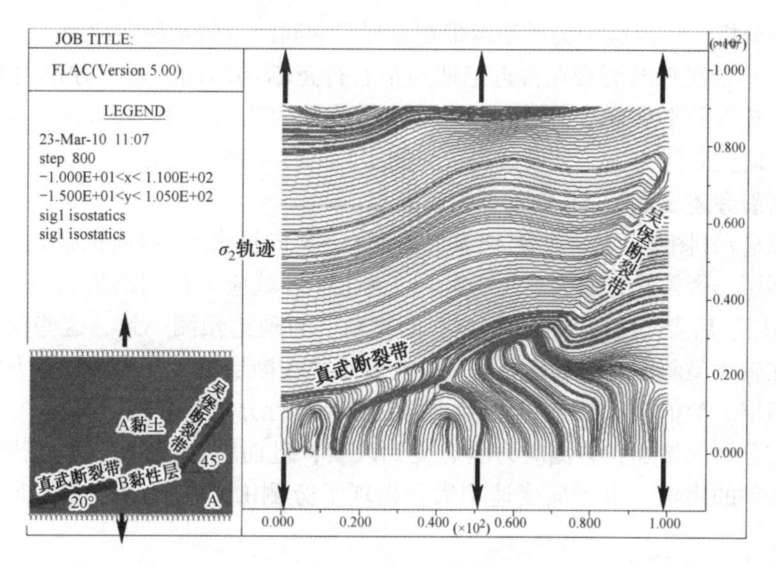

图 2-15 SN 向拉张下 NEE 向与 NNE 向基底断裂对旁侧主应力(σ_2 轨迹)影响的数值模拟

从而会新生 NEE 向正断层，而不是正常情况下(无基底断裂)的 EW 向正断层。

图 2-15 显示的是在 NEE 向(相当于真武断裂)与 NNE 向(相当于吴堡断裂)两条大型基底断裂影响下，SN 向拉张中 NNE 向断裂旁侧应力状态基本上不改变，会新形成 EW 向正断层；而 NEE 向断层北侧，应力状态发生改变，从而会新生 NEE 向正断层。该应力格局(其轨迹平行于新生正断层走向)可以合理地解释高邮凹陷内为何真武断裂带北侧为 NEE 向正断层，而吴堡断裂带西侧为何大量出现 EW 向正断层。

国外学者的物理模拟也显示(图 2-16)，在 SN 向拉张下，NEE 向基底断层由于接近于垂直区域拉张方位，处于有利的活动部位，最终会主要形成一系列 NEE 向正断层，而不是垂直于拉张方向的 EW 向正断层。其中的 EW 向断层主要是这些 NEE 向断层尾端的扩展断层，规模较小。

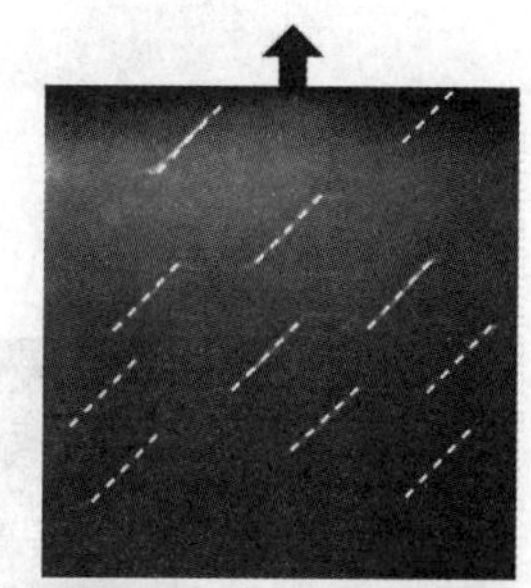

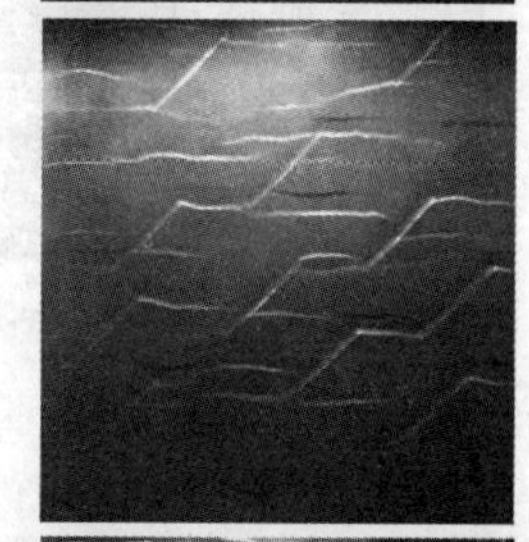

图 2-16 NEE 走向基底断层在 SN 向拉张下断层演化物理模拟(上早下晚，据 Bellahsen，2005)

模拟结果表明，高邮凹陷内的 NEE 向正断层一方面是由于基底 NEE 向逆冲断层发育，另一方面是由于这一系列 NEE 向基底断层与真①大型边界铲形断层影响了凹陷内的局部拉张应力方向(NNW－SSE 向拉张)而新形成的断层。基底断层的复活与应力场的改变，使得这些 NEE 向断层常具有较大的规模。由于次级应力状态受到改变，高邮凹陷内部 NEE 向断层基本上右行分量很小，只是边界上的真武断裂带具有右行平移分量。结果使得真②-1、真②-2、真②-3 断层呈现为左阶雁列状。

(3) 吴堡断裂带 NE 向伴生断层的成因

通过上述对高邮凹陷内基底断层成因、古近纪的拉张方向及各类断层的成因分析，可以认为吴堡断裂带在古近纪期间经历的是斜向拉伸。前文的数值模拟已显示，NNE 向的吴堡断裂带在古近纪期间是右行正断层活动。这一方位的基底断层在斜向拉伸中由于较大的平移分量，对旁侧应力状态改变的范围较小(与真武断裂带比较)，从而以伴生 EW 向正断层为主。吴堡断裂带旁侧实际的伴生断层也是这一状态。但是在 T_3^3反射层上吴堡断裂旁还出现了 NE 向的伴生正断层。

数值模拟显示(图 2-17)，NNE 向基底断层在 SN 向拉张下(斜向拉张)，主断层本身为右行平移正断层，旁侧一方面会新生 EW 向正断层(区域应力作用结果)，另一方面还会派生 NE 向正断层。后者与主断层呈 30°左右的交角，与理论预测一致。这些派生的 NE 向正断层仅出现在较大型斜向拉张的断层旁侧，随着远离主断层就转变为区域应力作用下的正向拉张新生正断层。数值模拟结果还显示，当主断层右行分量较小时，只是伴生 EW 向正断层。但随着右分量的增加，旁侧应力状态受到改变，进而就会派生 NE 向正断层。图 2-18 中类似边界条件的模拟，由于应变速率大，出现了旁侧 EW 向与 NE 向正断层同时出现的现象。

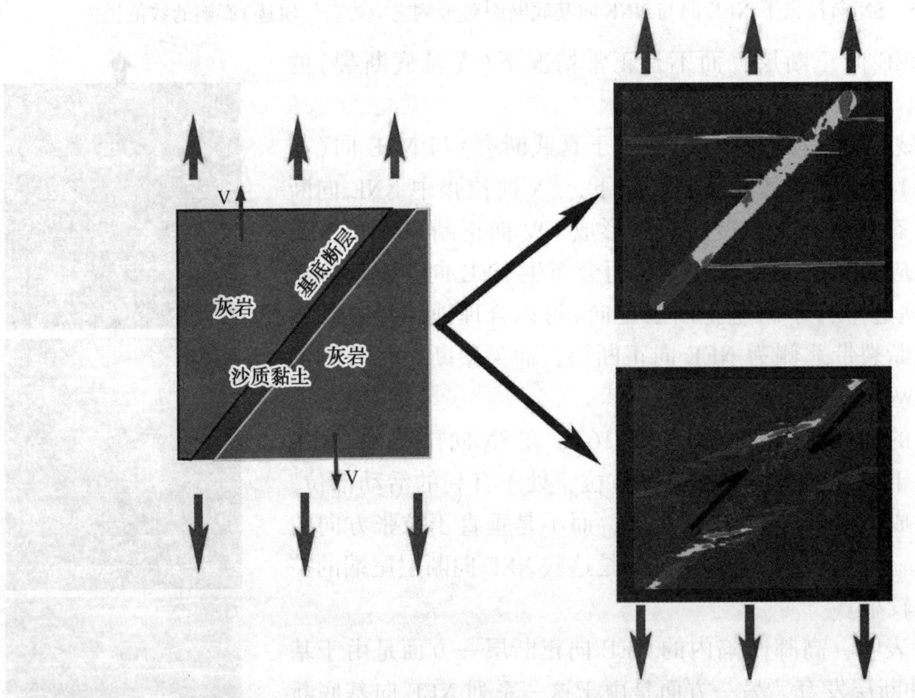

图 2-17　NNE 向基底断层斜向拉张下伴生正断层数值模拟结果

根据吴堡断裂实际的旁侧构造与数值模拟结果，吴堡断裂带的活动方式与旁侧正断层发育模式如图 2-19 所示。该基底断层在古近纪 SN 向拉伸时，本身是右行正断层活动，伴生的断层主要为 EW 向正断层，仅局部出现了 NE 向的派生正断层。由于高邮凹陷内还存在着 NEE 基底断层，从而吴堡断裂带旁也还会复活这一类的基底断层。

为了对比分析挤压应力状态下与伸展应力状态下右行平移断层旁侧构造的差异，也为了证实吴堡断裂带旁的伴生断层是斜向拉伸而非压扭性活动的产物，笔者还对压扭性平移断层的伴生构造进行了数值模拟。如图 2-20 所示，压扭性活动中也伴生 NE 向正断层，类似于张扭性活动。但是，明显的区别是不会伴生 EW 向正断层，并且还伴生了 SN 向至 NNW 向的逆冲断层或褶皱，派生了 NE 向的右行平移断层。由此可见，斜向拉伸下的右行平移(张扭性)与压扭性的右行平移在旁侧构造上明显不同，依此可以有效地加以区分。该模拟结果也证明了吴堡断裂带的活动是属于斜向拉伸下的张扭性活动，而非区域挤压的结果。

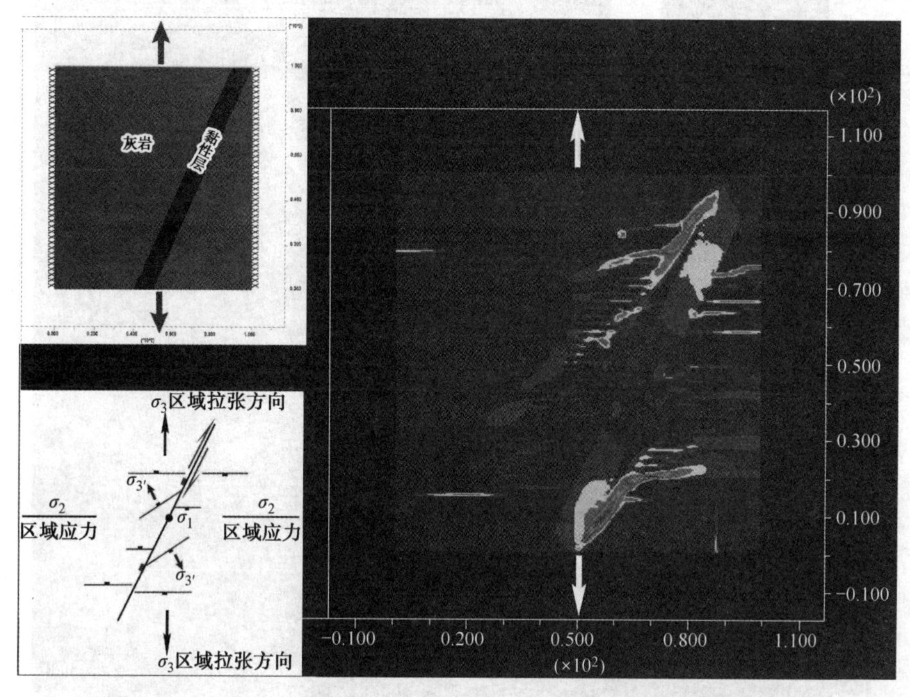

图 2-18　NNE 向基底断层斜向拉张下两类正断层同时伴生的数值模拟

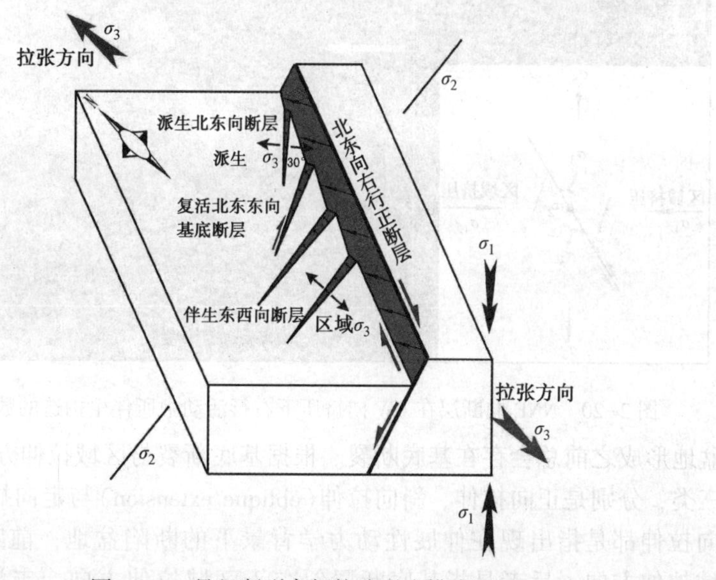

图 2-19　吴堡断裂旁侧构造形成模式图

(4) 周边盆地断裂走向特征

区域动力学背景一般有伸展、挤压及剪切三种。伸展性动力学背景是指 σ_3 与 σ_2 水平，而 σ_1 直立；挤压性动力学背景是指 σ_1 与 σ_2 水平，而 σ_3 直立；剪切性动力学背景是指 σ_1 与

σ_3水平，而σ_2直立。伸展背景下，新生的断层总是垂直于区域拉伸方向(σ_3)。

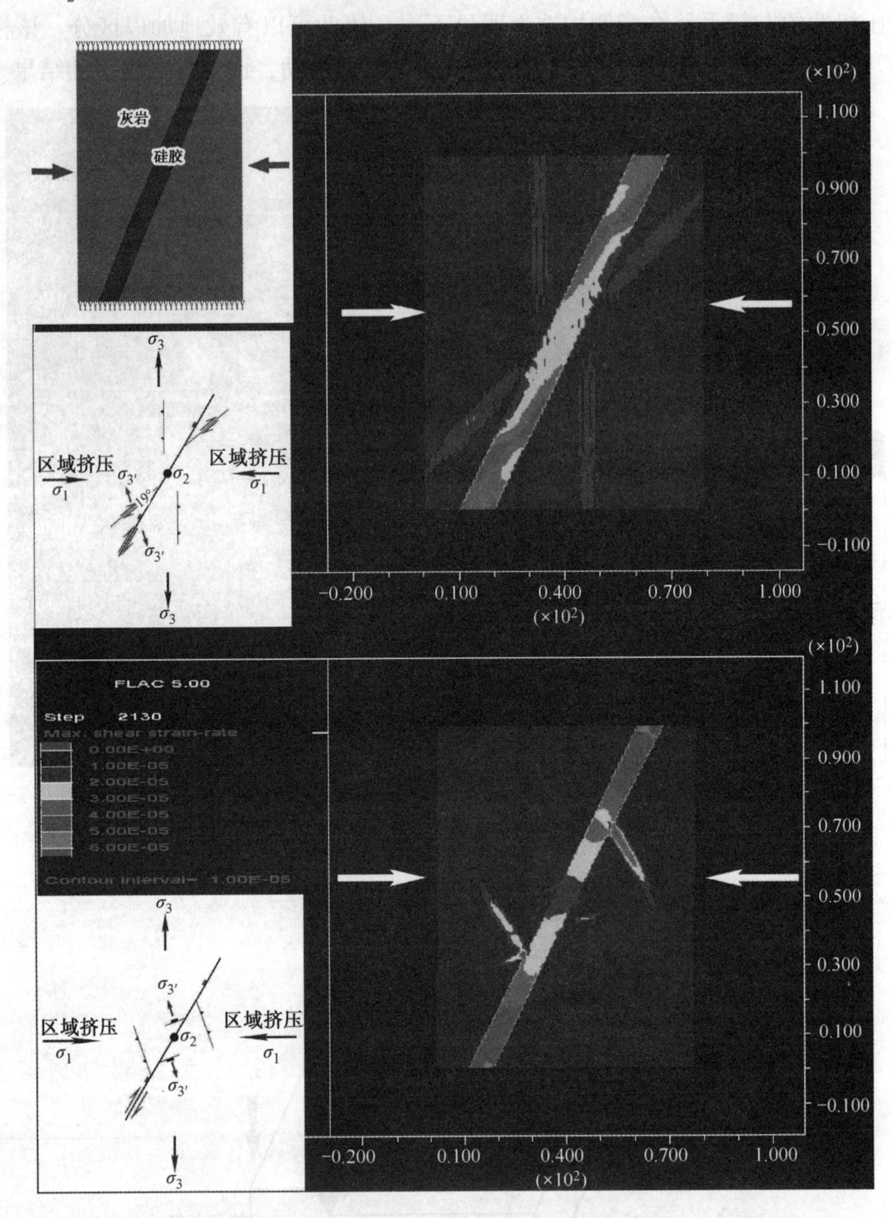

图 2-20 NNE 向断层在 EW 向挤压下右行活动中所伴生构造的数值模拟

由于盆地形成之前总会存在基底断裂。根据基底断裂与区域拉伸方向的关系，拉伸盆地可以分为三类，分别是正向拉伸、斜向拉伸(oblique extension)与走向拉伸(图 2-21)。正向拉伸与斜向拉伸都是指出现在伸展性动力学背景下的断陷盆地，前者是指基底断层走向垂直于区域拉伸方向，后者是指基底断层斜交于区域拉伸方向。走滑拉伸出现在剪切性动力学背景下，是由于平移断层弯曲或叠置区派生出的拉伸，其应力状态为σ_1与σ_3水平，而σ_2直立。在此应力状态下，还会伴生褶皱、逆冲断层及大量剪节理或平移断层。而斜向拉伸下，由于σ_1直立，不会伴生挤压或剪切构造，只伴生正断层，从而明显有别于走滑拉伸。

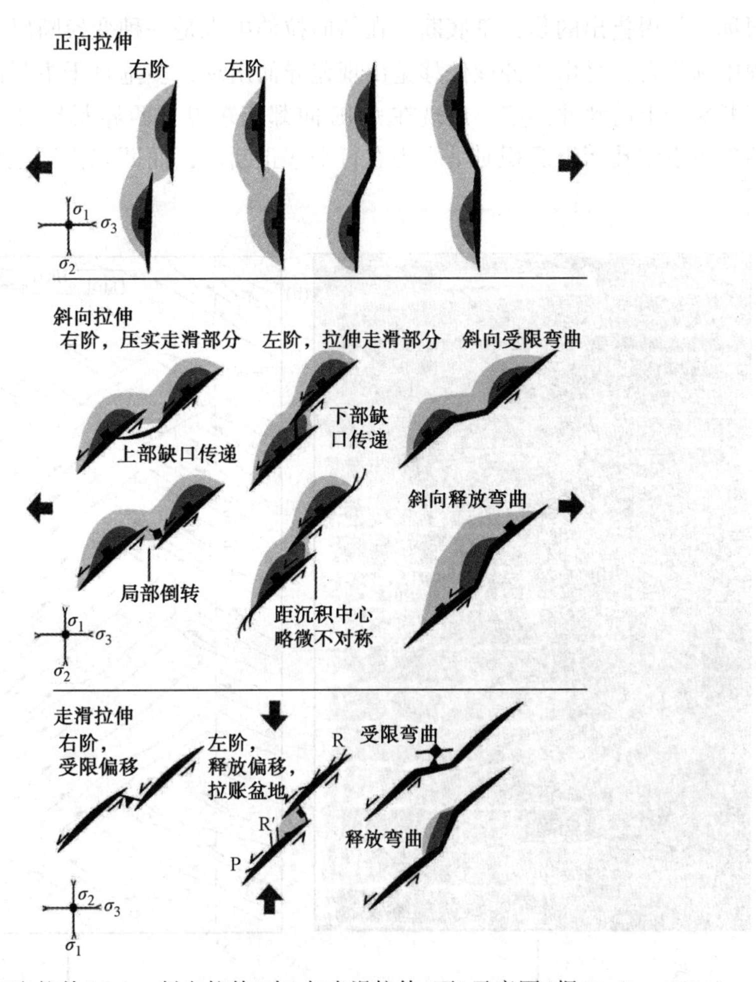

图 2-21　正向拉伸(上)、斜向拉伸(中)与走滑拉伸(下)示意图(据 Morley，2004)

针对斜向拉伸问题，国际上近年来进行了大量的物理模拟。如图 2-22 所示，两组基底断层斜交于区域拉伸方向，结果就会在区域拉伸中再活动时分别呈现为左行或右行平移正断层，属于张扭性平移断层。这些斜向拉伸的断层都会具有平移分量，平面上看似平移断层，但是其完全形成于区域伸展的动力学背景下。它们与剪切性动力学背景下所形成的压扭性平移断层的主要区别有两点(图 2-23)：①应力状态完全不同，剪切背景下平移断层形成时为 σ_1 与 σ_3水平，而 σ_2直立；而伸展背景下斜向拉伸形成时的应力状态为 σ_3与 σ_2水平，而 σ_1直立；②伴生构造明显有别，剪切背景下平移断层由于 σ_1水平会派生逆断层、平移断层、正断层及褶皱等；而伸展背景下斜向拉伸时只派生或伴生正断层，不会伴生挤压性或剪切性构造。

研究表明，一般先存基底断裂在后期发生斜向拉伸状态下，其旁侧构造有两类。一类为形成斜列的派生正断层(图 2-24)，根据岩石破坏角推断其与主断层(基底断层)之间的理论交角为 30°。这类断层的形成是由于斜向拉伸时基底断层派生应力场产生的，从而只出现在基底断层旁侧，随着远离断层就消失。另一类是不形成派生正断层，只形成垂直于区域拉张方向的伴生正断层(图 2-25)，是区域应力场直接作用的结果，从而可以连续向基底断层以外延伸很远。值得指出的是，基底断层在斜向拉伸中也是一种变换断层。另一类变换断层是伸展过程中新生者，是由于伸展位移量出现差异而出现，多垂直于主要正断层。

郯庐断裂带上的潍北凹陷，出现在 NNE 向郯庐东界与西界断裂之间。这一凹陷上的边界郯庐断裂古近纪孔店组沉积时呈现为右行平移正断层，而凹陷内部主要发育一系列的 EW 向正断层。

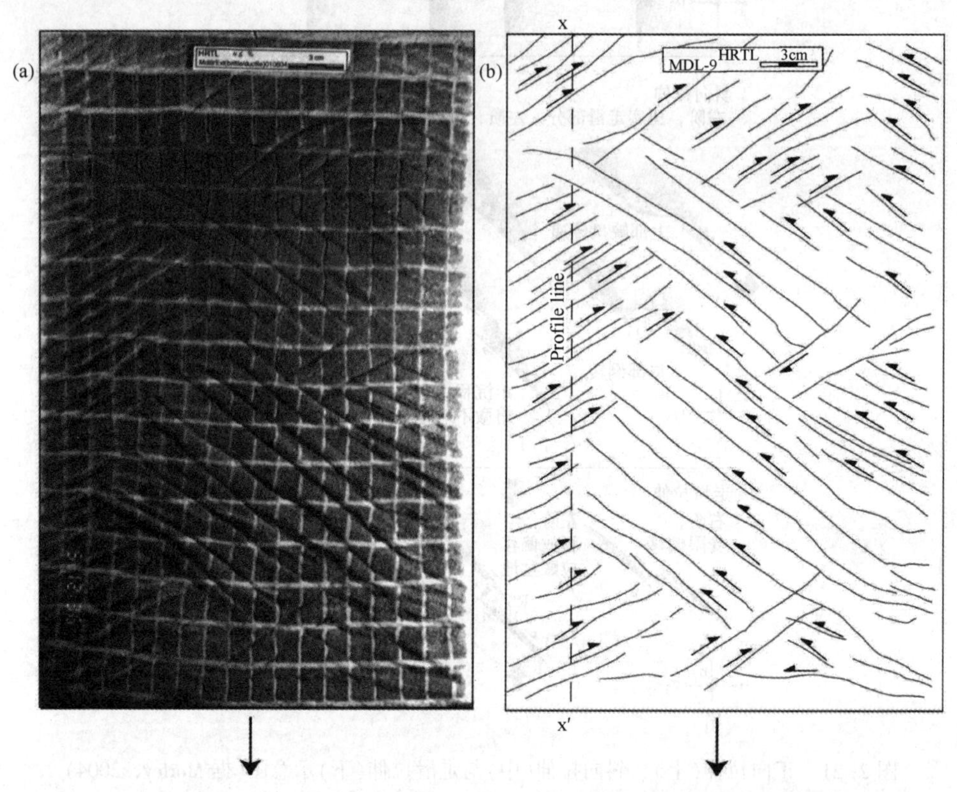

图 2-22　基底断层斜向拉伸物理模拟(据 Bahroudi，2003)

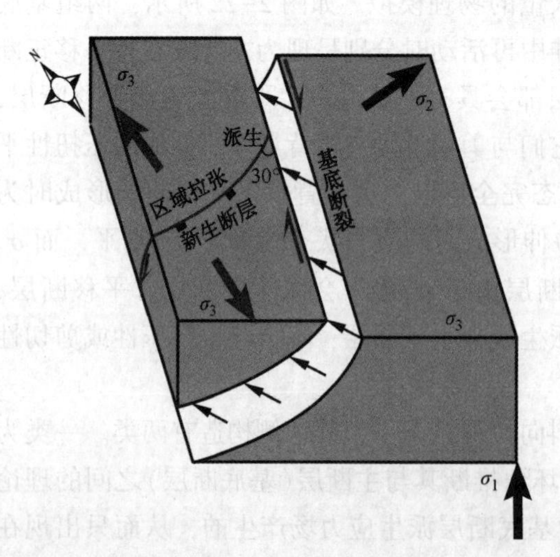

图 2-24　斜向拉伸时基底断层与派生断层关系图

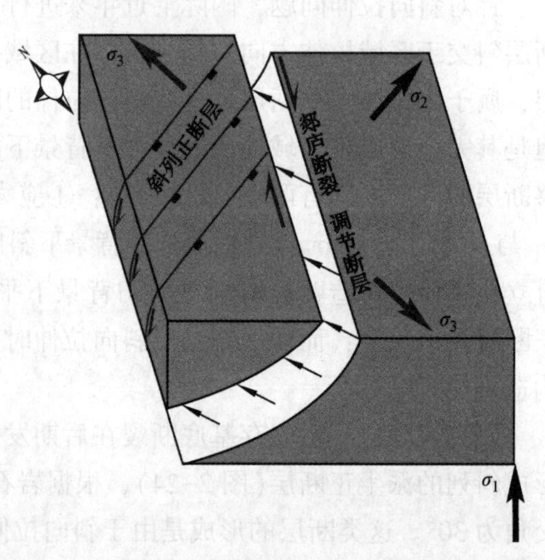

图 2-25　斜向拉伸时基底断层与伴生断层关系图

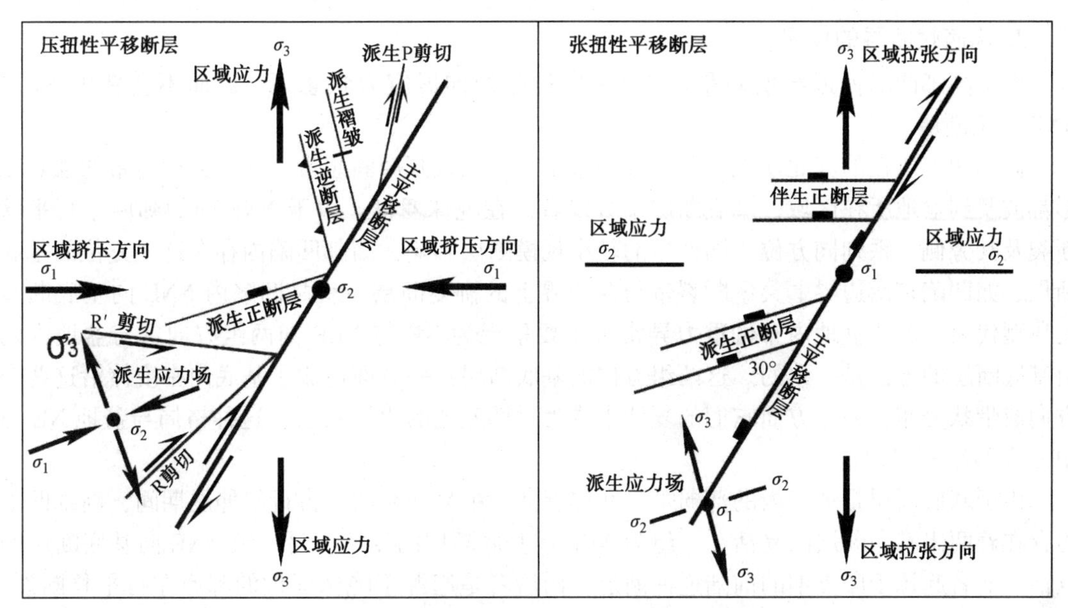

图 2-23 压扭性与张扭性平移断层应力状态及伴生构造对比图

渤海海域内的渤东凹陷也是斜向拉伸断陷盆地的实例。渤东凹陷是沿早期存在的 NNE 向郯庐断裂发育(图 2-26)。东营组沉积时期，由于 SN 向拉伸，使郯庐断裂成为右行平移正断层，旁侧伴生 EW 向正断层，还有派生的 NE 向正断层。

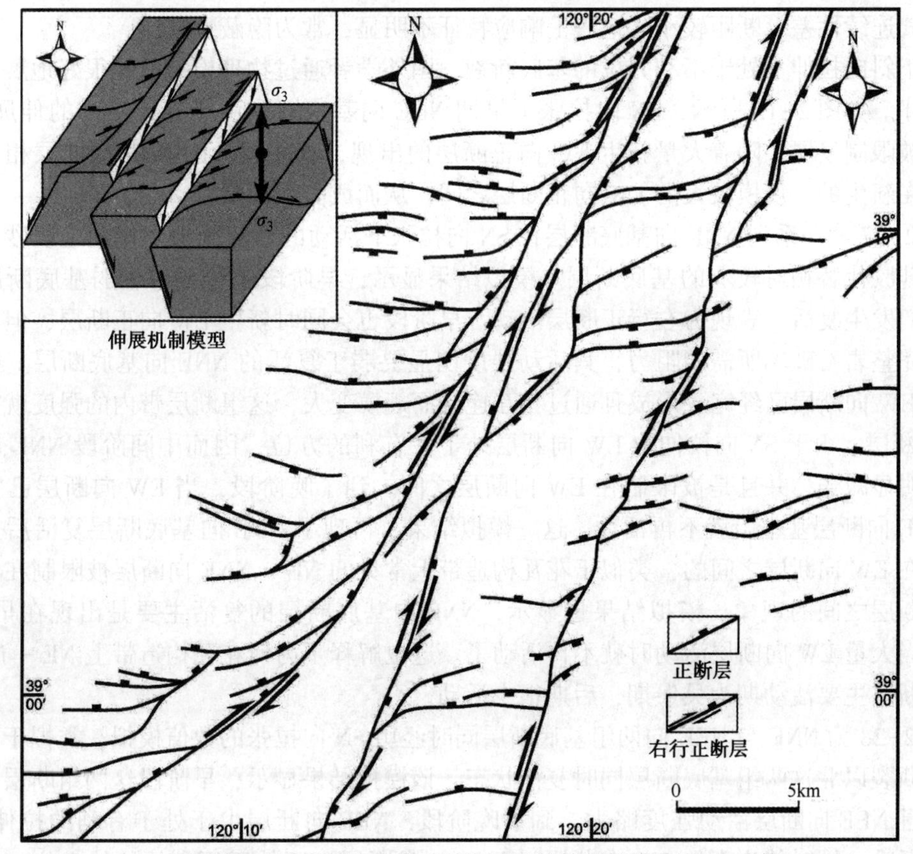

图 2-26 渤海湾盆地渤东凹陷东营组下段顶面反射层断裂系统(朱光等，2010)

3. 隐蔽性断层的成因

由于高邮凹陷古近纪期间是处于 SN 向拉张的伸展应力状态下，因而不会新生 NE－NNE 向正断层。

高邮凹陷所在的苏北盆地，北邻苏鲁造山带，东接郯庐断裂带。这两大构造带的强烈变形都波及到盆地所在区域，基底断层十分发育。在晚侏罗世，由于 NNE 向的郯庐左行平移断裂及其旁侧一系列同方位、同性质的较小规模断层影响，高邮凹陷内存在这一方位的基底断层，如凹陷东南边界上吴堡断裂带与西边界上的柳菱断层，就是凹陷内 NNE 向基底断裂的典型代表。苏北盆地内布伽重力异常带主要呈现为 NE 与 NEE 向两组方向，与盆地内两组基底断层的方位是一致的。这两组方位的基底断层，一方面造成了基底内密度体沿这两个方向成带状分布；另一方面它们的复活也成为后期盆地的边界断层，这种格局与盆地 NE 与 NEE 向两组断层相吻合。

由于基底断层是地壳内的薄弱带，在伸展活动中易于复活。古近纪伸展期间，高邮凹陷内存在着两组基底断层的复活，一组为 NEE 向基底断层的复活，另一组 NNE 向基底断层的复活。前者起源于印支期的前陆逆冲断层，而后者是起源于晚侏罗世的郯庐左行平移断裂。这两者复活后的产物是存在差别的，盆地内 NEE 向断层规模较大，大量出现在真武断裂以北。由于它们更近于垂直古近纪的 SN 向拉伸方向，处于有利的复活方位，因而会形成较大型断层，并会大量出现，一般不会成为隐蔽性断层。而 NNE 向断层走向与区域拉伸方向呈小角度相交，高角度偏离有利的东西走向方位，是以断续出现或作为连接断层的一部分形式出现，其连续性差、断距较小，地震上响应特征不明显，常为隐蔽性断层。

对于斜向拉伸下处于不利方位的基底断裂，国外学者通过物理模拟已经很好地展示了其活动规律。如图 2-15 所示，SN 向拉张下早期 NNE 向基底断裂由于处于不利的伸展方位，一般是被限制发展。随着大量新生 EW 向正断层的出现，这些复活的 NNE 向断层相应就断续出现在新生的、规模较大的 EW 向正断层之间，从而成隐蔽性断层。

图 2-27 为一系列 NNE 向基底断层在 SN 向拉张下活动的数值模拟。模型是以砂岩代替围岩，硅胶代替相对较弱的基底断层。模拟结果显示，早阶段由于相对较弱基底断层的存在，它们发生复活，表现为右行正断层活动。早阶段也会同时新生 EW 向正断层，但因要首先克服完整岩石破坏所需的阻力，其活动强度明显要弱于复活的 NNE 向基底断层。中间阶段，当 EW 向断层已经完成形成且通过相互连接而规模变大，这组断层带内的强度就等同于 NNE 向断层。由于 SN 向拉伸中 EW 向断层处于最有利的方位，因而中间阶段 NNE 向断层活动就明显减弱，并且是被限制在 EW 向断层之间。到了晚阶段，当 EW 向断层已完全连通，NNE 向断层基本上就不再活动。这一模拟结果，再现了 NNE 向基底断层复活后是如何被限制在 EW 向断层之间的，类似于花瓦构造带上常见的 NE－NNE 向断层被限制在 EW 向较大型断层之间的现象。模拟结果也显示，NNE 向基底断层的复活主要是出现在早阶段，晚阶段当大量 EW 向断层活动时就不再活动了。这也解释了为何花瓦构造带上 NE－NNE 向隐蔽性断层主要活动期为吴堡期，后期很少活动。

图 2-28 为 NNE 与 NEE 向两组基底断层同时经历 SN 向拉张的数值模拟，类拟于高邮凹陷真武断裂以北这两组基底断层同时复活状态。该模拟结果显示，早阶段这两组断层同时复活，并且 NEE 向断层活动强度略大。到了晚阶段，NEE 向断层由于处于有利的拉伸方位，仍继续活动，同时伴生新的 EW 向断层；而 NNE 向断层由于处于不利的拉伸方位，从而停

止活动。这一模拟结果也揭示，高邮凹陷内NNE向的隐蔽性断层也会存在于NEE向断层之间。

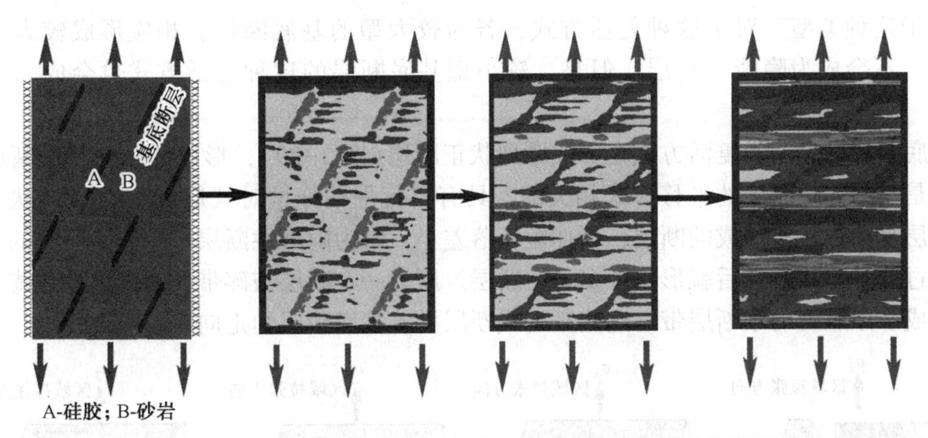

图2-27 SN向拉张下NNE向基底断层活动方向的数值模拟

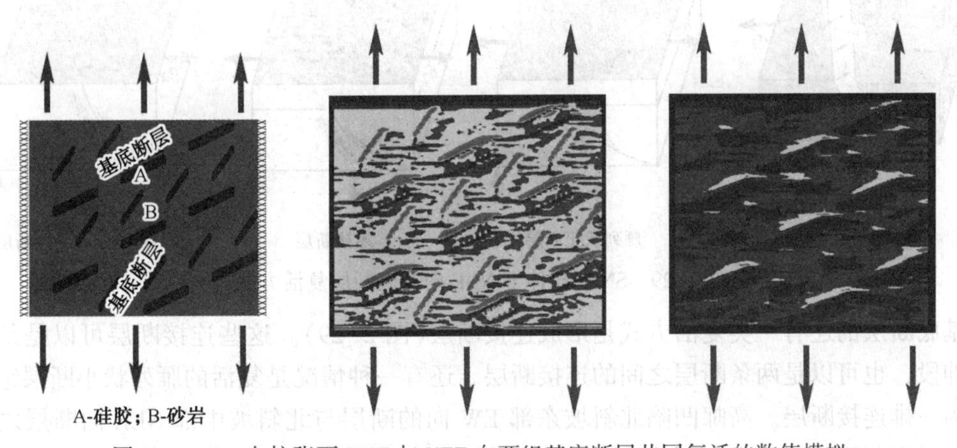

图2-28 SN向拉张下NNE与NEE向两组基底断层共同复活的数值模拟

依据花瓦构造带上实际发现的NE－NNE向隐藏性断层特征、区域应力状态及物理与数值模拟分析，判断高邮凹陷内NNE向基底断裂在古近纪SN向拉张应力状态中，处于斜向拉张状态，呈现右行平移断层活动。由于处于斜向拉张，在同等断层规模条件下，其断层落差要低于EW向断层与NEE向断层，从而伸展活动较弱，多是断续地被限制在EW向或NEE向断层之间。

高邮凹陷内古近纪NE－NNE向隐蔽性断层具有如下特征：

① 属于斜向拉张下NNE走向基底断层再活动的产物；

② 处于不利的拉张方位，一般垂直落差不大(与EW向同等规模断层比较)；

③ 具有右行分量，多为右行正平移断层；

④ 常呈断续出现，被限制于EW向或NEE向正断层之间；也会以多种方式与相它方位断层连接；

⑤ 主要在早阶段吴堡期活动，晚阶段一般不活动，活动时间短。

高邮凹陷NNE向基底断层在SN向拉张下，复活方式可以是多样的。前文的各种数值模拟显示(图2-27、图2-28)，这些NNE向基底断层可以直接活动，成为继承发育的一条完整而较大型断层，即基底断层连续断开(图 2-29)。这种情况一般是出现在较大型基底断裂上，其强度低，断层带大，虽是斜向拉伸也可以完整地复活。NE－NNE 向的吴堡断裂带就属于这种类型。对于这种复活方式，若为较大型的基底断层，相应形成较大型的复活断层，不会成为隐蔽性断层。但是，较小型基底断层的这种复活方式也会成为隐蔽性断层。

基底断层的另一类复活方式是形成雁列状正断层(图 2-29)，形成的雁列状小断层的雁列方式是与斜向拉张中的平移方式相关的，具有右行平移分量时就形成左阶(列)状。这种基底断层复活方式所形成的断层，延伸短，落差小，常为隐蔽性断层。原先为一条的基底断层，通过这种方式复活后就形成了多条小断层。原为一个断层破碎带，通过这种方式复活后还会形成多条雁列的小断层带。这些雁列式断层沿着基底断层的走向成带出现。

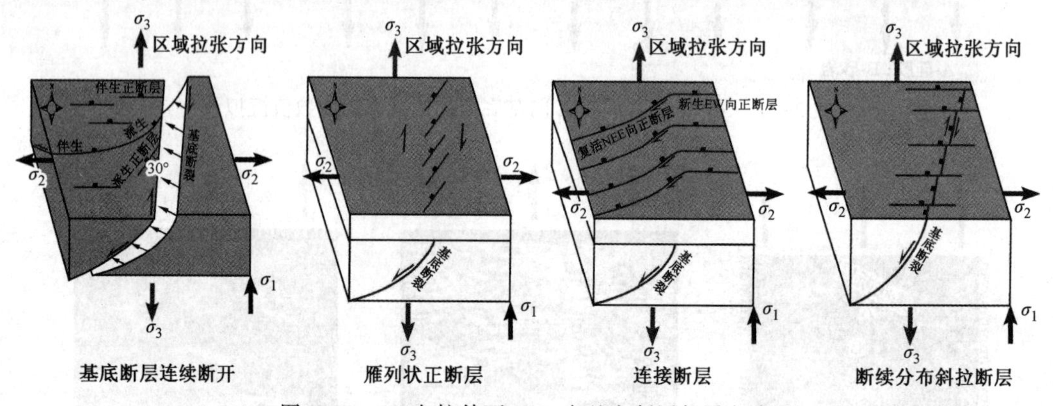

图 2-29　SN 向拉伸下 NNE 向基底断层复活方式

基底断层的还有一类复活方式是形成连接断层(图 2-29)。这些连接断层可以是某一断层延伸段，也可以是两条断层之间的连接断层。还有一种情况是复活的雁列状小断层组各自都成为一排连接断层。高邮凹陷北斜坡东部 EW 向的断层与北斜坡中部 NEE 向断层之间所形成的弧形断层就可能是这种连接状态。当基底断层以连接断层方式复活时，所发育的断层规模较大，多不会成为隐蔽性断层。

基底 NNE 向断层的另一种复活方式是成为断续分布的断层，被限制在 EW 向或 NEE 向断层之间。前述的数值模拟中(图 2-27、图 2-28)较多的出现了这一类复活方式。主要原因是 SN 向拉张中 NNE 向基底断层处于不利的拉伸方位，更易形成 EW 向新生断层或 NEE 向复活的断层，从而限制了 NNE 向基底断层的发展与相互连接。高邮凹陷花瓦构造带上所发现的隐蔽性断层多属于这一类复活的基底断层。如果是小型基底 NNE 向断层的复活，只形成单一断层被限制在 EW 向或 NEE 向断层之间。若是较大型 NNE 向断层带的复活，这些断续出现的 NE－NNE 向断层可以成带出现。

根据前文对高邮凹陷内 NE－NNE 向隐蔽性断层的成因分析，凹陷内隐蔽性断层较为发育的地带应是盆地基底内较为大型的左行平移断层带之处。

根据上述原则，对高邮凹陷 NNE 向隐蔽性断层发育带所做的预测如图 2-8 所示。自东向西分别有五条 NNE 向隐蔽性断层集中发育带，分别是吴堡断裂带、花瓦构造带、三垛—联盟庄带、五里坝—码头庄带及柳菱断裂带。这五个带应是基底较大型 NNE 向断裂所在的部位，古近纪斜向拉伸下会形成带状出现的 NE－NNE 向断层集中区，并会有一部分断层呈隐蔽性存在。带内由于会存在较多的 NE－NNE 向隐蔽性断层，从而也是隐蔽性断块圈闭有利的发育区。

二、主要断裂的演化规律

1. 真武断裂演化规律

（1）真①断裂

该断裂是古近纪控制高邮凹陷的大型边界铲状断层，在整个古近纪期间一直都保持着活动性。断裂在泰州组沉积时期已经开始活动，阜宁组和戴南组沉积时期是断裂活动活跃时期，在阜四段沉积时期断层的活动速率达到峰值；从戴南期开始，断层的活动强度逐渐降低，呈现明显的下降趋势(图 2-30)。

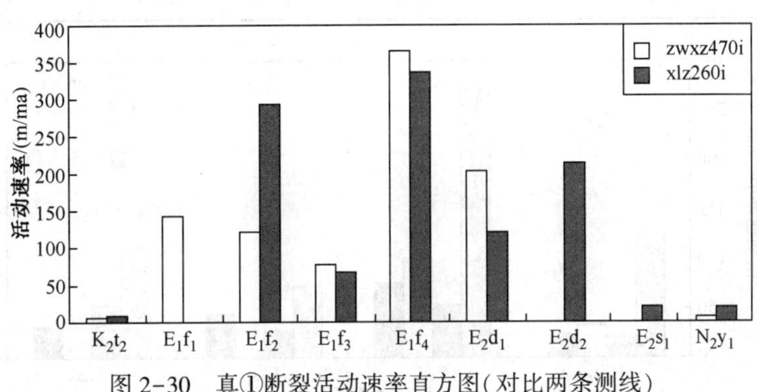

图 2-30 真①断裂活动速率直方图(对比两条测线)

（2）真②断裂

真②断裂包括真②-3、真②-2、真②-1 三条断层。真②-3 断层的活动时间较早，在阜二段沉积时期已开始活动，三垛期的活动强度要大吴堡期。该断裂活动性在吴堡期为东强西弱，三垛期为西强东弱。

真②-2 断层戴一段沉积时期开始活动，具有早强晚弱、西强东弱的特点。戴南组沉积时期断层活动强度明显高于三垛组沉积时期，戴南组沉积时期的断层生长指数为 2.1(G9 测线)~2.63(G7 测线)、断层活动速率为 40.9~207.3m/Ma，而三垛组沉积时期的断层生长指数为 1.6(G9 测线)~1.9(G7 测线)、断层活动速率为 4.7~90.5m/Ma(表 2-4)。活动速率直方图中可以看出，戴二段沉积时期断层活动最强，三垛组二段沉积时期的活动速率大于三垛组一段沉积时期。真②-2 断层的活动速率及断层生长指数在空间上呈现西高东低的规律(图 2-31)，该断层自西向东发育，西侧开始活动的时间要早于东侧。

真②-1 断层的生长指数及活动速率数据显示，该断层的活动开始于戴南组沉积时期(图 2-32)，持续进入三垛期(表 2-5)。戴一段沉积时期活动最强，其次为三垛期，而戴二段沉积时期活动最弱。在戴南组沉积时期表现西强东弱，而在三垛组沉积时期为东强西弱。东段和西段测线的断层生长指数相差不明显，略显西强东弱。戴南组沉积时期的断层生长指数为 1.94(G24 测线)和 1.83(G42 测线)，而三垛组沉积时期的断层生长指数为 1.93(G24 测线)和 1.75(G42 测线)。

表 2-4 真②-2 断层活动速率统计表/(m/Ma)

地层＼测线	G7	zsh600i	G24	zwxz260i	zwxz310i	zwxz360i
E_2d	110.7	207.3	108.9	40.9	70.7	53.6
E_2s	30.7	94.5	4.7	43	37.1	38.3

表 2-5 真②-1 断层活动速率统计表/(m/Ma)

地层＼测线	G24	zwxz310i	zwxz360i	zwxz470i	xlz220i	G41	G45
E_2d	146.4	30.5	13.3	110	63.2	/	/
E_2s	38.8	46	6.6	70.5	77.7	73.5	120

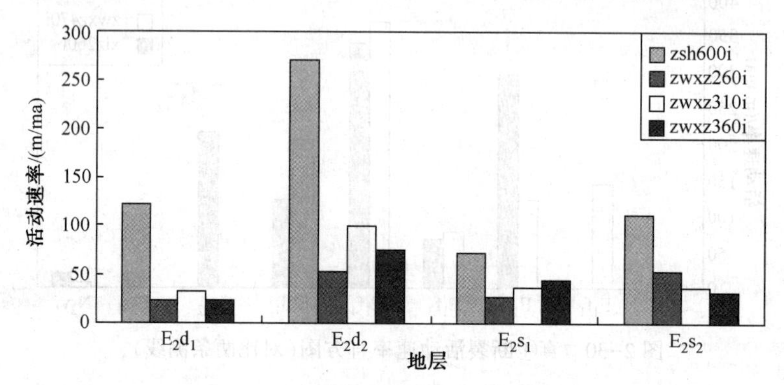

图 2-31 真②-2 断层活动速率直方图

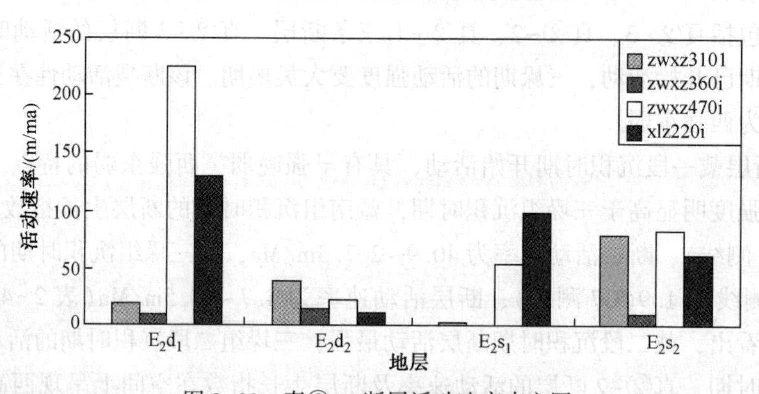

图 2-32 真②-1 断层活动速率直方图

构造演化剖面显示(图 2-33、图 2-34)，真①断层泰州组沉积时期就开始活动；真②-3 断层整个真②断裂中活动最早的，形成时间在真①断层之后，为阜二段沉积时开始活动，三垛组沉积时期活动最强。真②-2 与真②-1 断层的活动都是在戴南组沉积时开始的(图 2-35)，真②-2 断层的发育时间早于真②-1 断层。平面上，真②断层的活动性呈西早东晚，具有自西向东迁移的规律。

通过对真武断裂各主要断层的生长指数和活动速率的分析，做出了真武断裂演化模式图(图 2-34)。在泰州—阜宁组沉积时期，真武断裂受到了 SN 向的拉张，形成了真①断层。真①断层应是利于原先存在的大型 NEE 向基底断层复活的产物。该大型盆地边界断层为铲形，

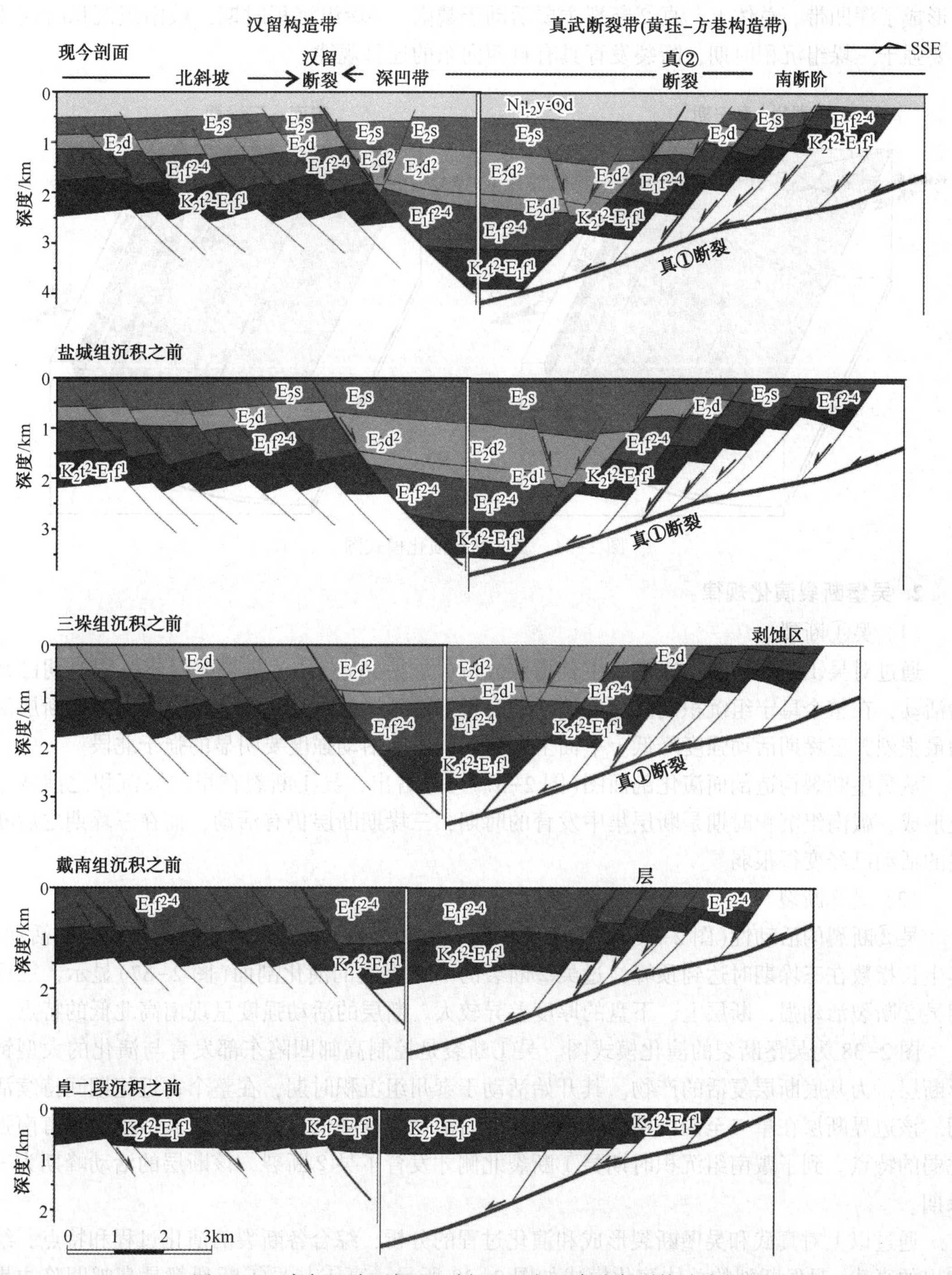

图 2-33 高邮凹陷西部(G7 剖面)汉留及真武断裂构造演化图

上陡下缓，在整个古近纪期间都活动，控制了高邮凹陷这一半地堑型盆地的形成与演化。在区域 SN 向拉张中，真①断层的活动中具有一定的右行分量，应为右行正断层。在阜宁组沉积晚期，真②-3 断层先开始出现，但这时深凹带还没有形成。在戴南－三垛组沉积时期，真②-2 与真②-1 断层同时出现，真②-3 断层也强烈活动，加之同时活动的汉留断裂，从而形成了深凹带。总体上，真②断裂主要活动于戴南—三垛组沉积时期，戴南组沉积时期活动要强于三垛组沉积时期，断裂发育具有自西向东的迁移规律。

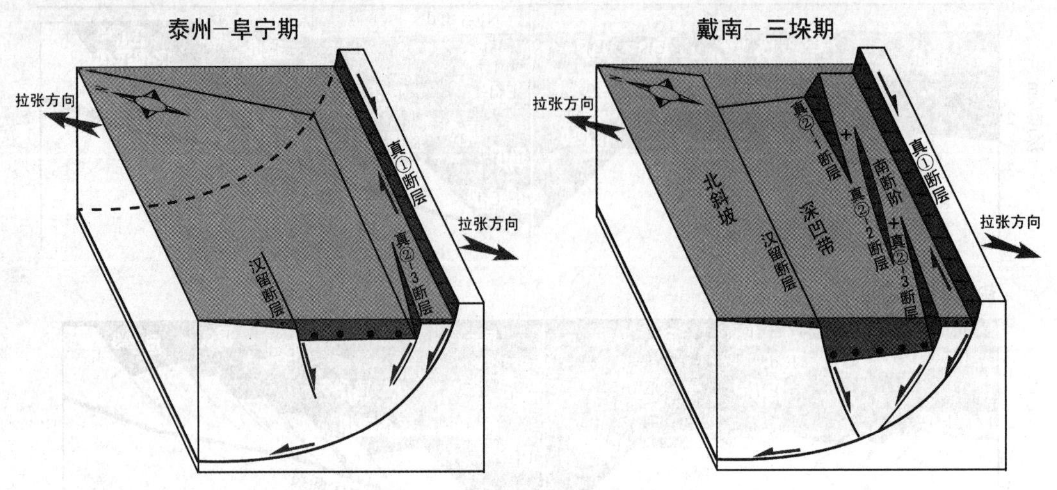

图 2-34　真武断裂演化模式图

2. 吴堡断裂演化规律

(1) 吴①断裂

通过对吴①断裂的活动速率及生长指数分析(图 2-36)，吴①断裂在泰州沉积时期已开始活动，在整个阜宁组沉积期间断层的活动有很好的延续性，阜二—阜四段沉积时期断层活动最强烈，三垛期活动强度降低。平面上，断层南段的活动强度要明显的强于北段。

从吴堡断裂构造剖面演化剖面图(图 2-37)可以看出，吴①断裂在阜二段沉积之前就已经形成，戴南组沉积时期是断层集中发育的时期，三垛期断层仍有活动，而在三垛期之后断层的活动已经变得很弱。

(2) 吴②断裂

吴②断裂的活动性(图 2-36)滞后于吴①断裂，在 E_1f_2、E_1f_3时期才开始有较弱的活动，其生长指数在三垛期时达到顶峰，过吴②断裂的 G57 测线的演化剖面(图 2-37)显示，三垛期吴②断裂活动强，断层上、下盘的厚度差异较大。断层的活动强度呈现南高北低的特点。

图 2-38 为吴堡断裂的演化模式图。吴①断裂是控制高邮凹陷东部发育与演化的大型铲形断层，为基底断层复活的产物。其开始活动于泰州组沉积时期，在整个古近纪期间持续活动。该边界断层在阜二至四段期活动最强，随后活动强度降低。平面上，其活动性具有南强北弱的特点。到了戴南组沉积时期吴①断裂北侧才发育了吴②断裂，该断层的活动峰期为三垛期。

通过以上对真武和吴堡断裂形成和演化过程的分析，综合各断裂的演化过程和特点，绘制出的真武—吴堡断裂的总体演化模式如图 2-38 所示。真①与吴①断裂都是高邮凹陷边界上的大型铲形正断层，控制了整个半地堑盆地的发育与演化，皆为泰州沉积时期开始活动，并持续在整个古近纪期间。这两条断层的活动强度峰期都在阜宁组沉积时期。在戴南—三垛组沉积时期，真①断层北侧派生了三条左阶雁列状的真②-1、真②-2 与真②-3 断层，同期吴①断裂北侧也派生了吴②断裂，从而使盆地内出现了集中断陷活动。

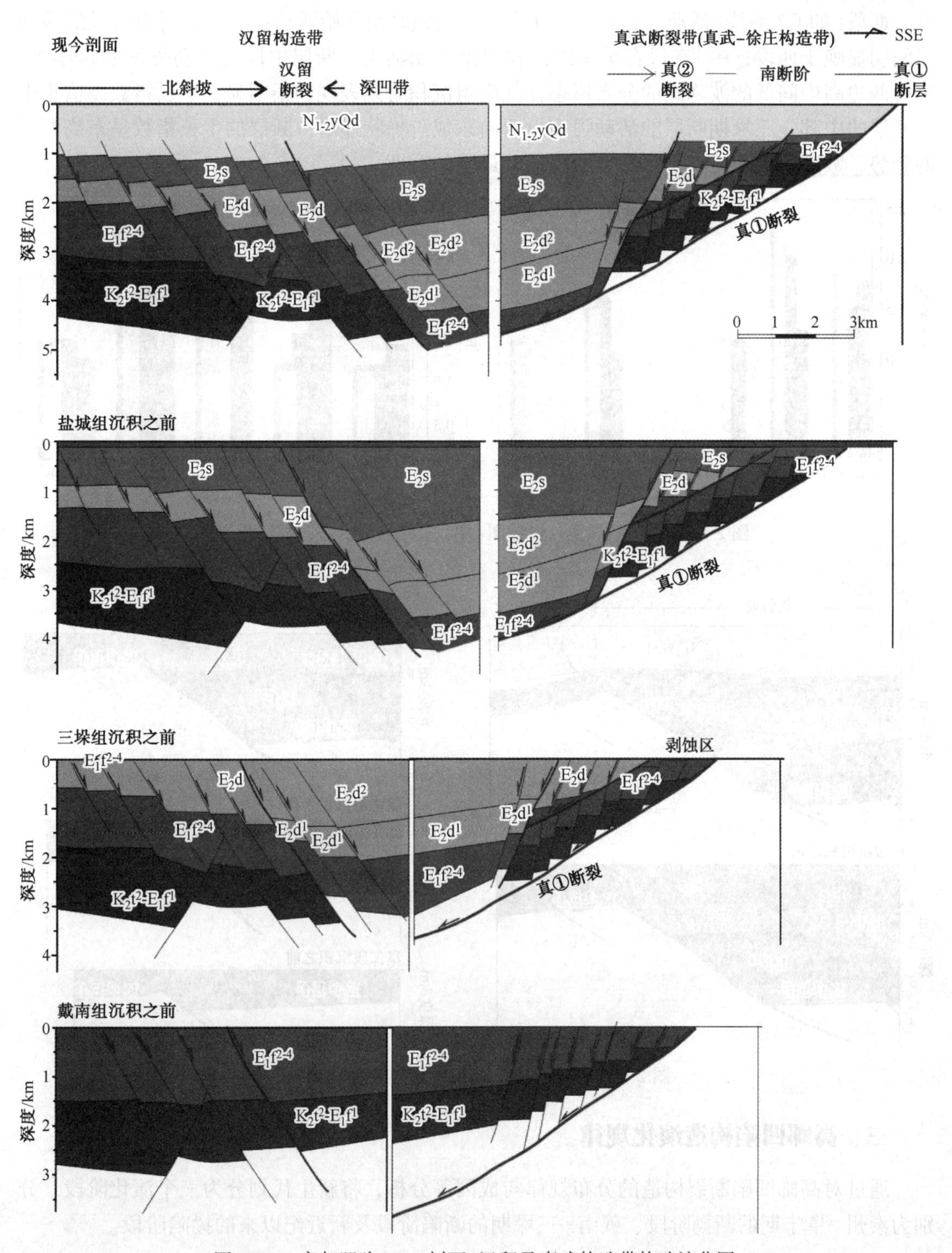

图 2-35　高邮凹陷(G24 剖面)汉留及真武构造带构造演化图

3. 汉留断裂演化规律

汉留断裂为真武断裂上盘的一条反向断裂，由多条南倾断层组成(图 2-33、图 2-35)。汉留断裂在泰州组沉积时期开始活动，戴南组沉积时期活动性最强，其次为三垛期。平面上，西段(如 G7 测线)活动开始较早，在泰州组沉积时期开始活动；而汉留断裂东段的活动时间明显晚于西段，中—东段在戴南组沉积时期开始活动。断层中段的活动强度明显偏高，这种两边高中间低的波峰式的分布形态在戴南组沉积时期表现的很明显，生长指数高值集中于断层的中部。三垛期断层的活动强度由西向东成阶梯状递增，断层的生长指数呈东高西低的趋势，戴南组沉积时期是深凹带断陷活动最强的时期。

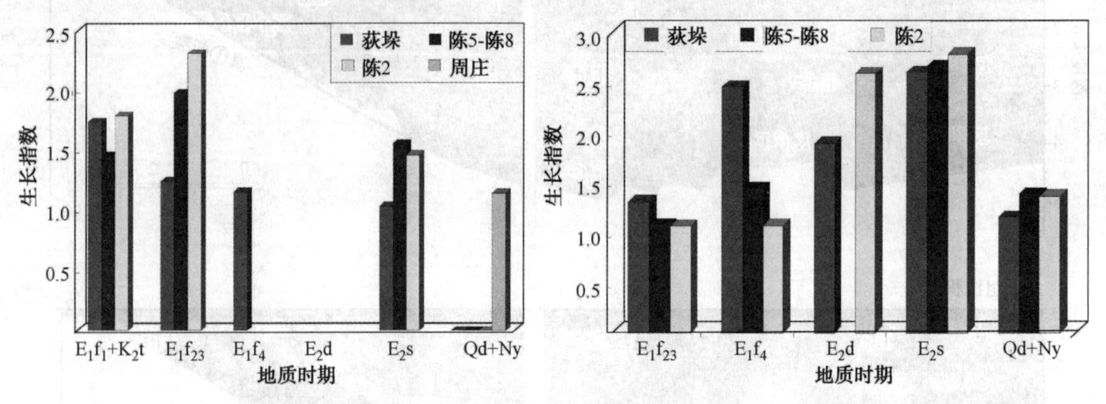

图 2-36　吴堡断裂生长指数图(左，吴①断裂；右，吴②断裂)

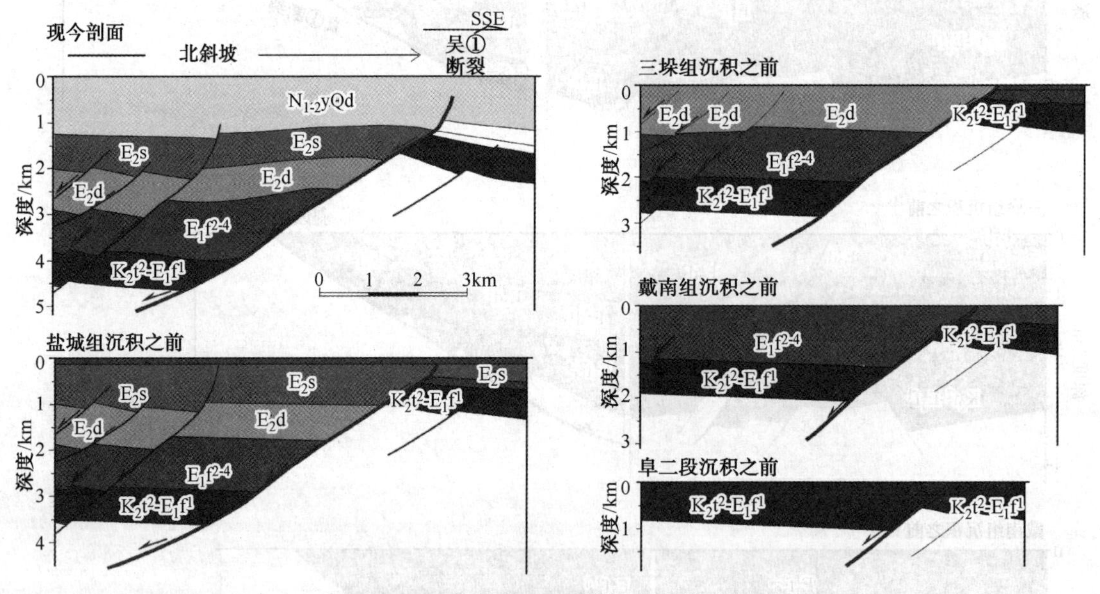

图 2-37　吴堡断裂(G57 测线)构造演化剖面

三、高邮凹陷构造演化规律

通过对高邮凹陷断裂构造的分布规律与成因等分析，将新生代划分为三个演化阶段，分别为泰州—阜宁期的断拗阶段、戴南—三垛期的断陷阶段及新近纪以来的拗陷阶段。

1. 吴堡期断拗阶段

由泰州组残留地层等厚图可见(图 2-39)，泰州组盆地地层南部厚，北部薄，呈 NE 向展布。这一沉积展布格局明显指示主要是受控于南部边界上真①断层和吴①断裂。

在泰州—阜宁组沉积时期(吴堡期)，这两条边界断层上盘旁侧形成了一系列阶梯状正断层，使得盆地南部落差最大，沉积厚度大。同时，盆地内部还发育了一系列正断层，并且广泛、均匀分布，呈现分散伸展的状态。这阶段除了真①断层和吴①断裂等盆地边界断层，盆地内部的断层规模与落差上相差不显著，断层密度也变化不大，盆地内部处于均匀拉伸状态，在沉积格局上有些类似拗陷型盆地。

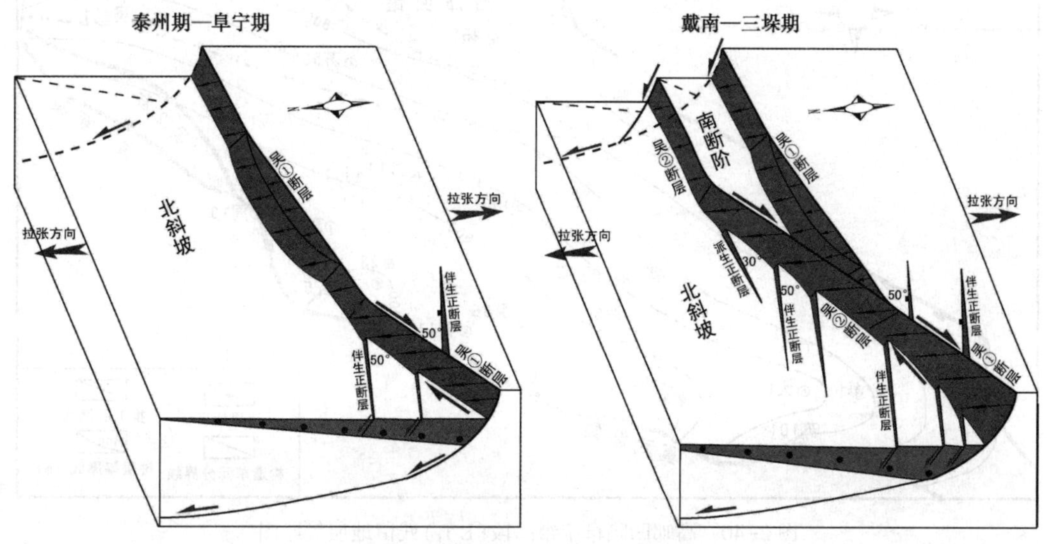

图 2-38 吴堡断裂的演化模式图

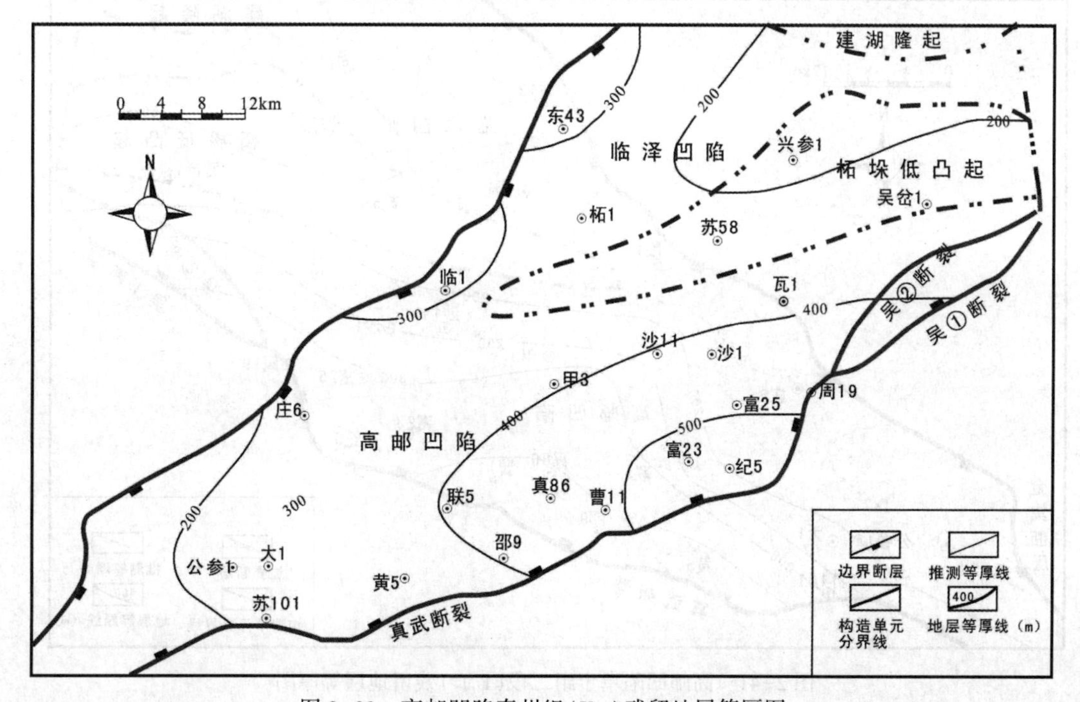

图 2-39 高邮凹陷泰州组(K_2t)残留地层等厚图

阜宁组的沉积格局(图 2-40~图 2-43)稳定，持续着半地堑盆地的沉积特征。

2. 三垛期断陷阶段

高邮凹陷在阜四段沉积之后，发生了吴堡事件，盆地反转抬升，阜四段经受过不同程度

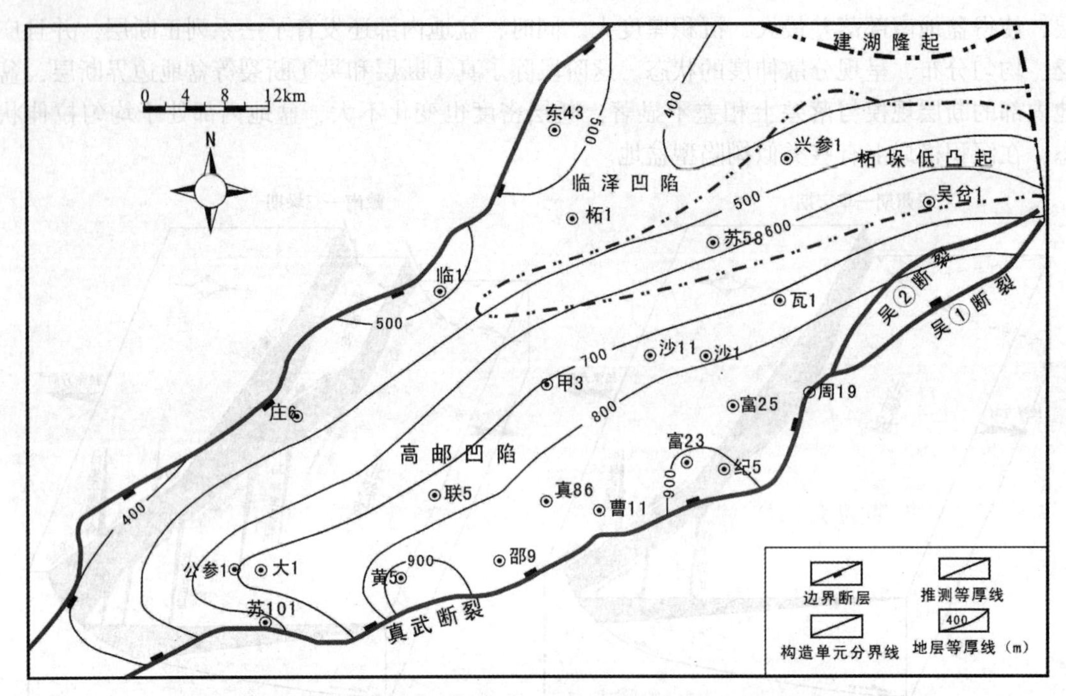

图 2-40 高邮凹陷阜宁组一段(E_1f_1)残留地层等厚图

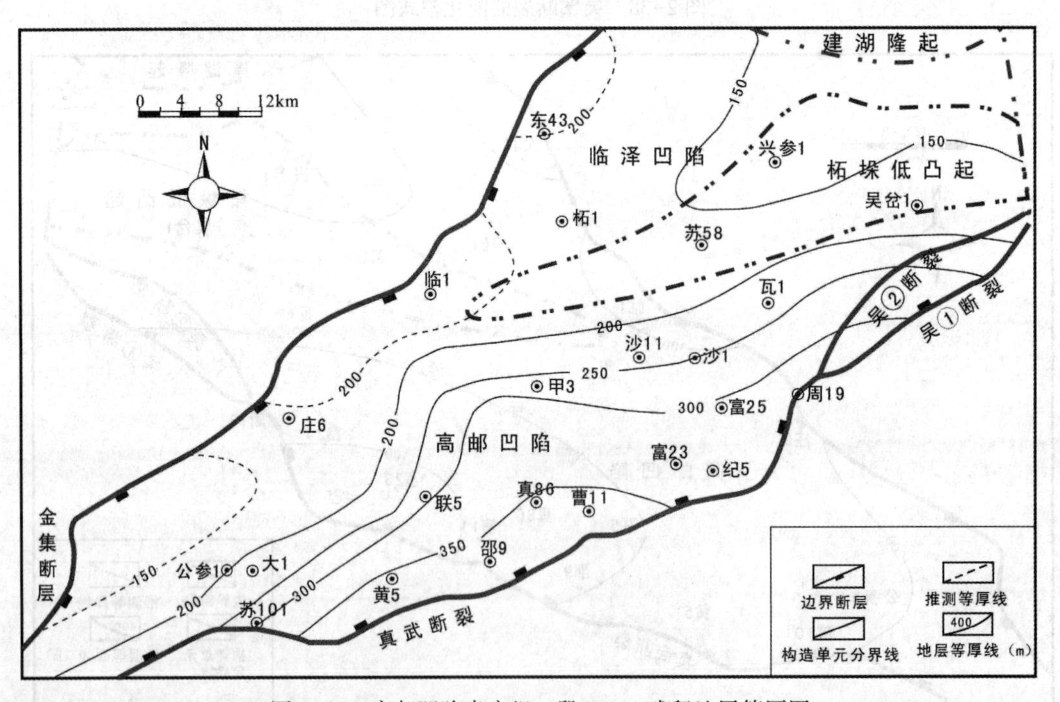

图 2-41 高邮凹陷阜宁组二段(E_1f_2)残留地层等厚图

的剥蚀。进入三垛期转变为集中伸展断陷阶段。

戴南—三垛组沉积时期(三垛期)，汉留断裂、真武断裂及吴②断裂同时强烈活动，深凹带发育。在深凹带内沉积了很厚的戴南组与三垛组，这一时期高邮凹陷南断阶、深凹带与北斜坡三个次级单元真正全部成形。该时期的另一个特征是北斜坡上沉积较薄，并且向北逐渐减薄，至柘垛低凸起上缺失戴南期。进入三垛组沉积期，深凹带仍继续发育，但汉留断裂与真②断层及吴②断裂的活动性略有降低。汉留断裂西段及真②断层的真②-3 断层活动较早，深凹带的形成是西早东晚，具有向东迁移的特征。

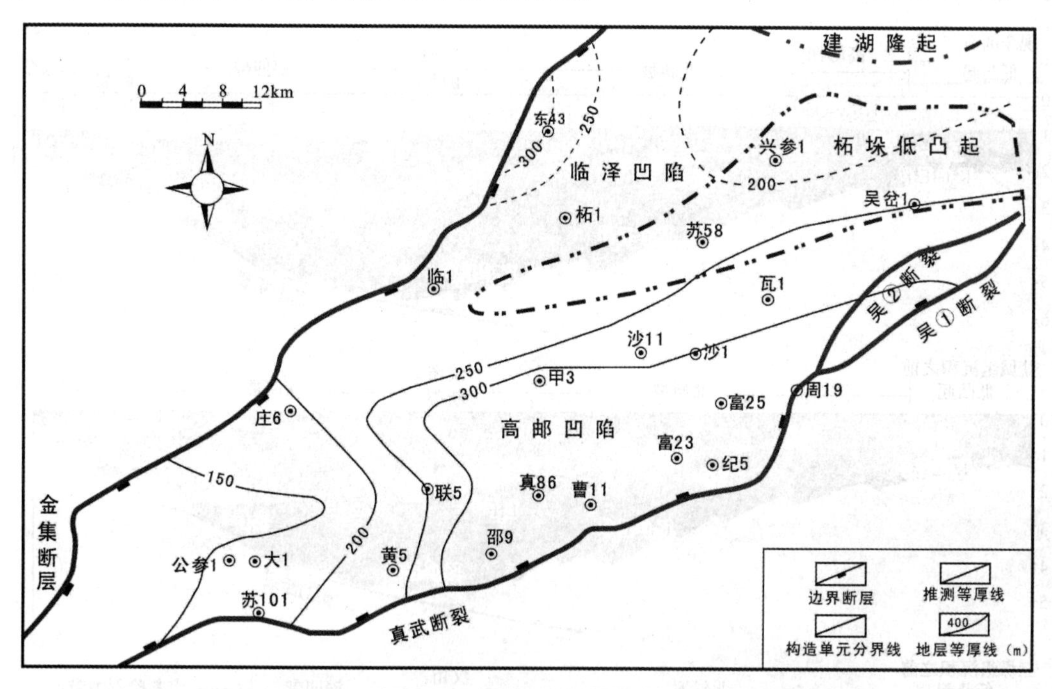

图 2-42　高邮凹陷阜宁组三段(E_1f_3)残留地层等厚图

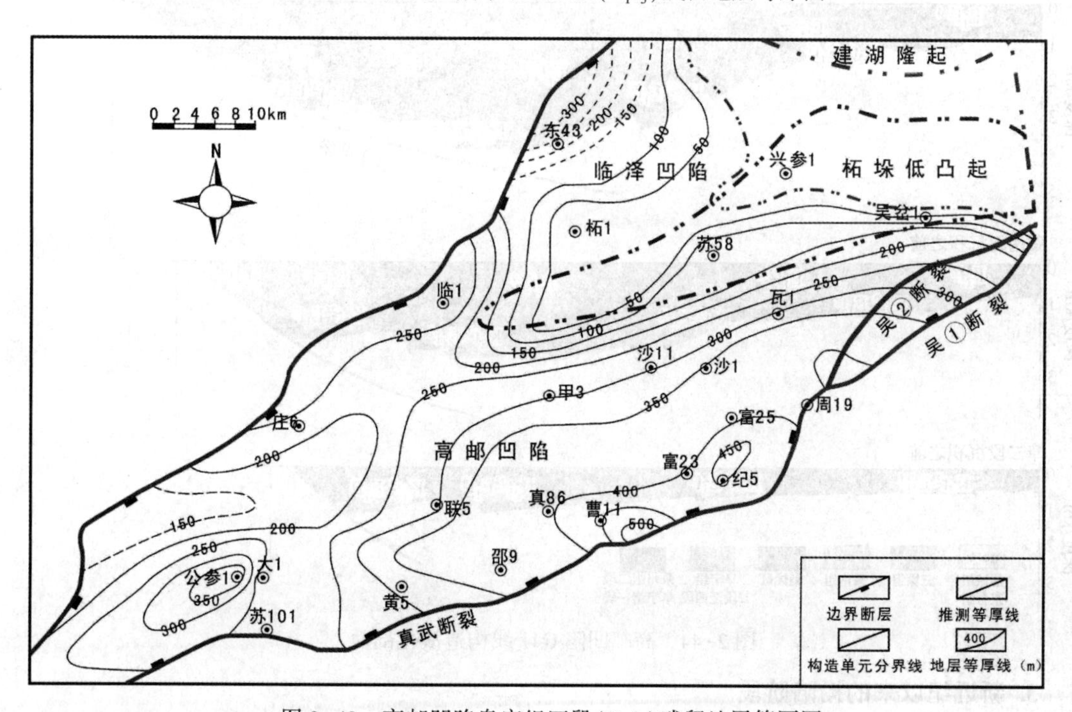

图 2-43　高邮凹陷阜宁组四段(E_1f_4)残留地层等厚图

高邮凹陷内的断层系统显示，吴堡期为分散变形，正断层均匀出现在凹陷内的各个部位；三垛期转变为集中变形，正断层集中出现在深凹带，盆地的沉降中心也相应集中在深凹带。

剖面上，吴堡期高邮凹陷中—东部主要是形成北倾的多米诺式正断层组合，而西部则形成垒—堑状断层组合样式(图2-44、图2-45)。

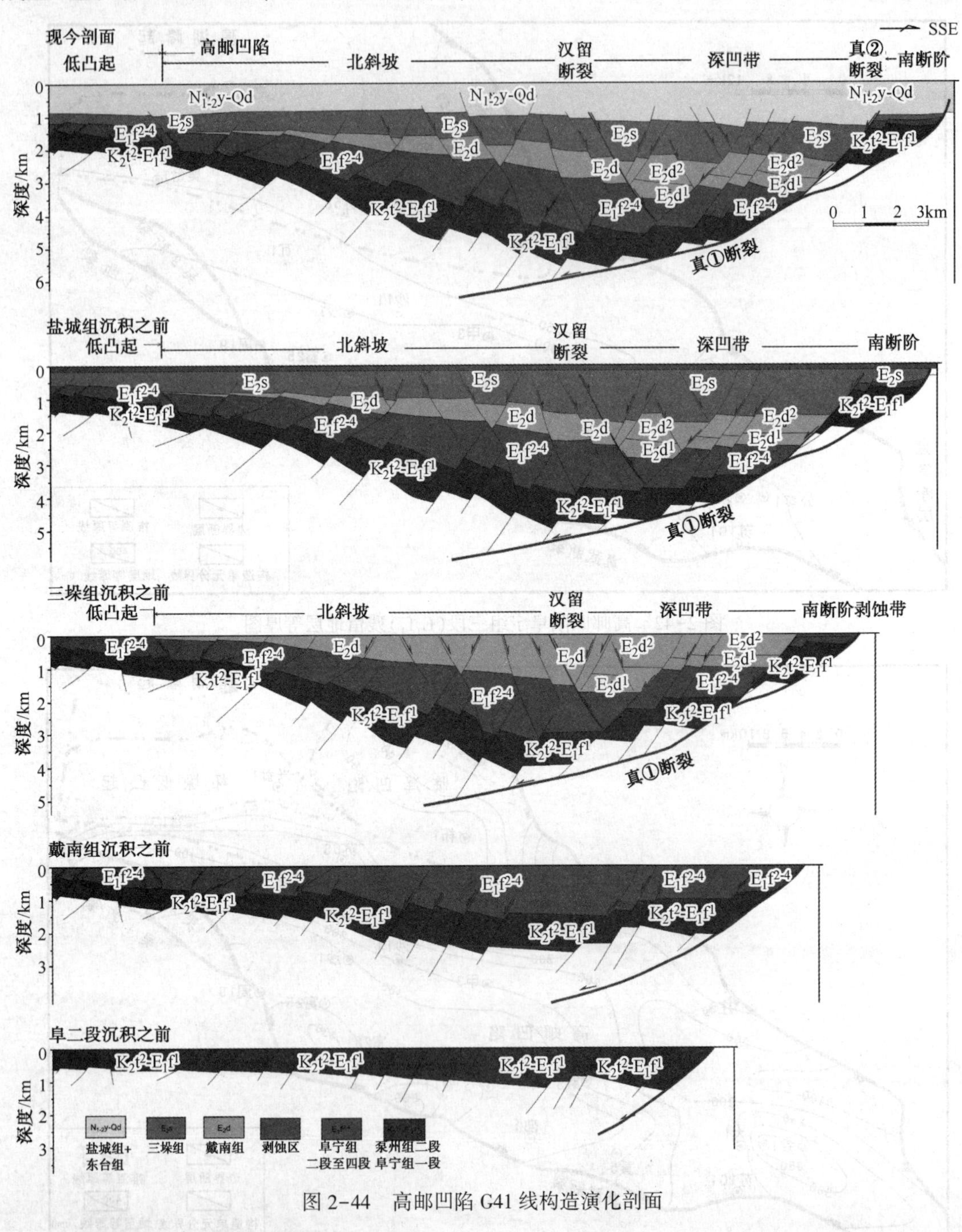

图2-44 高邮凹陷G41线构造演化剖面

3. 新近纪以来的拗陷阶段

三垛组沉积之后(始新世末)，高邮凹陷经历了盆地反转，发生了三垛事件，盆地整体抬升，缺失渐新统。

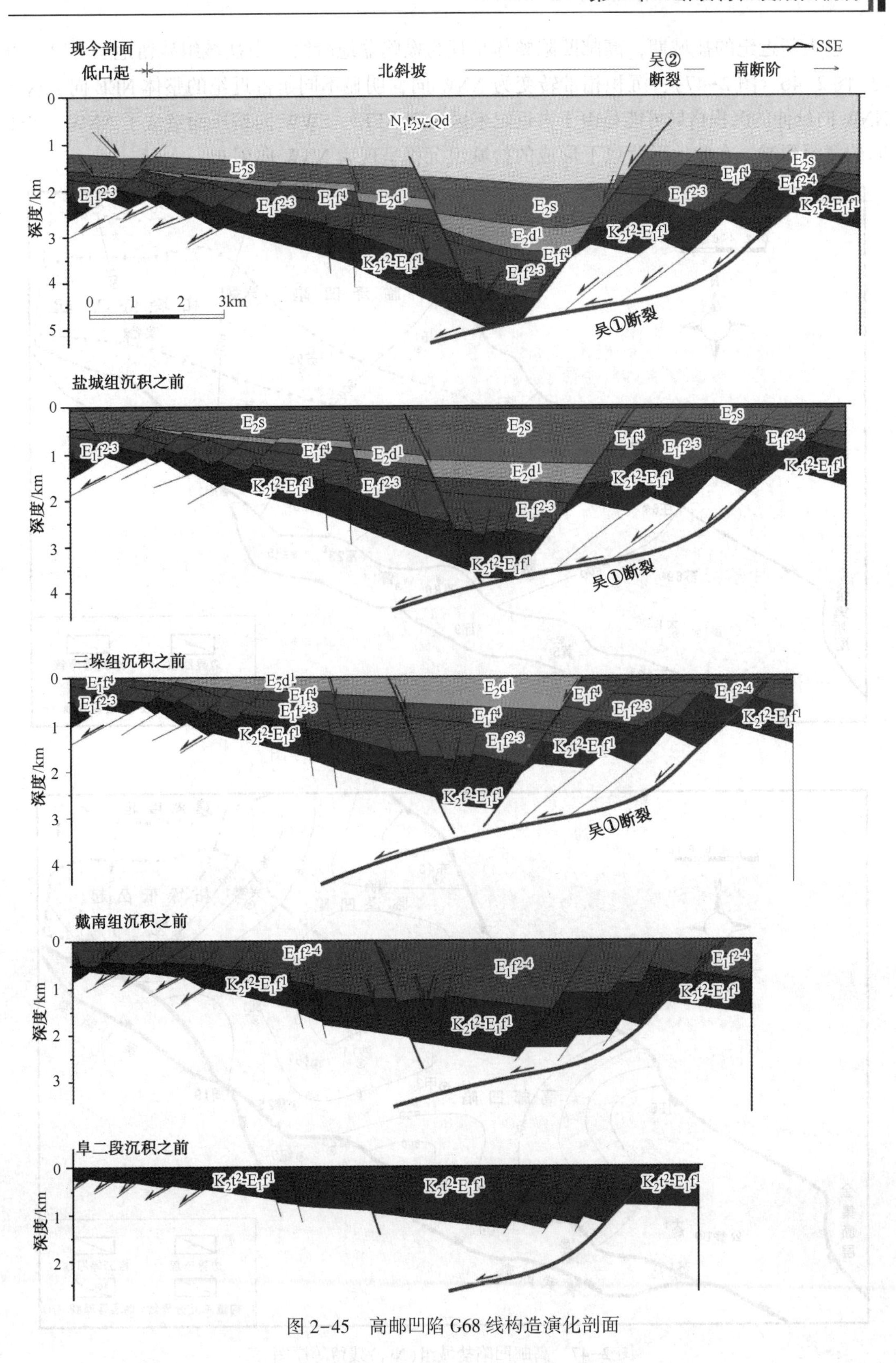

图 2-45　高邮凹陷 G68 线构造演化剖面

进入新近纪的盐城期，高邮凹陷整体呈现为拗陷盆地阶段。由盐城组残留地层等厚图可见(图 2-46、图 2-47)，沉积相带转变为 NNW 向，明显不同于古近纪的整体 NEE 向。这一 NNW 向延伸的沉积格局可能是由于古近纪末区内因 NEE－SWW 向挤压而造成了 NNW－SSE 向的宽缓褶皱。在此地形背景下形成的盐城组沉积呈现为 NNW 向展布。

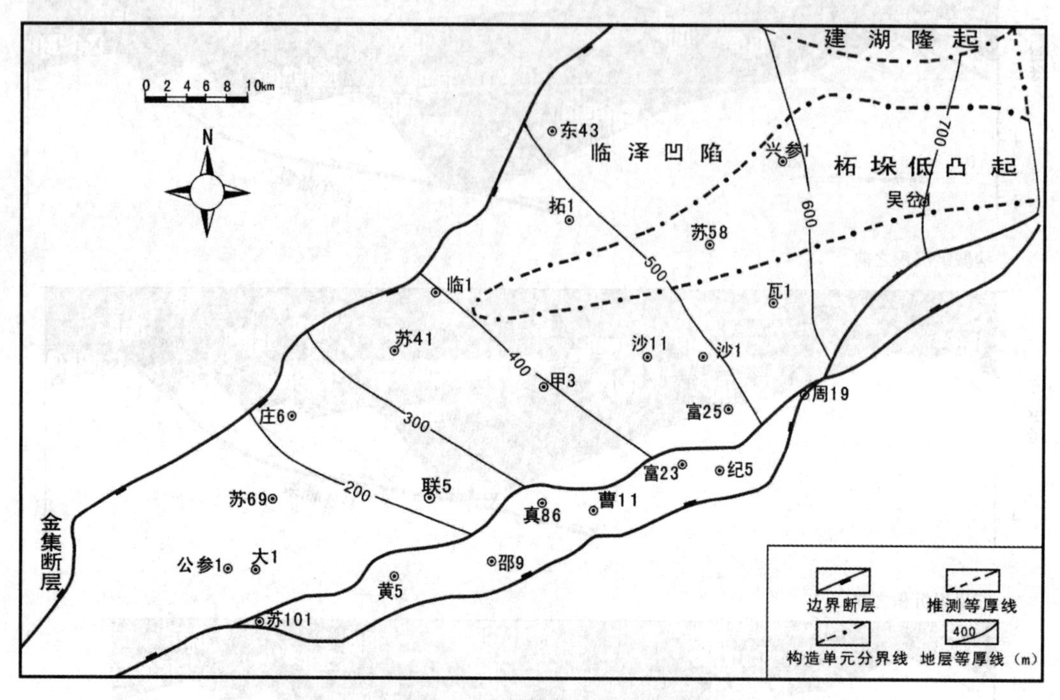

图 2-46　高邮凹陷盐城组(Ny_2)残留等厚图

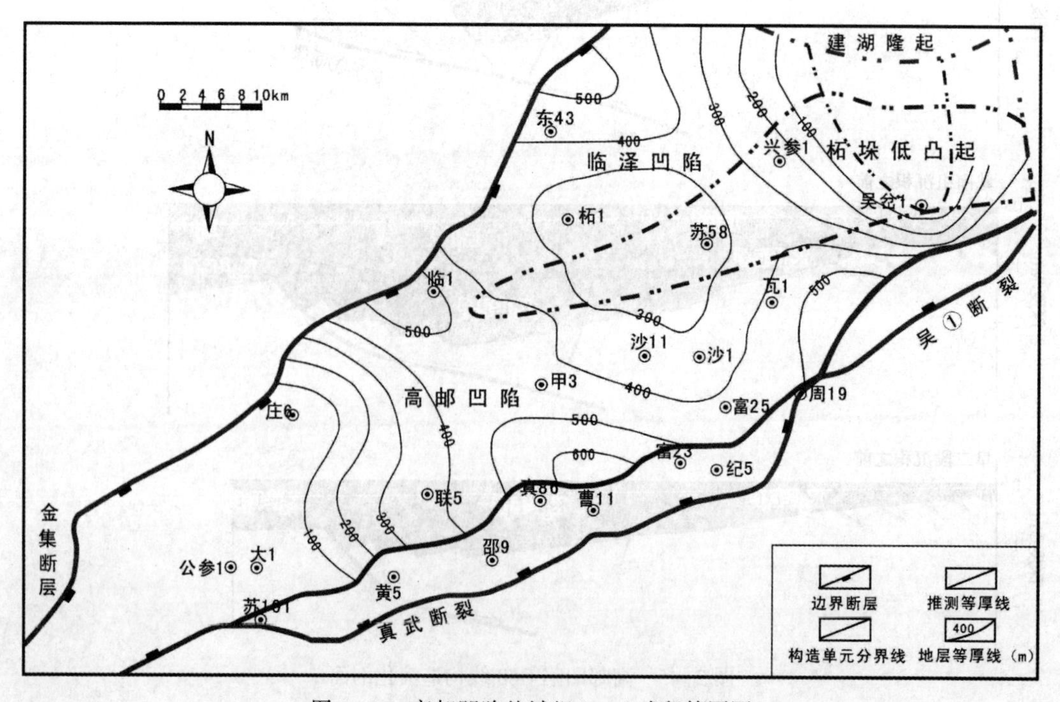

图 2-47　高邮凹陷盐城组(Ny_1)残留等厚图

对比盐一段与二段残留地层等厚图(图 2-46、图 2-47)，早期的盐一段沉积分异明显强于晚期的盐二段，盐二段沉积时期是典型的拗陷盆地沉积格局。地震解释剖面上(图 2-44、图 2-45)，显示盐一段底面明显受到一系列正断层错断。因而，盐一段沉积时期，高邮凹陷应处于弱伸展状态，还有正断层活动。这期间的断陷是在整个拗陷背景下的弱伸展活动，盆地内的总体沉积格局主要受控于拗陷或热沉降，较弱的正断层活动(落差较小)仅是在此景上局部改变沉积状态。进入盐二段沉积时，高邮凹陷已完全属于拗陷型盆地，具有典型的披盖式沉积，正断层活动完全消失。

第三章　断裂与砂体分布

第一节　沉积演化特征

与中国东部所有的新生代陆相盆地一样，高邮凹陷的沉积演化受盆地不同构造演化阶段的构造背景和古气候控制，盆地的多次抬升和沉降构成多类型、多旋回的沉积演化过程。晚白垩世以来，苏北盆地共经历了断拗($K_2t-E_1f_4$)、断陷($E_2d_1-E_2s_2$)、拗陷(Ny_1-Ny_2)三个不同的构造演化阶段，阶段构造格局和断裂发育特征的差异对沉积体系的发育和分布具有重要的控制作用。

一、断拗阶段沉积演化特征

受盆地形成早期大型断坳盆地的构造格局面貌控制，沉积格局为彼此相连的广泛湖盆。虽然近断裂的深凹带沉降幅度相对较大，但二级断层对沉积没有明显的控制作用。在西高东低、南断北抬的构造背景下，沉积物源主要来自西北方向，具有源远流长、规模较大的沉积特征。沉积体系往往跨凹陷分布，如泰州组(K_2t)沉积早期和阜三段(E_1f_3)沉积时期的三角洲沉积，在高邮凹陷仅见三角洲前缘；阜一段(E_1f_1)沉积时期具有由西向东有河流–三角洲–湖泊的沉积特征。

这一阶段，盆地有三次较大幅度的沉降，形成三次大规模的湖侵，分别发生在泰州组(K_2t)沉积中晚期、阜二段和阜四段沉积时期，形成了较厚的半深湖–深湖相暗色泥岩，构成了盆地主要的烃源岩层系和区域性盖层(图3-1)。其中，泰州组(K_2t)沉积中晚期的湖侵规模相对较小，暗色泥岩主要分布在高邮凹陷东部地区；阜二段(E_1f_2)和阜四段(E_1f_4)沉积时期湖侵规模较大，暗色泥岩分布广泛。

泰州组(K_2t)沉积时期：高邮凹陷的沉降中心位于深凹带，具有西高东低的沉积构造面貌，最大沉积厚度超过400m，发育三角洲、河流、扇三角洲和滨浅湖等多种沉积相类型。平面上，发育3个物源体系，NE向物源控制的三角洲沉积体系主要分布在沙埝–瓦庄–陈堡以东的广大地区；NW向物源控制的河流沉积体系主要分布在凹陷西部的秦栏、韦庄地区；南部物源控制的扇三角洲体系分布在周庄地区；其他地区以滨浅湖沉积为主(图3-2)。纵向上具有水进–水退的沉积旋回特征，早期以粗碎屑充填的河流、三角洲沉积为主，中晚期受苏北盆地第一次大规模湖侵影响形成广泛的湖相沉积。

阜一段(E_1f_1)沉积时期：高邮凹陷处于快速沉降期，沉降中心位于深凹带，最大沉积厚度大于900m。根据孢粉等古生物资料生态环境分析，该时期气候炎热干旱，岩石组合主要为一套棕色的砂泥岩互层，发育河流、冲积平原和滨浅湖相沉积。平面上，物源主要来自西北和西南方向，由西向东依次为冲积平原、河流及泛滥平原、滨浅湖相沉积；南部周庄地区发育有小型扇三角洲(图3-3)。纵向上，总体为一水进旋回，阜一段(E_1f_1)沉积早中期主要发育河流相，晚期逐渐演化为三角洲和滨浅湖相。

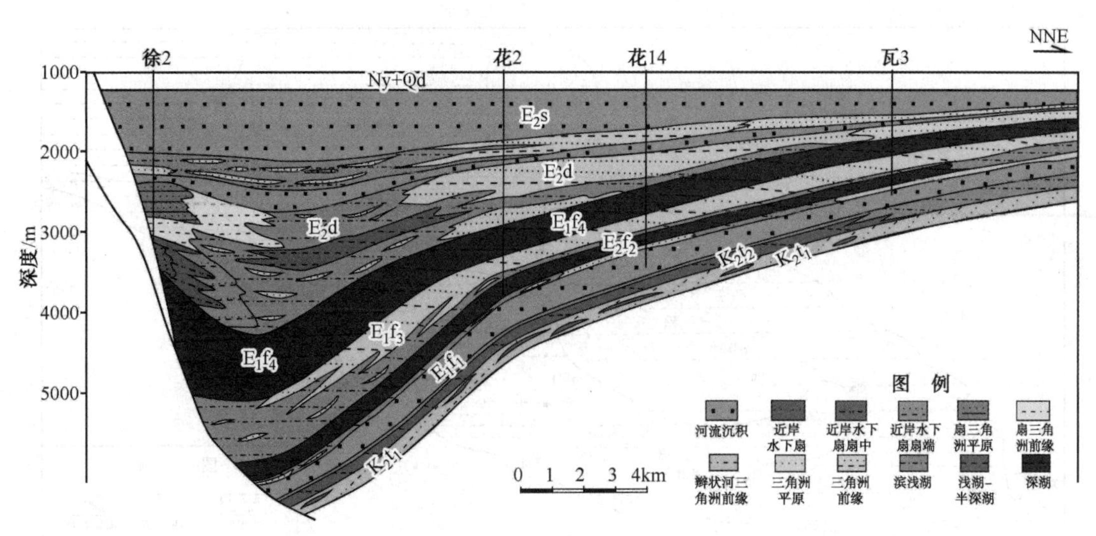

图 3-1 高邮凹陷过徐 2-花 2-瓦 3 井沉积相剖面图

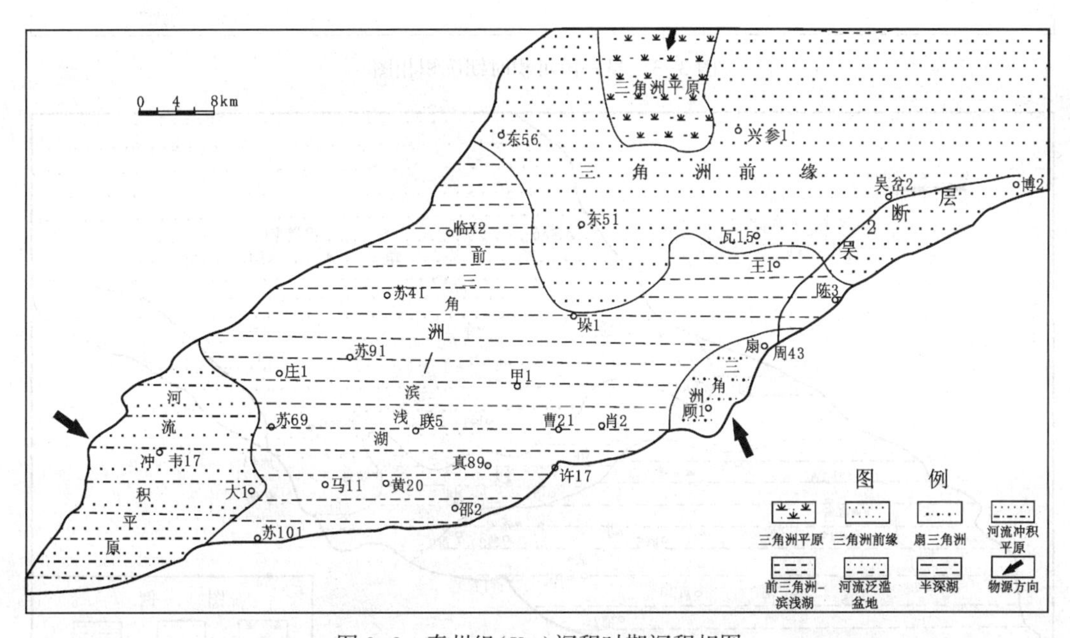

图 3-2 泰州组(K_2t)沉积时期沉积相图

阜二段(E_1f_2)—阜三段(E_1f_3)沉积时期：阜二段(E_1f_2)为苏北盆地第二次大规模湖侵期，主要发育黑色泥岩、灰质泥岩和油页岩，是高邮凹陷的主要烃源岩层系之一。平面上，除凹陷西部码头庄地区发育有少量的碳酸盐滩坝外，其他地区主要为半深湖—深湖相，形成分布广泛的烃源岩。

继阜二段(E_1f_2)湖侵之后，阜三段(E_1f_3)沉积时期盆地开始抬升回返，演化为北高南低的构造面貌。平面上，来自 NE 方向的三角洲沉积体系进入凹陷，在凹陷东部地区发育大范围的三角洲前缘亚相，其他地区主要为滨浅湖相(图 3-4)。纵向上，阜二段(E_1f_2)、阜三段(E_1f_3)呈典型的反旋回。

阜四段(E_1f_4)沉积时期：该时期为最大范围的湖侵期，高邮凹陷主要为半深湖—深湖相

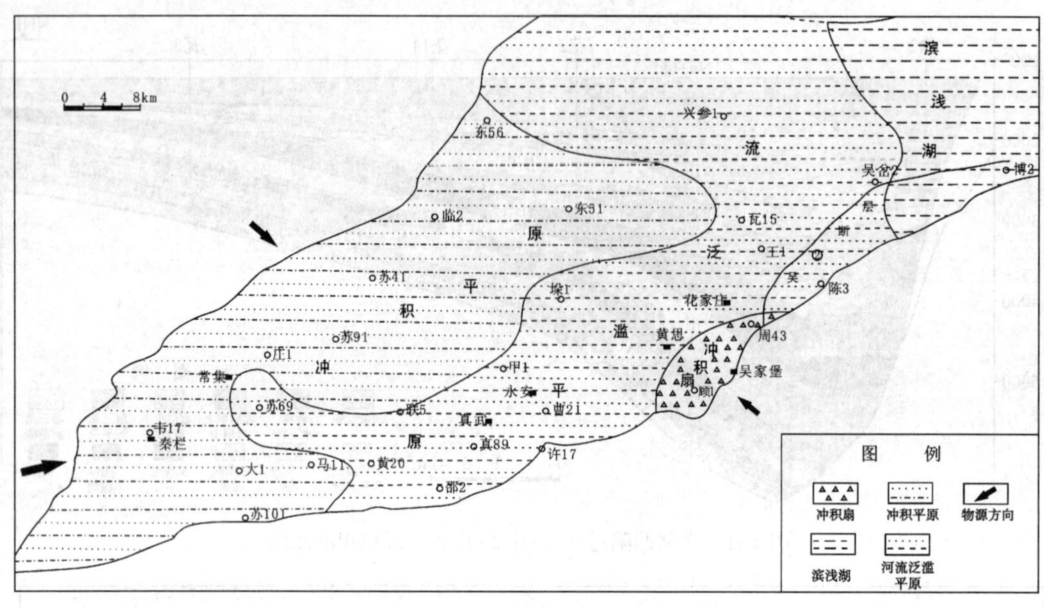

图 3-3 阜一段沉积时期沉积相图

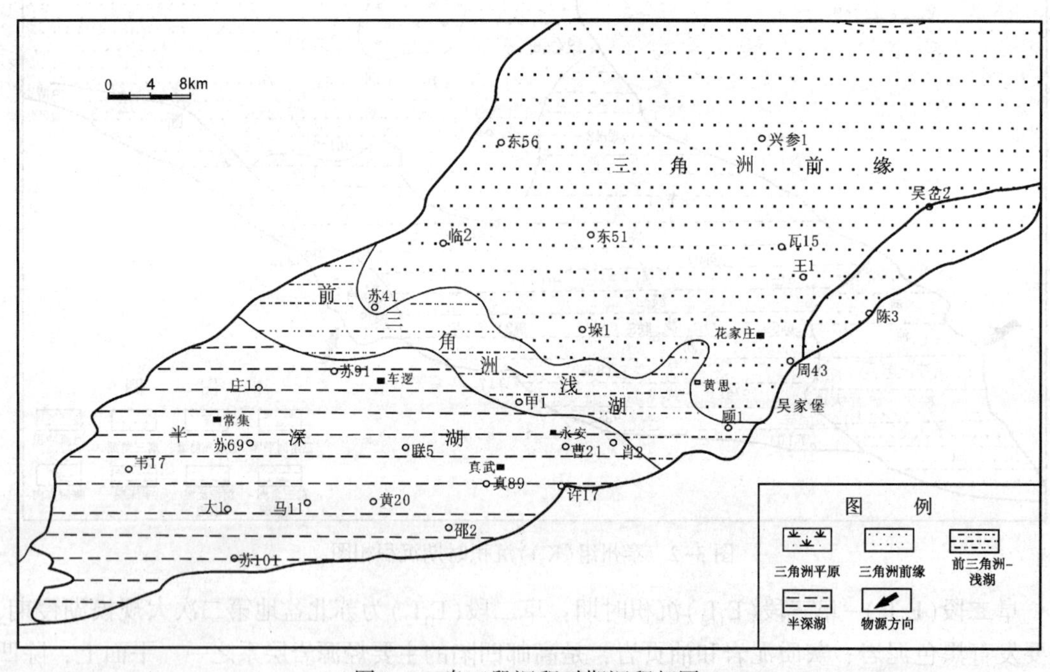

图 3-4 阜三段沉积时期沉积相图

沉积。

二、断陷阶段沉积演化特征

高邮凹陷真武、吴堡和汉留等断裂带活动强，对沉积具有强烈的控制作用，盆地呈南断北超、典型箕状断陷湖盆的构造格局。各断裂带上下盘地层厚度具有明显差异，如戴二段（E_2d_2）在汉留断裂的上下盘地层厚度差异达 400m 以上。

受构造背景控制，这一时期主要表现为近源、多物源的沉积特征，物源主要来自凹陷周边的凸起或隆起区，沉积体系的规模普遍较小，凹陷内具有完整的相带组合。南部陡坡带发育近岸水下扇沉积，北部缓坡带发育三角洲沉积。

这一时期盆地也有多次的抬升和沉降，但影响时间和沉降规模都远小于泰州组(K_2t)－阜四段(E_1f_4)沉积时期。其中，戴一段沉积晚期沉降造成湖侵的规模较大，在高邮凹陷形成分布广泛的区域性盖层，并在深凹带形成烃源岩。

戴一段下部($E_2d_1^3$~$E_2d_1^2$)沉积时期，处于断陷湖盆沉积早期，沉积范围较小，凹陷表现为多物源、多沉积体系的特征，沉积相类型包括三角洲、扇三角洲、近岸水下扇相等。平面上，南部陡坡带真武—曹庄、富民、周庄等多级断阶发育的地区主要为扇三角洲沉积，单断阶发育的邵伯、肖刘庄等地区主要为近岸水下扇沉积；西部缓坡带韦庄、马家嘴地区发育小型三角洲沉积；北部缓坡带发育大型三角洲沉积(图3-5)。纵向上，呈水进—水退的完整沉积旋回。

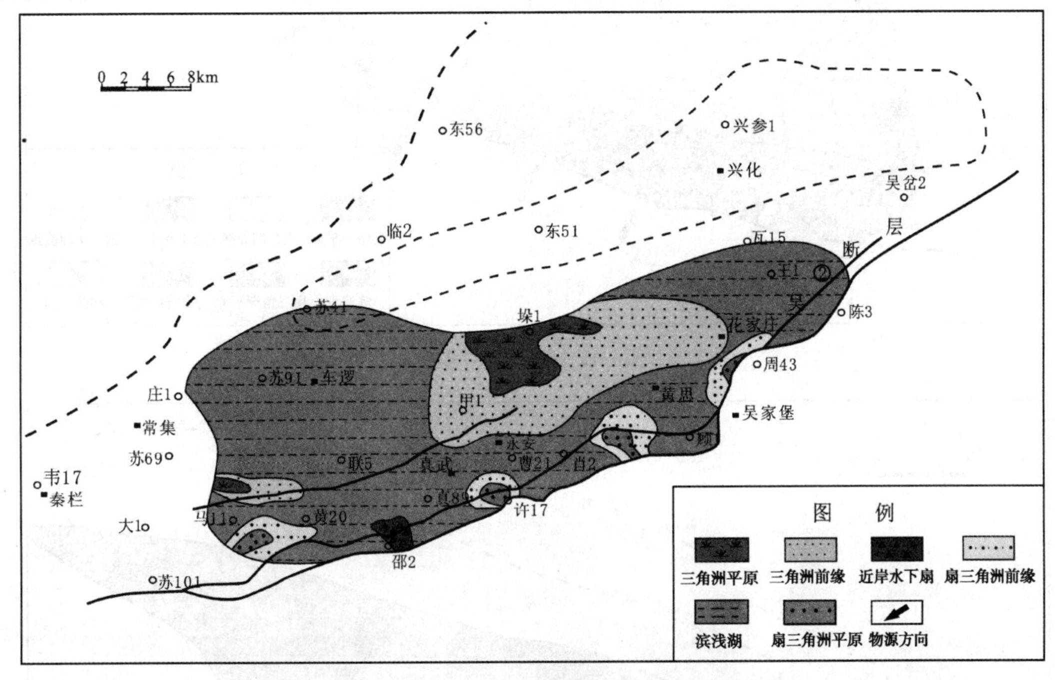

图3-5　戴一段下部沉积时期沉积相图

戴一段上部($E_2d_1^2$~$E_2d_1^1$)沉积时期：沉积格局和沉积相类型与戴一段下部基本相似，具有继承性发育的特点。平面上，南部陡坡带黄珏、真武—曹庄、富民、周庄地区发育扇三角洲，邵伯、肖刘庄地区发育近岸水下扇；西部缓坡带韦庄地区、北部缓坡带沙埝、永安等地区发育三角洲(图3-6)。深凹带发育浅湖、半深湖相沉积。纵向上，戴一段上部($E_2d_1^2$~$E_2d_1^1$)为一典型的水进沉积旋回，受盆地沉降和湖侵的影响，晚期凹陷内以湖泊相沉积为主，形成广泛发育的五个低电阻“高导”泥岩。

戴二段沉积时期：高邮凹陷处于断陷湖盆发育的中期，早期充填和盆地抬升使水体变浅、地形变缓，沉积体系类型和发育特点产生了一定的变化。平面上，北部缓坡带沙埝、永安、花庄和西部韦庄地区仍然发育三角洲；南部陡坡带黄珏、邵伯、真武—曹庄、富民、周庄地区演化为扇三角洲相；扇体的规模比早期明显变大，南部扇三角洲具有连片分布的态势

(图 3-7)。纵向上，戴二段(E_2d_2)沉积早期物源供给充足，凹陷内粗碎屑沉积发育；中期受小规模湖侵影响，沉积物源供给减弱，扇体的规模变小；晚期盆地抬升，扇体的范围再次扩大。

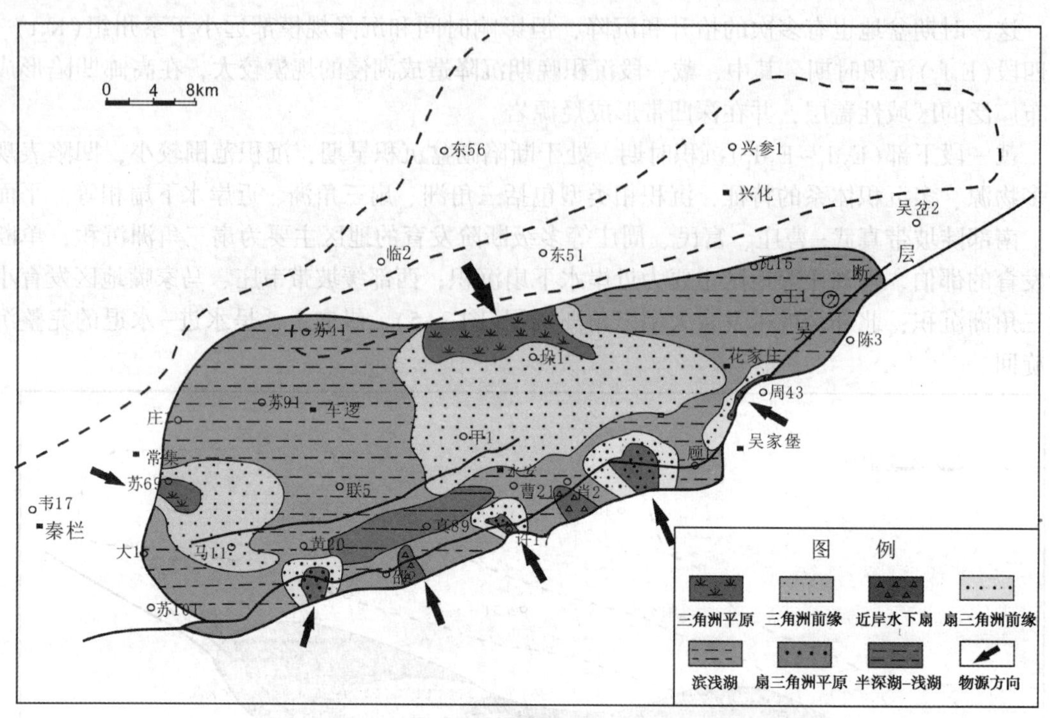

图 3-6 戴一段上部沉积时期沉积相图

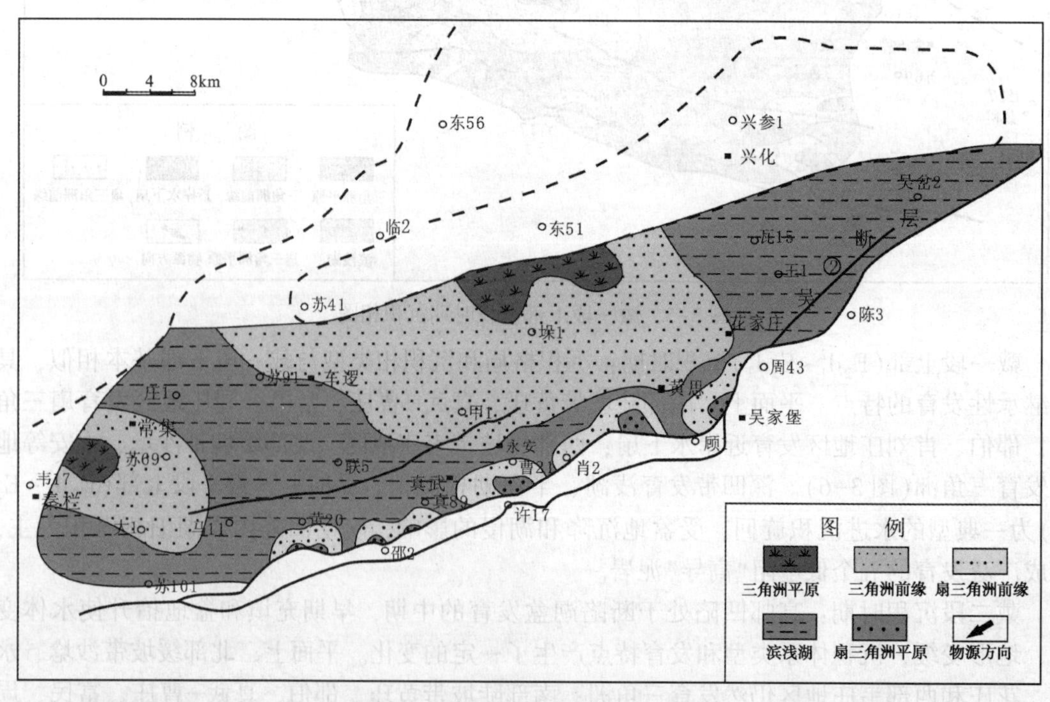

图 3-7 戴二段沉积时期沉积相图

垛一段(E_2s_1)沉积时期：高邮凹陷由三角洲—湖泊沉积演化为大面积的河流相沉积，呈北高南低的沉积构造格局，物源主要来自 NW 和 NE 两个方向。平面上，马家嘴—联盟庄—永安—富民一线以北发育河流相沉积；以南局部发育湖泊相沉积。垛一段早期，经历了一次短时期、大范围的湖侵过程，形成一套在凹陷内分布稳定的薄层湖相暗色泥岩；中晚期，盆地又演化为广泛的河流相沉积。垛一段整体上具有水进—水退的沉积旋回特征。

垛二段(E_2s_2)沉积时期：继承了垛一段沉积时期河流广泛发育的特点，主要为一套红色的砂砾岩沉积，常见膏盐岩沉积，反映气候干燥、以氧化环境为主的沉积特征。

三、拗陷阶段沉积演化特征

新近纪盐城期，高邮凹陷整体为拗陷阶段，发育河流相沉积，形成 500~1000m 的粗碎屑沉积。

第二节　断裂控砂作用

断裂控砂作用主要表现以下几个方面：①断裂/构造活动通过控制基底升降运动直接制约着盆地沉积物堆积的可容纳空间的变化，决定着层序地层构型；②断裂/构造活动的幕式特征控制着不同级次层序的形成与沉积充填的旋回性；③构造转换带或构造调节带明显控制盆地主体物源补给方向；④构造/断裂活动及其朔造的古地貌控制沉积体系发育与砂体分布特征等。

一、断拗期断裂控砂作用

高邮凹陷断裂体系图可见(图 2-8、图 2-10)，在凹陷的南部和东部边界分别发育有真武、汉留、吴堡三个一、二级断裂，凹陷内部广布一系列三级、四级小断裂。断裂的形成与演化影响到盆地的沉降，也会对沉积起明显的控制作用。

1. 断拗期一、二级断裂断槽控砂

根据断层的发育演化，真武、吴堡断裂带中，真①、吴①断裂在阜宁期活动强，对阜宁期沉积起主要控制作用。

1) 吴堡断裂

吴①、吴②两条断层在阜三段(E_1f_3)沉积时期都有一定的活动性，是同沉积断层。吴堡断裂带中的吴①断裂从西向东在周庄吴①断裂断距最大，向东变小，阜三段(E_1f_3)沉积期断层生长指数在获垛为 1.24，至陈 2 井位置增大到 2.3。吴②断层，断距由西向东逐渐变大，E_1f_3沉积期断层生长指数最大约 1.3。

吴堡断裂下降盘、吴①吴②断裂夹块内，陈 6、陈斜 10 等井(图 3-8)阜三段(E_1f_3)发育砂泥互层，说明有水系携带砂体通过，其断层具有控砂作用。

(1) 砂体分布特点

阜三段(E_1f_3)砂岩厚度在东西方向上分布特点为东部厚、西部薄。吴堡断裂带砂岩厚度有 100~130m，砂地比也较高，最高 40%~50%，砂体呈 NE 条带状分布；吴堡断裂带往西，除靠近物源方向的北部瓦庄—单 2 井—柘 1 井一带砂岩厚度有 100~120m 外，大部分地区砂岩厚度仅 40~70m，砂体呈片状分布。

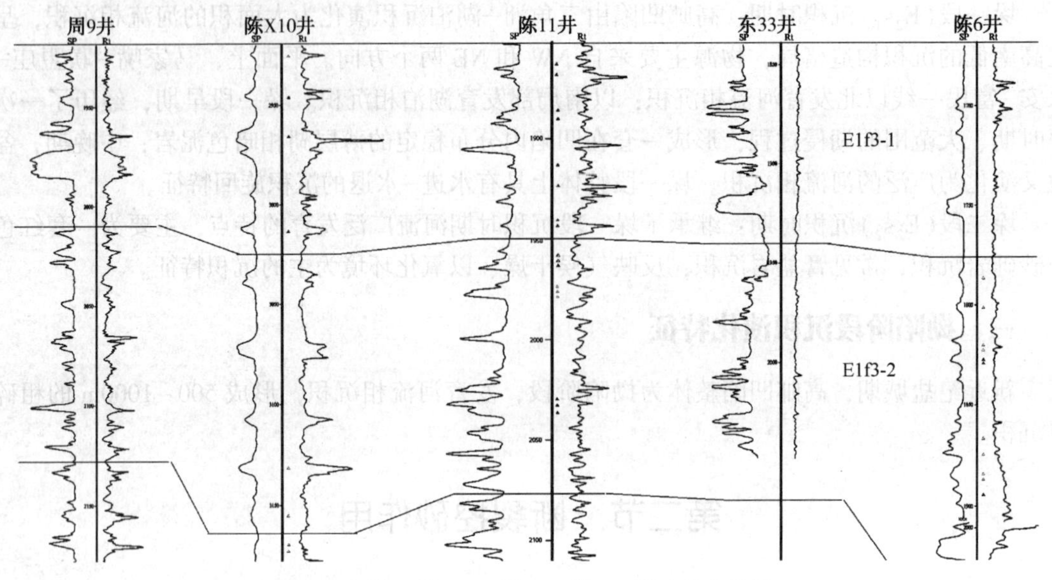

图 3-8　周 9-陈 X10-陈 11-东 33-陈 6 井对比图

(2) 水系展布特点

吴堡断裂的走向呈 NE，与阜三段(E_1f_3)沉积时期物源方向一致，断层位置地处三角洲前缘沉积环境。从吴堡断裂下降盘的砂岩百分比及沉积相图看，在阜三段(E_1f_3)沉积早期就有一支水下分流河道沿着吴①断裂下降盘发育，此时，高邮凹陷呈现宽阔的湖盆，水体较深，总体尚处于三角洲前缘前端的位置，远离吴堡断裂的其他地区砂体沉积微相主要为远砂坝到席状砂。$E_1f_3^{3-2}$到 $E_1f_3^{1-1}$各砂层组，随着砂体进积，沿吴堡断裂下降盘都一直发育有从东北吴岔 2 或吴岔 3 方向过来的水系通过，其水系流道较为固定，而在花庄、沙埝等斜坡地区，各砂层组的水系发育位置及流向并不固定，摆动较大，并且分支河道会不断发生树枝状分叉的现象。吴堡断裂带水系分布特点与砂体条带状的分布特点吻合。

(3) 吴堡断裂控砂机制

吴堡断裂在阜三段(E_1f_3)沉积时期为同沉积活动的断层，随断层活动，吴①吴②断裂上盘与下盘之间会形成断槽，断槽走向与断层走向方向一致，与阜三段(E_1f_3)时期总体水系方向一致，因此，断槽实际上就是一个沟道化的水道，而上述吴堡断裂带水系与砂体分布特征有别于沙埝等地，呈条带状形态，方向性强，显然与吴堡断裂在沉积期活动时形成的这个顺水流方向的断槽有密切的关系(图 3-9、图 3-10)。

断槽位置随断层的活动和沉积作用的发生，会边沉降边接受沉积，沉降造成的沟道化的特点，有利于形成相对稳定的河道，并有利于沉积物的聚集和叠加，因此容易造成经过的沉积物供给速度相对快速，使地层沉积厚度明显较远离断层的高邮凹陷中西部地区厚，在进积期，沟道控制和约束从上游下来经过此处水系的发育和伸展，使经过的水系切割深，河道下切作用加强，继而使输沙量增大，沉积的砂体厚。由于河道稳定，在横向上摆动范围小，相对延伸也远，陆源物质可直接进入由断层形成的条带状断槽而进入盆地腹部，形成狭长状的水道或叶状体沉积，顺着吴①吴②断裂下降盘处的断槽，陆源物质甚至可以被推进到真①断层下降盘深水区，在许庄地区形成深水浊积扇体沉积。

在吴②断裂下降盘钻探的陈 12 井揭示，阜三段(E_1f_3)砂岩总厚度 157m，砂岩占地层厚度 29%，砂岩厚度 87m，单层砂岩最大厚度 22m，砂岩自然电位多为钟形，上部以低阻纯泥岩与砂岩互层，含砂量也较高，砂岩厚度 70m。在吴①吴②断裂之间的断阶带内，钻探的陈 13 井同样砂岩很发育，砂岩总厚 95.5m，单砂层最厚有 10m，砂岩厚度占到了地层总厚度的 29%，证明吴②、①断层同沉积活动对地层沉积具有控制作用，在控砂作用方面主要体现在下降盘形成的断槽结构促使经过此处的河道水系沟道化作用加强，导致河道在纵向上形成叠置，砂体有更多的聚集。

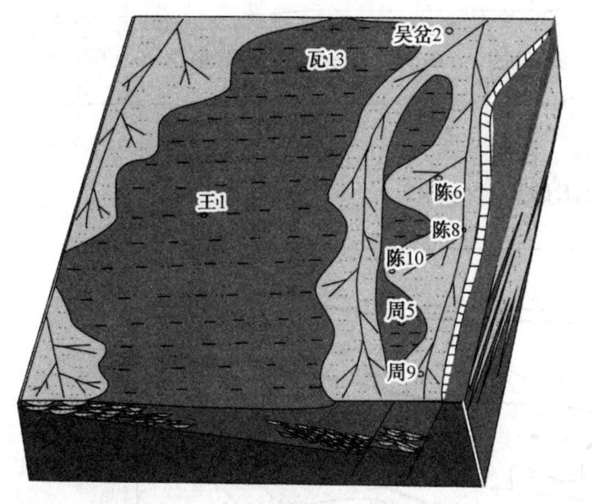

图 3-9　吴堡断裂控砂模式图

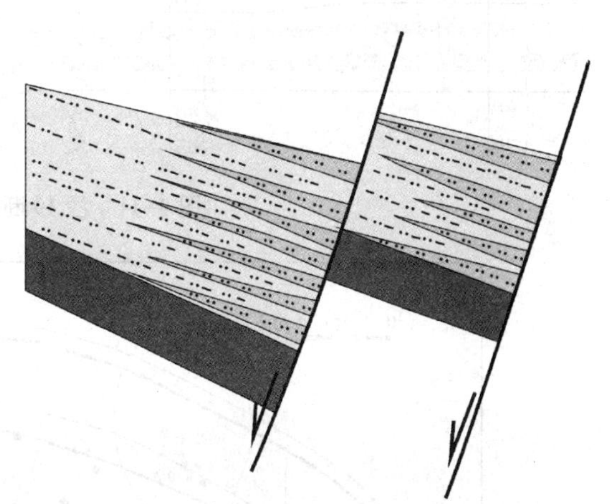
图 3-10　吴堡断裂下降盘断槽沉积模式图

2）真武断裂

从阜二段、阜三段地层厚度分布图看，靠近真武、吴堡断裂部位地层厚度最大，往西、往北地层厚度逐渐减薄。岩性上，真武断裂下降盘 E_1f_3 岩性主要为大套灰黑色的泥岩，自然电位、电阻率曲线平直，属于半深湖相和前三角洲亚相。

上述特征说明真武断裂下降盘的地区，在 E_1f_3 时期既是沉降中心、又是沉积中心，从东北方向来的正常水系分支在该地区以北已消亡，南部真武断裂的上升盘也没有见物源流入，真武断裂基本不控制砂体沉积。

2. 断拗期三、四级断裂控砂作用不明显

高邮凹陷除了在南边和东边发育真武、吴堡两大控凹断裂，在凹陷内部还广泛发育着一系列三、四级的小断层，这些断层走向主要呈 NE 和 EW，倾向大部分与地层相反。

在阜三段(E_1f_3)沉积期，三、四级断层对砂体的形成不存在控制作用，例如沙 19 断块，该块位于高邮凹陷北斜坡中段，是由三条 N－NW 倾反向弧形正断层侧向封挡形成的断块圈闭，主要开发层段为 $E_1f_3^1$。经油层对比，沙 19 断块 $E_1f_3^1$ 共发育三个砂层组、13 个砂层，其中 $E_1f_3^{1-1}$ 有 5 个砂层，$E_1f_3^{1-2}$ 有 4 个砂层，$E_1f_3^{1-3}$ 有 4 个砂层(图 3-11)。

砂体展布方向为由 N 或 NE 向 S 或 SW 延展，受水系树枝状分叉的影响，砂体分布形态大多成朵叶状，前端也发育河口坝(图 3-12)。

从砂体平面分布图来看，砂体展布方向都是横穿控制圈闭的断层，没有出现砂体在断层下降盘顺断层走向延展的现象。各断层间地层的厚度一致，说明控制沙 19 块圈闭的断层并不对砂体形成和展布起控制作用。

从上述断块构造上砂体分布特征的解剖，说明这些控制断块构造的三、四级小断层在阜三段(E_1f_3)沉积时期并未活动，不对沉积起控制作用。

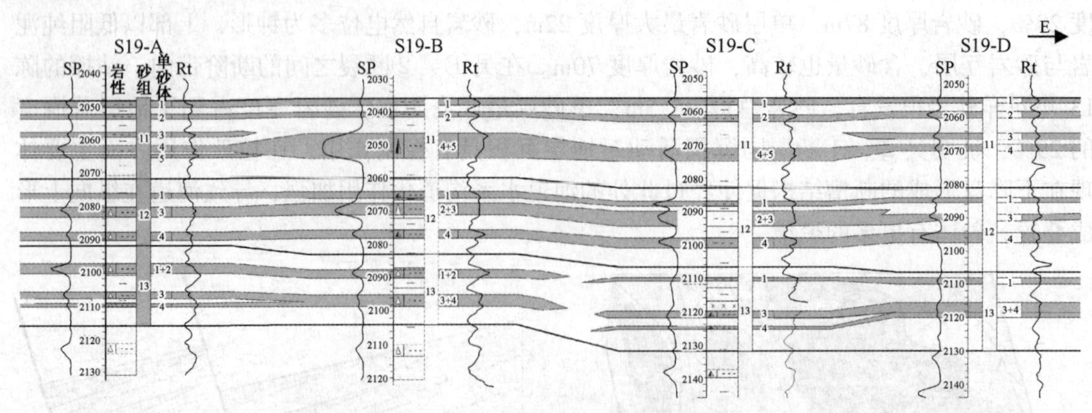

图 3-11　沙 19 断块 $E_1f_3^1$砂层对比图

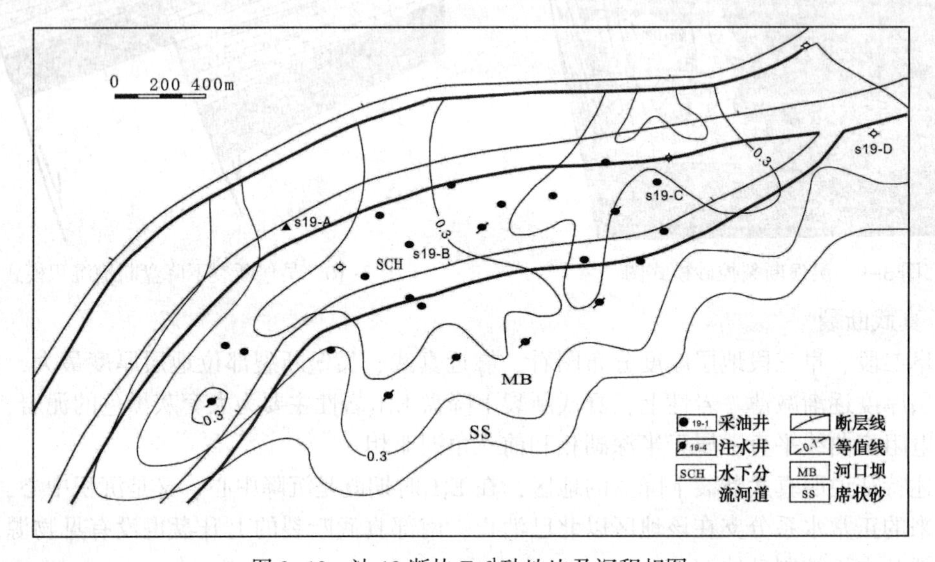

图 3-12　沙 19 断块 $E_1f_3^1$砂地比及沉积相图

SN 向地震剖面上，T_3^1构造图上分布的这些一系列控制圈闭的三、四级小断层，呈阶梯状排列，断层都切穿阜宁组地层，但在T_3^0位置就消失，各断层上从 $T_3^1-T_3^3-T_3^4$的断距都基本相同，构造发育史剖面证实断层形成时间是发生在阜宁组沉积之后的吴堡运动时，断层在E_1f_3沉积时期并未活动，不存在厚度变化，三、四级断层在 E_1f_3沉积期不控制沉积作用。

二、断陷期断裂控砂作用

1. 断陷期盆缘断裂控“型”

在断陷期，主控断裂活动性质与活动强度直接影响层序界面的形成、界面级别与界面性质，断裂分布样式与展布特征则制约着层序地层构型特征及其空间变化。以凹陷西部单断式断陷为例，盆缘同生断裂强烈活动期陡坡一侧盆地基底强烈沉降，基底断块向缓坡一侧断块掀斜。盆地基底明显的不对称结构控制着盆地两侧层序地层构型的差异(图 3-13)。

受控凹断层发育差异的影响，南部真武、吴堡断裂、汉留断裂在凹陷的不同部位发育差异较大。汉留断裂西部活动强烈，断面较陡，向东活动逐渐减弱，在富民地区消失。断层活动的差异性造成了高邮凹陷东西部不同的层序地层模式。西部主要为双断式断陷，东部为单断式断陷。

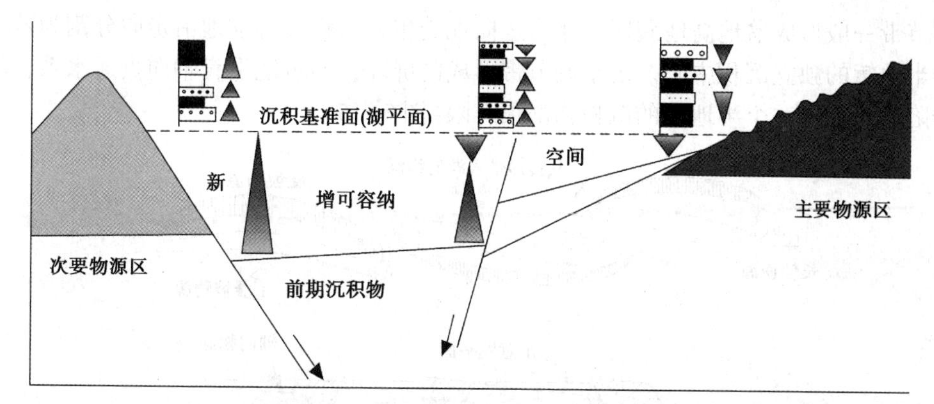

图 3-13　盆缘同生断裂对层序地层构型的控制作用示意图(谢晓军，2007)

陡坡一侧，可容纳空间逐渐增大，水体逐渐加深，以基准面上升期的沉积作用为主，形成典型的向上变深的超覆序列。缓坡一侧，由于基底的翘倾，相同时期内可容纳空间则逐渐减小，盆地边缘暴露地表处不整合发育，斜坡部位以基准面下降期沉积作用为主，沉积物源丰富时形成典型的向上变浅的沉积序列。缓坡一侧形成盆地主要物源供给方向，沉积体系大而少；陡坡一侧形成形成“有限后退”型扇体组合，沉积体系小而多。

2. 断陷期断层调节带控“源”

调节构造带(accommodation zone)是两条落差减小的正断层尾端之间的变形带，也是这两条正断层之间的岩桥连接区，地貌上属于断坡，也称为中继斜坡(relay ramp)，部分学者也称其为变换带(transfer zone)。

如图 3-14 所示，调节构造带连接断层形式包括垂向连接断层、斜向连接断层、弧形连接断层等三种类型。调节带斜坡的倾斜方向可以是变化的，一类倾斜方向平行于边界断层的走向，另一类为斜交式。

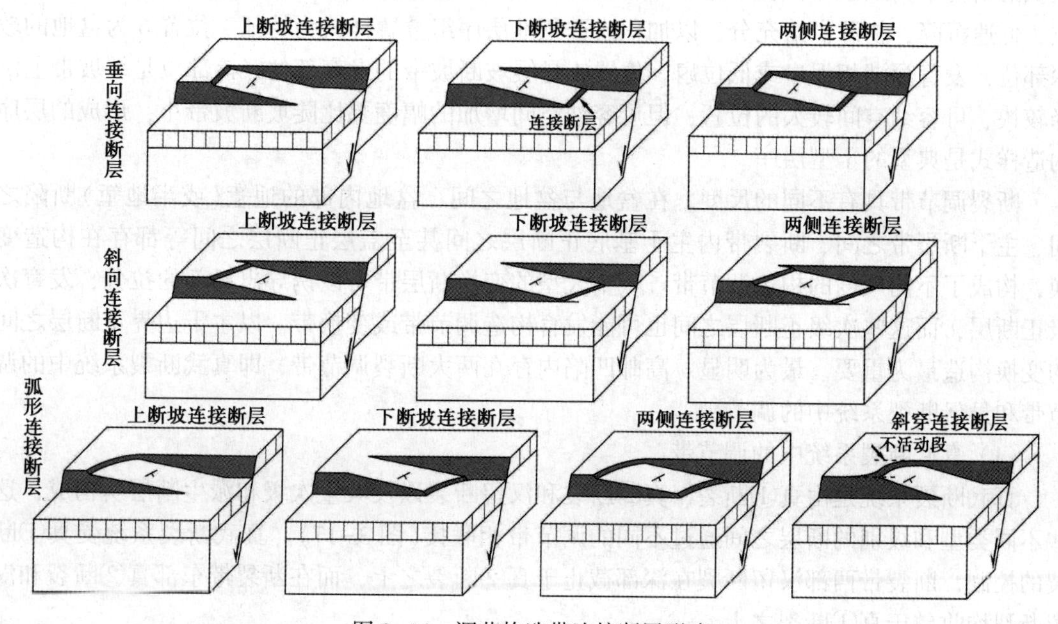

图 3-14　调节构造带连接断层形式

调节带一般形成盆地高地貌区，作为正向地貌单元可将裂谷盆地沿走向分割为若干直接对应于半地堑的独立沉积中心。由于调节带形成的屏障，不可能发育轴向贯通水系，故经由相邻洼陷输入任何一个半地堑的沉积物都很有限(图 3-15)。

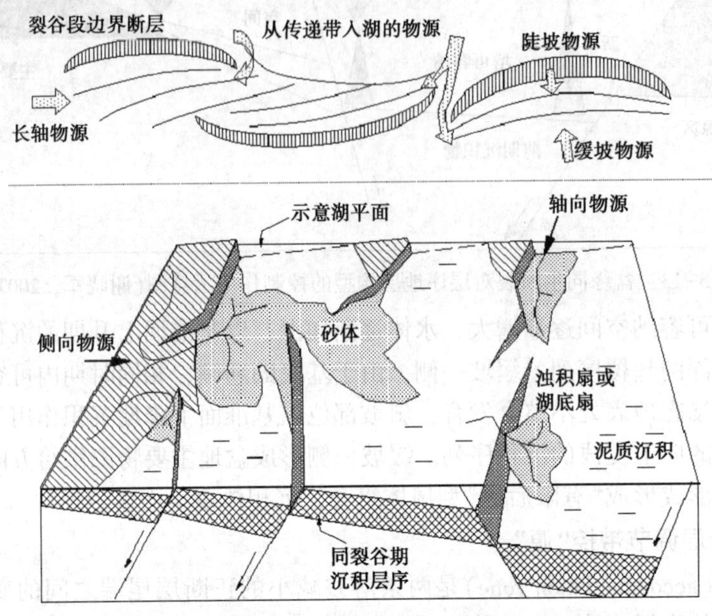

图 3-15　调节带对沉积物源控制模式图(转引谢晓军，邓宏文，2007)

图 3-16 表示了一个由发育构造转换带和缓坡断坡带构成的半地堑式断陷盆地中的几种层序构成样式。在陡坡断坡带，由于正断层上的高速滑移导致可容纳空间快速增加，沉积厚度大，在沉积物供给较强的部位(位置 1)，以加积型准层序组叠积样式为特征，在物源供给较低的情况下(位置 3)，层序边界与湖进面一致。断裂转换带(位置 2)是主要的水系入盆部位，低速沉降，物源供给充分，以加积或进积准层序组叠置样式为特征。位置 6 为盆地的较深部位，发育深湖相泥岩或低位扇。位置 4 是缓坡断坡带的发育部位，该部位是缓坡带上沉降较快、可容纳空间较大的位置，但可容纳空间增加的幅度要比陡坡断坡带小，形成的层序构造样式是典型的Ⅰ型层序。

断裂调节带具有不同的尺度。在盆地与盆地之间、盆地内部的地堑(或半地堑)断陷之间、主干断裂带之间、断裂带内主干基底正断层之间甚至盖层正断层之间等都存在构造变换，构成了不同尺度的构造调节带。一个大型的变换断层带可以诱导出局部的拉分，发育次级正断层，而这些次级正断层之间也可能发育构造调节带或变换带。以主干边界正断层之间的变换构造最为重要、最为明显。高邮凹陷内存在两大断裂调节带，即真武断裂系统中的调节带和吴堡断裂系统中的调节带。

(1) 真武断裂系统中的调节带

真武断裂系统是由真①断裂、真②断裂和汉留断裂以及大量次级和派生断层所构成，这些不同类型和级别的断层之间通过不同的调节带相联接(图 3-17)。真武断裂系统受真①断裂的控制，断裂带西部汉留断裂在深部截止于真②断裂之上，而在断裂带东部真②断裂和汉留断裂均收敛于真①断裂之上。

真①断裂与真②断裂分别是高邮凹陷南部断阶带的南北边界，二者同倾向近平行延伸，真①断裂和真②断裂所夹的南断阶带，正是两条断裂的调节构造，这与一般情况下平行断层以走向斜坡形式过渡有所区别。在盆地发育的早期，真①断裂活动控制了整个高邮凹陷的变形，形成大量的北倾多米诺式的正断层，戴南组沉积时期，真②断裂才开始强烈活动与真①断裂共同控制南断阶，二者之间的调节构造是在前期的北倾断裂带基础上发育的，主要通过这些早期断层的消长和变换来平衡总变形量。从变换构造与戴南组沉积相叠合分析来看，南部断裂带其主要砂体均发育分布在调节构造控制区内，充分体现了调节构造与扇体沉积之间的控制与被控制的关系(图 3-18)。

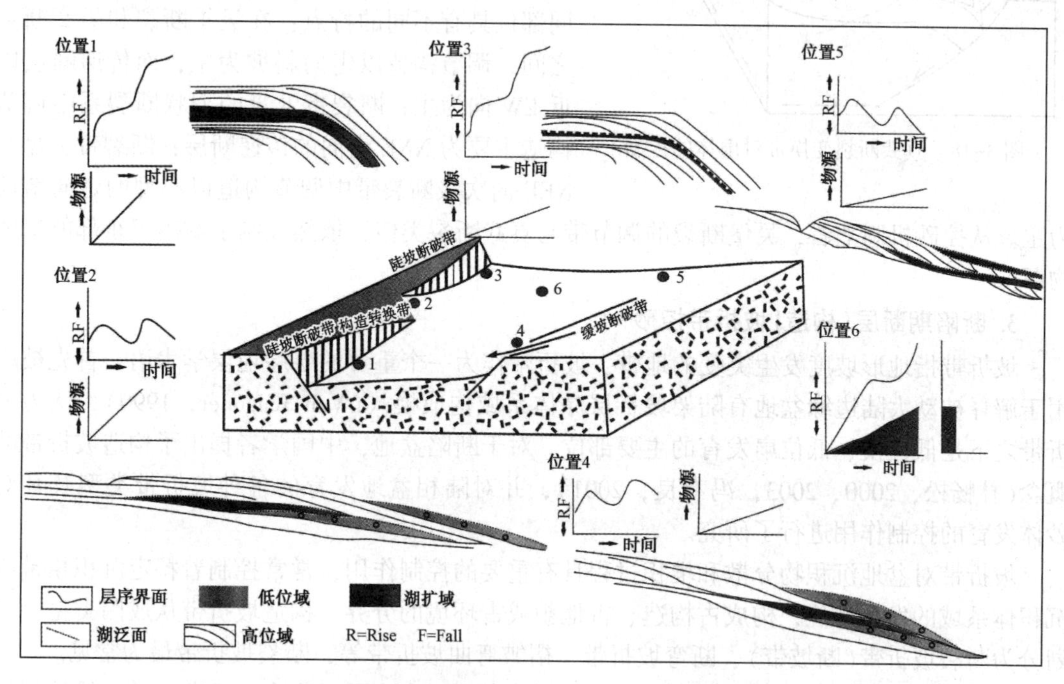

图 3-16 断层调节带不同部位的层序构成样式(任建业等，2004)

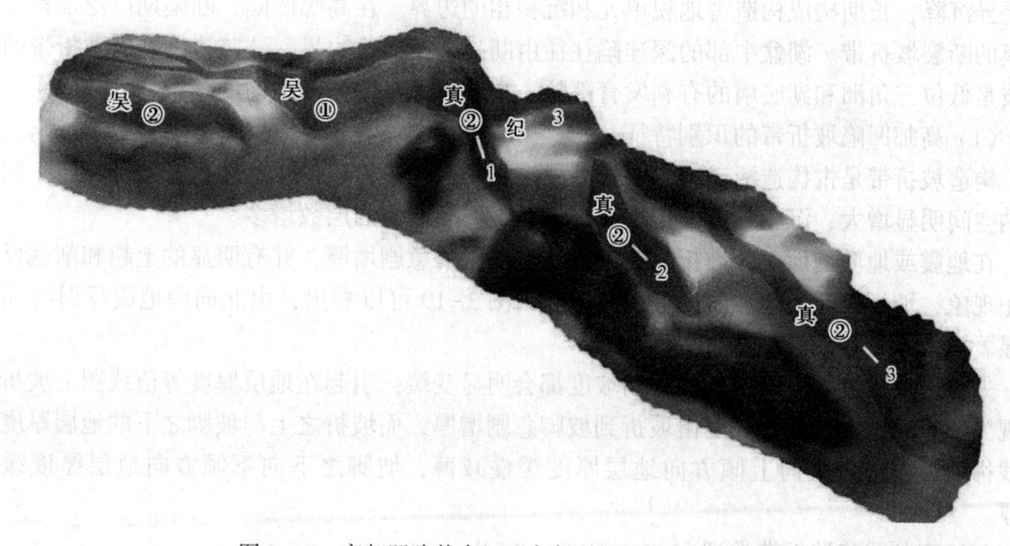

图 3-17 高邮凹陷戴南组两大断裂调节带立体示意图

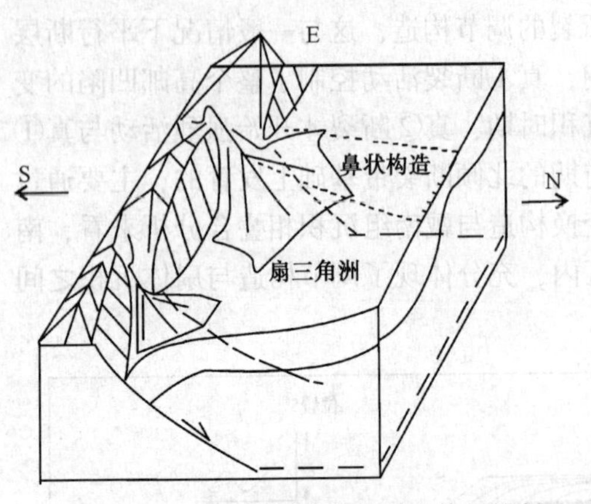

图 3-18 真武断裂变换带对扇体的控制

(2) 吴堡断裂系统中的调节带

吴堡断裂系统中，吴①断裂和吴②断裂之间属于典型的走向斜坡型调节构造。吴①断裂的断距向 NE 方向逐渐减小，并最终发散消失，与此同时，吴②断裂的位移向 NE 方向逐渐增大。吴①断裂和吴②断裂之间断距的良好互补性，保证了断层叠置带总断距的基本守恒。在断裂带的不同部位具有不同的特点：在吴①断裂和吴②断裂之间，调节构造以走向斜坡为主，而传递断层以近 EW 向为主；断裂带上盘的羽状断裂系中调节构造主要为 NNE 走向的传递断层；断裂带上盘的 NEE 向次级断裂带中调节构造以小型的走向斜坡为主。从控砂机制上看，吴堡断裂的调节带与真武断裂类似，依然控制了戴南组东部的扇体物源。

3. 断陷期断层(构造)坡折带控砂

坡折带指地形坡度发生突变的地带，坡折带作为一个重要的层序地层学术语，首先被应用于解释被动大陆边缘盆地有陆架坡折层序体系域构成模式(Van Wagoner，1990)，认为坡折带之下是低位楔、低位扇发育的主要部位。对于断陷盆地，中国学者提出了构造坡折带的概念(林畅松，2000、2003；冯有良，2001)，并对陆相盆地发育的各种坡折带类型及其对砂体发育的控制作用进行了研究。

坡折带对盆地沉积物分散和堆积过程具有重要的控制作用，常常控制着特定沉积相带或沉积体系域的发育部位，构成古构造、古地貌或古环境的分界。构造坡折带从成因类型上可划分为断裂坡折带(断坡带)、断弯坡折带、褶皱弯曲坡折带等，断裂坡折带最为常见。

一些规模较大的断裂一旦形成，在整个裂陷期由于应力易于集中及长期活动，导致明显的差异沉降，长期构成构造古地貌单元和沉积相的边界。在高邮凹陷，断陷期广泛发育不同规模的断裂坡折带。湖盆中部的深洼陷往往由断裂坡折构成边界，洼陷边缘断裂坡折带的下斜坡是低位三角洲和湖底扇的有利发育部位，物源可来自侧向或纵向的沉积物分散体系。

(1) 高邮凹陷坡折带的识别特征

构造坡折带是古构造活动产生明显差异沉降的古构造枢纽带，在坡折带的下斜坡一侧可容纳空间明显增大，沉积厚度发生突变、沉积旋回及砂体的层数增多。

在地震或地质剖面上，坡折带表现为地层厚度的急剧增厚，并有明显的上超和削截反射终止现象，坡折带向上地层厚度缓慢减薄。由图 3-19 可以看出，由北向南地震反射时间厚度显著增大，尤其在汉留断裂下降盘。

另外，坡折带的上倾或下倾方向坡度都会明显变缓，引起在地层厚度等值线图上坡折带表现为等值线密集，地层厚度由坡折到坡脚急剧增厚，而坡折之上与坡脚之下的地层厚度等值线稀疏，坡折之上向上倾方向地层厚度缓慢减薄，坡脚之下向下倾方向地层厚度缓慢增厚。

(2) 高邮凹陷坡折带类型

通过对高邮凹陷戴南组连片三维地震资料的详细分析，发现坡折带非常发育，坡折带与凹陷内的同沉积断裂系统尤其是控凹断裂密切相关。剖面上，分为断崖型坡折带、陡坡型坡折带和断阶型坡折带；平面上，分为梳状坡折带、帚状坡折带、平行状坡折带和交叉状坡折带等。

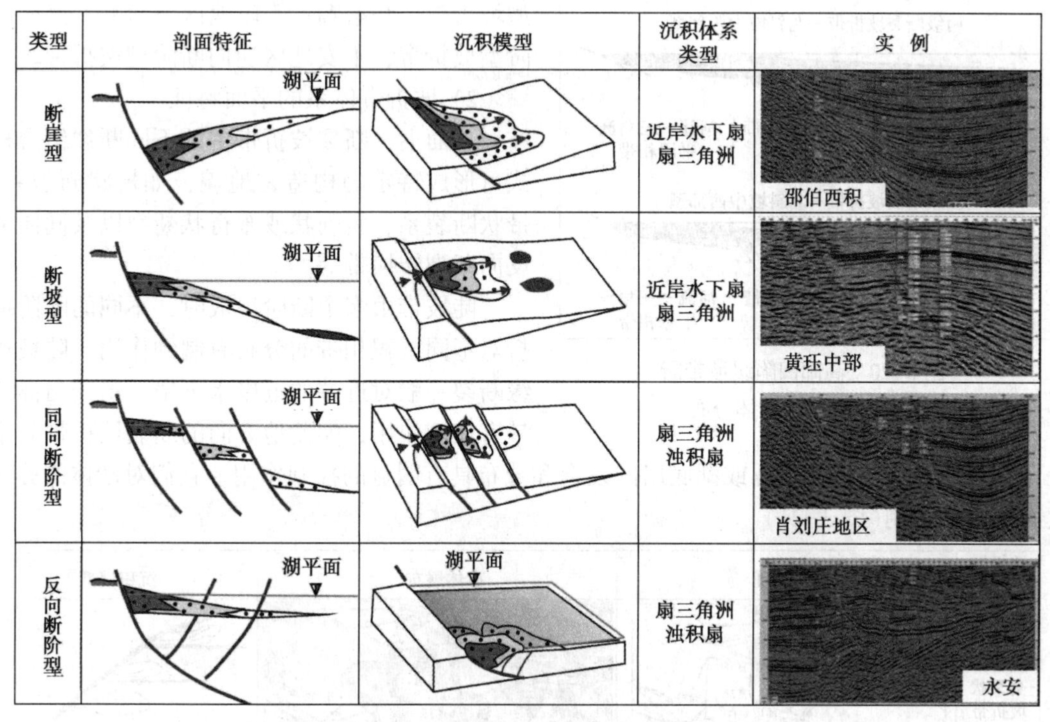

图 3-19　高邮凹陷陡坡带断裂坡折带的样式与砂体分布

1）构造坡折带的剖面特征

（1）断崖型构造坡折带

断崖型构造坡折带的发育一般受形成时间早、活动期长、规模较大的基底断裂控制。由于断面很陡，活动频繁，断层与湖区构成陡岸地形，凹陷沉降中心和沉积中心靠近断崖一侧。受大断层长期活动的影响，凸起成为凹陷的沉积物补给区，沉积物入湖后直接在紧靠断崖的深水区堆积，容易形成近岸水下扇，如果断崖落差不大，湖盆水体较浅，也可发育扇三角洲(图 3-19)。此类构造坡折带主要分布在邵伯西部和周庄南部等地区。

（2）断坡型坡折带

断坡型坡折带见于黄珏中部地区。断坡型坡折带的形成也与较大的基底断裂有关，但断面倾角较断崖略缓，或前方又发育伴生断层(图 3-19)，水体携带沉积物入湖后，易形成扇三角洲，如果落差够大、水动力条件足够强，则可发育近岸水下冲积扇。

（3）断阶型坡折带

断阶型坡折带在凹陷内非常发育，无论是南断阶还是北斜坡(图 3-19、图 3-20)。此类坡折带的形成与基底断裂有关或无关，往往垂直于斜坡走向、呈阶梯状分布，断阶的存在使凸起与凹陷之间的坡度减缓，使水体携带沉积物的搬运路径增加，为水体流态转换创造了一定条件，水携沉积物或留存与断阶中，或沿断阶中的断槽走向流动，或越过断阶于深凹带内堆积，使得凹陷内砂体展布更加复杂化。断阶型坡折带按照物源供给方向与断阶的产状分为

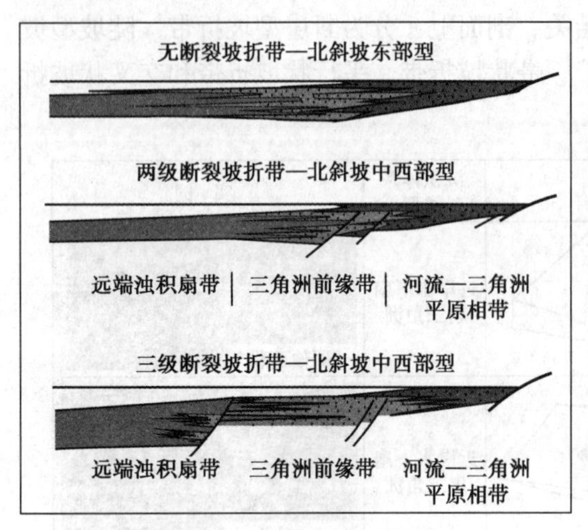

图 3-20　高邮凹陷缓坡带断裂坡折样式与砂体分布

顺向断阶型坡折带和逆向断阶型坡折带。断阶型坡折带为扇三角洲沉积创造了良好的古地貌条件。高邮凹陷肖刘庄地区发育顺–正向断阶型坡折带，马家嘴–黄珏地区发育顺–反向断阶型坡折带，永安地区逆向断阶型坡折带。

2）坡折带体系的平面特征

平面上，断裂坡折带中的不同断裂组合样式可形成特定的构造古地貌，如梳状断裂系、帚状断裂系、斜列状或雁行状断裂以及同向或反向断裂转换带等。

陡坡带由多个断阶组成时，不同的断阶坡折对不同沉积相带的分布有制约作用。陡坡边缘断裂一般对近端的近岸水下扇、扇三角洲相带有控制作用，朝盆地方向的断裂坡折带对扇三角洲前缘、低位域三角洲或湖底扇的发育和分布具有明显的控制作用。它们对砂体的分布具有明显的控制(图 3-21)。

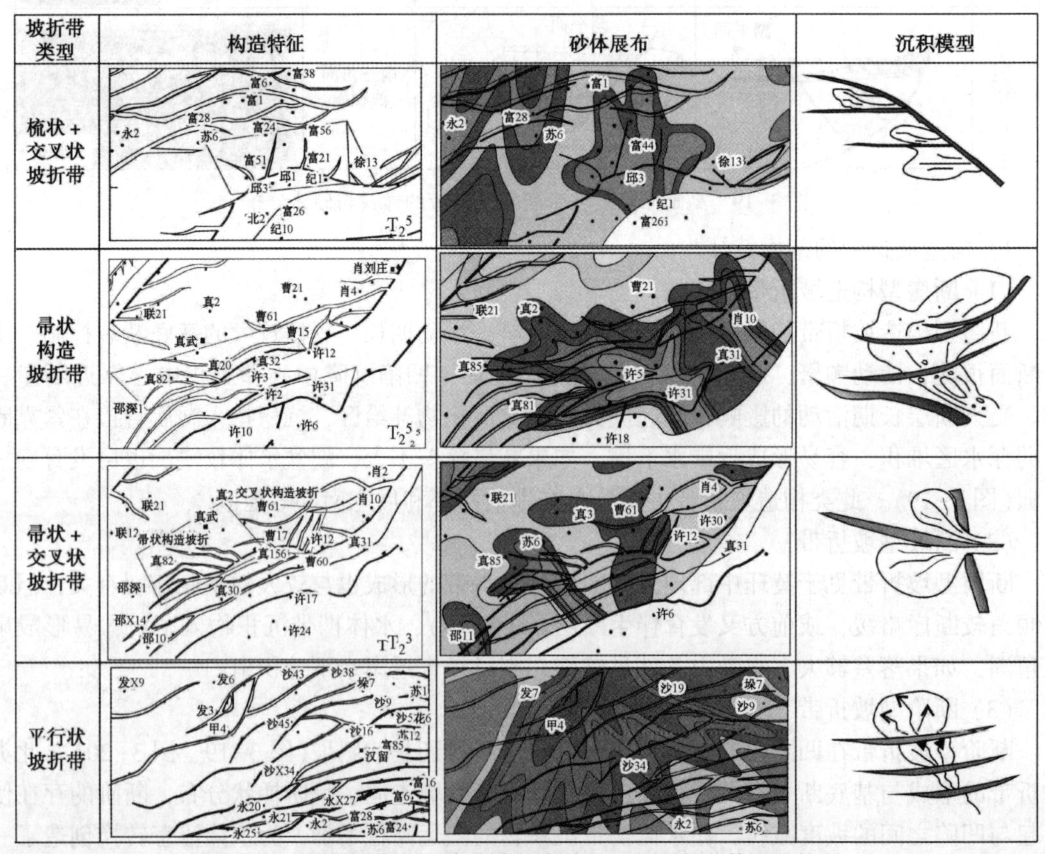

图 3-21　同沉积断裂组合形成的古构造对沉积物分体系的控制

(1) 梳状坡折带

梳状坡折带由主干同沉积断裂和发育于下降盘并与之高角度相交的一组伴生次级调节断

裂构成。次级调节断裂的形成与沿主干走向的断距变化引起的调整或近于垂直的另一组主干断裂活动产生的断裂作用有关。梳状坡折带常常产生特定的构造古地貌，控制和影响着沉积体系和沉积砂体的总体分布。规模较大的调节断裂控制着(水下)分流水道、扇根水道和扇中水道等的发育部位，砂体分散体系一般是沿着这些次级同沉积断裂向盆内方向延伸的，在剖面或平面上的断坡低部位多发育较厚的砂体。

(2) 帚状坡折带

帚状坡折带一般是在旋扭作用下，由一条主干断裂向一端发散或分叉成多条规模变小、断距变小呈帚状的次级断裂，其收敛处一般是地形坡度变化最为剧烈的部位。帚状坡折带的主干断裂常常控制着粗碎屑供给水系的方向，帚状发散部位形成构造低地貌，一般控制着砂体沉积中心。

(3) 交叉状坡折带

交叉状坡折带是由一组共轭排列的张性正断层所组成的断裂面的三维组合，主要受同沉积或深部位同期活动的锯齿状断裂体系所控制，交角处一般是地形坡度变化最剧烈的部位，也是砂体较厚的地方，即“断角砂体”，往往控制着沉积中心。

(4) 平行状坡折带

平行状坡折带是由多条近于平行的断裂组成，是断阶状排列的生长断层及其断阶面的三维组合，此类坡折带在凹陷内分布广泛，砂体的展布受到水动力强弱的影响，或越过平行状断裂向盆内卸载，或沿断裂走向分散。

4. 断陷期综合控砂模式

盆地在断陷期，不同级次、不同性质、不同时期活动的断裂相互组合形成复杂的构造地貌特征，尤其以坡折带和调节带斜坡最具特色，而坡折带和调节带也是断陷期主要的控砂因素。

高邮凹陷北斜坡主要发育平行状坡折带，或同向或反向，下切沟谷宽而浅；汉留断裂整体上基本上是一个大型帚状坡折带，其中也包含一些小型的梳状坡折带和交叉状坡折带；南断阶坡折带类型较多，其中周庄、陈堡、富民和徐家庄地区以梳状坡折带为主，肖刘庄和邵伯以平行状坡折带和交叉状坡折带为主，真武地区以帚状坡折带为主，黄珏地区基本上以平行状坡折带为主。构造坡折带往往是砂岩厚度和砂岩层数的加厚带，一旦确定控制砂体的构造坡折带，沿坡折带走向的碎屑体系供给部位可能会找到加厚的砂岩体。特别是洼陷边缘的断裂坡折带，往往控制着低位扇或三角洲砂岩体的发育部位。这些储集体紧邻源岩区，同时同沉积断裂还可构成重要的油气通道，具有良好的源岩供给条件。

而在南断阶断裂系统中则存在两大断裂调节带，即真①与真②之间的断裂调节带和吴①断裂与吴②断裂之间的断裂调节带，其中真②-1 与真②-2 之间的断裂调节带对凹陷内的砂体展布影响最大。断裂活动的强弱、边界断裂构造样式不同，会直接影响砂、砾岩扇体的成因类型、规模、形态和分布，即不同类型陡坡带有不同的扇体组合形式。断层活动的不均衡性造成半地堑在纵向上相互叠合、横向上相互联系的复杂性以及构造—沉积演化史的差异性。

因此高邮凹陷在断陷期(戴南组沉积时期)，盆内的砂分散体系主要沿三种路径，一是切过上隆下盘的径向体系，形成陡坡边缘的扇三角洲或湖底扇；二是沿断裂间的转换带注入，形成调节带斜坡前方的低位域三角洲或扇体；三是沿断裂走向的构造低地搬运堆积，包括纵向的三角洲或湖底扇体系(图 3-22)。

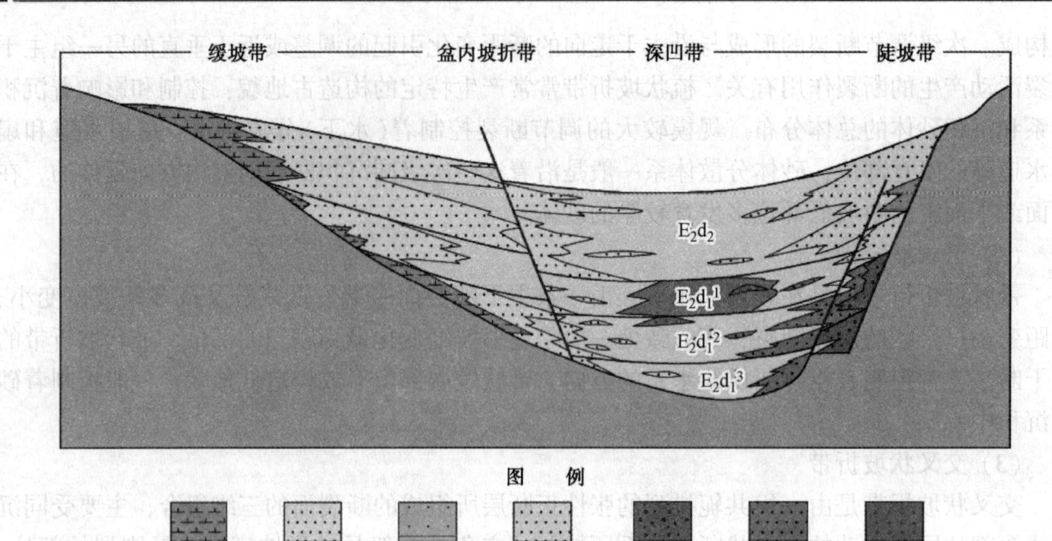

图 3-22 高邮凹陷戴南组控砂模式剖面图

第四章 断裂与圈闭类型

第一节 构造样式

高邮凹陷总体表现为南断北超的箕状凹陷，南部边界受控于真武和吴堡断裂，北部以斜坡形式过渡到低凸起。其中、西部的构造格局由真武断裂和汉留断裂控制，为双断式结构(图4-1A、B)，东部以吴①断裂控制，为单断式箕状凹陷的结构(图4-1D)。沙埝西部则表现为深凹不深、斜坡不斜、南北平缓的格局(图4-1C)。

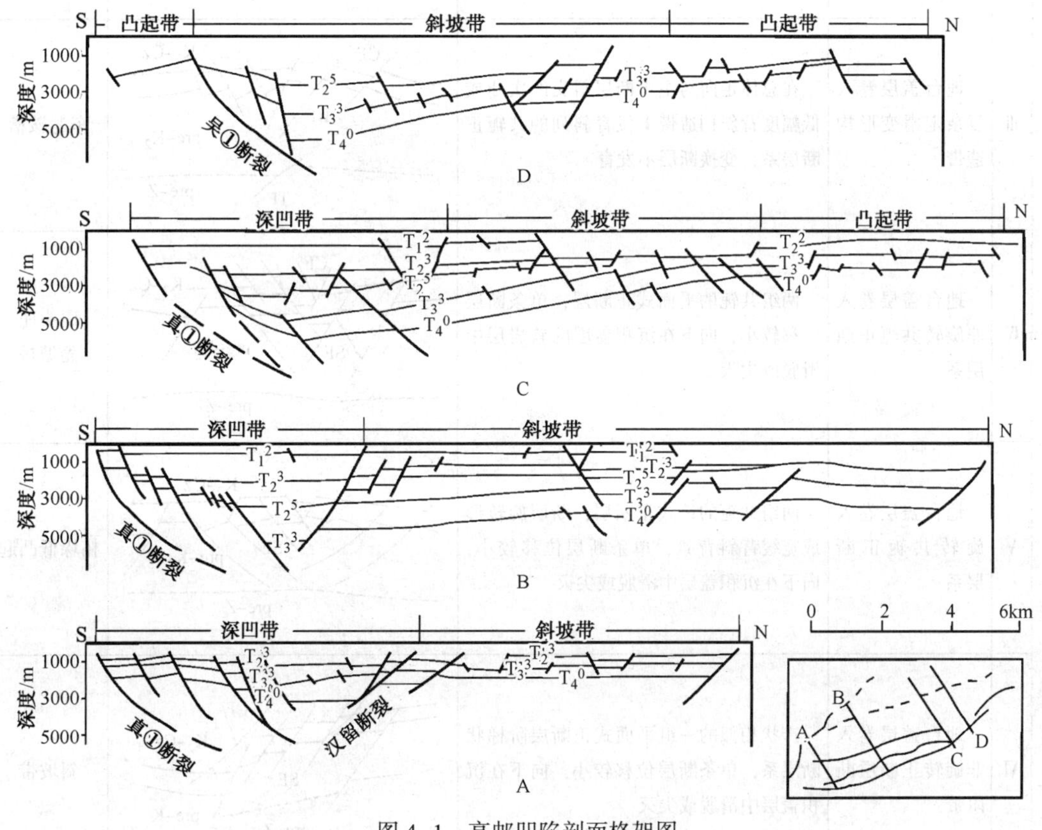

图4-1 高邮凹陷剖面格架图

A—G1测线；B—G19.5测线；C—G51测线；D—G59测线

一、断层组合样式

高邮凹陷的构造变形以断裂为主，不同构造区带的断层及组合样式有明显的差异。

1. 断层成因、演化及组合关系分类

依据断层组合关系，可将高邮凹陷的构造样式分为3种9类(表4-1)，不同样式的构造变形包含有不同的运动学和动力学意义。

表 4-1 高邮凹陷构造样式

类型		名称	主要特征	示意图	主要分布区
基底卷入型	Ⅰ	地台基底卷入铲式正断层扇	主干断层为铲式，向下可切割基底，分支断层向下收敛在主干断层上，形成正断层扇，与深层拆离断层直接连接	K_2-Cz；pre-K_2；pre-K_2；pre-Z；BF	南断阶
	Ⅱ	地台基底卷入正断层断阶带	主干断层为铲式，向下可切割基底，分支断层为平行式同向断层，向下尖灭，与主干断层为软连接	SF；K_2-Cz；pre-K_2；pre-K_2；pre-Z；BF	吴堡断裂带 汉留断裂带
盖层卷入型	Ⅲ	地台盖层卷入复杂走滑变形构造带	在总体走向与主干断层斜交的次凸或低幅度背斜构造带上发育斜列的共轭正断层系，变换断层不发育	CF；K_2-Cz；BF；pre-K_2；TF；pre-Z	车逻鞍槽
	Ⅳ	地台盖层卷入非旋转共轭正断层系	两组共轭的平面式正断层，单条断层位移较小，向下在沉积盖层的软岩层中滑脱或尖灭	CF；K_2-Cz；SF；pre-K_2；pre-Z	码头庄 菱塘桥
	Ⅴ	地台盖层卷入旋转共轭正断层系	两组共轭的铲式正断层，断层旋转形成宽缓背斜背景，单条断层位移较小，向下在沉积盖层中滑脱或尖灭	K_2-Cz；SF；pre-K_2；pre-Z	柘垛低凸起
	Ⅵ	地台盖层卷入非旋转正断层断阶带	产状相似的一组平面式正断层阶梯状断层系，单条断层位移较小，向下在沉积盖层中滑脱或尖灭	CF；K_2-Cz；SF；pre-K_2；pre-Z；BF	斜坡带
	Ⅶ	地台盖层卷入多米诺断层系	产状相似的一组旋转正断层系，单条断层可以小平面或铲式，位移较小，向下在沉积盖层中滑脱或尖灭	K_2-Cz；CF；CF；pre-K_2；SF；pre-Z	斜坡带

续表

类型		名称	主要特征	示意图	主要分布区
盖层滑脱型	Ⅷ	盆地盖层滑脱(尖灭)正断层断阶带	产状相似的一组平面式正断层阶梯状断层系，单条断层位移较小，在盆地沉积层中表现为生长断层，并多在盆地沉积层中滑脱或尖灭	K_2–Cz CF pre–K_2 SF pre–Z	吴岔河 瓦庄东
	Ⅸ	盆地盖层滑脱(尖灭)共轭正断层系	共轭的两组正断层构成X型、V型样式，单条断层位移较小，在盆地沉积层中表现为生长断层，并多在盆地沉积层中滑脱或尖灭	CF K_2–Cz CF CF pre–K_2 SF pre–K_2 pre–Z	兴化地区

(1) 基底卷入型

样式Ⅰ和样式Ⅱ是基底卷入的主干边界断裂带形成的构造变形样式。这种构造样式主要发育在高邮凹陷边界附近。断裂带可能有多条断层构成，这些断层多表现为同向倾斜，向深层延伸可以收敛到一条主干断层面上构成铲式正断层，主要发育在高邮凹陷南部真①和真②所控制的断阶带(样式Ⅰ)，也可彼此以软连接方式组合在一起，部分断层向深层位移减小并在基底尖灭，只有主断层与深层拆离断层连锁在一起，主要发育在高邮凹陷东南部吴堡断断裂带和汉留断裂带(样式Ⅱ)。在平面构造图中，主干边界断裂带可以是多条基底卷入断层交织在一起构成复杂的断裂带，许庄—曹庄地区就是由多条近EW向和NE向断层共同交织形成复杂断裂带；也可以是产状相同的几条断层平行延伸构成断阶带，黄珏和邵伯地区形成的断阶带就属于该类型；或有一条主干断层在其尾部和旁侧发育若干斜向的分支断层构成的帚状断层组，如吴②断裂和真②断层的西端形成的断层组均属于这种样式。多条基底卷入断层之间为软连接，断裂带宽度一般相对较大，单条断层之间的位移沿走向可以发生变化，彼此之间位移相互消长，吴①断层与吴②断层以及真①断层和真②断层之间的断层的断距呈互补关系。

(2) 地台盖层卷入型

样式Ⅲ、样式Ⅳ、样式Ⅴ、样式Ⅵ、样式Ⅶ是沉积盖层卷入的伸展构造变形样式。这类构造变形的共同特点是盆地盖层中的断层向下仅切割到地台盖层中，向上多数仅切割盆地盖层的“下部构造层”因此单条断层垂直落差较小，但往往密集分布在同一构造区带。样式Ⅳ、样式Ⅴ、样式Ⅵ、样式Ⅶ中的单条断层在几何形态上可以表现为“平面式”和“铲式”两种，在运动学特征上表现为“非旋转的”和“旋转的”正断层两类。样式Ⅲ是剖面样式类似地台盖层卷入旋转共轭正断层系，但是剖面上的正断层在平面上是斜列的或辫状交织在一起，并且发育在宽缓的横向或斜向背斜背景上，高邮凹陷西部的车逻鞍槽就发育构造样式Ⅲ。地台沉积盖层卷入的正断层彼此间产状基本相同或共轭出现，在剖面上可构成X型、V型、A型、W型、Y型等不同形式的组合，样式Ⅳ、样式Ⅴ、样式Ⅵ、样式Ⅶ只是有代表性的几种构造变形样式，高邮凹陷内部发育盖层卷入型构造样式，在码头庄地区发育构造样式Ⅴ，在沙埝地区发育有构造样式Ⅵ和构造样式Ⅶ等等。

（3）盆地盖层滑脱型

样式Ⅷ、Ⅸ是断层末端在沉积盖层滑脱(尖灭)的伸展构造变形样式。这类构造变形的共同特点是正断层主要发育在盆地盖层内部，向下切割至盆地盖层的“下构造层”中滑脱或尖灭，在盆地盖层的“上构造层”中表现为同沉积断层特征，并可以一直切割到“上构造层”中。同样地，盖层正断层单条断层垂直落差较小，在剖面上可构成 X 型、V 型、A 型、W 型、Y 型等不同形式的组合，在吴岔河—瓦庄东地区较为发育。

2. 断裂组合形态分类

高邮凹陷内在泰州—阜宁组沉积时期(吴堡期)断裂主要呈现为北倾阶梯状(多米诺式)断层组合。这时期的断层广泛出现，也具有分散变形的特征。在戴南—三垛期(真武—三垛期)，主要呈现为垒—堑状断层组合，断层的倾向多变，且断陷活动主要集中在深凹带，具有集中变形的特征。因而，高邮凹陷断裂系统的演化从早到晚呈现为阶梯状断层组合：垒—堑状断层组合的演化规律。

1）南部断阶带

（1）真武断阶带构造样式

真武断裂是一大型 NEE 走向、NW 倾向的正断层，控制高邮凹陷南断阶的发育。南断阶断层组合表现为深部的真①主断层之上所发育的真②断层及其旁侧的同向正断层组合。

真①断裂剖面上呈现为典型的铲形正断层，断层倾角上陡、下缓。无论从平面图上还是剖面上，都显示出真①断层沿走向方向波状弯曲(图 4-1)。

真①断裂与真②断裂之间的南断阶，构造样式具有沿走向的明显变化。变化之一表现在真①断裂的倾角自西向东变陡(图 4-2)。变化之二是断阶带内剖面上构造样式呈现为明显的不同。南断阶西段，由于真①断裂较缓，而其上的阶梯状真②-3 断层与其南侧断层较陡，从而断阶带剖面上的构造样式表现为梳状(图 4-2)，而平面上基本上是呈现为平行式。南断阶中段，上盘发育了真②-2 与真②-1 断层，且后者晚于前者。真②-2 断层较缓，基本上平行于真①断裂，两者构成了双重拆离伸展构造(图 4-2)，随后又被北侧较陡的真②-1 断层所切割。南断阶中带典型的剖面构造样式为双重梳状，而平面上这些断层主要为斜交式。南断阶东段，真①断裂变陡，剖面上断阶带内部主要为“Y”状与帚状断层组合样式(图 4-2)，构造样式为真①、真②-1 断层及其间次级断层组合。吴①断裂中止于真②-1 断层。

（2）吴堡断阶带构造样式

吴堡断裂南段与北段的构造样式具有明显差异(图 4-2、图 4-3)。南段断层走向 NNE，由单一的吴①断裂构成，旁侧伴生正断层明显较少。剖面上，吴堡断裂带主要呈现“Y”状组合。中—北段，走向转变为 NE 向，由吴①断裂和吴②断裂共同构成，其间形成了断阶带。这部分断层段伴生的同向断层多，剖面上具有帚状组合样式。吴①和吴②断裂之间的断阶带；平面上，主要呈现为斜交式组合。吴②断裂也是吴①断裂活动派生的同向正断层。

2）深凹带构造样式

高邮凹陷的深凹带是发育于汉留断裂与真②断层之间，在戴南—三垛沉积时期出现的强烈断陷带。这两条边界断层相向倾斜，从而在剖面上总体构成了深凹带典型的地堑状样式。该地堑是深部真①断层活动所导致的垮塌地堑，是半地堑盆地内常见的现象。

深凹带中段，边界断层上盘伴生断层相对较少，剖面上为典型的地堑状。平面上，呈现为平行—斜交式。其中，次一级的断层常与主断层之间为羽状组合而斜交(图 4-3)。

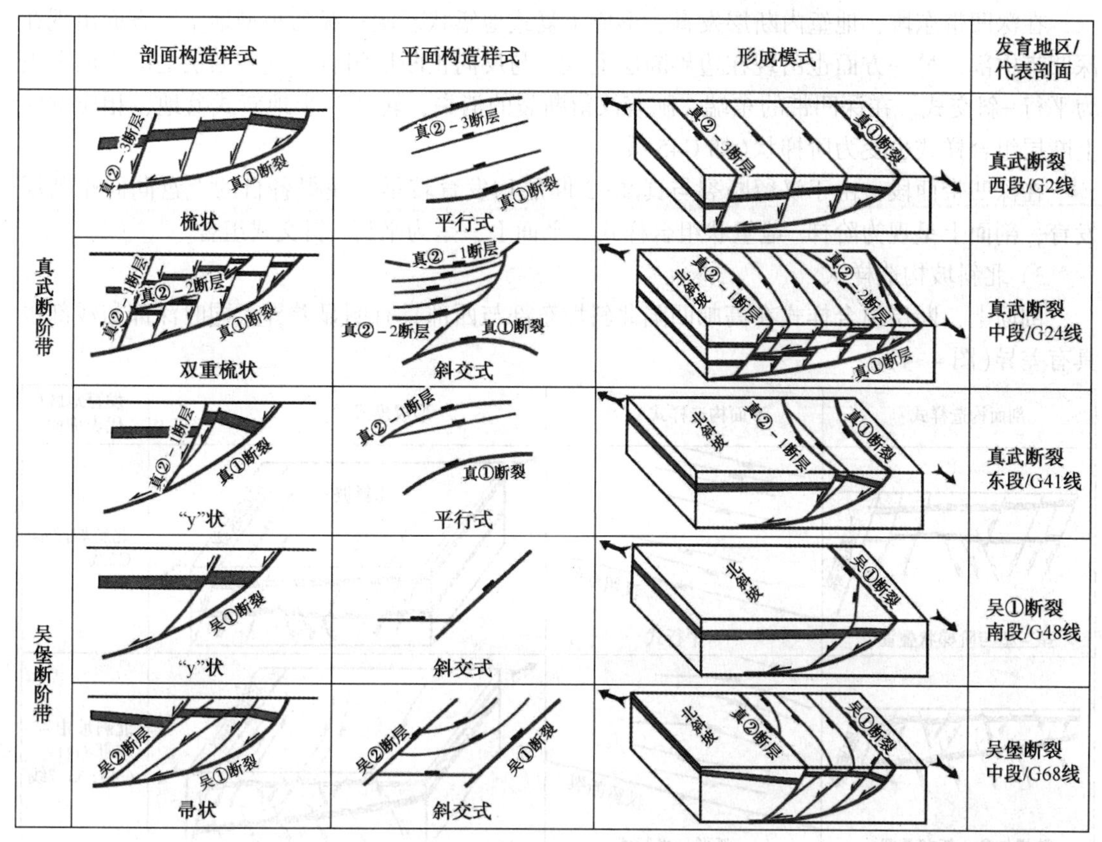

图 4-2 真武—吴堡断阶带典型构造样式图

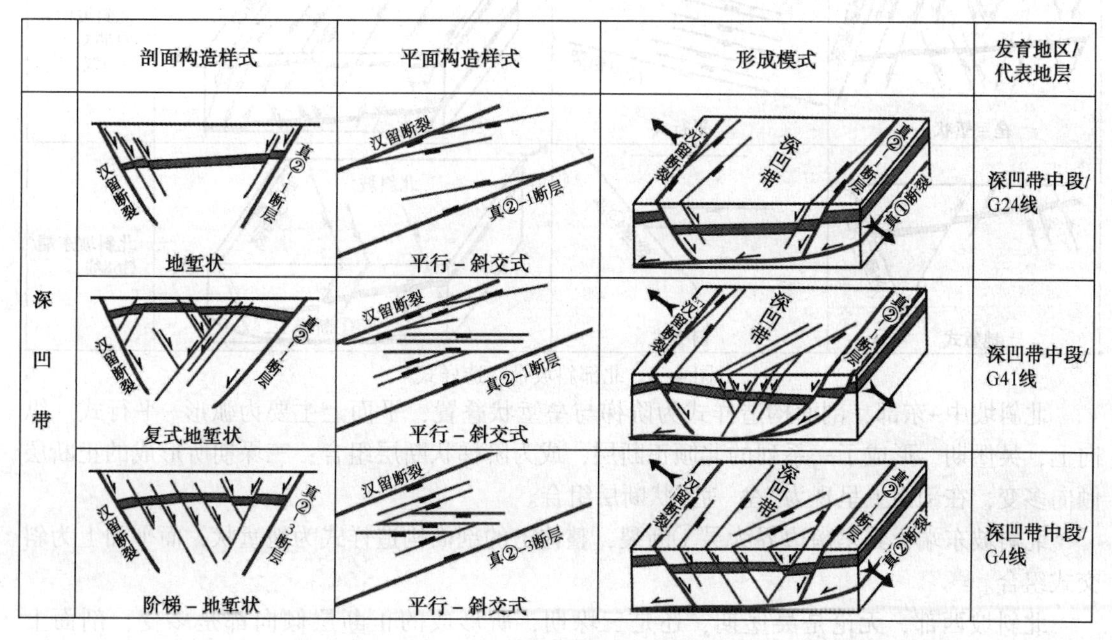

图 4-3 深凹带典型构造样式

在深凹带东段，地堑内断层发育，形成了复式地堑状。次一级的小型地堑一方面出现在深凹带中部，另一方面也出现在边界断层上盘，与反向正断层组合。这些断层之间平面上也为平行–斜交式。在深凹带的东端，随着汉留断裂的消失，转变为半地堑式盆地，相应剖面上断层组合样式也变为阶梯状(如 G45 线)。

在深凹带西段，由于汉留断裂与真②-3 断层均发育较早，使得各自的上盘同向正断层发育，剖面上呈现为阶梯–地堑状组合样式。平面上，呈为平行–斜交式组合。

3）北斜坡构造样式

剖面上，断层组合样式在高邮凹陷北斜坡东部与西部具有明显差异，同时深部与浅部也具有差异(图 4-4)。

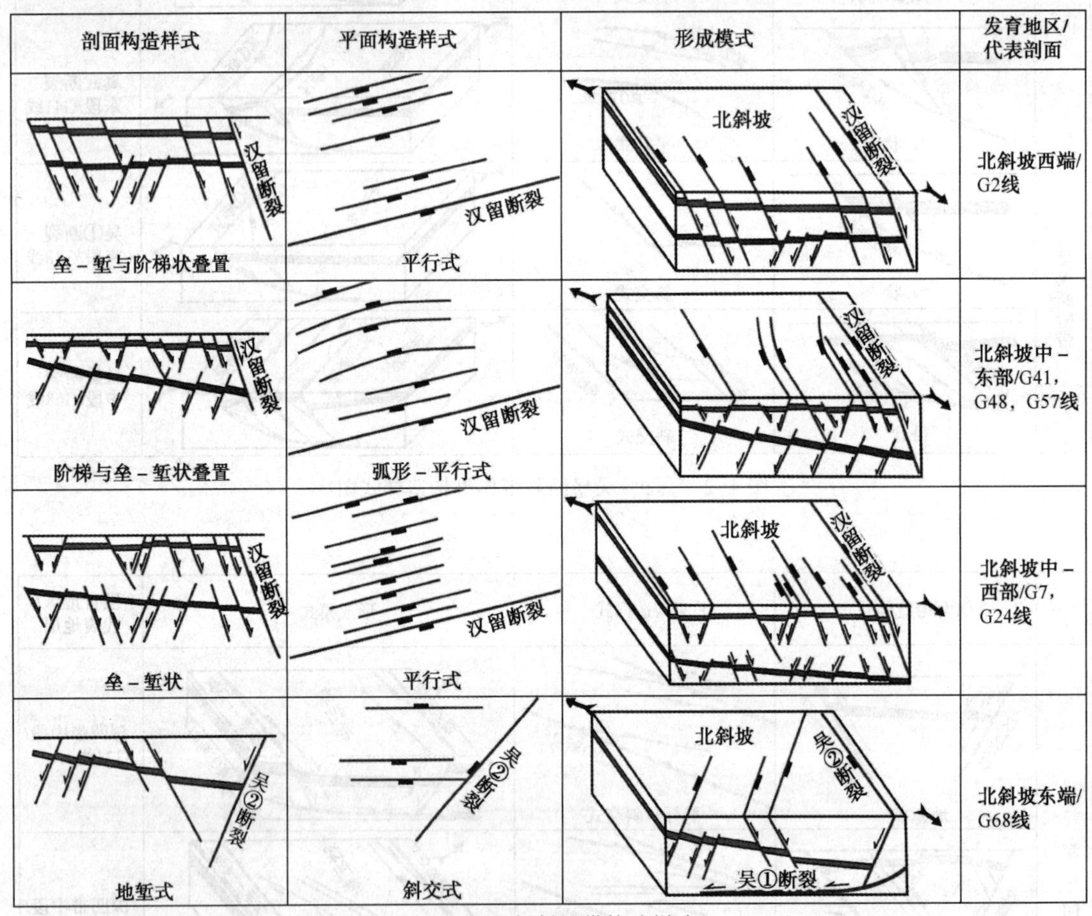

图 4-4　北部斜坡带构造样式

北斜坡中–东部，剖面构造样式为阶梯与垒堑状叠置，平面上主要为弧形–平行式。纵向上，吴堡期，形成了一系列的北倾正断层，成为阶梯状断层组合；三垛期所形成的正断层倾向多变，在剖面上呈现为“垒–堑”状断层组合。

北斜坡东端，其东南边界为吴①断裂，整体上的剖面构造样式为地堑状，而平面上为斜交式组合。

北斜坡西部，无论是吴堡期，还是三垛期，所形成的正断层倾向都是多变，剖面上皆呈现为“垒–堑”状断层组合。平面上，主要为平行式组合。其中，南侧由于靠近汉留断裂，主要是形成南倾的正断层，中部主要为北倾的正断层组合，北部为南倾为主的断层组合。

北斜坡西端，吴堡期的断层剖面上为“垒—堑”组合，而三垛期断层主要为南倾的阶梯状，总体上为垒-堑状与阶梯状叠置。平面上，主要为平行式断层组合。

二、构造变换带

1. 构造变换带概念与分类

主干正断层伸展位移诱导出的调节性构造变形称变换带。Moley(1990)将由于正断层活动导致它们之间的岩桥所发生的构造变形统称为“变换带”(transfer zone)，如果这种构造变形表现为横向、斜向断层则称为变换断层(transfer fault)。Faulds 和 Varga(1998)根据同时活动的正断层之间的岩桥区的构造变形形式的差异分别称为调节带(accommodation zone)和变换带(transfer zone)。调节带(accommodation zone)是指由于“调节叠覆的正断层组或正断层之间的应变”所发生的构造变形，通常表现为凸起、斜坡或由正断层互相交织、叠覆构成的过渡性构造带。变换带(transfer zone)是指连接正断层之间的“具有一定走滑分量的横向、斜向断层或断层带”。

Morley(1990)以东非裂谷伸展构造实例研究了裂陷凹陷中正断层之间的构造变换，认为裂陷中两条相邻的伸展断层之间常以侧列(relay)型式出现，而典型的变换断层并不常见。他将断层在平面上的位置关系分为“未叠置(或趋近 approaching)”、叠置(overlapping)、平行(collateral)和共线(collinear)等四种排列型式，将断层在剖面上的产状关系分为相向倾斜(convergent)、背向倾斜(divergent)和同向倾斜(synthetic)三种类型，并以断层在剖面上和平面上的组合关系为基础提出将变换构造带分为三类四型(图 4-5)。

Faulds 和 Varga(1998)根据正断层的空间组合型式将调节带(accommodation zone)分为反向型(Antithetic)和同向型(Synthetic)两大类，进一步根据调节带的走向划分为走向型、斜向型和横向型等亚类，每一亚类中又根据变形形式划分为背斜、向斜和次级正断层组等几种不同型式调节带类型(图 4-6)。将变换带(transfer zone)分为反向型(Antithetic)、同向型(Synthetic)和裂陷边缘型(Rift-margin)等三大类，每一大类则根据变换断层的位移性质、产状特征进一步划分出不同型式的变换带类型。Faulds 和 Varga(1998)分类中的“反向倾斜的调节带”与 Morley 等(1990)描述的“共轭正断层组之间的变换带”相同，后者进一步将共轭正断层组之间的变换带划分为“相向倾斜”和“背向倾斜”两类。

Faulds 和 Varga(1998)定义的调节带是侧列的正断层系中两条叠覆的正断层间由于正断层位移诱导的变形带。如果叠覆的两条正断层是反向倾斜，它们之间的调节带则称为反向型调节带，如果叠覆的两条正断层是同向倾斜，它们之间的调节带则称为同向型调节带。由于断层的叠覆程度不同，调节带在平面上的延伸方向与正断层的总体走向的关系可以是横向的、斜向的和平行的，因而反向型、同向型调节带都可以进一步分为横向调节带(transverse zone)、斜向型调节带(oblique zone)和纵向(平行走向)型调节带(strike-parallel segments)等。反向倾斜的正断层可以是相向倾斜、也可以是背向倾斜，它们之间的调节带的变形则可以是背斜或者向斜，而且往往是相向倾斜的正断层的公共上盘地堑内部发育背斜、背向倾斜的正断层的公共下盘地垒上发育向斜。同向型调节带则主要表现为倾斜的断块，与 Morley 等(1990)所描述的同向倾斜的正断层之间的“走向斜坡”(strike ramp)类似，倾斜的断块可以进

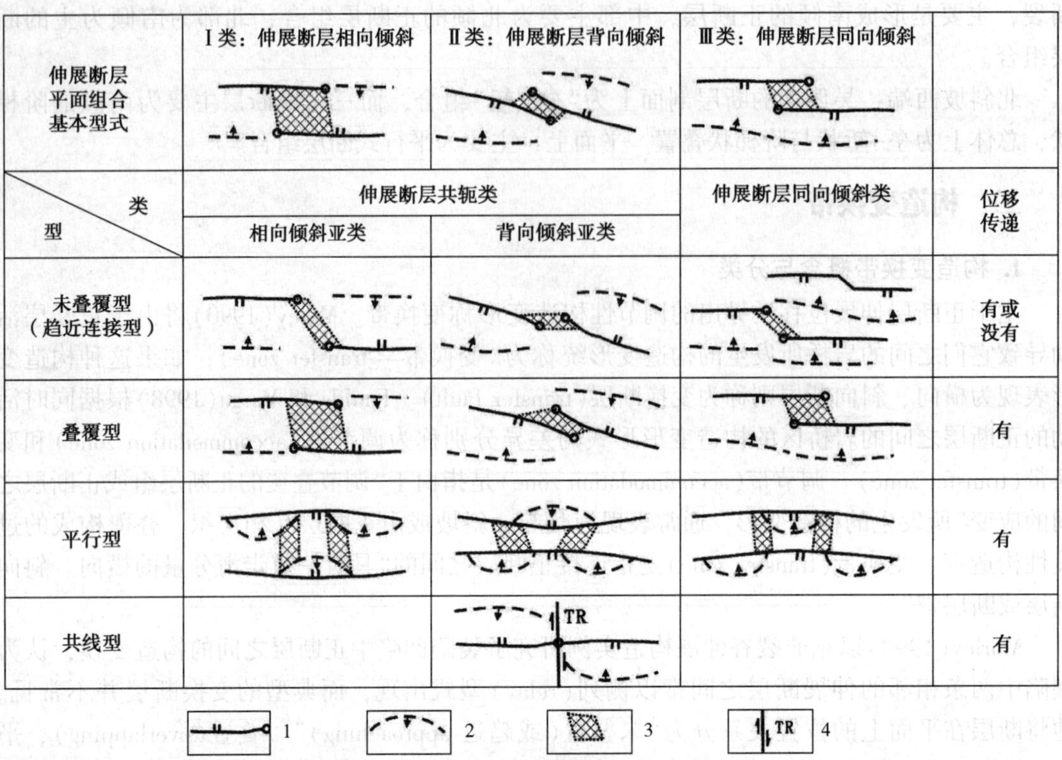

伸展断层平面组合基本型式	Ⅰ类：伸展断层相向倾斜	Ⅱ类：伸展断层背向倾斜	Ⅲ类：伸展断层同向倾斜	
类 型	伸展断层共轭类		伸展断层同向倾斜类	位移传递
	相向倾斜亚类	背向倾斜亚类		
未叠覆型（趋近连接型）				有或没有
叠覆型				有
平行型				有
共线型		TR		有

1 2 3 TR 4

图 4-5　变换带构造分类图(Morley，1990)

1—伸展断层；2—岩层倾向；3—变换构造位置；4—变换断层

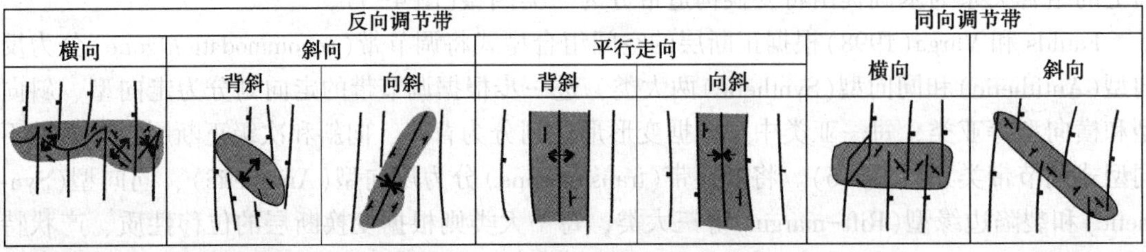

反向调节带					同向调节带	
横向	斜向		平行走向		横向	斜向
	背斜	向斜	背斜	向斜		

图 4-6　调节带分类示意图(Faulds，Varga，1998)

一步破裂形成复杂的多边性断块群。

2. 高邮凹陷中的构造变换带

高邮凹陷边界是由多组主干基底断裂系统构成，每一条断裂系统又由多条主干断层所组成，同时在盆地内部和边界断裂带上又发育着大量的不同尺度的分支断层、次级断层。这些主干断层和次级断层多数都是伸展断层，它们是盆地伸展构造的主要构造要素之一，它们之间几何学、运动学的差异导致发育不同尺度、不同样式的构造变换带。

(1) 南部断阶带中的变换构造

真武断裂系统是由真①断裂、真②断裂和汉留断裂以及大量次级和派生断层所构成，这些不同类型和级别的断层之间通过不同的变换构造相联接(图 4-7)。真武断裂系统受真①断裂的控制，断裂带西部汉留断裂在深部截止于真②断裂之上，而在断裂带东部真②断裂和汉留断裂均收敛于真①断裂之上。

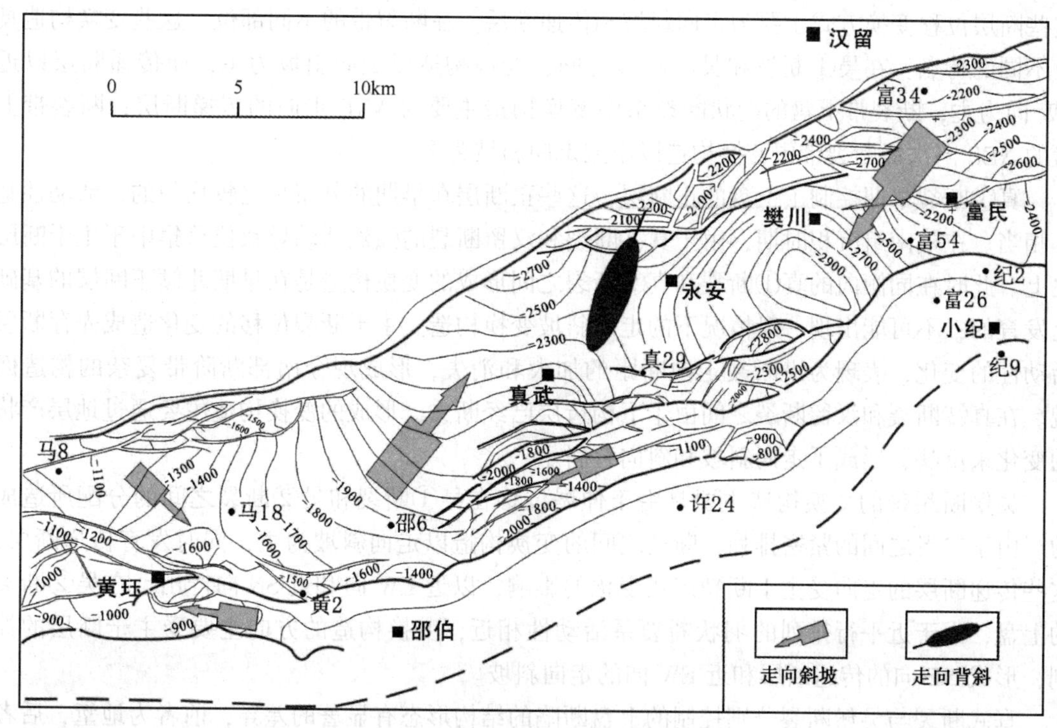

图 4-7 真武断裂带调节带分布

真①断裂与真②断裂分别是高邮凹陷南部断阶带的南北边界，二者同倾向近平行延伸。真①和真②断裂所夹的南断阶带，正是两条断裂的变换构造。在盆地发育的早期，真①断裂活动控制了整个高邮凹陷的变形，形成大量的北倾多米诺式的正断层。戴南组沉积时期，真②断裂才开始强烈活动与真①断裂共同控制南断阶，二者之间的变换构造是在前期的北倾断裂带基础上发育的，主要通过这些早期断层的消长和变换来平衡总变形量。由于南断阶内小断层对位移的分散，真①与真②断裂沿走向上各自的断距具有良好的互动性，但并不互补。

真②断裂在深部收敛于真①断裂之上，而在浅部发散为真②-1 断层、真②-2 断层和真②-3 断层近平行首尾相互叠置构成。由于真②断裂的断距受真①断裂控制，其自身断距并不绝对守恒，但是在 3 条断层的叠置部分，浅层的总断距相对守恒。在真②-2 断层与真②-1 断层同向叠接部位，真②-2 断层向东断距减小，而真②-1 断层向西断距减小，形成走向斜坡。真②-2 断层与真②-3 断层的同向叠接部位同样为走向斜坡过渡。

汉留断裂与真武断裂走向基本平行，倾向相对，并且在深部收敛于真武断裂之上。真②断裂分叉发育部位，相对的汉留断裂表现为相对集中的断裂形式；汉留断裂分叉明显部位又对应真②断裂的位移集中区。汉留断裂与真②断裂直接相对，活动性在时间和空间上都具有一定互补性。伸展位移在真②断裂和汉留断裂上的分配，形成走向斜坡和走向背斜(图 4-7)。

吴堡断裂系统中，吴①和吴②断裂之间属于典型的走向斜坡型变换构造(图 2-3)。吴①断裂的断距向 NE 方向逐渐减小，并最终发散消失，与此同时，吴②断裂的位移向 NE 方向逐渐增大。吴①断裂和吴②断裂之间断距的良好互补性，保证了断层叠置带总断距的基本守恒，形成上盘的深度等值线与断裂带平行分布。吴堡断裂带上盘控制了大量的次级断层，这些断层位移变换方式主要为走向斜坡和传递断层。在断裂带的不同部位，这些变换构造具有不同的特点：在吴①断裂和吴②断裂之间，变换构造以走向斜坡为主，而传递断层以近EW向为主；断裂带上盘的羽状断裂系中变换构造主要为NNE走向的传递断层；断裂带上盘的NEE向次级断裂带中变换构造以小型走向斜坡为主。

真①断裂早期控制了上盘的正断层，这些正断层在早期的分布是比较均匀的，活动性基本相当。在戴南组沉积时期，由于真②断裂和汉留断裂的强烈活动导致位移集中于主干断层之上。此时在同倾向的真①断裂和真②断裂之间形成的变换构造是在早期北倾正断层的基础上发育的，不可能出现一般情况下的走向斜坡变换构造。主干断裂位移的变化造成先存断层活动性的变化，表现为沿断裂走向断距的加大和消失，形成现今南部断阶带复杂的构造面貌。在真②断裂和汉留断裂之间由于下构造层已经断失，形成的变换构造主要通过地层产状的变化来反映，形成了走向斜坡和斜向背斜。

吴堡断裂带的变换构造主要是由于伸展位移在吴①断裂和吴②断裂之间的分配所造成的。由于二者之间的紧密排列，断裂之间的变换构造以走向斜坡为主，同时发育传递断层，这些传递断层的走向受主干断裂产状变化的影响，以近EW向和近SN向产出。在吴②断裂的上盘，由于近平行排列的羽状断裂系活动性相近，变换构造的方向主要受主干断层的控制，形成NE向的传递断层和近EW向的走向斜坡。

真武断裂与吴堡断裂分别控制的上盘断陷的结构形态有显著的差异，前者为地堑，后者为半地堑。两条断层之间实际上也有构造变换带发育，包括汉留断裂东段的尖灭端和高邮次凸均属于这一构造变换带的组成部分(图4-8)。

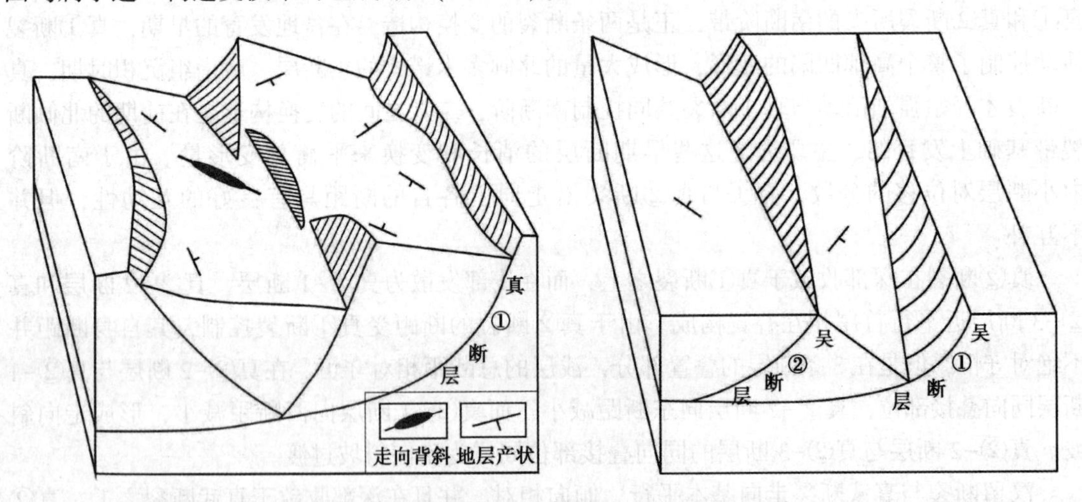

图4-8 真武断裂及吴堡断裂带的走向斜坡模式图

(2) 北斜坡的变换构造

根据北斜坡叠覆正断层的倾向及其组合特征，可以将伸展构造体系中的变换构造分为同向叠覆、对向叠覆和背向叠覆三大类型(图4-9)，其中同向叠覆型可分为凸直+斜坡、走向斜坡和横向凸起三小类；对向叠覆型可分为高凸起、低凸起和鼻状凸起三小类；背向叠覆型又可分为鼻状凸起和共线型两小类。

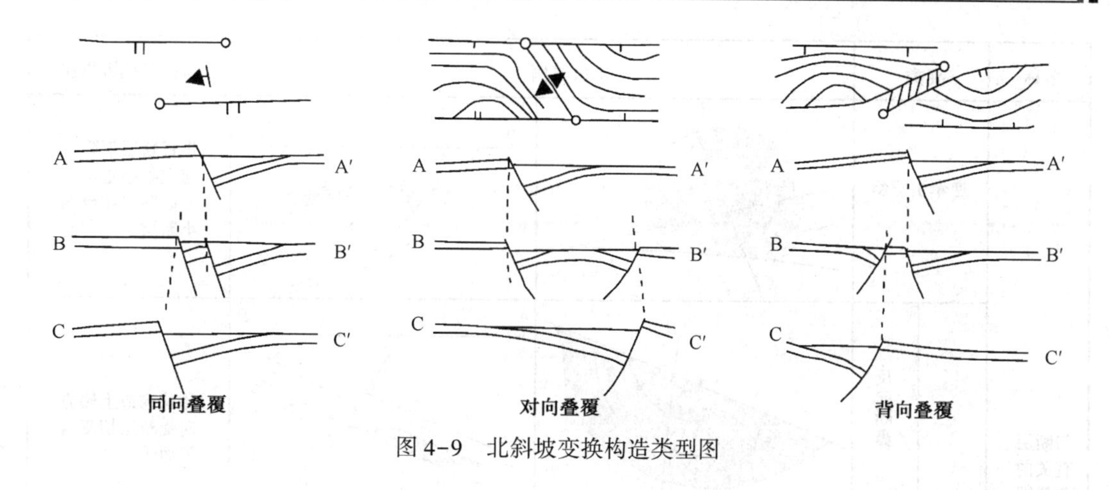

图 4-9　北斜坡变换构造类型图

第二节　断控圈闭类型

一、断控圈闭类型及其特征

油气勘探成果表明，苏北盆地中的油气圈闭主要为断块和断鼻(钱基，2000，2001；刘玉瑞等，2003；牟荣，2006；邱旭明，2004)，断层是构成油气圈闭的重要圈闭要素。但地层及岩性圈闭也有受断层或断裂活动的影响。

1. 与断层有关的圈闭类型

1）与断层有关的背斜圈闭

（1）逆牵引背斜圈闭

形成于断裂活动剧烈的生长断层下降盘，其内部伴生一系列与主断裂走向相近而倾向相反的小断层。长期活动的犁式正断层控制逆牵引滚动背斜型圈闭的形成和分布，其特点是断层面倾角上陡下缓。在断层长期活动过程中，下部地层近断面一侧不断弯曲回倾，上部地层连续沿弯曲面沉积而形成背斜轴线不断往断层一侧迁移的逆牵引滚动背斜，同时下部油气沿断层往上运移至此聚集成藏。如由长期活动的真武断裂控制形成的真武、黄珏等逆牵引滚动背斜型圈闭(图 4-10)。

真武油田是一个被断层复杂化的逆牵引滚动背斜，主要由受断层、岩性控制的断块、断鼻型圈闭组成。位于真②断层下降盘，高邮凹陷中央深凹带南侧，西北临邵伯生油次凹，东北靠樊川生油深凹，且构造内部发育多条断至阜宁组生油岩的次级断层，具有很好的垂向沟通油源泉的条件，是苏北盆地内发现的油气田中储量、产量规模最大的油田。

（2）断鼻圈闭

鼻状构造上倾方向受断层切割而成，分为屋脊式断鼻圈闭和顺向断层断鼻圈闭两种类型，主要分布于凹中隆的富民地区和曹庄等地区。

反向断鼻圈闭，也称屋脊式断鼻圈闭，平面特征为鼻状，剖面由地层与反向断层构成屋脊式，陈 3、陈 2 等断块油藏均属此类，由于吴①断裂上下连续的封闭作用，使陈 3 断块出现多层圈闭[图 4-10(a)]。

顺向断鼻圈闭：剖面由同倾向的地层与正断层构成，平面特征为鼻状，如徐家庄油藏。

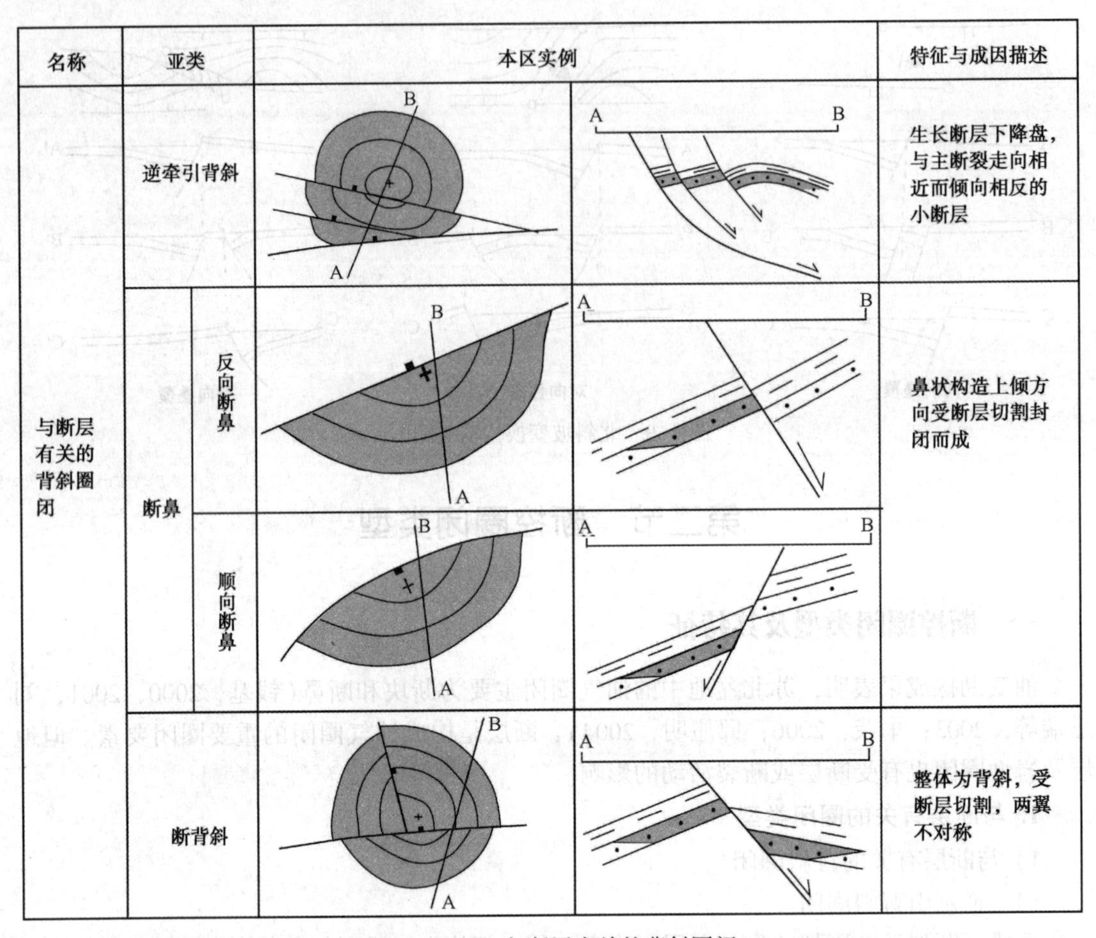

图 4-10(a)　与断层有关的背斜圈闭

2）与断层有关的断块圈闭

顺向断块圈闭：断层倾向与地层倾向一致，断层倾角大于地层倾角，油气藏以侧向运移方式向断块高部位聚集。凹陷的边界断裂均为向北倾斜下掉的犁式正断层。吴堡运动以后，在戴南组-三垛组沉积期伴生有一系列同方向的规模较小的次级断层，次级断层亦均为北掉正断层，从而切割下降盘地层，使其呈台阶状下降，组成一个断阶带；或组成阶梯式断块圈闭，断层或由主控断层与次级派生断层组成，或由两条派生次级断层组成。这类圈闭在真武油田、黄珏油田、吴①断裂下降盘的周庄油田中广泛发育[图 4-10(b)]。

反向断块圈闭：断层倾向与地层倾向相反，油气主要分布于断层上升盘一侧，下伏烃源层得油气沿断层向上运移，辅以砂体侧向方式向断块高部位聚集，如韦 5 断块即为此类[图 4-10(b)]。

地堑或地垒断块圈闭：油气藏受地堑断块两侧的断层控制，油气主要沿断层以垂向运移方式向上运移。地垒式断块圈闭平面特征为两条断层夹持的断块，剖面由两条倾向相反的断层与地层构成地垒式。如吴①断裂上升盘宋家垛油田中的周 41 块、周 43 块等(邱旭明，2007)。

3）与断层有关的隐蔽圈闭

圈闭类型主要有断鼻—岩性圈闭、断层—岩性圈闭、断层—岩性上倾尖灭圈闭等[图 4-10(c)]。

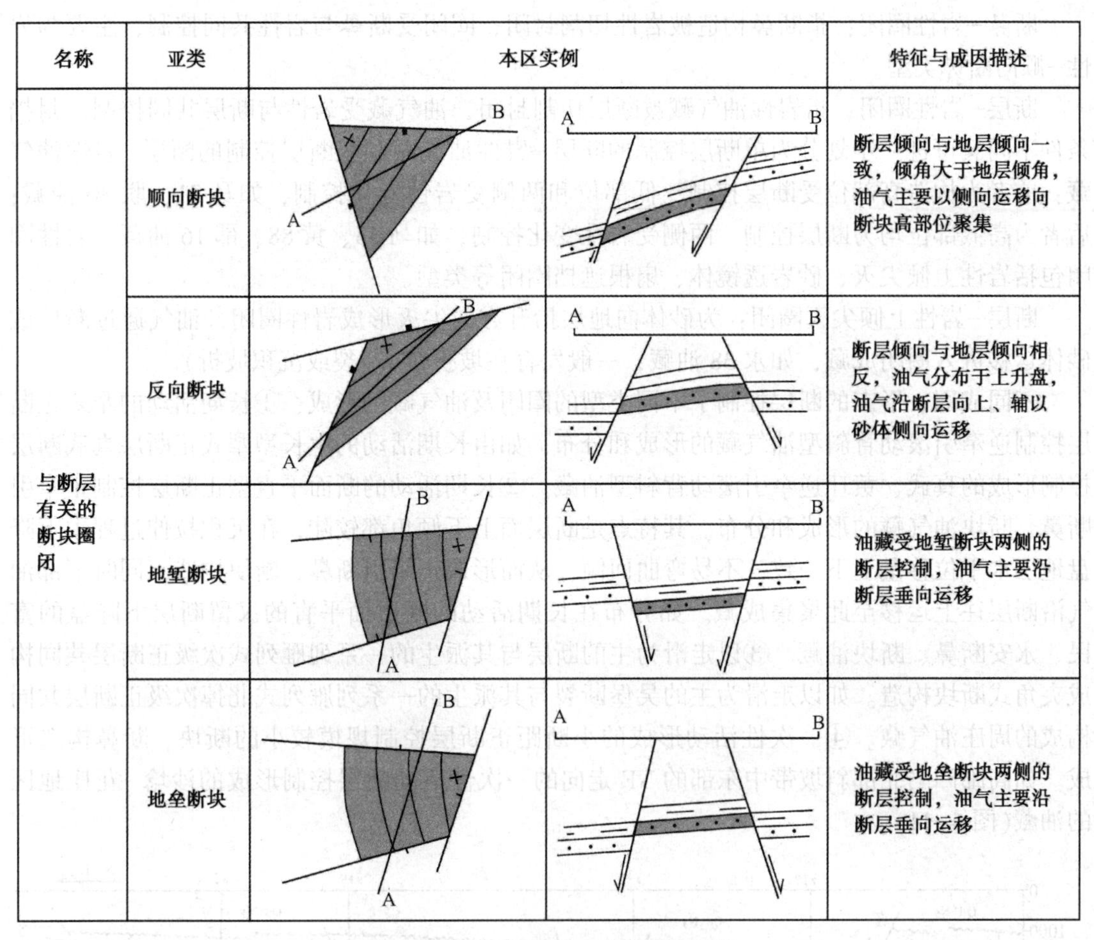

名称	亚类	本区实例		特征与成因描述
与断层有关的断块圈闭	顺向断块			断层倾向与地层倾向一致，倾角大于地层倾角，油气主要以侧向运移向断块高部位聚集
	反向断块			断层倾向与地层倾向相反，油气分布于上升盘，油气沿断层向上、辅以砂体侧向运移
	地堑断块			油藏受地堑断块两侧的断层控制，油气主要沿断层垂向运移
	地垒断块			油藏受地垒断块两侧的断层控制，油气主要沿断层垂向运移

图 4-10(b)　与断层有关的断块圈闭

名称	亚类	本区实例		特征与成因描述
与断层有关的岩性圈闭	断鼻+岩性			断层油气藏被岩性切割封闭，油气藏受断层与岩性共同控制
	断层+岩性			岩性油气藏被断层切割封闭，油藏受岩性与断层共同控制
	断层-岩性上倾尖灭			砂体发育在坡折带

图 4-10(c)　隐蔽圈闭类型

断鼻–岩性圈闭：指断鼻构造被岩性切割封闭，圈闭受断鼻与岩性共同控制，主要为岩性–顺向断鼻类型。

断层–岩性圈闭：指岩性油气藏被断层切割封闭，油气藏受岩性与断层共同控制。封挡条件不同又可进一步划分为单断层控制的断层–岩性油气藏和双断层控制的断层–岩性油气藏：前者为构造高部位受断层控制，低部位和两侧受岩性变化控制，如马31、联30油藏；后者为高低部位均为断层控制、两侧受岩性变化控制，如马33、黄88、邵16油藏。岩性圈闭包括岩性上倾尖灭、砂岩透镜体、扇根遮挡圈闭等类型。

断层–岩性上倾尖灭圈闭：为砂体向地层抬升方向尖灭形成岩性圈闭，油气通过断层或砂体运移进入圈闭成藏，如永38油藏，一般发育在坡折带(断裂或沉积坡折)。

不同成因、形态的断层控制了不同类型的圈闭及油气藏的形成：①长期活动的犁式正断层控制逆牵引滚动背斜型油气藏的形成和分布，如由长期活动的生长型犁式正断层真武断层控制形成的真武、黄珏逆牵引滚动背斜型油藏。②长期活动的断面平直型正断层控制正牵引断鼻、断块油气藏的形成和分布。其特点是断层面上下倾角都较陡，在沉积拉伸过程中下降盘地层水平位移量上下一致，不易弯曲回倾，从而形成正牵引断鼻、断块构造，同时下部油气沿断层往上运移至此聚集成藏。如分布在长期活动的断层面平直的汉留断层下降盘的富民、永安断鼻、断块油藏。③以走滑为主的断层与其派生的一系列雁列式次级正断层共同构成夹角式断块构造。如以走滑为主的吴堡断裂与其派生的一系列雁列式北掉次级正断层共同构成的周庄油气藏。④一次性活动形成的小断距正断层控制规模较小的断块、断鼻构造形成。如高邮凹陷北部斜坡带中东部的NE走向的一次性活动断层控制形成的沙埝–花庄地区的油藏(图4–11)。

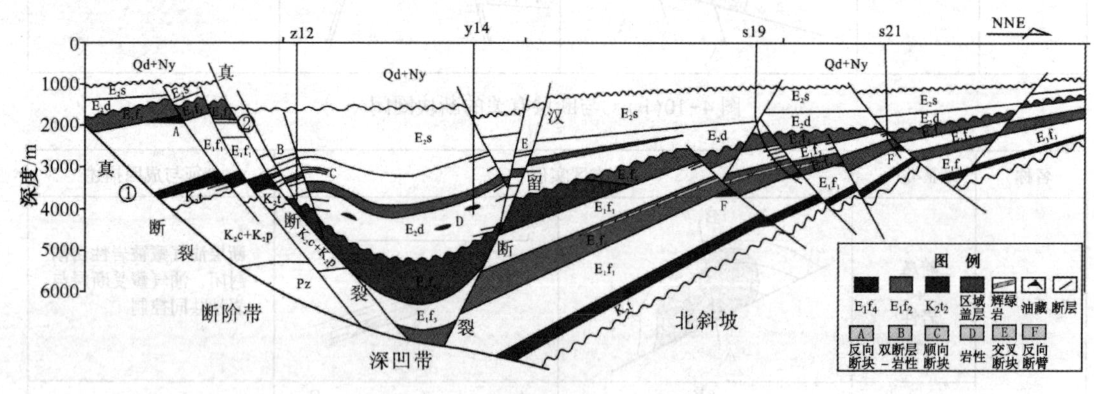

图4–11 断块圈闭的类型及分布

2. 不同构造带及其圈闭群的类型

由于构造十分破碎，单个断块圈闭很难反映油气富集规律，因此按照控制油气田或油气富集区的三级构造或三级断块或复合圈闭群的类型来划分断块圈闭类型更具实际意义。高邮凹陷断块圈闭样式类型大致可以分为复背斜、堑式断背斜、滚动断背斜、断鼻、雁列断块群和转换带断块群六种类型，其典型油气藏(田)如图4–12所示。

复断鼻圈闭主要分布于北斜坡沙埝–瓦庄地区，整体上为3~4个被断层复杂化的构造高带。

堑式背斜分布于北部斜坡带的韦庄–码头庄地区，整体上为顶部塌陷的背斜构造，内部

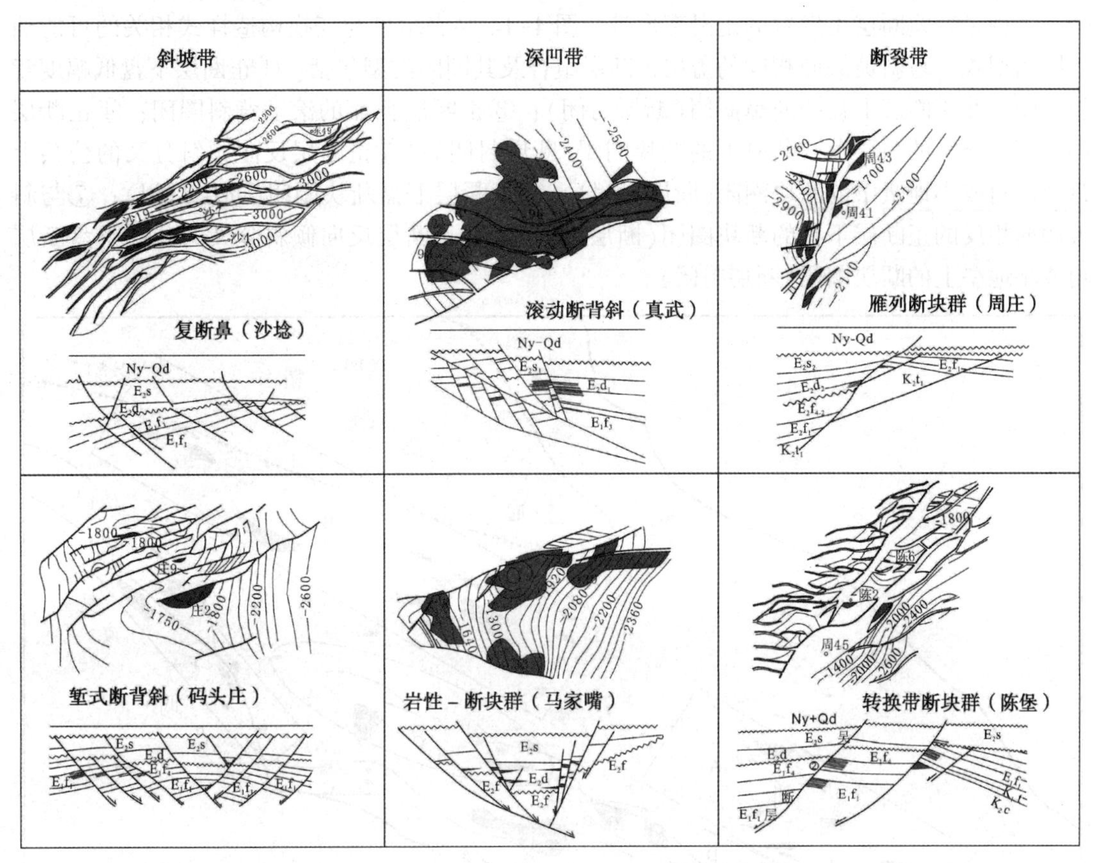

图 4-12 高邮凹陷复杂断块(群)圈闭分类图

为一系列倾向相对的断层复杂化。

滚动断背斜主要沿控制凹陷结构的真②断层发育，三级构造整体为一背斜构造，内部为断层所复杂化，最为典型的为真武、黄珏和徐家庄构造。

断鼻圈闭主要分布于凹中隆的富民地区和曹庄地区。

岩性—断块群油气藏主要分布于马—联地区和黄珏地区(图 4-13)。

雁列断块群圈闭主要沿大断裂分布，多为大断层及其伴生的羽状断层所控制，断块规模小但数量多，成群成带出现，如邱家—肖刘庄断块群，周庄—陈堡断块群。

转换带断块群圈闭主要分布于控凹边界断层转换带部位，断块破碎，成群出现，如位于吴①断裂和吴②断裂转换带位置的陈堡断块群，位于真②-1 于真②-2 断层转换带位置的许庄断块群，真②-2 与真②-3 断层转换带位置的方巷断块群。

二、变换构造与圈闭样式

变换构造是苏北盆地伸展构造系统的重要构件，本身也可以形成不同的构造变形样式。变换构造可以是一条断层或断裂带，也可以是一条复杂的变形带，但基本上都是与主干伸展断层垂直或斜交，而且往往是盆地中的正向构造带。裂陷伸展盆地中的构造变换带是重要的油气聚集区带，其复杂的构造变形样式可以构成不同型式的油气圈闭。

高邮凹陷的变换构造主要包括两种变形样式，一种是具有明显的变换断层构成的断裂带，一种是变换断层不发育的走滑变形带。图 4-14 要表示了与变换构造样式相关的可能油气圈闭型式。与斜坡倾向相同的盖层正断层组合及其圈闭类型包括：①正断层下盘低幅度背斜圈闭；②正断层上盘的断鼻圈闭(断层封闭)；③正断层上盘的滚动背斜圈闭；④正断层同向倾斜分叉的断层角或断阶上的断块圈闭(断层封闭)；⑤正断层反向倾斜分叉的公共上盘断层角或小地堑中的断块圈闭(断层封闭)；⑥正断层下盘断块圈闭(断层封闭)；⑦与斜坡倾向相反的正断层下盘的断块圈闭(断层封闭)；⑧正断层反向倾斜分叉的公共下盘断层角或小地垒上的断块圈闭(断层封闭)。

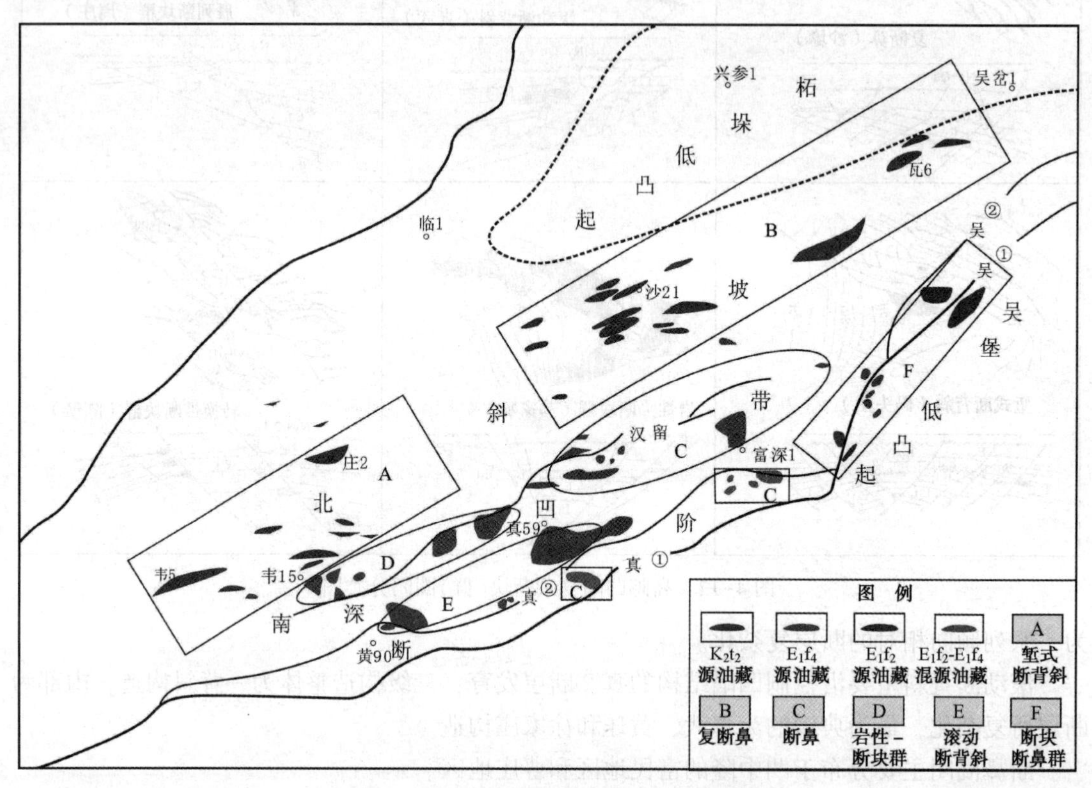

图 4-13　圈闭及油藏类型的平面分布图

变换断层一般是具有走滑性质的陡倾断层，与两盘的分支断层、次级断层在剖面上构成花状构造样式。变换断层本身具有可以表现为正走滑断层或逆走滑断层，分支断层在平面上可以沿变换断层旁侧斜列或羽列，也具有斜向位移特征。由于变换断层的走滑位移可以导致断裂带中断块体旋转，形成各式构造圈闭。变换断层形成的正花状构造中(图 4-15 中的样式Ⅸ-1)可以发育的圈闭包括变换断层附近的基岩断块圈闭(图 4-14 中的①)、分支断层上盘的盖层断块圈闭(图 4-14 中的②)、分支断层下盘的盖层断块圈闭(图 4-16 中的③)以及花状构造“花芯”部位的背斜圈闭(图 4-14 中的④)等，其中以分支断层下盘的断块圈闭为主。变换断层形成的负花状构造也可以发育类似的圈闭，但花状构造“花芯”部位的背斜圈闭一般不发育。

变换构造带也可能不发育变换断层，总体上表现为一个低凸起带或在低凸起背景上发育复杂的正断层。图 4-15 中的样式Ⅹ表现被共轭盖层正断层复杂化的构造变换带，它们在剖面上构成的可能圈闭型式与盖层滑脱共轭正断层系类似，但是在平面构造图中发育在构造变换带上的正断层多是斜列的，因而单条断层延伸不远、甚至具有一定的走滑位移分量，更有利于在其上盘。下盘形成相应的构造圈闭。

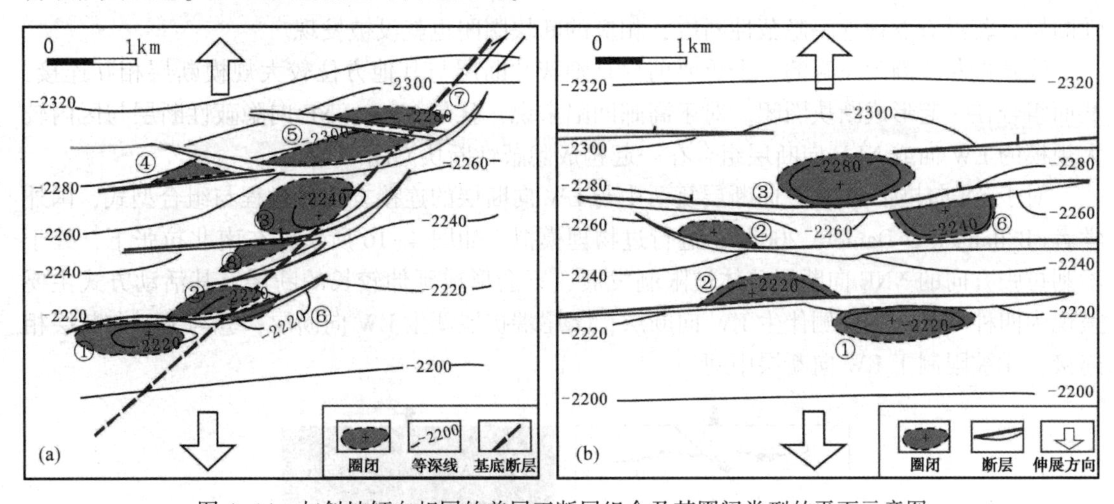

图 4-14　与斜坡倾向相同的盖层正断层组合及其圈闭类型的平面示意图

(a)伸展作用导致斜向的基底断层发生走滑正断层活动并形成斜列的盆倾盖层正断层组合及其圈闭类型；

(b)伸展作用形成侧列的盆倾正断层组合及其圈闭类型

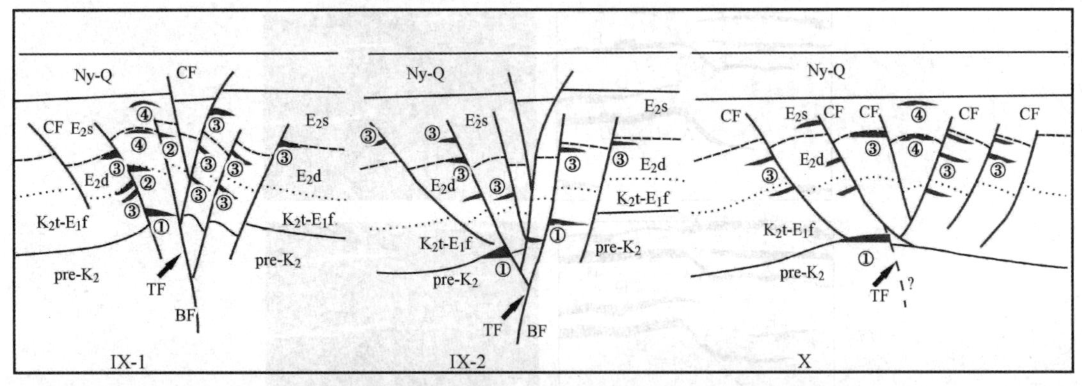

图 4-15　与构造变换带相关的构造样式及油气圈闭模式

CF—盖层断层；BF—地台基底卷入断层；TF—变换断层；①—基岩断块圈闭；②—上盘盖层断块圈闭；③—下盘盖层断块圈闭；④—“花芯”部位的背斜圈闭

总之，由于正断层是裂陷伸展盆地变形的主要构造要素，油气圈闭的形成直接或间接受正断层的形成和演化控制，正断层的几何学、运动学特征对构造圈闭型式有重要影响。

三、隐蔽性断层与圈闭样式

由隐蔽性断层构成的断块圈闭称为隐蔽性断块圈闭，包括隐蔽性断鼻圈闭、隐蔽性断层—岩性圈闭等。

(一) NNE 向隐蔽性断层与圈闭模式

1. 隐蔽性断层与圈闭模式

高邮凹陷 NE－NNE 向隐蔽性断层延伸短、断距小，自身难以形成有一定规模的断块圈闭、断鼻圈闭或断层—岩性圈闭。这些隐蔽性断层需要与其他方位较大规模断层组合在一起形成断块圈闭。对于高邮凹陷来说，就是 NE－NNE 向隐蔽性断层与区内较大规模的 EW 向或 NEE 向断层组合在一起构成隐蔽性断块圈闭。这一类的断块圈闭，其一侧边界上为隐蔽性断层，若没有发现这一隐蔽性断层，相应的断块圈闭也就没被发现。

隐蔽性断块圈闭发育的一个重要前提是隐蔽性断层与其他方位较大规模断层相互连接，从而组合在一起形成断块圈闭。对于高邮凹陷来说，就是 NE－NNE 向隐蔽性断层与区内较大规模的 EW 向或 NEE 向断层组合在一起构成隐蔽性断块圈闭。

对于 SN 向拉张下 NNE 向断层复活中与 EW 向断层的连接方式、过程与组合型式，国外学者(Bellahsen & Daniel，2005)已进行过物理模拟。如图 4-16 所示，在南北拉张下，处于不利拉张方向的 NNE 向断层总体被限制发展，不会形成延伸较长的断层。其活动方式主要呈现为四种型式：①旁侧伴生 EW 向断层；②尾端扩展新生 EW 向断层；③与 EW 向断层相连接；④被限制于 EW 向断层中间。

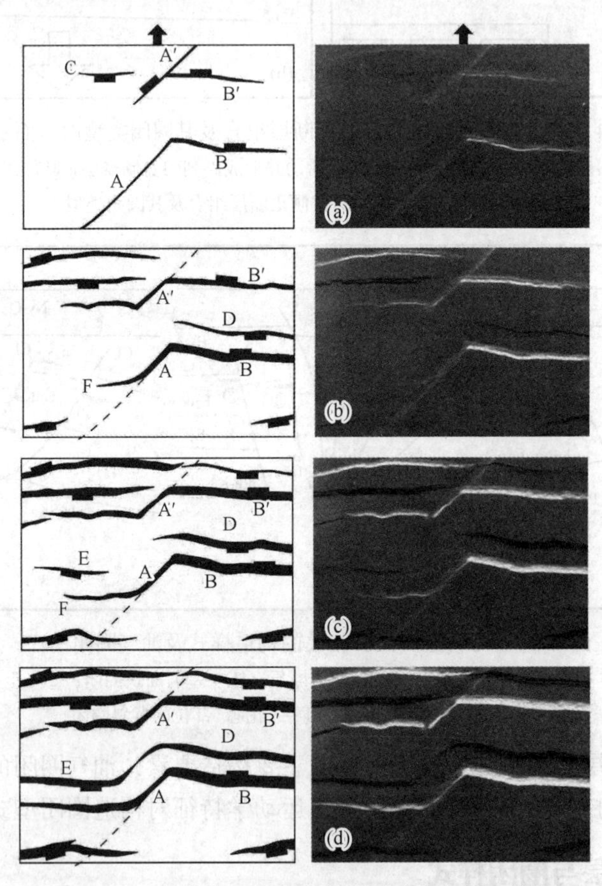

图 4-16　斜向拉张下基底断层活动方向物理模拟

(据 Bellahsen，2005)(上早下晚；A 与 A′为基底断层，B，C，D，E 皆为新生断层)

通过系统分析高邮凹陷内 NE－NNE 向断层的活动与连接方式，发现其与其他方位断层之间的连接与组合方式要比上述物理模拟结果更加多样。这主要是由于高邮凹陷内还存在着 NEE 向基底断层的复活，同时又新生了大量的 EW 向正断层，从而使这些 NNE 向断层的活动方式及与 NEE 或 EW 向断层的连接方式呈现为多样化(图 4-17)。

根据高邮凹陷内 NE－NNE 向断层的实际状况，可以总结出其与其他方位断层的连接与

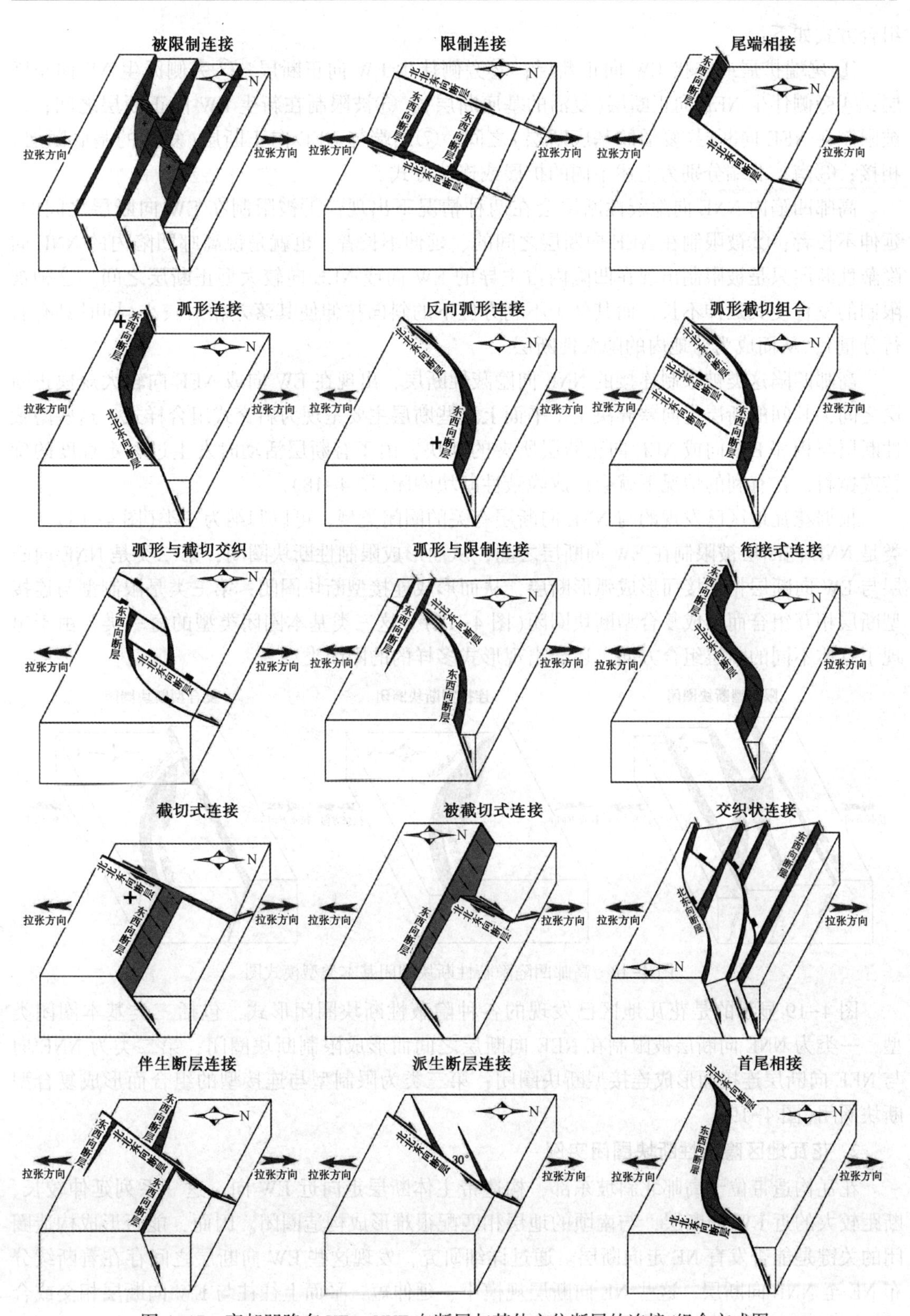

图 4-17 高邮凹陷东 NE－NNE 向断层与其他方位断层的连接/组合方式图

组合方式如下：

① 尾端扩展或连接 EW 向正断层；②旁侧伴生 EW 向正断层；③旁侧派生 NE 向正断层；④旁侧伴生 NEE 向正断层(复活的基底断层)；⑤被限制在新生 EW 向正断层之间；⑥被限制在 NEE 向断层(复活的基底断层)之间；⑦尾端与 NEE 向正断层(复活的基底断层)相接；⑧南、北端分别为上述不同的扩展或连接方式。

高邮凹陷内 NNE 向隐蔽性断层会在两种情况下出现：①被限制在 EW 向断层之间的、延伸不长者；②被限制在 NEE 向断层之间的、延伸不长者。也就是说高邮凹陷内的 NNE 向隐蔽性断层只是被限制出现在凹陷内占主导的 EW 向或 NEE 向较大型正断层之间。这种被限制的发育使其延伸不长，而其处于不利方位下的斜向拉伸使其落差相对较小(同时具有右行分量)，从而成为盆地内的隐蔽性断层。

高邮凹陷这类被限制连接的 NNE 向隐蔽性断层，出现在 EW 向或 NEE 向较大规模正断层之间，其间的断层走向差异决定了平面上这些断层主要呈现为斜交式组合样式。这些隐蔽性断层与相邻 EW 向或 NEE 向正断层所夹的断块，由于有断层活动时发生过一定程度的旋转或掀斜，在有利的情况下就会形成隐蔽性断块圈闭(图 4-18)。

根据花瓦地区已发现的与 NNE 向断层有关的圈闭类型，可以归纳为三类(图 4-18)：一类是 NNE 向断层被限制在 EW 向断层之间，从而形成限制性断块圈闭；第二类是 NNE 向断层与 EW 向断层相连接而形成弧形断层，从而形成连接型断块圈闭；第三类是限制型与连接型断层相互组合而形成复合型断块圈闭(图 4-17)。这三类基本圈闭类型的每一类，由于出现了具体不同的断层组合方向，还会出现形式多样的的圈闭类型。

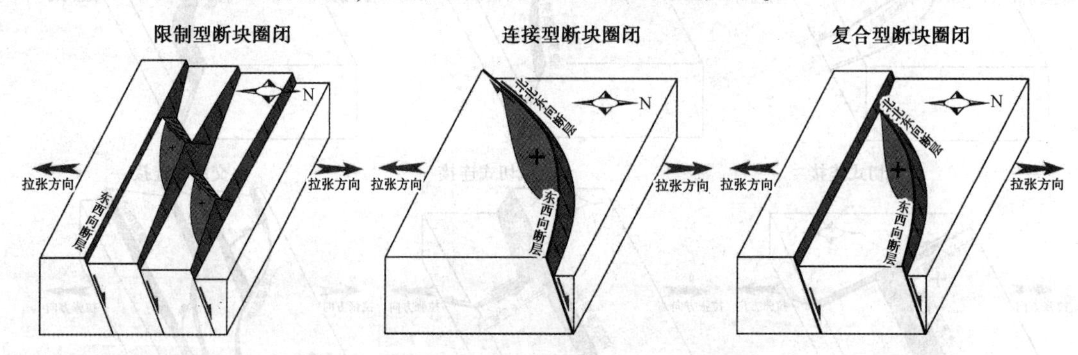

图 4-18　高邮凹陷隐蔽性断块圈闭基本类型模式图

图 4-19 显示的是花瓦地区已发现的各种隐蔽性断块圈闭形式，包括三类基本圈闭类型，一类为 NNE 向断层被限制在 NEE 向断层之间而形成限制断块圈闭；第二类为 NNE 向与 NEE 向断层连接而形成连接型断块圈闭；第三类为限制型与连接型的组合而形成复合型断块圈闭(图 4-19)。

2. 花瓦地区隐蔽性断块圈闭实例

花瓦构造带位于高邮北斜坡东部，构造带主体断层走向近 EW 向。这一系列延伸较长、断距较大的近 EW 向断层，与南倾的地层相匹配很难形成构造圈闭。因而，能否形成构造圈闭的关键是能否发育 NE 走向断层。通过详细研究，发现这些 EW 向断层之间存在着断续分布 NE 至 NNE 向断层。这些 NE 向断层规模小、延伸短，平面上往往与 EW 向断层相交或合并；而剖面上向下收敛于高序级断层上，可与高序级断层倾向相同或相反，形成 Y 型、反 Y

型、阶梯型、地堑型等多种断裂组合形式。这些 NE 向小断层在地震剖面上表现为同相轴微小错开或扭曲，振幅突然变弱等形式，用常规地球物理方法难以识别，具有较强的隐蔽性。这些 NE 向的隐蔽性断层发育在近 EW 向断层间，延伸 1～3km，断距一般 60～100m。这些 NE 向小断层是该区成藏的主要因素，它们与近 EW 向断层共同控制形成了一系列隐蔽性断块圈闭。

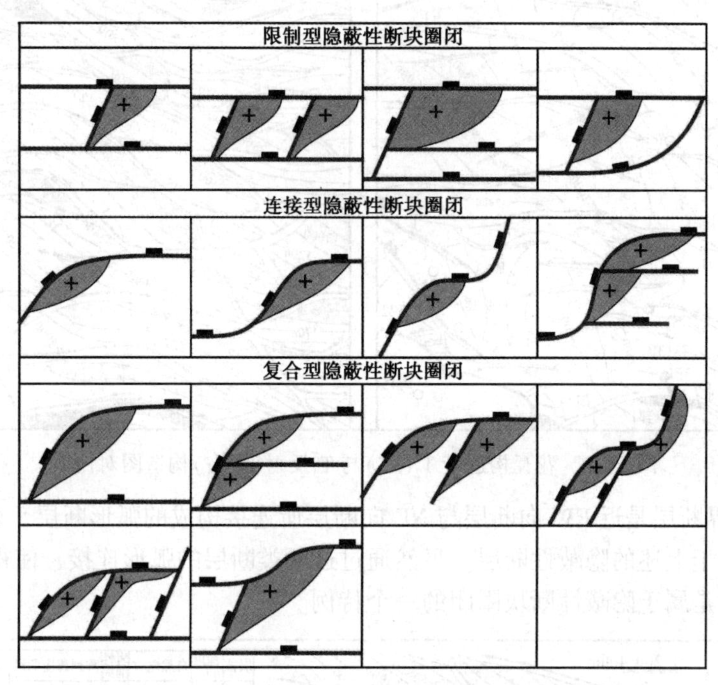

图 4-19 高邮凹陷 EW 向断层间隐蔽性断块圈闭平面模式图

花瓦构造带上这些 NE 向小断层是断续出现在 EW 向大断层之间，在空间上它们是沿着 NNE 方向上成带出现(图 4-20)。这些 NE－NNE 向小断层一致向东倾，NE－NNE 向小断层在东西方向上并非单条的出现，常是 2~3 条成带的出现，是呈断续出现的断层带特征。

地震剖面上也揭示这些 NE 向小断层皆活动时间较早，是吴堡期活动的产物，与反射层构造图所揭示的现象相吻合，这些 NE 向小断层断面较平直。地震剖面上常见这些 NE 向小断层终止在 EW 向断层之上，显示其发育受到 EW 向断层的限制。一般，这些 NE 向断层要比旁侧的 EW 向断层陡，少数情况下也见较缓者。剖面上，NE 向小断层皆显示为正断层现象，但是落差皆较小，常是不易识别的断层。当地震剖面上这些 NE 向小断层不被 EW 向断层中止时，其向下延伸较大，显示具有较大的切割深度。

花瓦构造带上 NE 向小断层在 T_3^3 和 T_3^1 反射层构造图上出现，而在 T_2^5 和 T_2^3 反射层构造图上消失(图 4-20)。这表明这些 NE 向小断层活动较早，主要是在吴堡期活动，而在后期基本上就不活动。

通过对小断层的识别和组合，钻探发现了花 11、花 14、花 16、花 17 等断块油藏，开辟了该区隐蔽性断块油藏勘探的新思路。

花 11 块位于花庄北构造中部，是由两条相交的北掉正断层共同控制的断块构造(图 4-21)。其西界上为 NE 向小断层，属于上述的 NE 向隐蔽性断层；而北界上为 NEE 向较大型断层。该块地层南倾北抬明显，主控断层断距在 60~100m，属于隐蔽性断块圈闭。

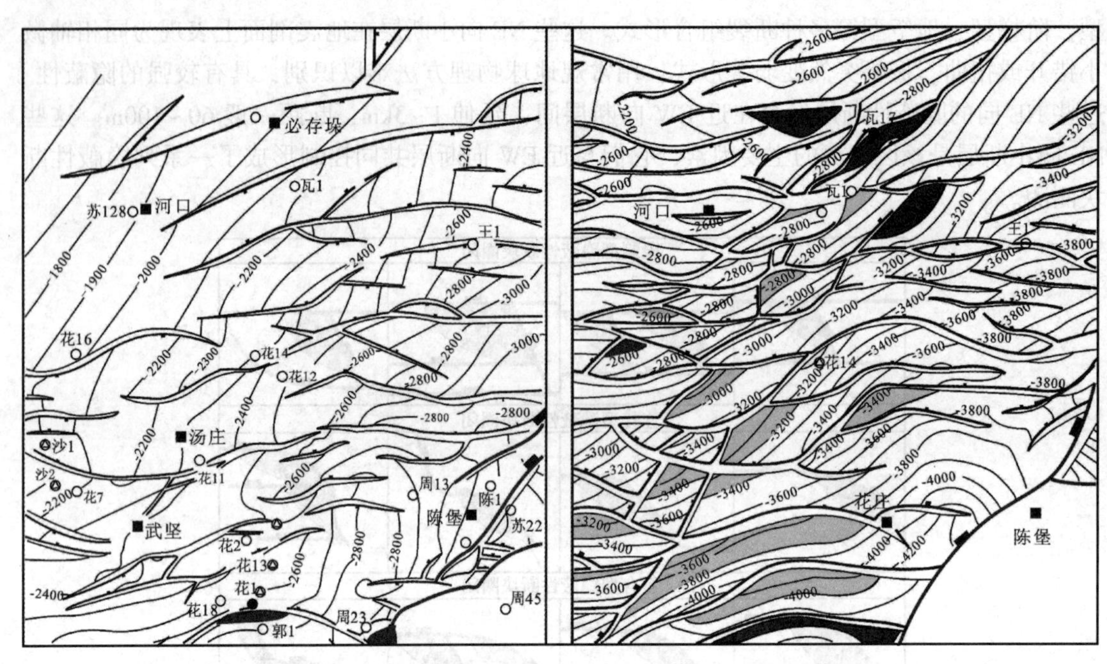

图 4-20　花瓦构造带 T_2^5(左)与 T_3^3反射层(右)构造图对比

花 14 块边界断层是近 EW 向断层与 NE 向断层所连接构成的弧形断层。西界上 NE 向断层段在成因上属于上述的隐蔽性断层。虽然通过这两类断层的弧形连接，使得整条断层成为显性，在成因上是属于隐蔽性断块圈闭的一个特例。

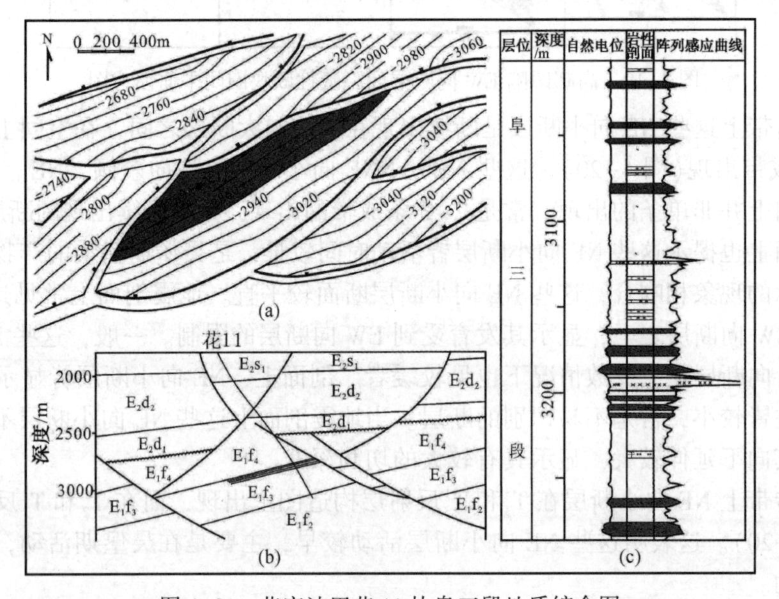

图 4-21　花庄油田花 11 块阜三段地质综合图

(a) E_1f_3油层顶面构造图；(b) 花 11 断块油藏剖面图；(c) 花 11 井综合柱状图

花 17 块，是一个典型的隐蔽性断块圈闭，该断块北界为较大的 EW 向、北倾正断层，西界为 NE 向小型正断层，向 NW 倾。东侧还有一条类似的 NE 向小断层。正是 NE 向小断层的存在及其围限，形成了特征的隐蔽性断块圈闭。由于这一 NE 向小断层延伸短、断距小，用常规的地震勘探解释难以发现。本项目研究人员，采用针对性方法，识别出这一 NE 向的小型隐蔽性断层，从而发现了这一隐蔽性断块圈闭。

瓦 2 与瓦 3 块为 NE 向断层控制的断块(图 4-22)，属于隐蔽性断块圈闭/油藏的一类。这一 NE 向断层向 NW 倾，其北侧与南侧都相交 EW 向、北倾的正断层，旁侧也存在 EW 向正断层。在花瓦构造带上这类 NE 向断层具有相同的成因，瓦 2 与瓦 3 块西侧的 NE 向断层是由两个较短的小型 NE 向断层连接后形成的较大型 NE 向断层，也应属于隐蔽性断块圈闭的一类。瓦 2、瓦 3 块同属一条主控断层控制，具有相似的成藏条件，但由于该区 E_1f_3 中下部有辉绿岩侵入，造成这两个块的油气分布具有一定的差异，其中瓦 2 块油层仅发育在辉绿岩上部，而在瓦 3 块辉绿岩上下都有油层分布，但从油源对比结果来看，瓦 2 块及瓦 3 块辉绿岩以上的原油成熟度较高，油源具有相似性，而瓦 3 块辉绿岩以下的原油成熟度较低，植烷、甾烷含量相对较高，这表明辉绿岩上面和下面的原油分别来自不同的运移路径。从构造格局及原油的成熟度推测，辉绿岩以上的成熟原油主要来自南部内坡，而瓦 3 块辉绿岩以下的原油主要来自东南方向的内坡或本地烃源岩。

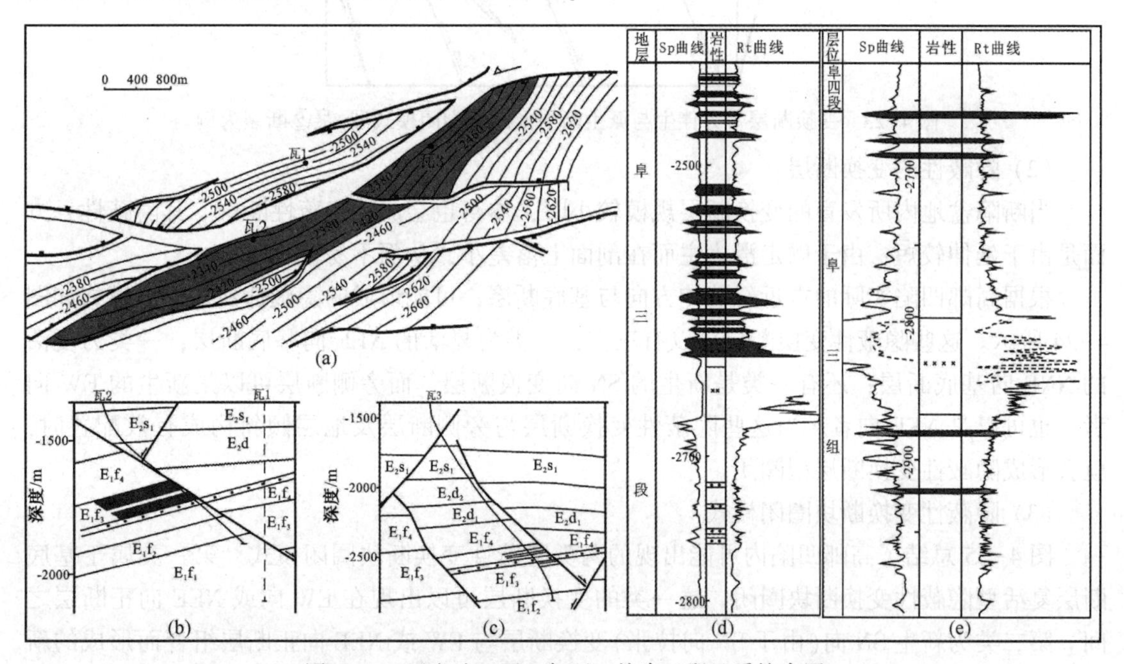

图 4-22 瓦庄油田瓦 2 与瓦 3 块阜三段地质综合图

(a) 含油面积；(b) 瓦 2 块油藏剖面；(c) 瓦 3 块油藏剖面；(d) 瓦 2 井阜三段柱状图；(e) 瓦 3 井阜三段柱状图

(二) 变换断层带上隐蔽性断层分布与成因

1. 变换断层带上隐蔽性断层成因与模式

变换断层就是伸展背景下的平移断层或斜向拉伸下的正平移断层。变换断层(transfer fault)是与主伸展断层近于垂直或高角度斜交的断层，以具有显著的走滑分量为特征。对于变换断层带来说，可以形成两类隐蔽性断层，一类为大型变换断层带旁侧派生的小型正断层，另一类为小型的变换断层本身。

(1) 变换断层带派生的隐蔽性断层

伸展背景下大型的变换断层(平移断层或正平移断层)旁会伴生两类构造，一类为垂直于区域拉张方向的正断层，若规模不大也会成为隐蔽性断层；另一类为断层平移中所派生的斜向正断层，其走向与主断层之间一般为30°交角。这种派生的斜向正断层只出现在主断层旁，规模较小，易成为隐蔽性断层。这种派生的隐蔽性断层与主断层(变换断层带)之间的三角形地块也会成为隐蔽性断块圈闭(图4-23)。对于派生的隐蔽性断层，是由于断层走滑中派生了局部拉张应力场所致，其发育程度与断层走滑强度或走滑位移量成正比的。

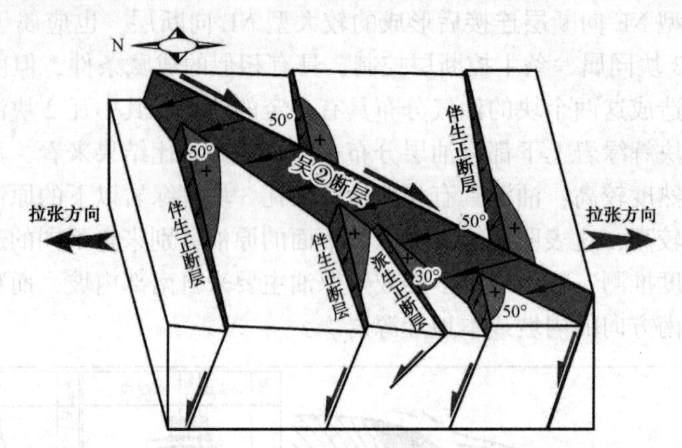

图4-23 变换断层带旁伴生与派生断层及断块圈闭模式图-吴②断裂为例

(2) 隐蔽性的变换断层

当断陷盆地内所发育的变换断层规模较小时，本身也会成为隐蔽性断层。其隐蔽性一方面是由于延伸较短；由于以走滑为主而在剖面上落差小，从而不易识别。

根据高邮凹陷实际的古近纪拉伸方向与基底断层，可能形成的隐蔽性变换断层模式如图4-24所示。这些隐蔽性变换断层可以有三类，一类为复活的NEE向基底断层；一类为复活的NNE向基底断层；还有一类是新生的SN向变换断层。而旁侧断层可以是新生的EW向者，也可以是NEE向者。当这些隐蔽性变换断层与旁侧断层及地层倾斜构成有效配置时，就会形成隐蔽性变换断层型圈闭。

(3) 隐蔽性变换断块圈闭模式

图4-25总结了高邮凹陷内可能出现的两类隐蔽性变换断块圈闭模式。第一类属于基底断层复活型隐蔽性变换断块圈闭。这一类的变换断层可以出现在EW向或NEE向正断层之间。第二类为新生SN向(由于SN向拉张)变换断层与EW或NEE向正断层组合而形成的新生隐蔽性变换断块圈闭模式。这一类的隐蔽性断块圈闭目前在高邮凹陷内还未被发现，是理论预测模式。

2. 吴堡断阶带上的隐蔽性断层与断块圈闭

NE向的吴堡断裂与真武断裂高角度斜交，而真武断裂代表了盆地内的主要伸展断层方位。吴堡断裂也属于基底断层复活型的变换断层带，具有右行分量。

吴堡断裂由吴①和吴②断层组成。吴堡断裂地层整体西倾东抬，与北斜坡类似，在一系列东掉西倾的断层切割下，油气向东运移，并使油气运移层位逐渐升高，含油层位逐渐升高。吴堡断裂带上发育有宋家垛、陈堡两个鼻状构造(图4-26)，以深次凹E_1f_2为主油源，E_1f_1、K_2t_1、K_2c富集油藏。断裂带上盘形成了羽状断层与主断层夹持的断块圈闭，发现有周庄油田，以同侧次凹的阜四段(E_1f_4)为油源，聚集了E_2d小断块油藏；断坡中有E_1f_1、

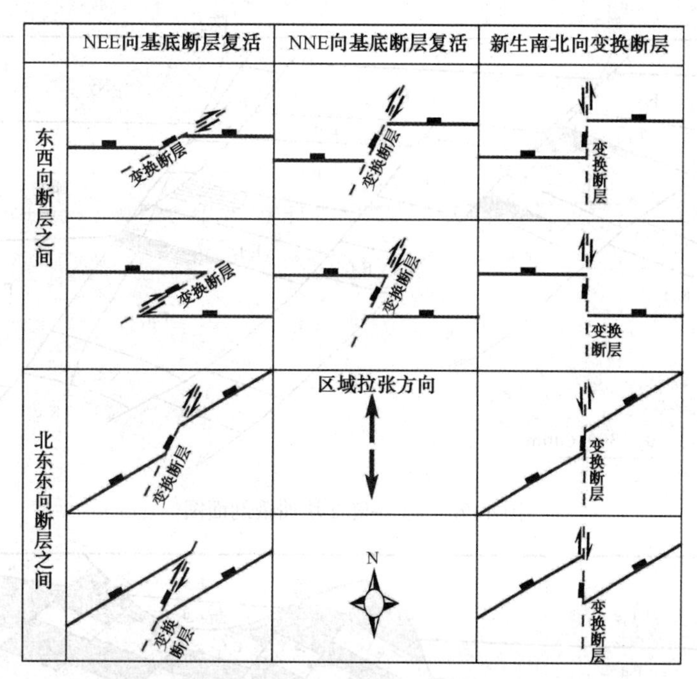

图 4-24 高邮凹陷内可能的隐蔽性变换断层模式

E_1f_3、E_2s_1油藏(图 4-27)。

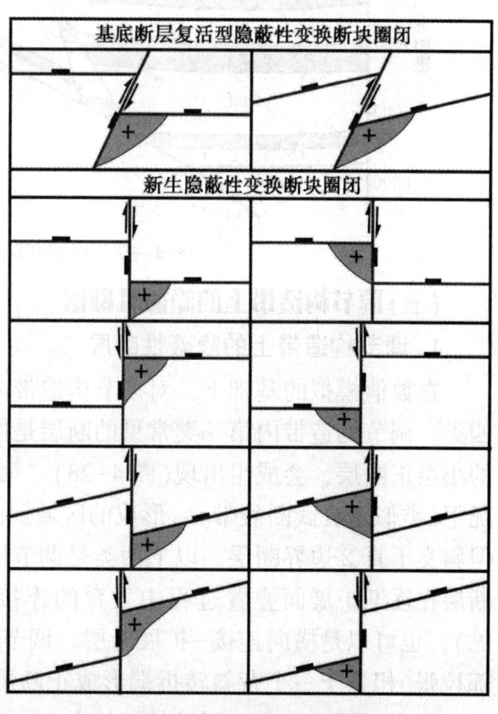

图 4-25 高邮凹陷隐蔽性变换断块圈闭平面模式图

吴②断裂西侧(上盘)与吴①断裂南部 NNE 向段西侧(上盘)都主要是发育了 EW 向伴生断层，同时也有少量的 NE 向派生断层。这一侧可能存在 NE 向隐蔽性断层，与主断层之间可以构成隐蔽性断块圈闭，值得未来勘探中引起重视。在 T_3^1反射层构造图上，吴②断裂北段西侧明显出现了三条 NE 向断层，随着远离吴②断裂而消失，属于变换断层带旁侧派生的断层。这三条 NE 向断层与吴②断裂所夹断块形成了断块圈闭。

吴②与吴①断裂之间的吴堡断阶带及吴①断裂南段的下盘(东侧上升盘)形成了一系列 NE 向断层，它们与主断层之间构成羽状组合。周庄油田的一部分断块圈闭就是这些 NE 向断层与吴①断裂相交构成的断块圈闭。这些 NE 向断层一部分为基底 NE－NNE 向断层复活的结果，规模多较大；另一部分就是吴①与吴②断裂因具有右行走滑分量所派生的新生断层，一般规模不大，并紧邻主断层出现。因而，这一地区是易于形成变换断层带旁侧 NE 向隐蔽性断层及断块圈闭的地带。

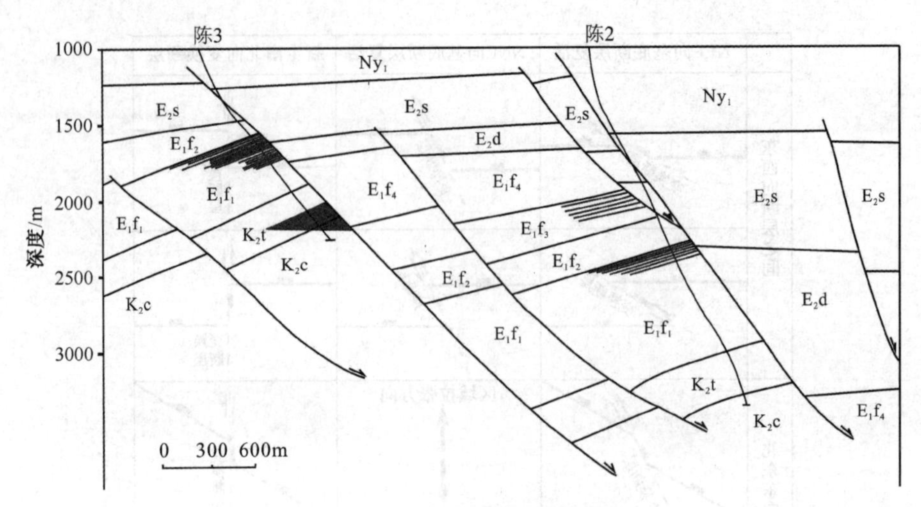

图 4-26 陈 3-陈 2 块油藏剖面图

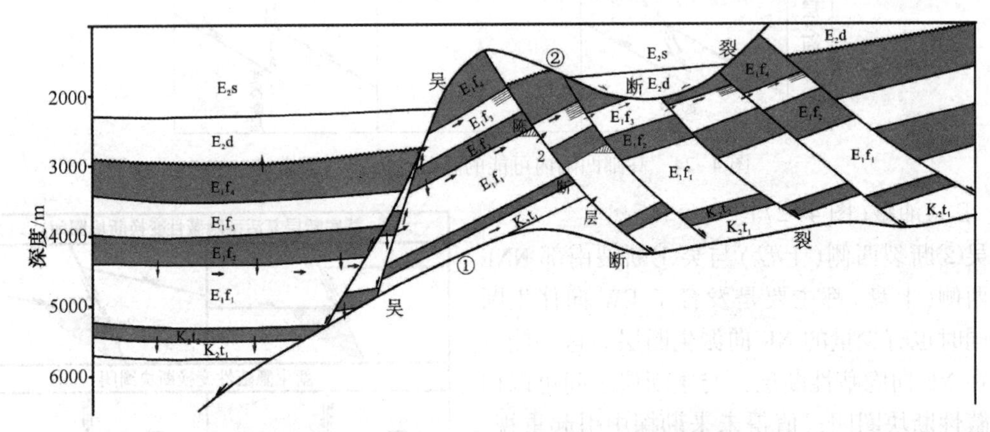

图 4-27 高邮凹陷吴堡断阶带油气成藏模式图

(三)调节构造带上的隐蔽性断层

1. 调节构造带上的隐蔽性断层

在数值模拟的基础上，对调节构造带内新生的正断层与边界断层的相互关系总结为以下四类。调节构造带内第一类常见的断层是同向平移断层，就是与边界正断层走向与倾向一致的小型正断层，会成组出现(图 4-28)。第二类断层是在区域拉张方向不垂直于边界断层情况下(类似于真武断裂带)，形成的区域斜向正断层，所形成的正断层垂直于区域拉张方向，但斜交于真②边界断层。以上两类是调节构带内最为常见的新生断层。第三类断层为两边界断层在逐渐扩展而叠置过程中发育的连接–扩展断层，可以是斜向连接–扩展断层(较常见)，也可以是横向连接–扩展断层。调节构造带内的第四类断层为断坡因弯曲而产生的内部拉张(相当于一个背斜转折端形成正断层的机制)断层，分别有斜向断坡拉张断层与横向断坡拉张断层，决定于断坡的倾斜方向。这种情况下形成的断层一般规模较小，其是否出现主要是决定于断坡的弯曲程度或内部变形强度。

当调节构造带边界断层具有走滑分量，还会派生斜列的小型羽状正断层。在上述多种成因机制下，断坡带内一系列不同方位、不同成因断层交织在一起时，还会形成极为复杂的网状断层组合。

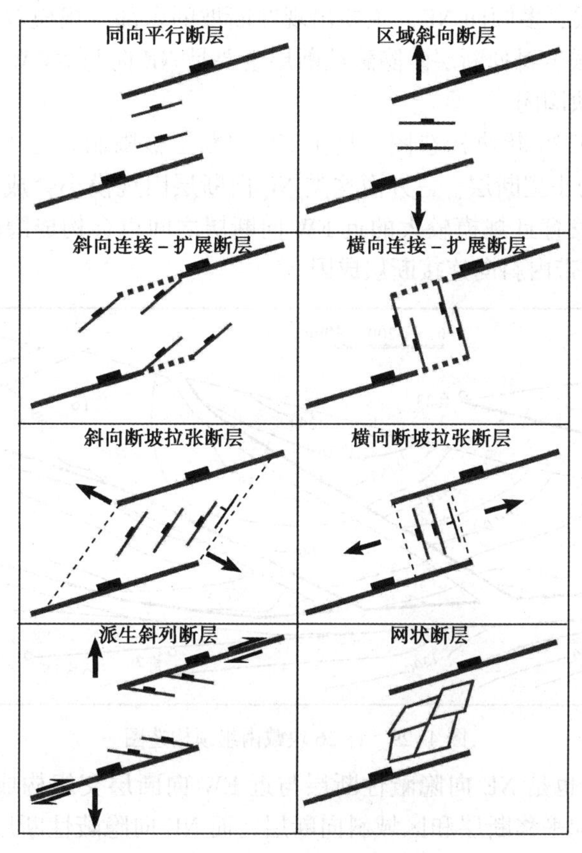

图 4-28 调节构造带内主要断层形式

图 4-28 所总结的断层皆为在伸展背景下新生的正断层。这一类的调节构造带(类似于真武构造带的实际)，虽然可以形成多种类型与方位的断层，但是根据正常变形规律主要形成的或常见的断层应为 NE 向、NEE 向、EW 向与 NWW 向四类。

2. 真②断层带上的调节构造带与隐蔽性断层实例

真②断裂为南断阶的北界，主要活动于戴南—三垛期，与汉留断裂一起控制了深凹带的形成。古近纪高邮凹陷处于 SN 向拉张，NEE 向真①断层强烈活动、并具有右行分量，伴生了三条真②断层，同时真②-1、真②-2 与真②-3 断层本身在 SN 向拉张下也具有一定的右行分量。真②-1 与真②-2 及真②-2 与真②-3 断层之间的叠置区(overlap)为两个较大型调节构造带，以断坡形式出现。真②-1 与真②-2 之间的调节构造带就是许庄构造带所在部位，其中发现了许庄油田；而真②-2 与真②-3 断层之间的调节构造带为黄珏—方巷构造带所在位置，其中发现了黄珏油田。

(1) 许庄构造带

许庄构造带位于真②-1 与真②-2 断层叠置段之间，东高、西低，呈现为断坡形式。

许庄构造带内主要出现了四类断层。第一类为 NEE 向断层，规模较大，平行于边界上的真②-1 与真②-2 断层，属于同向平行断层。第二类断层为 EW 向断层，规模中等，垂直于古近纪期间的拉伸方向，属于区域斜向断层，EW 向断层会与 NEE 向断层连接形成较大型的弧形断层；第三类为 NE 向断层，NW 倾，在 T_3^0 反射层上显示为明显的斜向连接断层；

第四类为 NWW 向断层，多倾向 NE，主要出现在断坡的东部，规模较小，多被限制在前两类断层之间，应属于派生斜列断层。隐蔽性断层主要是 NE 向与 NWW 向断层，这两类隐蔽性断层构成隐蔽性断块圈闭。

图 4-29 所示的许 26 断块构造图，显示 NE 向断层被限制在近 EW 向(包括 EW 向与 NEE 向)断层之间，为小型断层。一方面这类 NE 向断层因规模小会成为隐蔽性断层，另一方面它们与此区域较发育且规模较大的近 EW 向断层之间也会构成隐蔽性断层圈闭。这类 NE 向断层是调节构造带内斜向连接断层成因。

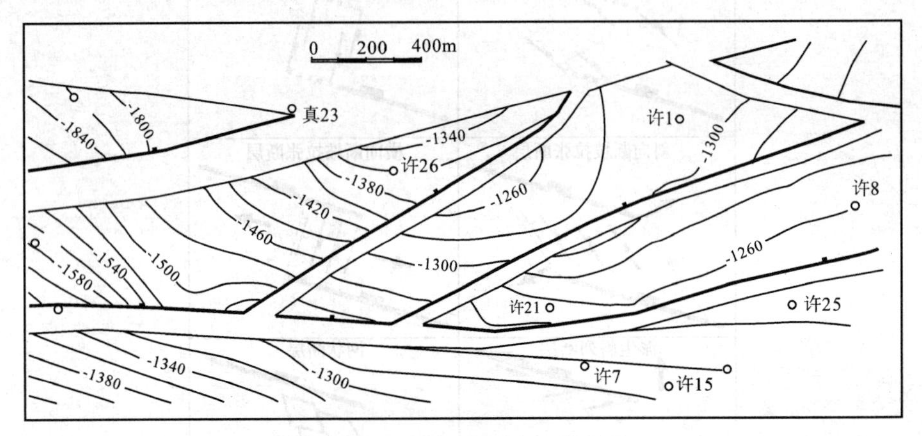

图 4-29 许 26 块戴南组顶构造图

许 5 块(图 4-30)也是 NE 向隐蔽性断层与近 EW 向断层交织构成的隐蔽性断块圈闭。近 EW 向断层属于同向平移断层和区域斜向断层，而 NE 向隐蔽性断层属于斜向连接断层，规模与断距较小，在地震剖面上不易识别。

(2) 黄珏—方巷构造带

黄珏—方巷构造带位于真②-2 与真②-3 断层叠置段之间，构造带两侧的真②-2 与真②-3 断层都是戴南—三垛期活动，这两条断层产状相近，形成了阶梯状断层组合。黄珏—方巷构造带也是一个东高西低的断坡，向东变高进入断阶带，向西变低进入深凹带。

在不同的反射层上，黄珏—方巷构造带内主要呈现有四类断层。第一类为 EW 向断层，属于同向平移断层，既与边界 EW 向断层平行，也垂直于区域拉张方向。第二类为 NNE 向断层，在 T_2^5 与 T_3^0 反射层上都较发育。这一类断层应属于横向连接—扩展断层。第三类为 NE 向断层，应属于斜向连接—扩展断层。第四类为 NW 向断层，在 T_2^3 反射层上可见，可能属于派生斜列断层。

从发育程度上，黄珏—方巷构造带内 EW 向断层最为发育，其次为 NNE 向断层，再次为 NE 向断层，NW 向断层零星出现。在 T_2^5 反射层构造图上，黄珏—方巷构造带内出现了网状断层组合，主要是 NNE 向与近 EW 向断层相互交织，其间还有少量 NE 向断层。这一现象显示，该调节构造带内变形强，演化时间长，发育了多种类型的断层，从而出现了网状断层组合。

根据黄珏—方巷构造带内断层的发育规律与断距变化，推断其中较易存在的隐蔽性断层应为 NNE 向、NE 向与 NW 向断层。这三类断层的出现都会与近 EW 向较大型断层构成断块圈闭。

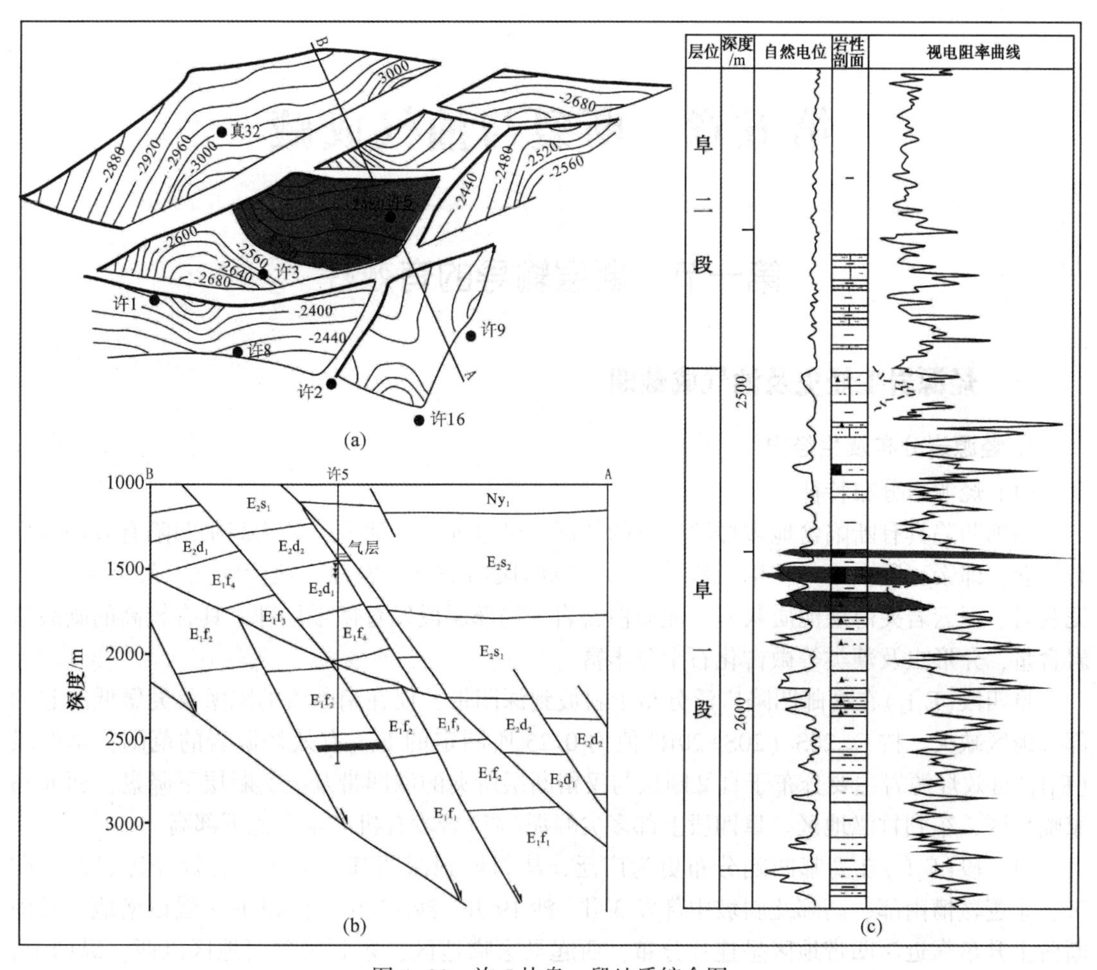

图4-30 许5块阜一段地质综合图

第五章　断裂与油气成藏

第一节　断层输导的有效性

一、烃源岩生烃史及油气成藏期

1. 烃源岩分布及生烃史

（1）烃源岩分布特征

高邮凹陷具有断陷盆地多烃源岩层的特征。经过前人的研究，认为高邮凹陷有效烃源岩有三套，即泰二段(K_2t_2)、阜二段(E_1f_2)、阜四段(E_1f_4)。岩性一般为深灰—灰黑色泥岩、泥灰岩、泥云岩夹薄层泥质灰岩、泥质白云岩，局部层段发育微细层理，具有较高的碳酸盐岩含量，介形虫及藻类等微古化石十分丰富。

阜四段(E_1f_4)在高邮凹陷广泛分布于斜坡到深凹带，仅在南断阶的陈堡及吴堡低凸起的部分地区缺失。按C_{29}20S/(20S+20R)值为0.25所圈定的E_1f_4有效烃源岩的范围，阜四段(E_1f_4)有效烃源岩主要分布于真②断层与汉留断层所夹的深凹带及吴②断层下降盘，西起马家嘴地区，东到竹泓地区。阜四段上部多尖峰泥(灰)岩段有机质丰度比下部高。

阜二段(E_1f_2)在高邮凹陷分布更为广泛，从斜坡到深凹都有分布。有效烃源岩在深凹带、车逻鞍槽南部、高邮北斜坡中部发3井—沙19井—沙17井—东49井一线以南地区及南断阶上升盘靠近深凹带地区呈连片分布，西起马家嘴地区，东到吴岔河地区以西。纵向上，E_1f_2上部七尖峰和四尖峰泥(灰)岩段有机质丰度较下部明显高。

泰二段(K_2t_2)有效烃源岩的分布明显受沉积和热成熟作用共同控制，有效烃源岩集中分布于高邮凹陷中东部地区；西部地区，泰二段泥岩呈棕红色、紫色。根据C_{29}20S/(20S+20R)值为0.25所圈定的有效烃源岩的范围，东部起瓦庄东地区，西到车逻鞍槽的边界，南部沿吴②、吴①断裂下降盘到小纪地区，北至沙埝地区，烃源岩连片分布。纵向上，泰二段(K_2t_2)底部尖峰段泥岩的有机质丰度明显较上部高。

（2）烃源岩演化特征

运用盆模技术(Basinmod)，系统选取了高邮凹陷四个生烃中心、一个鞍槽及沙埝南地区七口虚拟井的资料，在重塑单井埋藏史和生烃史的基础上，对高邮凹陷重要生烃区烃源岩生烃历史进行了模拟和对比。模拟结果与实测结果吻合度达95%以上，真实可靠(表5-1)。

阜四段(E_1f_4)烃源岩集中分布于四个生烃次凹。平面上，镜质体反射率(R_o)平均值分布呈深凹带高于北斜坡的趋势，北斜坡东部又略高于西部的特点。北斜坡R_o均值在0.45%~0.6%之间，R_o值在1%以上的井点主要分布在深凹带，说明深凹带部分烃源岩处于生烃高峰阶段，北斜坡烃源岩处于低成熟阶段，未进入生烃高峰期。阜四段(E_1f_4)烃源层在E_2d_2(53Ma)开始进入低成熟，在E_2s_1(约50Ma)进入成熟期即生油高峰期。受埋深影响，邵伯次凹最早达到生烃门限，为52.8Ma；樊川次凹次之，为51.8Ma；刘五舍次凹最晚，为

40.5Ma。由于车逻鞍槽阜四段(E_1f_4)烃源岩达到生烃高峰的同时发生了三垛构造运动，其生成的油气资源量微乎其微，不将其做为有效烃源岩。

阜二段(E_1f_2)烃源岩主要分布于刘五舍次凹、刘陆舍次凹及车逻鞍槽。R_o 分布和阜四段(E_1f_4)相似，从深凹带向北斜坡 R_o 逐渐变小。深凹带的 R_o 值大都大于0.8%，部分为0.6%~0.8%；北斜坡东部 R_o 一般大于0.6%，部分 R_o 在0.7%以上；北斜坡西部，除了赤岸、码头庄有几口井 R_o 较小以外，R_o 一般大于0.6%。由此可见，深凹带已进入成熟(0.65%)和高成熟(0.95%)阶段，达到生油高峰期；北斜坡西部处于低成熟阶段，尚未进入生油高峰期；北斜坡东部介于前二者之间，部分进入了生油高峰期。E_1f_2烃源层在 E_2d_1(约53.5Ma)开始进入低成熟，在 E_2s_1(约50Ma)进入成熟早期即生油高峰期，持续时间较长(图5-2)。车逻鞍槽南部 E_1f_2烃源岩最早(50.5Ma)达到生烃门限，44Ma达到生烃高峰；其次为刘五舍次凹，于52.8Ma达到生烃门限，45.2Ma达到生烃高峰；刘陆舍次凹于48.3Ma达到生烃门限，40.2Ma达到生烃高峰；沙埝南地区 E_1f_2达到生烃门限时间最晚。

表5-1　烃源岩成熟度模拟结果与实测结果的对比

井　号	层　位	深度/m	实测 R_o 值/%	模拟 R_o 值/%
邵9	E_1f_4	3070	0.73	0.68
花2	E_1f_2	2880	0.65	0.64
花2	E_1f_2	2934	0.7	0.69
花2	E_1f_2	3404	0.81	0.9
王1	E_1f_4	2777	0.7	0.7
王1	E_1f_3	3106	0.79	0.83
沙5	E_2d_1	2330	0.62	0.59
永12	E_1f_4	2850	0.65	0.64
甲1	E_1f_2	2826	0.61	0.68

泰二段(K_2t_2)烃源岩主要分布于刘五舍次凹、刘陆舍次凹。深凹带的 R_o 值大都在0.6%以上，低于0.6%的样品主要分布在柘垛低凸起北段和北斜坡西部。由此可见，高邮凹陷该套烃源岩基本上进入了成熟阶段，深凹带部分已达到高成熟阶段。刘五舍次凹、刘陆舍次凹的 K_2t_2烃源岩分别在57Ma、55Ma时达到生油门限，分别在约4Ma以后达到了生烃高峰，而现今的成熟度更是达到了生凝析气的阶段。从烃源岩的角度，来自 K_2t_2源的油藏勘探潜力还很大(表5-2)。

表5-2　不同层烃源岩成熟时期对比表

源岩层位	地　区	R_o达到0.65%对应的时间/Ma	R_o达到1.0%对应的时间/Ma	现今成熟度 R_o/%
E_1f_4	邵伯次凹	52.8	50.9	>1.1
	樊川次凹	51.8	48.8	>1.1
	刘五舍次凹	40.5		0.65~0.8
	刘陆舍次凹	40.2		0.65~0.75
	车逻鞍槽南	43.5	37.5	0.85~1.0
	车逻鞍槽北	43.4	37	0.8~1.0
	沙埝南	39.3		0.7~0.8

续表

源岩层位	地 区	R_o达到0.65%对应的时间/Ma	R_o达到1.0%对应的时间/Ma	现今成熟度R_o/%
E_1f_2	刘陆舍次凹	48.3	40.2	1.0~1.1
	刘五舍次凹	52.8	45.2	1.0~1.1
	车逻鞍槽南	50.5	44	>1.0
	车逻鞍槽北	46.7	41.1	0.9~1.1
	沙埝南	42.9		0.85~1
K_2t_2	刘陆舍次凹	55.1	49.4	1.0~1.2

2. 油气成藏时间及期次

油气成藏时间是指油气大规模运移聚集成藏的时期，又称为关键时刻，采用包裹体均一化温度方法来确定关键时刻。

包裹体均一化温度确定成藏期的方法是：依据单井分层数据和有关的地质基础资料，结合实测镜质体反射率，通过单井数值模拟方法，重建单井的地层埋藏史和热史；最后结合油藏流体包裹体测温所提供的成藏温度联合标定成藏时间。在单井一维数值模拟过程中，以实测的镜质体反射率为依据，不断调试古地温梯度模式，使热演化史模拟得到的镜质体反射率值与实测的镜质体反射率值相吻合，以保证重建的地层埋藏史和热史符合实际的地质条件。

表5-3为高邮凹陷不同构造层、不同油藏代表井的盐水包裹体均一化温度油气成藏时间表。由于高邮凹陷垛二段(E_2s_2)抬升剥蚀厚度较大，在埋藏史和热史模型上，剥蚀前后都有与盐水包裹体均一化温度相对应的点，因此点在剥蚀前还是剥蚀后就成了一个问题。通过马3井薄片境下观察可以发现两类含烃盐水包裹体：一类是石英颗粒加大边中成群分布的含烃盐水包裹体，从加大边中部至外侧的包裹体均一温度依次是92℃、98℃、106℃，对应的盐度依次是6.74%、7.59%、10.73%。由盐度亦可以得出这些包裹体为同一期次的包裹体，随着成岩演化，晚期捕获的含烃盐水包裹体均一温度较高，说明该期油气充注发生在构造沉降期。另一类是交代石英颗粒的晚期亮晶方解石胶结物中成群分布，呈透明无色的含烃盐水包裹体，其均一温度为：197℃、198℃，对应的盐度为4.34%、3.06%。这样的高温在马3井的埋藏史—热史模型上是不存在的，且盐度同上一期次的盐度差异也较大，说明该期次是不同于上一期次的另一期油气包裹体。推测其形成可能与热液活动有关，三垛期构造运动强烈常伴随热液活动，因此第二期油气充注应发生在三垛构造运动期，即构造抬升期。

根据包裹体均一温度结合埋藏史—热史模拟确定高邮凹陷不同构造带不同油藏的成藏期。高邮凹陷成藏时间大体为三垛运动早期36.9~43.9Ma，北斜坡为37.0~43.8Ma，深凹带为36.9~40.0Ma，南断阶为36.9~42.5Ma(表5-3、表5-4)。

表5-3 高邮凹陷中构造层油气成藏时间表

油藏	井号	层位	深度/m	包裹体均一化温度/℃	形成时间/Ma	充注时间长度/Ma
周庄	周36	E_2d_1	2300	75~95	36.9~38.6	1.7
真武	真100	E_2d_2	2340.9	76~94	37.3~38.9	1.6
肖刘庄	肖9	E_2s_1	2789.82	92~106	36.9~37.8	0.9
花庄	花1	E_2s_1	1977.8	61~87	37.1~38.6	1.5

续表

油藏	井号	层位	深度/m	包裹体均一化温度/℃	形成时间/Ma	充注时间长度/Ma
富民	富 38	E_2s_1	2041.84	61~76	37.8~39.0	1.2
	富 38	E_2d_2	2532	82~86	39.0~39.7	0.7
	富 38	E_2d_1	3072.74	97~120	37.2~39.6	2.4
马家嘴	马 3	E_2d_1	1747.2	88，92，98，106	37.0~39.0	2.0
	马 35	E_2d_2	1336.7	79，90~99	38.0~40.0	2.0
	马 7	E_2d_2	1476.8	69	40.0	

（1）中构造层

高邮凹陷富民地区(富 38 井)油气充注时间为距今 37.2~39.6Ma、真武—肖刘庄地区(真 100 井、肖 9 井)油气充注时间为距今 36.9~38.9Ma、周庄地区油气充注时间为距今(周 36 井)36.9~38.6Ma、马家嘴地区油气充注时间为 37.0~40.0Ma，由此看来富民地区、马家嘴构地区油气充注时间早于且长于真武—肖刘庄、周庄地区。

富民地区 E_2d 油气充注时间为 37.2~39.7Ma，E_2s 油气充注时间为 37.8~39.0Ma，说明油气沿断层垂向运移依次进入由下到上的储层；马家嘴地区 E_2d_1 油气充注时间为 37.0~39.0Ma，而 E_2d_2 的充注时间为 38.0~40.0Ma，则说明对于不同断块的油气藏，马 35 块的上部储层油气充注时间早于马 3 块的下部储层(表 5-3)。

总体上，高邮凹陷中构造层充注时间较短，一般为 1.0~2.0Ma，最长不超过 2.4Ma，具有断层垂向幕式运移充注特点。

(2)下构造层

韦庄地区(韦 2、韦 X11、联 5 井)油气充注时间为距今 37.7~43.9Ma，码头庄地区(庄 2、庄 5 井)油气充注时间为距今 37.3~41.0Ma，沙花瓦地区(沙 19、沙 20、沙 3、瓦 6、花 1 井)油气充注时间为距今 37.0~43.8Ma，陈堡地区(陈 2、陈 3 井)油气充注时间为距今 41.8~42.4Ma。许庄地区(许 21 井)明显存在两期油气充注，第一期油气充注时间为距今 37.6~37.9Ma，第二期油气充注时间为距今 40.3~42.5Ma，以第二期油气充注为主。下构造层充注时间较长，一般为 2.0~4.0Ma，北斜坡地区具有侧向长距离运移充注的特征(表 5-4)。

表 5-4　高邮凹陷下构造层油气成藏时间表

油藏	井号	层位	深度/m	包裹体均一化温度/℃	形成时间/Ma	充注时间长度/Ma
韦庄	韦 2	E_1f_1	1448.9	65~85.5	37.7~40.0	2.3
	韦 11	E_1f_1	1912	79.1~83.2	40.5~41.0	0.5
沙埝	沙 7	E_1f_3	2135	81~102	37.4~39.7	2.3
	沙 19	E_1f_3	2084	86.9~115	37.9~40.7	2.8
	沙 20	E_1f_2	2138	82~94	37.0~38.4	1.4
	发 3	E_1f_2	2408.7	72~87	37.4~40.6	3.2
	沙 19	E_1f_1	2238	83~98	41.2~43.8	2.6
	发 2	E_1f_1	2233.8	74~81.8	39.8~40.3	0.5
瓦庄东	瓦 6	E_1f_1	2332	83~115	38.0~41.8	3.8

续表

油藏	井号	层位	深度/m	包裹体均一化温度/℃	形成时间/Ma	充注时间长度/Ma
许庄	许 21	E_1f_1	2416	77.4~95, 115~118	37.6~37.9 40.3~42.5	0.3 2.2
码头庄	庄 2	E_1f_1	1692.5	87~105.8	40.0~41.0	1.0
	庄 5	E_1f_2	1699	76~86	37.3~39.8	2.5
卸甲庄	甲 1	E_1f_1	2912.5	85~113.5	38.9~42.8	3.9
联盟庄	联 5	E_1f_1	2490	80~105	40.4~43.9	3.5
陈堡	陈 2	E_1f_1	2350	85~86	42.2~42.4	
	陈 3	K_2t_1	2071	76.7	41.8	

根据上述分析结果可见，高邮凹陷油气运聚的主要时期是发生在三剁组沉积后，凹陷含油气系统的关键时刻是三剁组沉积后盐城组沉积前。

二、断层活动与油气成藏期的耦合关系

1. 断阶带

（1）陈堡地区

E_1f 和 K_2t_1 油藏主要分别来自于刘五舍次凹 E_1f_2 成熟烃源岩。不同层位油藏原油成熟度不同，反映油气成藏的多期次性。

本区断层属于吴堡断裂系统，主要控藏断层是吴②断层、陈②断层、吴①断层和陈③断层，除陈②断层近东西走向外，其他为 NE 走向。这些控藏断层都为长期(吴堡—盐城期)活动的同生反向断层，断距大，延伸长度长。吴①断裂从仪征运动期开始活动，持续活动至三垛运动期。吴②断裂从吴堡运动期开始活动，持续活动至盐城运动期。两者在真武运动时期活动强度最大。吴①断裂的活动历史直接影响到吴堡断裂下降盘烃源岩的演化以及烃源岩成熟后油气的运移格局(图 5-1)。

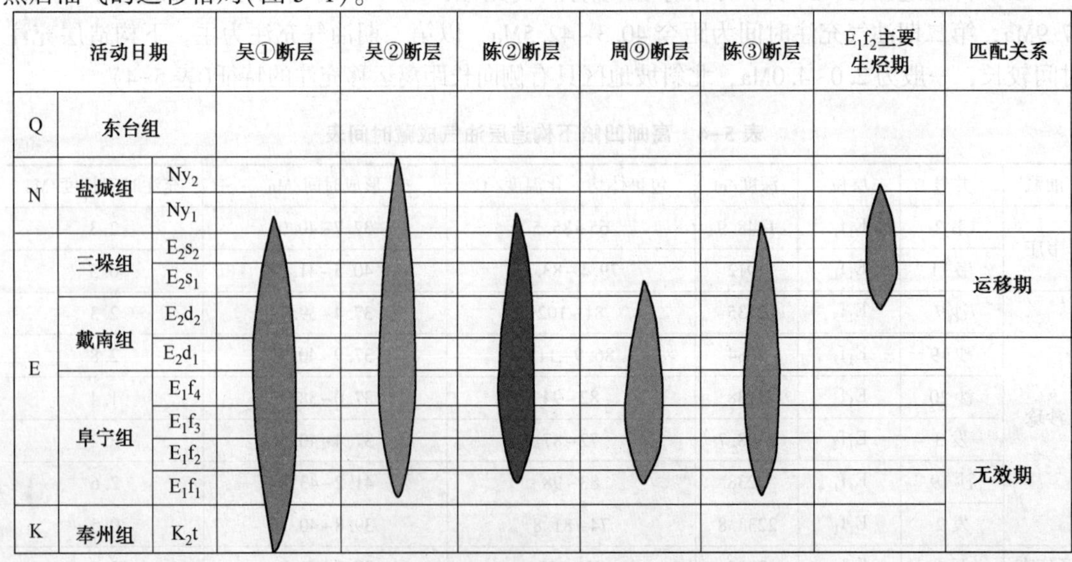

图 5-1　陈堡油田主要断层活动期与生排烃匹配图

根据包裹体盐水均一化温度，结合埋藏史和热史，本区的成藏时间为三垛运动早期41.8~42.4Ma。陈2块、陈3块圈闭在吴堡运动和三垛运动过程中形成，在三垛期末期定型，吴堡期至三垛期为生烃时期。油气大规模运聚时间为三垛期。

(2) 真武、许庄地区

真武地区、许庄地区浅层原油主要来自于邵伯、樊川次凹阜四段(E_1f_4)烃源岩；许庄地区深层含油层系原油主要来源于邵伯、樊川次凹阜二段(E_1f_2)烃源岩。

根据包裹体盐水均一化温度，结合埋藏史和热史分析，真武地区的成藏时间大体为三垛运动中晚期37.3~38.9Ma。真武构造自吴堡运动开始发育，在早期正牵引、晚期逆牵引双重作用的影响下，于三垛运动定型，油气大规模运聚时间为三垛运动前后，早期油气充注与圈闭形成同步，圈闭形成后，油气继续充注，有利于形成大规模油气藏。三垛运动结束后，盐城期和东台期构造活动趋于平静，为油气成藏的保存时期(图5-2)。

许庄地区深层油气藏存在明显的两期油气充注，第一期为为37.6~37.9Ma，大致为三垛构造运动早期，第二期为40.3~42.5Ma，大致为E_2s_2沉积早期，E_1f圈闭主要形成于吴堡运动，油气大规模运聚之前圈闭已经形成，有利于油气的大规模充注。

许庄油田处于真①、真②两条大断层所夹持的断阶带上，真②大断层为许庄油田浅层油藏的主要运移通道。深层油藏主要为吴堡期断层侧向调整形成。

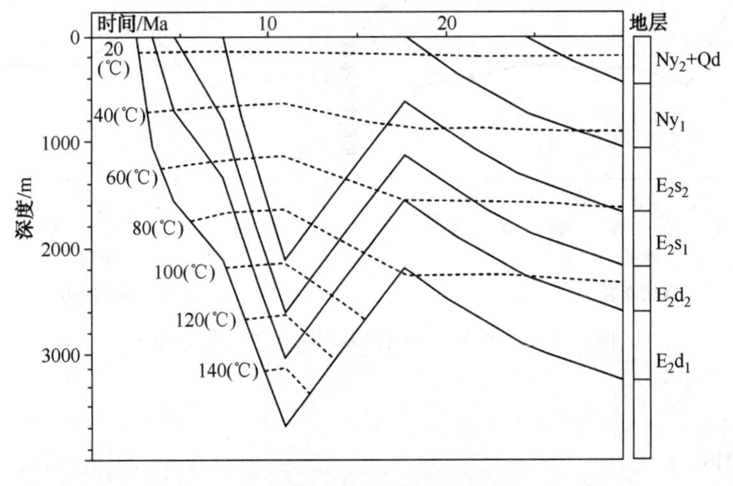

图5-2 真11井埋藏史

2. 深凹带

(1) 永安地区

目前发现的原油主要来自樊川次凹阜四段(E_1f_4)成熟烃源岩。

本区的成藏时间大体为三垛运动中晚期(37.7~40.0Ma)。圈闭在吴堡运动和三垛运动过程中形成，在三垛晚期定型，主要生烃时期为三垛中晚期。油气大规模运聚时间为三垛期。

本区断层发育时间主要是在吴堡—三垛期。本区发育三条走向近平行分布的控藏断层和与其伴生的羽状断层。控藏断层分别是汉留断层、永21南断层和永7南断层。主要活动期在E_2d沉积时期，其中汉留断裂长期活动，控制永25块油气成藏；永21南断层和永7南断层是汉留断裂上升盘与汉留断裂走向基本平行的两条补偿断层，分别控制永21块、永7块油气成藏。剖面上，三条控藏断层同时作为油源断层，沟通阜四段(E_1f_4)烃源岩与E_2d储层，其他次级断层和伴生的羽状断层亦切穿骨架砂体，起纵向和横向沟通作用。

根据研究，永25块$E_2d_2^5$和永21块$E_2d_1^{1+2}$油藏，对置盘砂地比几乎都超过45%，为典型的“砂砂对接”成藏模式。这是因为汉留断裂和永21南断层活动期长，断距大，断裂破碎带十分发育。断裂活动期可作为流体运移的通道，静止期断裂具有较好的封闭作用。总体上，汉留断裂和永21南断层侧向封闭性相对较弱，导致永25块和永21块油藏充满度不高，分别只有0.43和0.2。永7块油藏对置盘主要为$E_2d_1^1$泥岩段，侧向封闭性好，形成了较高充满程度的油气藏。

(2) 马家嘴地区

本区断裂主要由北部的汉留断裂和南部的真②断裂构成，汉留和真②断层都为长期继承性活动的同生二级断层，主要活动期在吴堡—三垛期(图5-3)。在主要生排烃期(E_2d-E_2s沉积期)，两条主要断层强烈活动，对油气运聚具有重要意义。与汉留断裂相伴生的次生羽状断层多为顺向断层，主要活动期在三垛末期，断层活动时间较晚，对油气成藏起调整作用。与真②断层相伴生的次生羽状断层多为反向断层，活动期在吴堡—三垛期，活动时间较长。

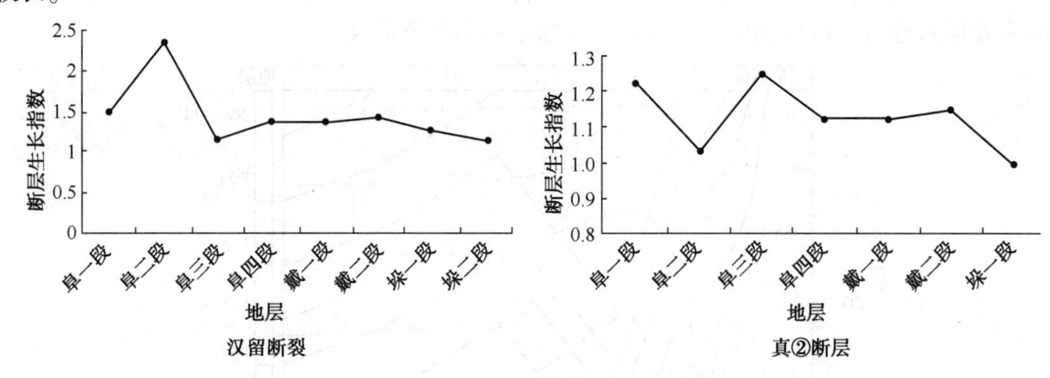

图5-3 马家嘴地区油源断层古生长指数分布图

3. 北斜坡

(1) 沙埝地区

沙埝地区油源主要来自于内斜坡的E_1f_2成熟烃源岩。根据包裹体盐水均一化温度，结合埋藏史和热史分析，沙埝地区的成藏时间总体为三垛运动中晚期(37.0~43.8Ma)，同其他油田相比，沙埝油田充注时间较长，在油田内部各块油气充注时间早晚不同，充注时间长短亦不同。沙埝构造主要形成于吴堡运动，后期构造运动对其影响很小，同许庄深层油气藏相似，有利于油气藏形成。

沙埝地区断层主要为三、四级断层，就断层走向而言，内、中坡地区三级断层走向以近EW向为主，少量为NE向，外坡几乎均为NE向，四级断层几乎均为NEE向；就断层性质而言，内、中坡地区主要为反向正断层，外坡主要为同向正断层；就活动期而言，以吴堡期一次性断层为主，仅沙20西—沙7断层为吴堡—盐城期长期活动性断层。

(2) 韦庄地区

油源对比分析表明，E_1f油藏主要来自于车逻鞍槽和邵伯次凹阜二段(E_1f_2)成熟烃源岩。

根据包裹体盐水均一化温度，结合埋藏史和热史，本区的成藏时间大体为三垛运动中晚期(37.7~41.0Ma)。圈闭在吴堡运动和三垛运动过程中形成，在三垛末期定型，真武期为生烃时期。油气大规模运聚时间为三垛期。

该区断层主要为三、四级反向断层，走向均为近EW向，以南掉断层为主。韦6、韦2、韦8等并行排列的南掉断层为吴堡—三垛期同生断层。

本区E_1f_1储层之上的E_1f_{2+3+4}区域盖层分布广且厚度大，断层未切开区域盖层，造成本区断层在E_1f_1上部层段以砂泥对接为主，封闭性好，有利于油气成藏。E_1f_1砂岩较发育造成本区各断层在E_1f_1下部层段封闭性较差，有利于油气侧向运移。

(3) 瓦庄东地区

瓦庄东地区油源充足，E_1f_1、E_1f_3及瓦8块K_2t_1油藏主要来自于其南部刘陆舍次凹及内斜坡的E_1f_2成熟烃源岩。瓦6块K_2t_1油藏来自于刘陆舍次凹及内斜坡的K_2t_2成熟烃源岩，这是高邮凹陷首次发现泰州组源的油藏。

根据包裹体盐水均一化温度，结合埋藏史和热史分析，瓦庄东地区的阜宁组油气成藏时间大体为三垛运动中晚期(38.0~41.8Ma)。瓦庄东构造自吴堡运动开始发育，于三垛运动定型。三垛期即为生烃时期又是油气大规模运聚时期，油气运聚同构造形成同步，有利于油气大规模充注。三垛期构造活动强烈，地层整体抬升明显，为油气运聚的关键时期。

瓦庄东地区断层主要为三、四级断层，断层走向主要与吴堡断裂带保持一致，断层性质主要为反向正断层，断层活动期以吴堡—三垛期长期活动性断层为主(表5-5)。

瓦6断层为长期活动的生长性断层，该断层在T_3^3及T_4^0断距较大，分别大于E_1f_2及K_2t_2区域泥岩的厚度，从砂泥岩的对接情况来说，该块并不十分有利，但由于长期活动的断层一般具有较强的泥岩涂抹作用，E_1f_1顶部泥岩涂抹系数为1.21~1.29，K_2t_1顶部泥岩涂抹系数为1.26~1.38，泥岩涂抹作用使得该块砂砂对接E_1f_1及K_2t_2都形成了较富集的油藏。

瓦10断层亦为长期活动的生长断层，断距大，该断层断开了E_1f_2区域泥岩的厚度，泥岩涂抹系数为1.14~1.17，断层封闭。

表5-5 瓦庄东地区断裂特征统计表

油藏名称	层位	断层	断距/m	走向/(°)	倾向/(°)	倾角/(°)	延伸长度/km	发育时间	断层性质
瓦6	E_1f_1	瓦6	150~300	NEE	NNW	32~40	12	吴堡~三垛期	反向正断层
	K_2t	瓦6	150~300	NEE	NNW	30~38	12	吴堡~三垛期	反向正断层
瓦8	E_1f_1	瓦8	50~150	NEE	NNW	24~30	10	吴堡~三垛期	反向正断层
瓦10	E_1f_1	瓦10	80~200	NE	NW	30~50	15	吴堡~三垛期	反向正断层
	E_1f_1	瓦10北	100~325	WE	N	20~32	15	吴堡~三垛期	反向正断层

综合以上不同地区的断层活动与油气成藏期的关系，本区油源断层在三垛运动期间活动性较强，该时期洼陷中心阜二段、阜四段烃源岩进入成熟期，并在E_2s_1进入生烃高峰。控藏断裂在油气生成和运移期频繁活动、持续活动，为油气运移提供了有利的通道；三垛组沉积中、晚期，油气大规模运聚，出现了不同类型的油气充注。盐城期为油源断层相对静止期，该时期由于洼陷生烃作用受到抑制，基本上未发现该期油气充注(图5-4)。

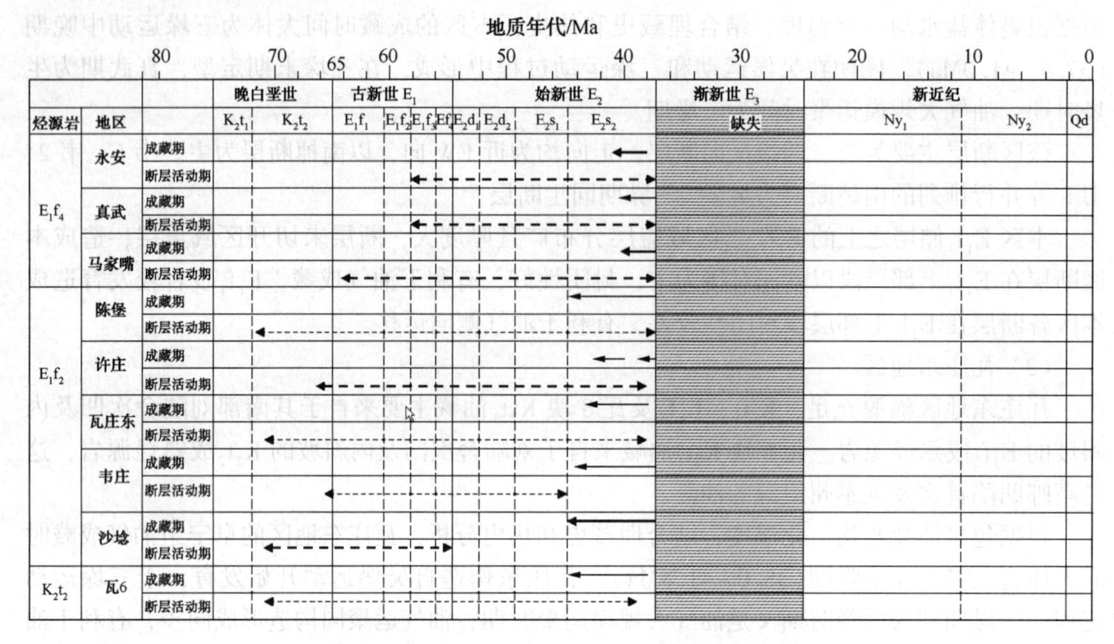

图 5-4 断层活动与油气成藏期耦合关系图

三、断层输导的空间有效性评价

本次研究利用了卡西莫夫法、原油轻烃法和原油中性吡咯类含氮化合物法对各区块的油气运移方向及断层输导的有效性方面进行了研究，探讨了各区块的运移方向和路径。

1. 利用原油物性资料研究油气运移方向及断层输导的有效性

地层原油物性是指地层状态下的原油物性，包括密度、黏度、油气比、饱和压力等，它较真实地反映了石油在地层中的赋存状态。油气沿着运移路径往往会发生物性的规律性变化，根据原油物性的相对变化可以研究油气(溶解气)运移的方向及断层输导的有效性。

1）卡西莫夫运移系数法

运移系数法是 P. C. 卡西莫夫提出的一种定量评价油气运移程度的方法。卡西莫夫运移系数基本原理是：在运移过程中油气比随运移距离的增加逐渐降低，而残留在石油中的甲烷含量则因运移的方向不同而不同。侧向运移时，虽然油气比随运移距离的增加而不断降低，但由于甲烷与围岩间吸附力最小，因此石油中的甲烷含量却不断增加。当遇到垂向裂隙或断层时则发生垂向运移，由于甲烷分子最小渗滤性最强，它可以脱离石油而窜入上覆地层。垂向运移时，随着油气比的下降，石油中的甲烷含量也不断下降。根据石油中甲烷含量相对增加或减少，就可以判断侧向或垂向运移的强弱，并由此追索和确定油源方向和运移距离。

图 5-5 为真武油田油气比与甲烷含量(占烃类百分数%)变化关系图，显示 E_2d_1 原油运移程度最低，但水平运移系数相对较高，与 E_2d_2 接近；垂向运移系数较低，与 E_2d_2、E_2s_1 差异大，反映了真武油田 E_2d_1 原油可能更大程度上依靠骨架砂体运移而来；E_2d_2、E_2s_1 原油具

有明显的垂向运移趋势，上下两层水平运移系数很接近，表明油气自阜四段(E_1f_4)烃源岩排出，经过E_2d_1砂体的汇聚后，主要沿断层垂向运移进入E_2d_2、E_2s_1聚集成藏，油气在E_2d_2、E_2s_1侧向运移微弱。

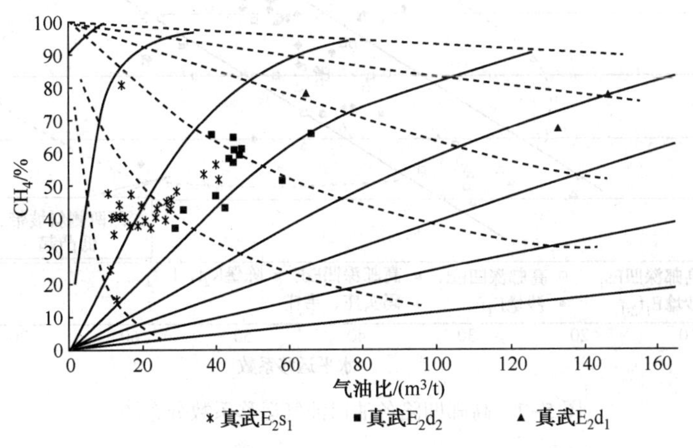

图 5-5 真武油田气油比—CH_4%指示运移方式、程度图

图 5-6 为高邮凹陷不同油田的油气比与甲烷含量(占烃类百分数%)变化关系，图 5-7 可用来反映油气水平运移程度(用 m 表示)和垂向运移程度(用 n 表示)。根据 m 值，可以在平面上确定出运移方向：油气总是由 m 值小的地方向 m 值大的方向运移。通过对比，得到以下几点认识：

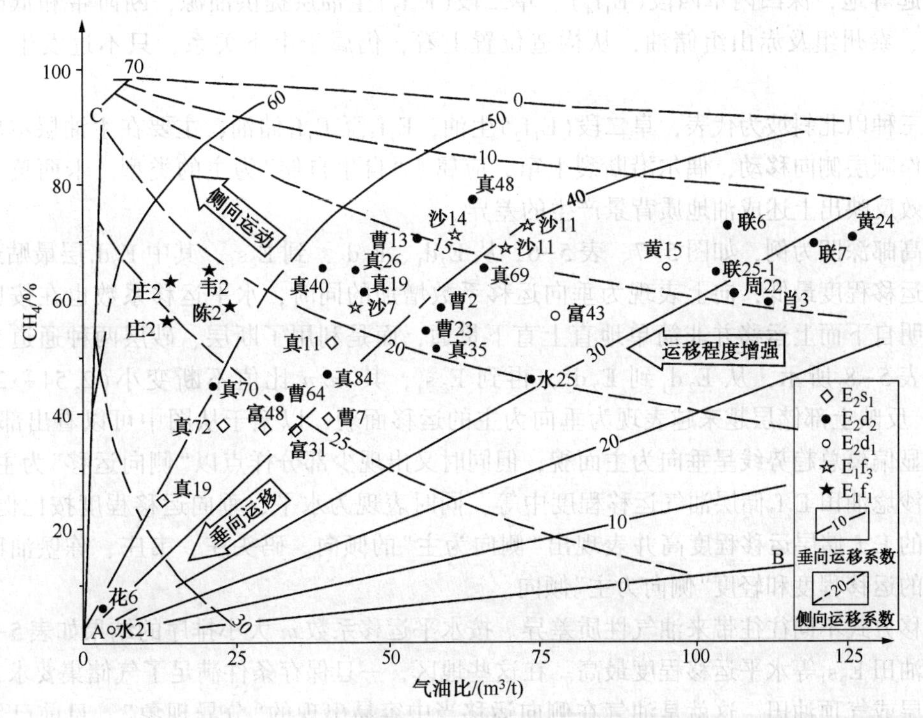

图 5-6 高邮凹陷原油卡西莫夫运移程度线解图

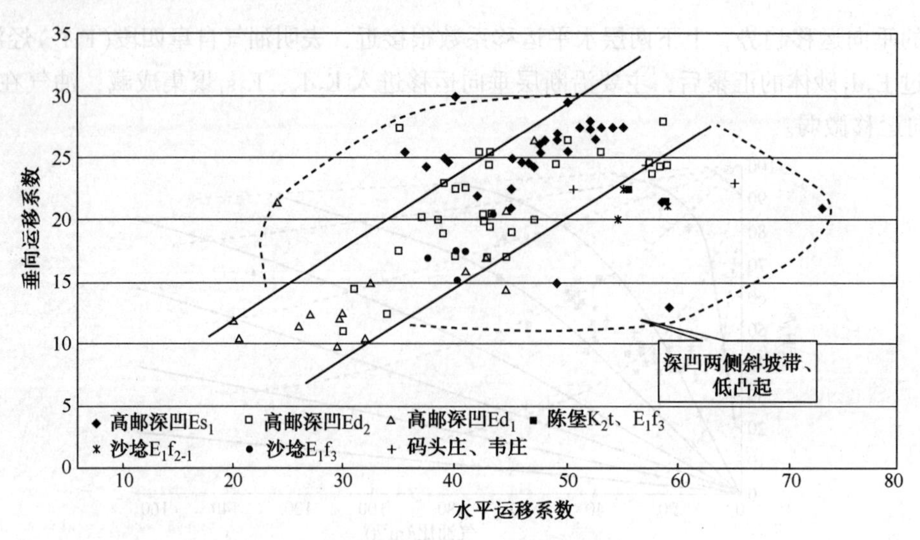

图5-7　高邮凹陷各油田油气运移系数分布图

(1) 运移方式上的坡、凹有别

据成藏地质条件分析，高邮凹陷第三系生储类型主要有三种：

第一种以高邮深凹为代表的“下生上储”型，阜四段(E_1f_4)生油、戴南和三垛组储油。

第二种情况也属于“下生上储”类型，但含义有所不同，如高邮凹陷南部断阶带、吴堡低凸起等地，深凹内阜四段(E_1f_4)、阜二段(E_1f_2)生油层提供油源，断阶带和低凸起的阜宁组、泰州组及赤山组储油，从构造位置上看，仍属于上下关系，只不过发生了侧向移位。

第三种以北斜坡为代表，阜二段(E_1f_2)生油，E_1f_3至E_1f_1储油，主要在生油层本层或相邻储层作顺层侧向移动，偶尔沿断裂上窜，应属于“自生自储”为主的类型。卡西莫夫运移系数有效反映出上述成油地质背景产生的差异。

以高邮深凹为例，如图5-7、表5-6，从E_2d_1、E_2d_2，到E_2s_1，其中E_2d_1层最贴近生油层，其运移程度最低，向上表现为垂向运移系数增加的同时，水平运移系数也在按比例增加，说明自下而上运移并非简单地直上直下贯通，而是利用了断层、砂层两种通道交替进行。如表5-8所示，从E_2d_1到E_2d_2，再到E_2s_1，其m/n比值不断变小(2.54→2.01→1.92)，反映上部储层越来越表现为垂向为主的运移面貌，以至于从图中可以看出部分Es_1样点明显偏离总趋势线呈垂向为主面貌，但同时又出现少部分样点以“侧向运移”为主情况。斜坡带沙埝油田E_1f_3储层油气运移程度中等，同时表现为水平、垂向运移程度按比例增加，该油田的E_1f_1储层运移程度高并表现出“侧向为主”的倾向。码头庄、韦庄、陈堡油田表现出较强的运移程度和轻度“侧向为主”倾向。

运移方式不同往往带来油气性质差异。按水平运移系数m大小排序的结果如表5-8，其中黄珏油田E_2s_1等水平运移程度最高。在这些地区，一旦保存条件满足了气储集要求，将会出现气层或气顶油田，这就是油气在侧向运移当中容易出现的“分异现象”。目前已发现黄珏黄5井E_2s_1气层、周庄Ny浅层气等均属油气分异的产物。利用这种油气分异现象也许能用来追踪新的勘探目标，即在油田前方找气，在气田下方找油。

表 5-6　各油田油气运移系数表

油　田	层　位	水平系数，m	垂向系数，n	运移程度指数，$m*n$
黄珏	E_2d_1	33.18	14.44	479.1192
联盟庄	E_2d_1	27.13	11.25	305.2125
真武	E_2d_1	40.33	15.88	640.4404
联盟庄	E_2d_2	36.67	17.43	639.1581
真武	E_2d_2	42.15	20.97	883.8855
曹庄	E_2d_2	44.47	20.53	912.9691
马家嘴	E_2d	46.88	24.33	1140.59
富民	E_2d	33.5	23.5	787.25
真武	E_2s_1	49.13	25.6	1257.728
黄珏	E_2s	66.1	17	1123.7
曹庄	E_2s	43.25	25.4	1098.55
富民	E_2s	41	25.18	1032.38
沙埝	E_1f_{2-1}	56.17	21.23	1192.489
沙埝	E_1f_3	40.44	17.54	709.3176
陈堡	$K_2t-E_1f_3$	57.25	22	1259.5
码头庄		57.5	24.25	1394.375
韦庄		57.75	22.75	1313.813

（2）运移程度上的“上高下低、外高内低”现象

以 $m\times n$ 代表的各油田平均运移程度指数排序见表 5-8。运移程度高的有码头庄、韦庄、陈堡、沙埝等油田，程度低的有真武、联盟庄等高邮深凹各油田，特别是 E_2d_1 油层。纵向的“下低上高”在高邮深凹得到了集中体现。平面上的“内低外高”现象指深凹带、内斜坡带上的油气运移程度低，外斜坡带、凸起、隆起处的油气运移程度高，主要原因是是箕状盆地烃源岩成熟程度不均，从而带来供油能力不同；外斜坡、凸起、隆起处的源岩成熟程度一般较低，自身供油能力不足，油的储集主要依靠异地运移，较长距离运移现象普遍存在；深凹带和内斜坡带一般具备自身供给能力，近距离运移必然占据主导地位。

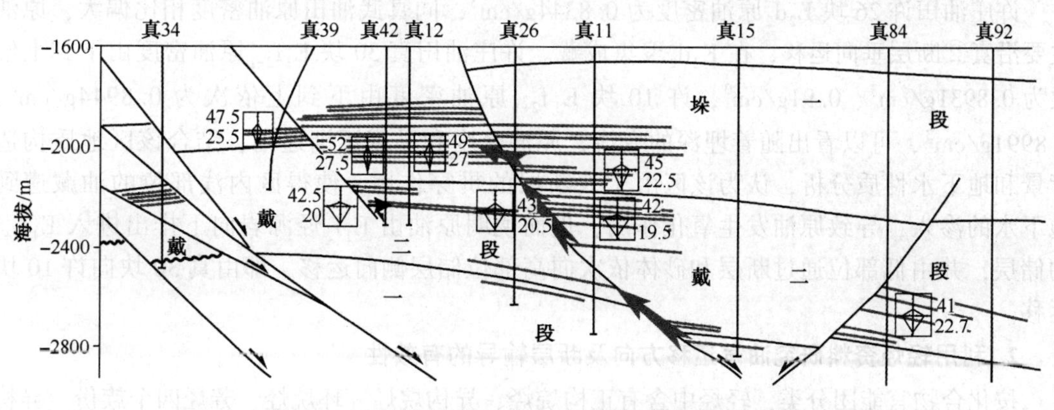

图 5-8　真武油田真 11 块、真 12 块油气运移剖面图

图 5-8 为真武油田真 11 和真 12 两个含油断块，二者之间的主断裂为真 6 断层。真 12 块垛一段运移程度最高，原油运移程度从真 11 块 E_2d_2、真 12 块 E_2d_2、真 11 块 E_2s_1、到真 12 块 E_2s_1 逐渐增大。真 11 块和真 12 块之间的真 6 断层为主要的油源断裂，由断层向两侧储层运移程度增大，无论是水平运移系数还是菱形图都反映出真 11 断块内原油较真 12 断块内原油运移程度普遍偏低，表明可能存在真 11 断块原油穿过断层向真 12 块运移的现象。

2）原油密度指示油气运移方向

真武油田真 11 块 E_2d_1、E_2d_2、E_2s_1 原油密度依次为 0.8218g/cm^3、0.8256g/cm^3、0.8317g/cm^3，真 12 块 E_2d_2、E_2s_1 原油密度依次为 0.8317g/cm^3、0.8357g/cm^3，说明真武油田油气沿断层垂向运移，符合差异聚集原理(图 5-9)。

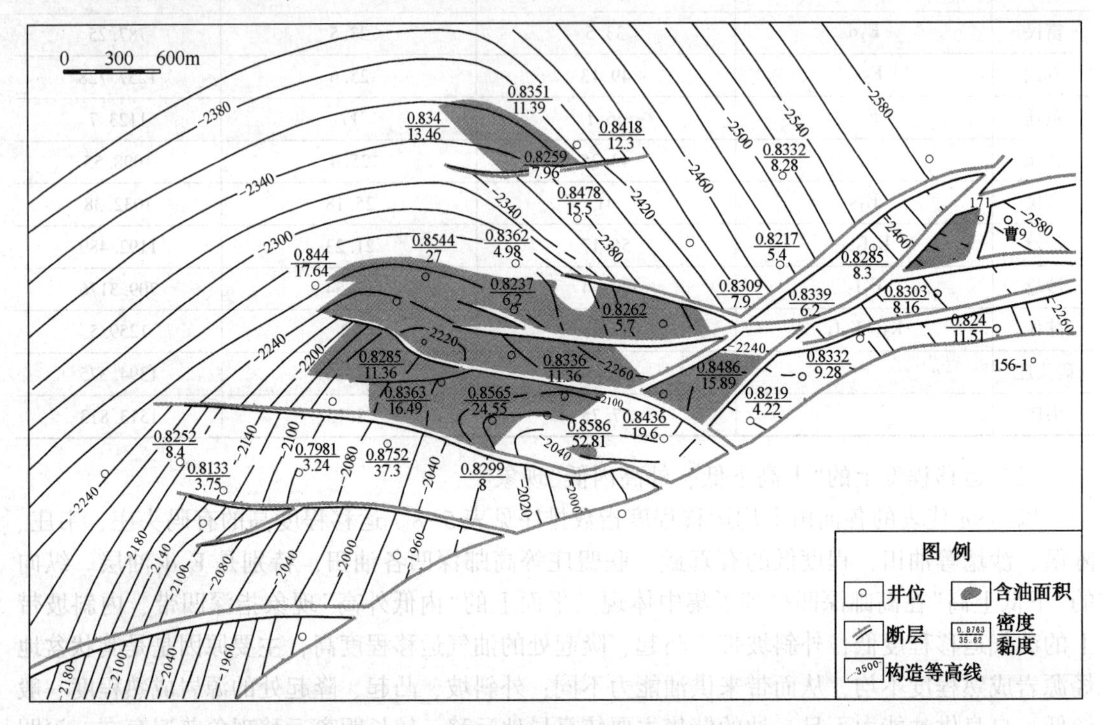

图 5-9 真武油田 E_2d_2 原油物性平面分布图

许庄油田许 26 块 E_2d_2 原油密度为 0.8344g/cm^3，同真武油田原油密度相比偏大，原油主要沿真②断层垂向运移，在 E_2d_2 聚集成藏。许庄油田真 30 块 E_1f_{2+1} 原油密度由下到上依次为 0.8931g/cm^3、0.91g/cm^3，许 10 块 E_1f_{2+1} 原油密度由下到上依次为 0.8944g/cm^3、0.8991g/cm^3，可以看出随着埋深的变浅，原油密度和黏度逐渐递增，结合该区地质构造背景和地下水性质分析，认为该区由于大断层的贯穿作用，使得区内浅部位的油藏遭到地下水的渗入，导致原油发生氧化作用，进而说明原油由 E_1f_2 烃源岩向下排出进入 E_1f_{2+1} 的储层，并由低部位通过断层和砂体依次向高部位储层侧向运移，即由真 30 块向许 10 块运移。

2. 利用轻烃资料研究油气运移方向及断层输导的有效性

按化合物官能团分类，轻烃中含有正构烷烃、异构烷烃、环烷烃、芳烃四个族份。异构烷烃又分为甲基、二甲基、三甲基三种类型。根据室内模拟天然气运移的管状模型试验(陈安定等，1994），正烷烃在运移途中易于钻入岩石微孔道产生“滞留”，异构烷烃因为有支链不易钻入微孔道相对丢失较少，随天然气运移距离增加，iC_4/nC_4指标呈升高趋势，此原理称为“分子筛滤失”。按此原理进一步类推，油气在砂层通道运移时，随距离增加应不断加剧组分的异构化、环烷化趋势。在异构组分中，二甲基、三甲基链烃将比单甲基链烃更能体现运移影响。据以上原理，建立了相应指标：①2，3 二甲基戊烷/(2-甲基己烷+3-甲基己烷)；②C_6-C_7环烷/(正己烷+正庚烷)；③(二甲基-+三甲基-+环化 C_6-C_7烷烃)/(正己烷+正庚烷)；④以上三项指标相加之和。上述四项指标分别起名为：异构化指数、环化指数、异构化—环化指数、轻烃综合运移指数，其缩写为：2，$3DMC_5/(2MC_6+3MC_6)$、$Cy(C_6-C_7)/N(C_6-C_7)$、$(DM+TM+Cy)(C_6-C_7)/N(C_6-C_7)$、QZ。随着运移距离的增加，上述各项指标均有增大趋势。

表 5-7 为高邮深凹各油田的轻烃运移参数，不同构造带变化特征如下：

（1）深凹带

深凹带各油田的运移程度均较低，绝大多数油田的轻烃综合运移指数(Qz)小于 2.0，只有个别样品值较高(黄珏气层、周 22)。各井点之间的运移参数差别不大，反映了深凹带油气以近距离垂向运移为主的特点。

（2）北斜坡

沙埝油田的轻烃综合运移指数为 0.60~3.36，大部分样品的参数值大于 2.0，反映了本区运移程度较深凹带高。其 Qz 排序为：沙 22、沙 14<沙 7、沙 11<沙 19<沙 20、沙 21<沙 23，反映了油气运移程度自南向北逐渐增高的趋势，说明本区油气主要运移方向为自南向北(图 5-10)。

韦庄油田韦 2 块、韦 8 块、韦 5 块的轻烃综合运移指数分别为 1.89、3.93、11.09，即油气运移程度自东而西呈增大趋势，反映本区油气主要运移方向为自东而西(图 5-10)。

表 5-7 高邮凹陷各油田轻烃运移参数

构造单元	油田	油藏	油层	样品数	轻烃运移参数			
					a	b	c	d
深凹带	曹庄		E_2s、E_2d	2	0.20	0.49	0.68	1.37
	富民	富 5 气	E_2d	1	0.14	0.38	0.56	1.08
	黄珏	黄珏	E_2d	2	0.18	0.62	0.80	1.60
		黄珏气层	E_2d	1	3.44	0.58	2.76	6.78
	联盟庄		E_2d	1	0.17	0.48	0.67	1.32
	马家嘴		E_2d	1	0.18	0.74	0.88	1.80
	肖刘庄	肖 1	E_2d	1	0.15	0.43	0.63	1.21
	真武		E_2s、E_2d	11	0.15	0.71	0.80	1.66
	周庄	周 22	E_2d	1	0.33	5.23	5.92	11.49
		周 36	E_2d	2	0.15	0.74	0.99	1.88
		周 4	E_2d	1	0.18	0.94	1.14	2.26

续表

构造单元	油田	油藏	油层	样品数	轻烃运移参数			
					a	b	c	d
北斜坡	沙埝	沙 22	E_1f_{2+1}	1	0.00	0.23	0.37	0.60
		沙 14	E_1f_3	1	0.22	0.77	0.89	1.88
		沙 7	E_1f_3	3	0.20	1.02	1.12	2.35
		沙 11	E_1f_3	1	0.21	1.14	1.25	2.60
		沙 19	E_1f_{1-3}	6	0.19	1.18	1.30	2.67
		沙 21	E_1f_{1-3}	1	0.20	1.26	1.53	2.98
		沙 20	E_1f_{1-3}	7	0.23	1.35	1.70	3.28
		沙 23	E_1f_3	1	0.17	1.55	1.63	3.36
	赤岸	韦 2	E_1f_{1-2}	7	0.22	0.74	0.93	1.89
		韦 8	E_1f_{1-2}	1	0.20	1.80	1.94	3.93
		韦 5	E_1f_{1-2}	1	0.67	4.39	6.03	11.09
断阶及吴堡低凸起	宋家垛	周 41	K_2t	1	0.21	1.33	1.69	3.23
		周 44	K_2t	1	0.28	2.27	2.75	5.30
		周 32	K_2t	3	0.26	2.42	2.89	5.57
		周 43	K_2t	1	1.81	21.38	27.67	50.86
	陈堡	陈 2	E_1f	7	0.28	1.52	1.67	3.47
		陈 3	E_1f、K_2t	6	0.42	2.91	3.15	6.48

注：a—2, 3DMC5/(2MC6+3MC6)；b—CY(C6-C7)/N(C6-C7)；c—(DM+TM+CY)(C6-C7)/N(C6-C7)；d—Qz

(3) 断阶带及吴堡低凸起

陈堡油田：油源对比认为陈堡油田的原油来自高邮凹陷的阜二段烃源岩。陈 2 块位于吴①与吴②断裂所夹持的断阶，轻烃综合运移指数为 3.26，陈 3 块位于吴①断裂上升盘吴堡低凸起，轻烃综合运移指数为 5.41，反映油气来自凹陷一侧的右向运移特征(图 5-10)。

周庄、宋家垛油田：周 41、周 44、周 43 块原油轻烃综合运移指数呈节节上升趋势，从 3.23→5.30→50.86，反映油气贴断层向北高点运移。在其左侧深凹中的周 22 块、周 36 块，其轻烃综合运移指数分别为 11.49 和 1.88。油源对比资料证明，周 41 块与周 36 块的油均来自高邮凹陷一侧的阜四段(E_1f_4)源岩，主要通过主断裂走滑过程中产生的斜交羽状支断裂(周 41 块下方的一条支断裂)传递到凸起，然后沿砂体作顺层运移、聚集(图 5-10)。

3. 利用生物标志物参数研究油气运移及断层输导的有效性

生物标志物运移指标的研究是基于地质色层效应原理而进行的，分子量小的化合物比分子量大的化合物运移快，极性弱的比极性强的运移快，分子结构简单的比分子结构复杂的运移快。随着运移距离的增加，分子量小、极性弱及结构简单的化合物将相对富集。生物标志物参数在复杂断陷盆地油气运移中的应用有局限性，原因如下：①圈闭距油源近，运移距离短，地质色层效应不明显；②多期断层发育，使得油气运移路径复杂；③烃源岩分割演化，同一油田往往具有多个“生烃灶”供油；④多期生排烃产生不同成熟度油气混合现象。

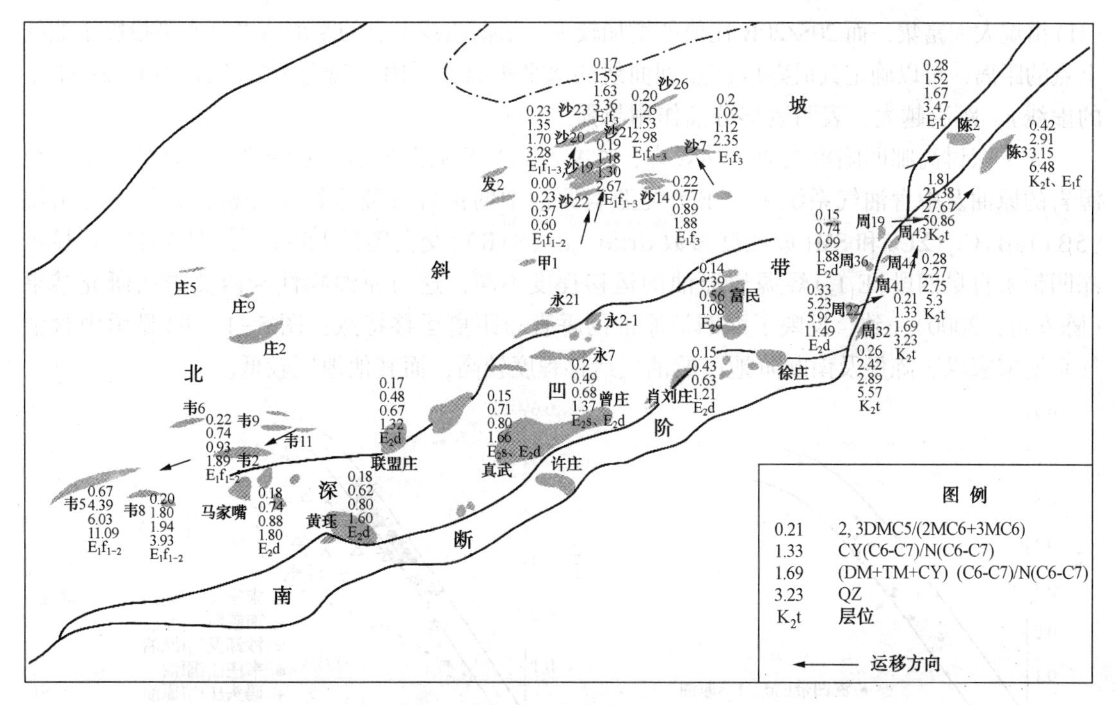

图 5-10 高邮凹陷轻烃运移参数指示的油气运移方向

(1) 甾烷(5β+14β)C29/ΣC29 指标

Seifert 和 Moldowan(1981)根据实验室液体色谱分析的部分结果提出，甾烷 $C_{29}\alpha\alpha\alpha$(20S)/$C_{29}\alpha\alpha\alpha$(20R)只反映成熟度，不受色层影响，而甾烷 $C_{29}\alpha\beta\beta$20(R+S)/$C_{29}\alpha\alpha\alpha$(20R)既是成熟度参数，也是运移参数，且甾烷中的 5α(H)、14β(H)、17β(H)异构体比 5α(H)、14α(H)、17α(H)异构体运移得快，以二者为直角坐标两轴，可绘出成熟–运移图(图 5-11)，许多原油位于图中曲线的右边是由于运移造成的，这种变化使 14β(H)、17β

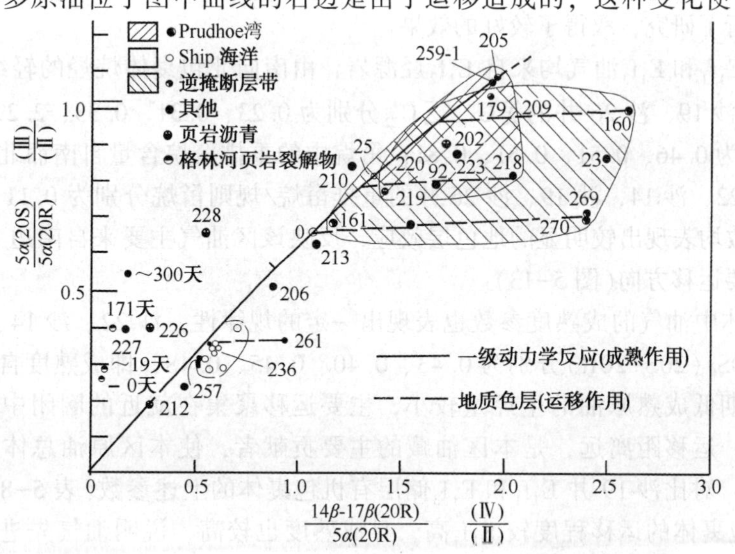

图 5-11 甾烷 C-20 和 C-14，C-17 立体化学变化图(据 Seifert 和 Moldowan. 1981)

(H)甾烷大大富集，而20S/20R比值的增加较少。根据曲线上点的距离或者到水平投影于曲线上点的距离，可以确定其成熟度；点到曲线的水平距离，可用于确定运移的程度(图5-11中的虚线)，距离越大，表明运移分馏作用越强。

为了探讨高邮凹陷甾烷的运移效应，本文对高邮凹陷上含油气系统来自阜四段(E_1f_4)烃源岩的原油及中含油气系统来自E_1f_2烃源岩原油中的甾烷参数进行了分析，并绘制了甾烷$(5\beta+14\beta)C_{29}/\Sigma C_{29}$和SM(成熟度参数$\alpha\alpha\alpha C_{29}S/(S+R)$)交会图(图5-12)，图5-12(a)显示深凹带来自阜四段(E_1f_4)烃源岩原油的运移程度不高，这与原油物性卡西莫夫法研究结果(陈安定，2000)一致，反映了深凹带原油的垂直短距离运移特点；图5-12(b)显示中含油气系统宋家垛、陈堡及南断阶地区的油气运移程度较高，而其他地区较低。

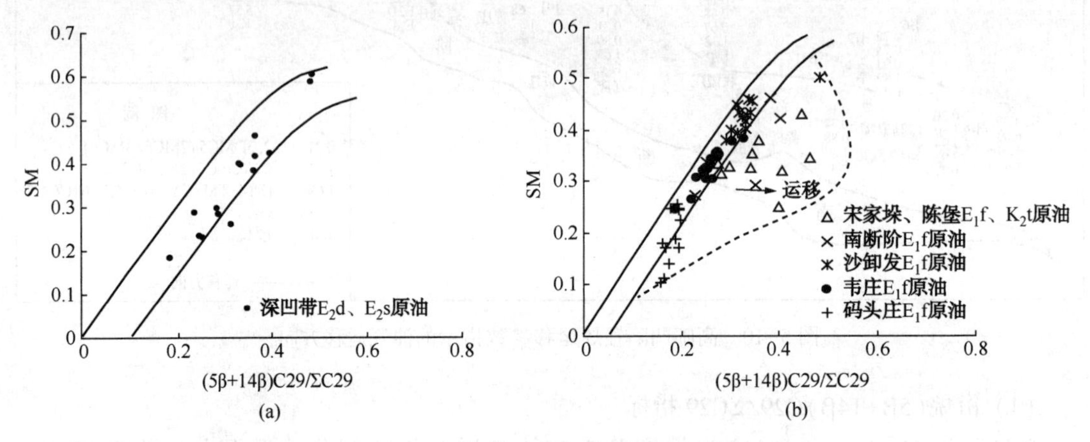

图5-12 高邮凹陷原油异胆甾烷指示的油气运移程度

(2) 储层有机包裹体中的生物标志物参数

有机包裹体形成后，其物理化学环境相对较封闭，其中的流体受外界影响作用小，有机包裹体中的生物标志物参数较好地反映了油气运移方向及断层输导性。本文以北部斜坡带沙埝地区为例进行了研究，取得了较好的效果。

沙埝地区E_1f_1和E_1f_3油气均来自E_1f_2烃源岩，由南向北包裹体烷烃的轻组分相对富集，沙22、沙14、沙19、沙26井的$\Sigma C_{21}^-/\Sigma C_{22}^+$分别为0.23、0.31、0.33、2.29，$(C_{21}+C_{22})/(C_{28}+C_{29})$分别为0.46、0.51、0.61、0.81；甾烷中的重排甾烷含量自南而北也呈增大趋势(表5-8)，沙22、沙14、沙19、沙26井的重排甾烷/规则甾烷分别为0.11、0.13、0.23、0.26。这些参数均表现出较明显的地色层效应，反映该区油气主要来自南边E_1f_2烃源岩区，自南向北为主要运移方向(图5-13)。

有机包裹体中油气的成熟度参数也表现出一定的规律性，沙22、沙14、沙19、沙26井的甾烷$C_{29}20S/(20S+20R)$分别为0.43、0.40、0.45、0.48，即成熟度自南而北呈增大趋势，说明早期低成熟原油的生烃量较小，主要运移聚集在就近的圈闭中，而后期成熟原油生烃量大，运移距离远，是本区油藏的主要贡献者，使本区原油总体表现为成熟原油特征。另外，对比沙19井E_1f_1和E_1f_3储层有机包裹体的上述参数(表5-8)，可以看出，E_1f_3储层有机包裹体的运移程度较E_1f_1高，且成熟度也较高，说明油气先进入E_1f_1圈闭成藏再通过断层运移调整到E_1f_3圈闭中。该区阜二段(E_1f_2)烃源岩上部广泛分布有辉绿岩，这一致密火山侵入岩可能阻挡了E_1f_2烃源岩生成的油气直接向上运移至E_1f_3储层，而使得油气主要向下优先进入 E_1f_1 储层。

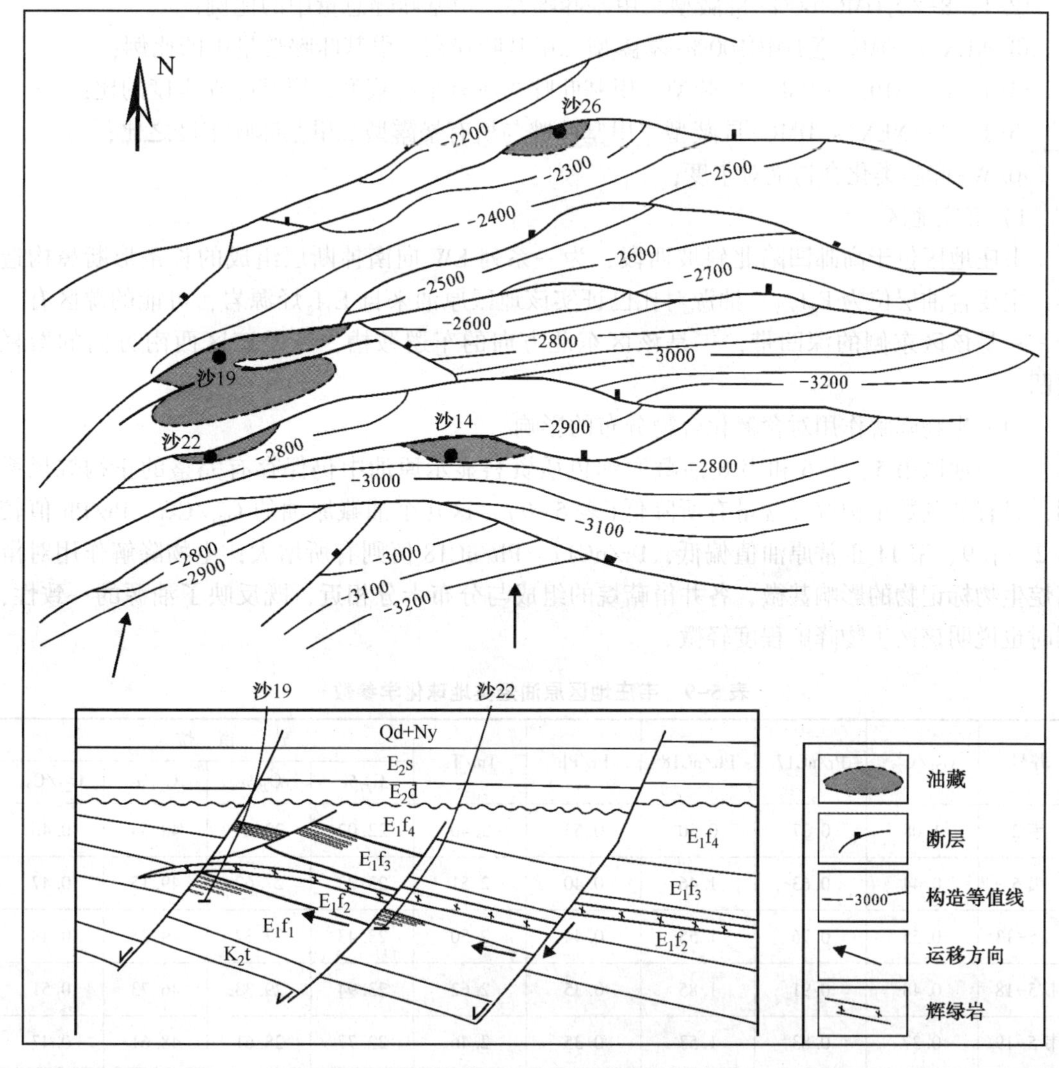

图 5-13 沙埝地区油气运移方向与路径

表 5-8 高邮凹陷沙埝地区有机包裹体运移参数

井号	层位	深度	$\sum C_{21}^{-}/\sum C_{22}^{+}$	$(C_{21}+C_{22})/(C_{28}+C_{29})$	重排甾烷/规则甾烷	$C_{29}20S/(20S+20R)$
沙 22	E_1f_1	3015. 8	0. 23	0. 46	0. 11	0. 43
沙 14	E_1f_3	2385. 2	0. 31	0. 51	0. 13	0. 40
沙 19	E_1f_1	2546. 5	0. 33	0. 61	0. 23	0. 45
沙 19	E_1f_3	2197. 5	0. 35	0. 73	0. 34	0. 49
沙 26	E_1f_1	2224. 3	2. 29	0. 81	0. 26	0. 48

4. 利用含氮化合物研究油气运移及断层输导的有效性

本书主要选取了下列有效的咔唑运移参数开展了研究：

① 1，8-/2，4-DMC-屏蔽型二甲基咔唑与暴露型 2，4-二甲基咔唑丰度之比；

② 1，8-/∑DMC100%-屏蔽型二甲基咔唑在二甲基咔唑总量中的比例；

③ NEX's-DMC/∑DMC100%-暴露型二甲基咔唑在二甲基咔唑总量中的比例；

④ 1，8-/NPE's-DMC-屏蔽型二甲基咔唑与所有半屏蔽型二甲基咔唑丰度的比；

⑤ 1，8-/NEX's-DMC-屏蔽型二甲基咔唑与所有暴露型二甲基咔唑丰度之比；

⑥ W-咔唑类化合物绝对丰度；

1）韦庄地区

韦庄地区位于高邮凹陷北斜坡西段，为一系列 EW 向南掉断层组成的长条形断鼻构造群，主要含油层位为 E_1f_{2+1}。油源对比已证实该地区原油来自 E_1f_2 烃源岩，可能的源区有三个，一是该区东侧的深凹带，二是该区东北方向的车逻鞍槽，三是该区西南方向的秦栏次凹。

（1）生物降解作用对含氮化合物分布的影响

韦庄地区韦 5、韦 6 和韦 8 油藏原油色质资料显示原油中仍保存有完整的正构烷烃系列，只有低碳数正构烷烃含量有所降低(表 5-9)，这几个油藏原油的 C_{21}^-/C_{22}^+、Pr/Ph 值较韦 2、韦 9、韦 11 正常原油值偏低，Pr/nC17、Ph/nC18 值则有所增大；生物降解作用对甾萜烷生物标记物的影响甚微，各井甾萜烷的组成与分布十分相近，既反映了油源的一致性，同时也说明该区生物降解程度轻微。

表 5-9　韦庄地区原油烃类地球化学参数

井号	C_{21}^-/C_{22}^+	Pr/nC17	Ph/nC18	Pr/Ph	Tm/Ts	甾　烷			
						C_{27}%	C_{28}%	C_{29}%	C_{27}/C_{29}
韦 2	1.08	0.27	0.50	0.53	2.40	22.02	29.64	48.34	0.46
韦 5	0.44	0.63	1.46	0.40	2.51	23.23	27.62	49.15	0.47
韦 5-13	0.55	0.76	1.55	0.44	2.50	23.43	27.32	49.25	0.48
韦 5-18	0.48	0.91	1.85	0.35	2.62	23.94	29.33	46.73	0.51
韦 5-19	0.37	0.83	1.53	0.35	2.46	22.77	28.61	48.61	0.47
韦 5-21a	0.41	1.88	3.27	0.37	2.37	23.42	29.10	47.48	0.49
韦 5-29	0.44	1.28	2.74	0.36	2.52	25.60	28.34	46.06	0.56
韦 6-2	0.36	1.00	3.02	0.26	2.73	22.88	31.78	45.34	0.50
韦 8	0.27	0.61	1.30	0.19	2.61	23.45	26.60	49.96	0.47
韦 9	0.57	0.31	0.64	0.46	1.97	24.28	27.65	48.06	0.51
韦 X11	0.58	0.32	0.59	0.49	2.42	25.95	27.25	46.80	0.55

（2）利用含氮化合物研究韦庄地区油气运移

韦庄地区含氮化合物参数的相对分布表现出一定的运移分馏效应(表 5-10)，韦 X11 井和韦 6-2 井的屏蔽型咔唑相对丰度最低，这两口井的参数 1，8-/∑DMC100% 分别为 11.62%，10.66%，向西屏蔽型咔唑相对丰度呈逐渐增大趋势，韦 5-19 井和韦 8 井的参数

1，8-/∑DMC100%最大，分别为 12.70%，13.88%；而暴露型咔唑的相对丰度则表现出相反的变化趋势，韦 X11 井，韦 6-2 井，韦 5-19 井，韦 8 井原油参数 NEX's-DMC/∑DMC100%分别为 30.60%，28.56%，26.43%，24.62%。推测该区油气分别从韦 11 块和韦 6 块两个方向注入，油源主要来自深凹带和车逻鞍槽，油气自东、东北方向向西、西南方向运移。该区构造自东向西抬升，油气运移方向受构造控制(图 5-14)。

表 5-10　韦庄地区原油含氮化合物运移参数

井　号	层　位	a	b	c	d	e	f
韦 5	E_1f_{1+2}	0.69	6.99	35.64	0.12	0.20	116.56
韦 5-18	E_1f_{1+2}	1.40	12.32	26.57	0.20	0.46	32.07
韦 8	E_1f_1	1.68	13.88	24.62	0.23	0.56	13.17
韦 6-2	E_1f_{1+2}	1.18	10.66	28.56	0.18	0.37	107.94
韦 2	E_1f_1	1.55	12.77	33.95	0.24	0.38	23.00
韦 9	E_1f_{1+2}	1.27	11.25	30.04	0.19	0.38	14.21
韦 X11	E_1f_1	1.07	11.62	30.60	0.20	0.38	10.57

表中：a—1，8-/2，4-DMC；b—1，8-/∑DMC100%；c—NEX's-DMC/∑DMC100%；
d—1，8-DMC/NPE's-DMC；e—1，8-/NEX's-DMC；f—W

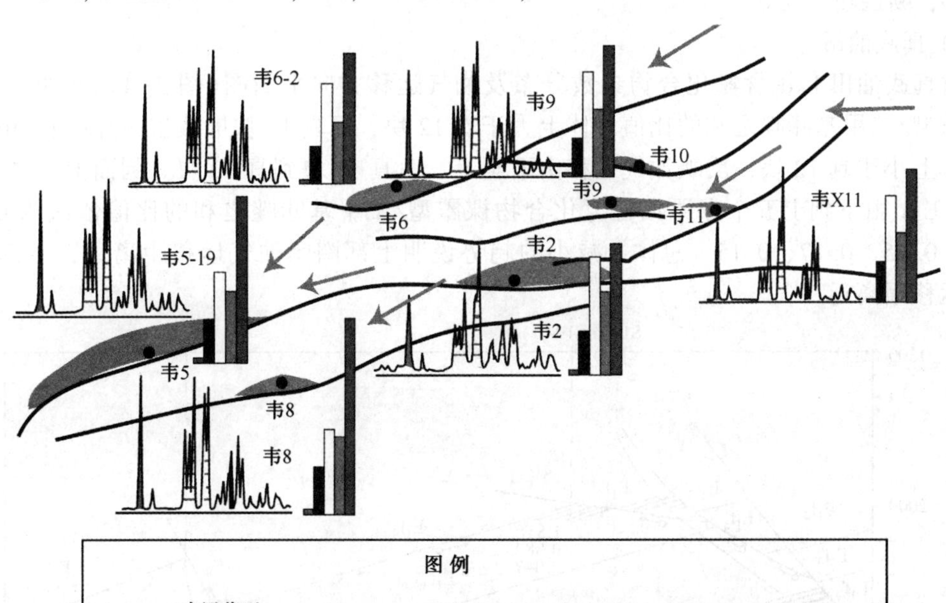

图 5-14　韦庄地区含氮化合物分布特征与油气运移方向

2）沙卸发地区

沙卸发地区位于高邮凹陷北斜坡中段，为由一系列北掉断层控制的断块圈闭组成的一个构造高带，东临车逻鞍槽、南接深凹生油中心，地层南倾，总体上向北抬升。目前已在下含油气系统的 E_1f_1及 E_1f_3地层中发现了众多油藏，油源对比表明原油主要来自于半咸化—咸化湖相 E_1f_2段烃源岩。

研究发现沙 14、沙 22 井原油中暴露型咔唑相对丰度较高，NEX's-DMC/∑DMC100%分别为 65.60%、55.034%（其他井丰度范围为 20.95%-51.72%），沙 14、沙 22 井原油中屏蔽型咔唑相对含量较低，1，8-/∑DMC100%分别为 0.0%、1.88%、3.97%（其他井丰度范围为 4.67%-11.51%），这三口井的 1，8-/2，4-DMC、1，8-/NEX's-DMC 也最低，反映了沙 14、沙 22 井可能离油源最近，为该区油气运移注入点；沙 26、沙 19 井原油中屏蔽型咔唑含量相对较高，暴露型咔唑的相对含量较低，反映了这些井的运移距离相对较大。

沿沙 22 至沙 19 块方向，屏蔽型与非屏蔽型的比值存在增大趋势，说明了屏蔽型 1，8-二甲基咔唑沿此方向越来越相对富集，油气可能是沿 NE 方向向前运移聚集（图 5-15），沙 22 井（E_1f_1）原油中参数比值明显低于沙 19 井（E_1f_1）和沙 19-6 井（E_1f_3），而沙 19 井和沙 19-6井的比值又非常地相近，说明沙 19 井和沙 19-6 井两者油气运移距离相当，深凹或内斜坡生成的油气可能沿斜坡往北作侧向和垂向运移。由含氮化合物资料揭示的主要油气运移方向及路径相当清晰（图 5-16），进一步证实了沙卸发地区的油气是以侧向和垂向这两种方式运移，断层输导性好。

3）真武油田

由真武油田 E_2d_2含氮化合物参数分布及油气运移方向平面图（图 5-17）可见，真 11 块裸露型/二甲基咔唑之和的比值总体上大于真 12 块，而真 11 块屏蔽型/裸露型二甲基咔唑总体上小于真 12 块，反映油气运移由下至上，由真 11 块到真 12 块。剖面上，真 12 块 E_2d_2、E_2s_1由下到上五个点原油含氮化合物裸露型/二甲基咔唑之和的比值依次为 0.19、0.16、0.15、0.17、0.15，总体上减小的趋势说明上部圈闭油气运移距离远，下部圈闭油气运移距离近。

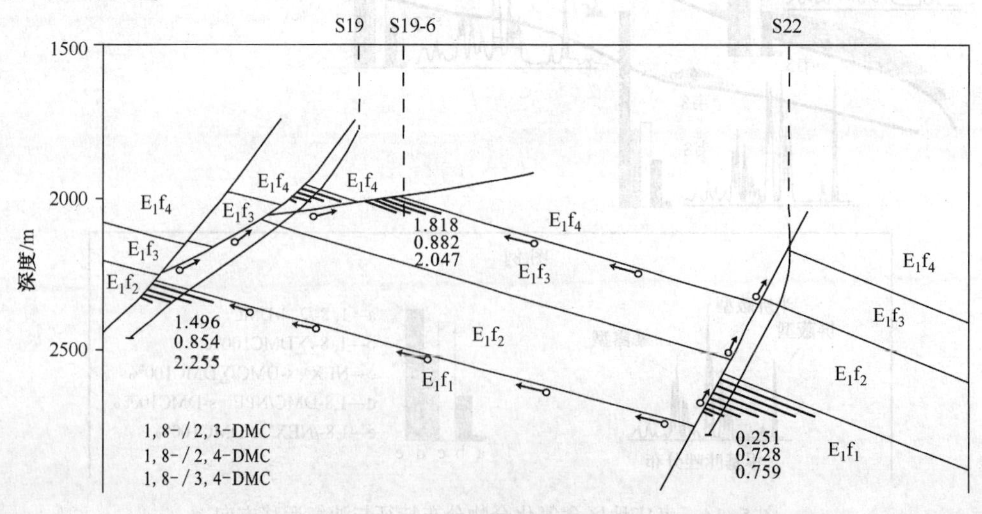

图 5-15　沙 22 块—沙 19 块含氮化合物指示的剖面运移路径

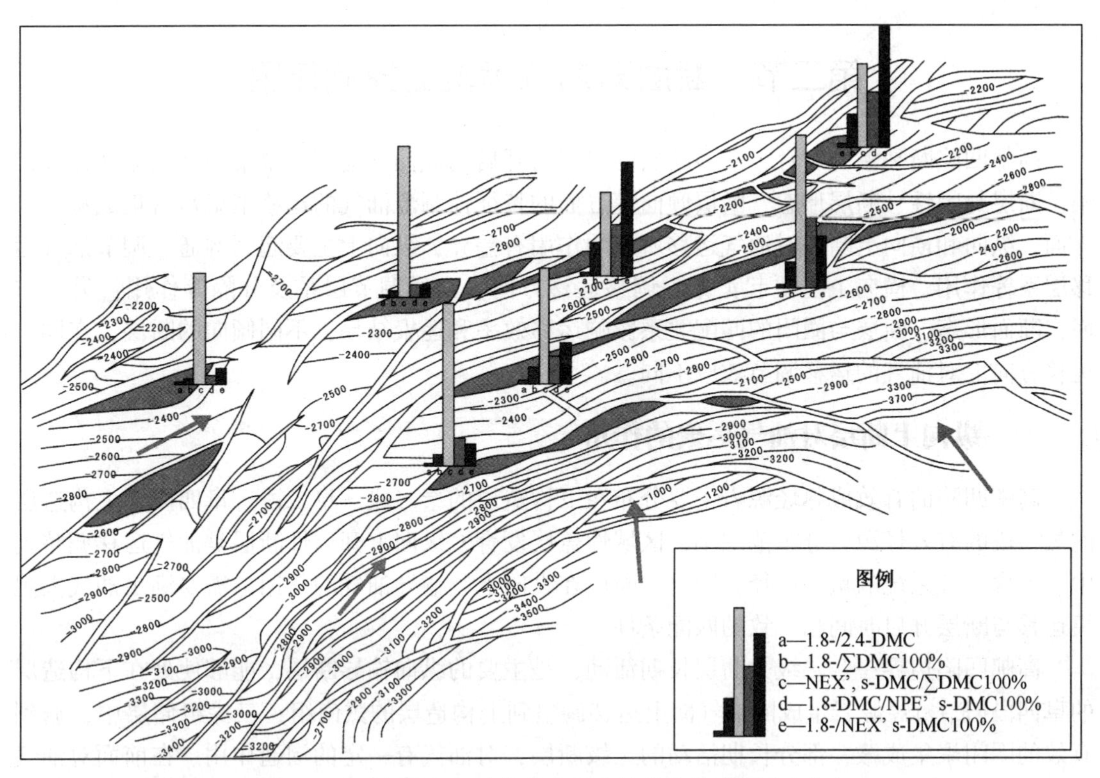

图 5-16 沙卸发地区含氮化合物参数分布及油气运移方向

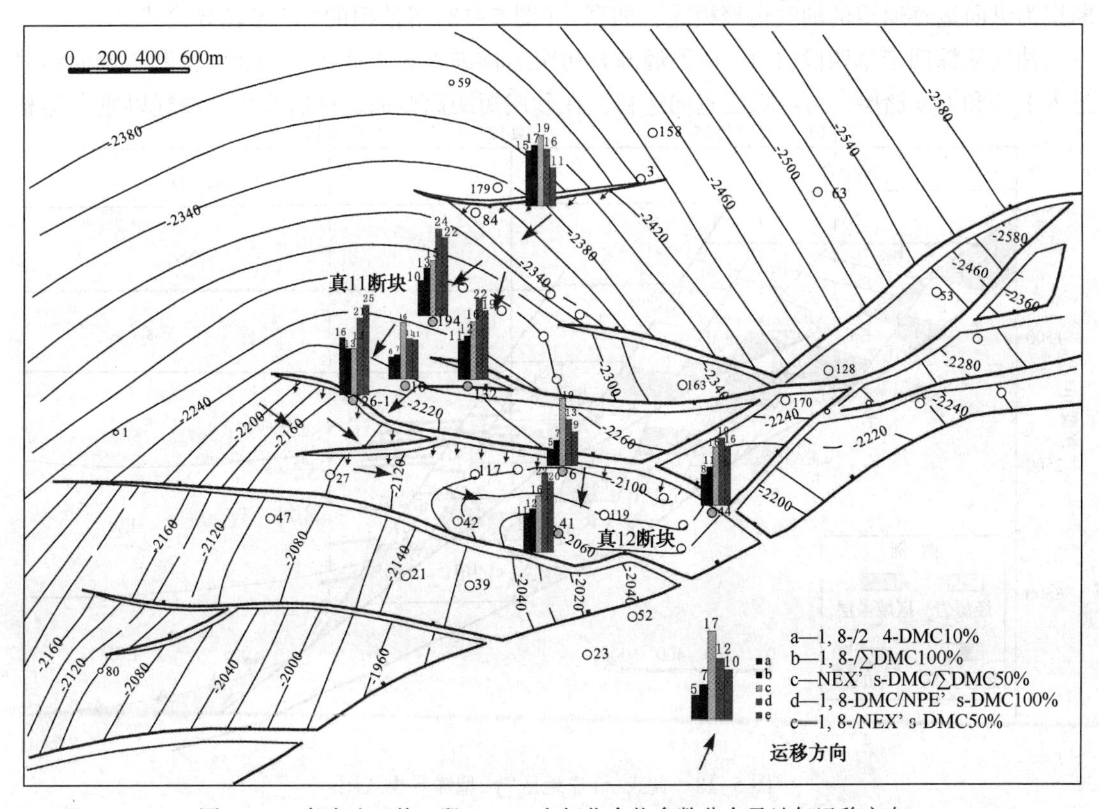

图 5-17 真武油田戴二段(E_2d_2)含氮化合物参数分布及油气运移方向

第二节　断层对油气运聚的控制作用

高邮凹陷断裂系统发育，众多断层的封闭与开启构成油气运移、聚集的网状运移输导格架，断层封闭性、断层形态、断层倾向等方面的特征控制着油气的运移聚集与富集成藏。一方面，纵向和横向上断层对油气运移所起的作用有差异，纵向上主要起到沟通、调节油气运移层系等作用，横向上主要起汇聚、调整运移方向、沟通调节层系及分隔等作用；另一方面，断面形态、断层与圈闭的匹配关系影响运移效率和运聚结果，不同倾向的断层，在同一运移方向上对油气的运移调节效应不同。

一、纵向上断层对油气运聚的作用

高邮凹陷的有效成熟烃源岩主要分布在下构造层的泰二段、阜二段、阜四段，上构造层的戴一段的有效烃源岩分布范围小，区域性盖层发育，纵向上开启性断层是油气运移调整到中、上含油气系统的重要途径。同时，断层在纵向上起输导油气的作用，需要满足油气大规模运移与断层开启时间相一致的匹配条件。

高邮凹陷边界一、二级大断层长期活动，是主要的纵向输导断层，能够使处在下构造层的阜四段(E_1f_4)烃源岩生成的油气向上运移调整到上构造层的戴南组、三垛组储层中，遇到有效的圈闭聚集成藏；部分长期活动的三级断层，对油气有一定的沟通作用。在前面对油气运移方向及断层输导有效性分析的基础上，通过对已知油藏的精细解剖，建立了高邮凹陷以断层为纵向运移通道的油气运聚模式，如真武(图 5-18)等油田的“Y”型输导模式。

油气从深凹带阜四段(E_1f_4)成熟烃源岩初次运移进入E_2d_1底砂，或经油源断层侧向运移进入E_2d和E_2s储层，再经断层垂向运移，在砂层短距离侧向运移后聚集，油气以垂向运移

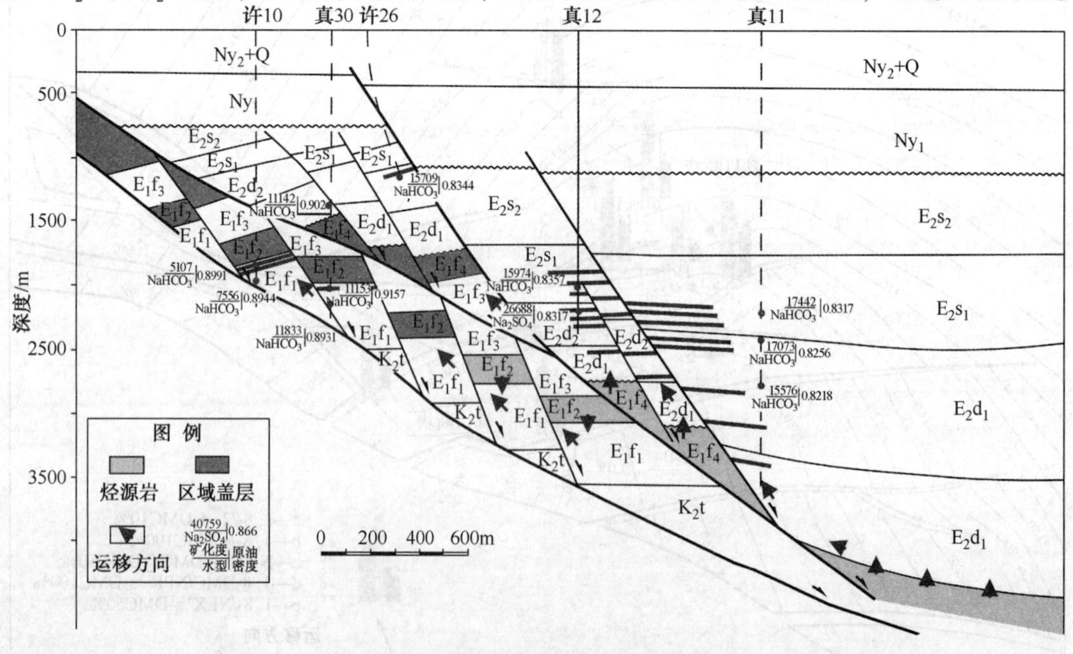

图 5-18　真武-许庄地区“y”型输导模式图

为主；E_2d、E_2s为近源沉积，储盖组合多；断裂下降盘或次凹边部发育正向滚动断背斜、大型断鼻、复合圈闭等；成藏输导要素以断层、骨架砂体为主。

断裂带不同地区输导条件存在一定差异，根据输导体系中各输导要素所起的作用细化各地区的油气成藏模式。

西部地区：主要为源上断层—砂体“串”型运聚多期成藏模式。其主要特点是输导以断层为主，骨架砂体为辅；平面上油气呈“串珠状”沿断层分布；各油藏成熟度存在差异，多期成藏。具有以下特点：①坡缓远凹，上排烃向内斜坡单向供油气，由于本区E_2d_1砂岩不太发育，次凹阜四段(E_1f_4)成熟烃源岩排出的油气主要依靠大断层向本区远距离运移；②断层走向与斜坡倾向一致，油气运聚表现为“断层—砂体”串联组合阶梯式运移模式，如马家嘴、黄珏地区(图5-19)。

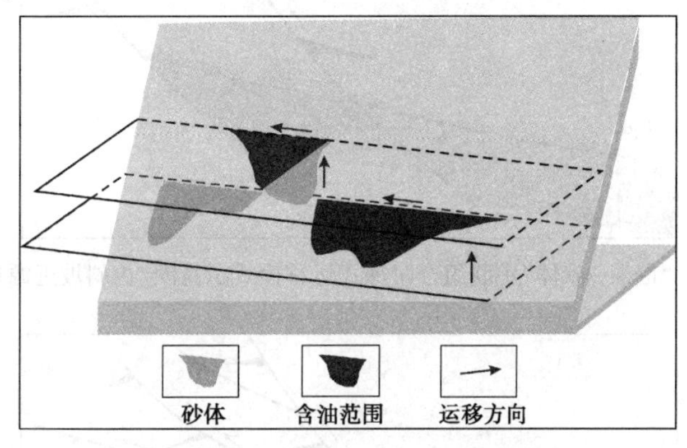

图5-19 “断层—砂体”串联组合阶梯式运移模式示意图(内斜坡远源单供式)

中、东部地区：主要为源上不整合—断裂—骨架砂体垂向输导型运聚多期成藏模式。其主要特点是以断层输导为主、骨架砂体为辅，纵向上油气沿断层多层系分布，多期成藏。

1. 深凹中隆近源对供式

① 构造样式为夹于陡缓坡间的箕状深凹中隆起的断背斜构造；②两侧临近生烃次凹，阜四段(E_1f_4)成熟烃源岩上排烃对向供油气且砂岩-烃源岩接触面积大，输导条件好，油气供给充足；③断层走向与隆起高带轴向垂直，油气运聚表现为多个并联“断层—砂体”型的运移模式(图5-20)。如真武、曹庄、富民地区等。

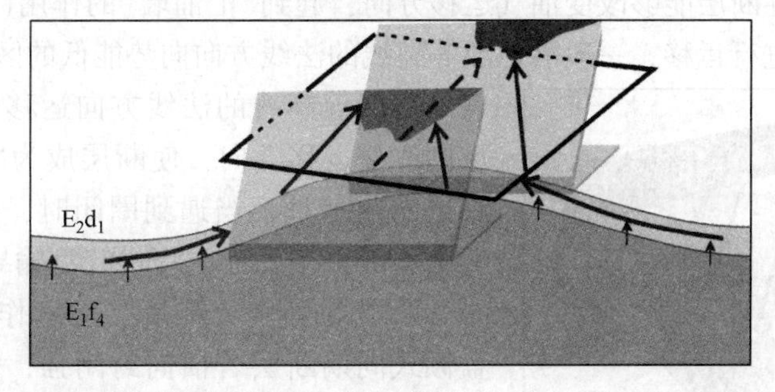

图5-20 “断层—砂体”并联组合运移模式示意图(深凹带近源对供式)

2. 内斜坡近源单供式

① 坡陡近凹，次凹阜四段(E_1f_4)成熟烃源岩上排烃向北部内斜坡单向供油气，E_2d_1砂

岩较发育，砂岩-烃源岩接触面积大，输导条件好，油气供给充足；②断层倾向与斜坡倾向一致，油气运聚表现为“断层—砂体”串联组合阶梯式运移模式(图5-21)，如永安地区等。

3. 断阶带远源单供式

① 构造样式为控次凹的张性断裂断阶带或走滑断裂带；②油气富集区离源区远，与北斜坡同为远源单供式，不同之处在于，断阶带油气主要依靠大断层或贴断层砂体长距离运移，以垂向运移为主；③油气运移路径由断层样式控制，先沿主干断层集中汇聚，后沿分支断层发散式运移，表现为“断层—砂体”串联组合树枝式运移模式，如陈堡、许庄地区(图5-22)。

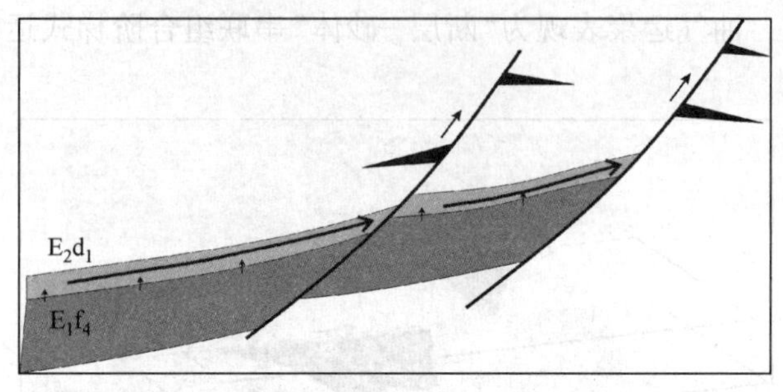

图5-21　“断层—砂体”串联组合阶梯式运移模式示意图(内斜坡近源单供式)

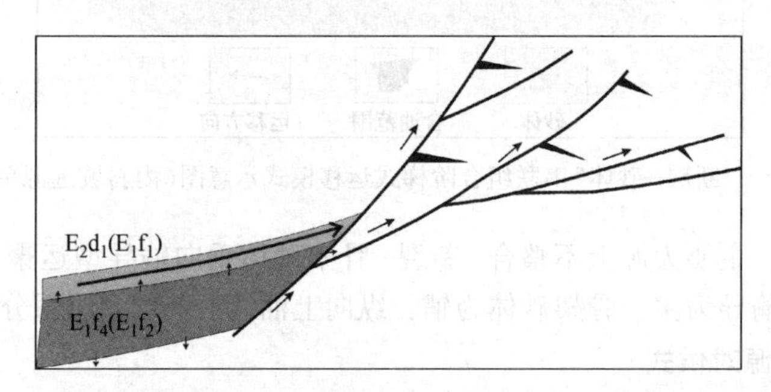

图5-22　“断层—砂体”树枝式串联组合运移模式示意图(断阶带远源单供式)

二、横向上断层对油气运聚的作用

横向上，封闭性断层能够改变油气运移方向，起到“汇油墙”的作用(图5-23)。油气总是沿优势运移通道进行运移，一般沿地层等高线的法线方向向势能低的区域运移汇聚。当油气沿地层等高线的法线方向运移时，遇到封闭性断层则改变运移方向，使断层成为“汇油墙”，油气沿断层向前运移，当遇到圈闭时，聚集成藏。在高邮凹陷斜坡带主要形成“阶梯”型输导模式。

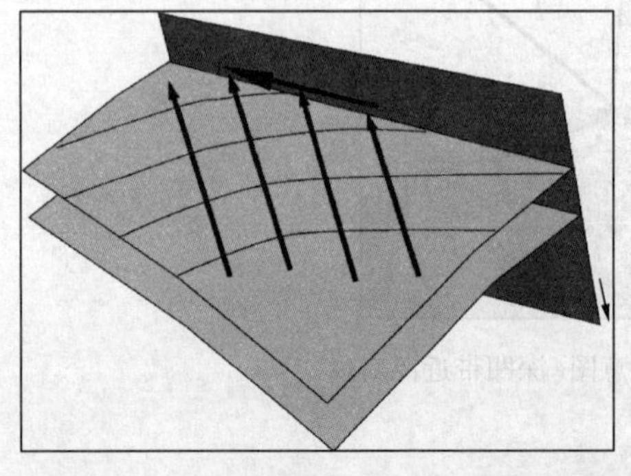

图5-23　封闭性断层“汇油墙”作用示意图

断层既可作分隔墙、又可作长距离侧运通道。盆倾式同期断层若横向封闭强，来自烃源灶的油气经砂岩输导往往会汇聚于断层面通道，并沿断面墙作长距离运移；如黄珏—韦庄、刘五舍—吴堡等长距离油气运移路线。

封闭性断层起到分隔油气运移聚集区的作用，当断层封闭程度较高时，阻挡油气运移，在油气运移的前端形成富集区，在封闭断层后方可能造成油气“贫油区”，如沙 26 断层控制富油断块，而断层背后形成贫油区，只有沙 40 块成藏。

通过沙埝、韦庄等油田原油物性及含氮化合物示踪结果表明，斜坡带油气成藏总体为单斜地层砂体—断裂“阶梯”状侧向长距离运移输导模式(图 5-24)。具有以下特点：①构造样式为具盆倾断层单斜；②E_1f_2成熟烃源岩下排烃向斜坡区单向供油气；③油气沿源岩之下的E_1f_1砂体上倾方向侧向长距离运移，砂体为主要输导层，断层对油气运移仅起调节作用，E_1f_1砂岩较发育，砂岩—烃源岩接触面积大，输导条件好，油气供给充足；④油气运聚表现为串联屋脊式运移模式(图 5-25)，如沙埝、韦庄地区等。

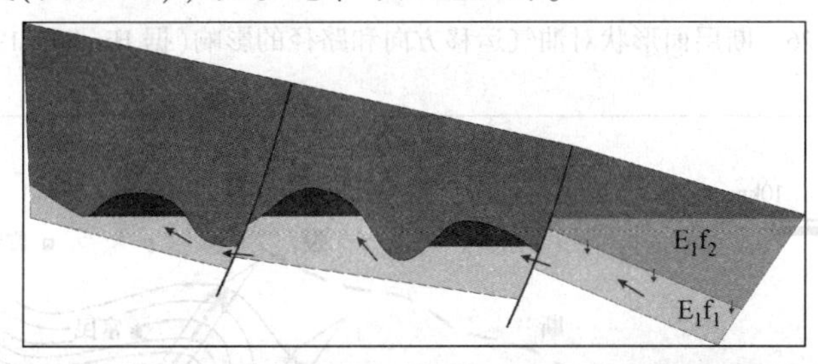

图 5-24　“断层—砂体”串联屋脊式运移模式示意图(北斜坡远源单供式)

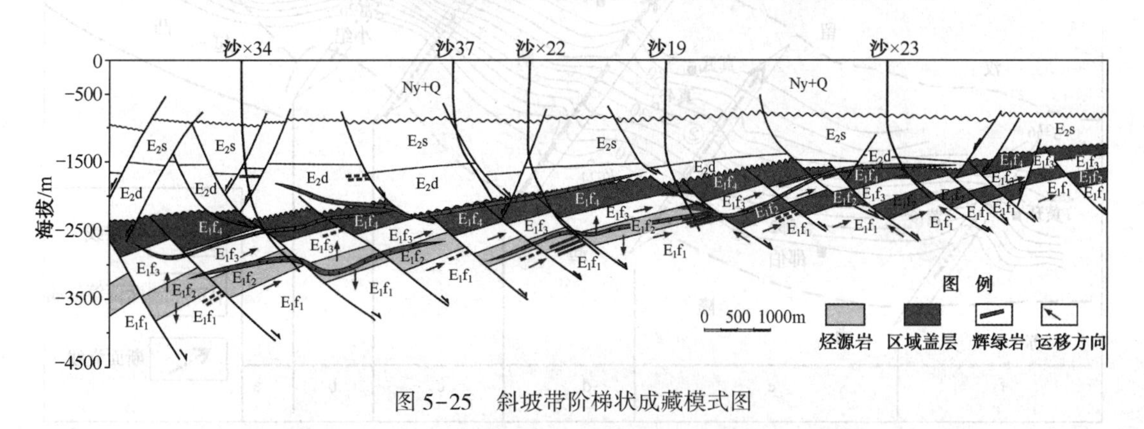

图 5-25　斜坡带阶梯状成藏模式图

三、断面形态及规模对油气运移效率的影响

1. 断面形态对油气运移效率的影响

断层的三维空间形态不同，则油气运聚效率也有区别。一般来说，若断面是平面，油气为平面状运移，运聚效率一般；若为凹面，油气运聚路径为分散式，运聚效率低；若为凸面，油气运移路径为集中式，运聚效率高(图 5-26)。

通过解剖一、二级断层的断层面时发现，断层面往往存在凸断面，这些凸断面的脊线是油气优势运移通道(图 5-27)，成为油气汇聚高效的输导通道，在其凸断面处往往形成大的、富集油气藏，如黄珏油田、真武油田、富民油田及周庄油田等都是储量规模巨大的油田。

断面形态可以控制含油层系剖面上的分布，同一断层不同部位由于断面产状上的变化，造成了纵向上封闭性的差异。因此，分析断面形态可以定性地判断断层纵向上的封闭能力。平直形断层封闭性特点是封闭段与开启段在垂向上交互出现，可形成多个含油气层段，如永25块；上凸形断层的封闭部位可在上部也可在下部，如永7块；下凹形断层具有下部倾角缓、上部倾角陡的特征，下部封闭性比上部好，油气多分布在下部倾角缓段，如永21块。

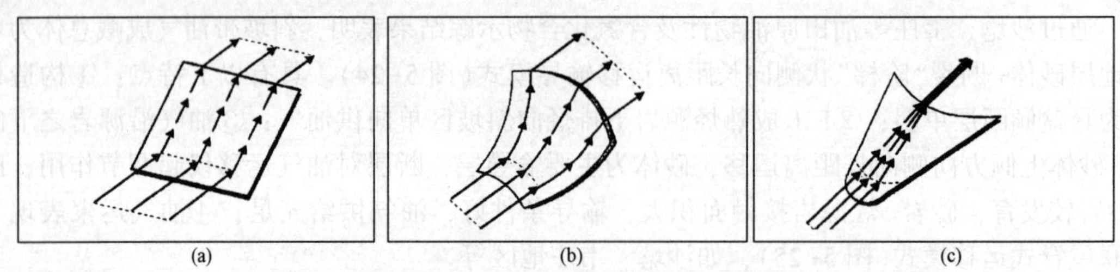

图5-26　断层面形状对油气运移方向和路径的影响(据Hindle，1997)

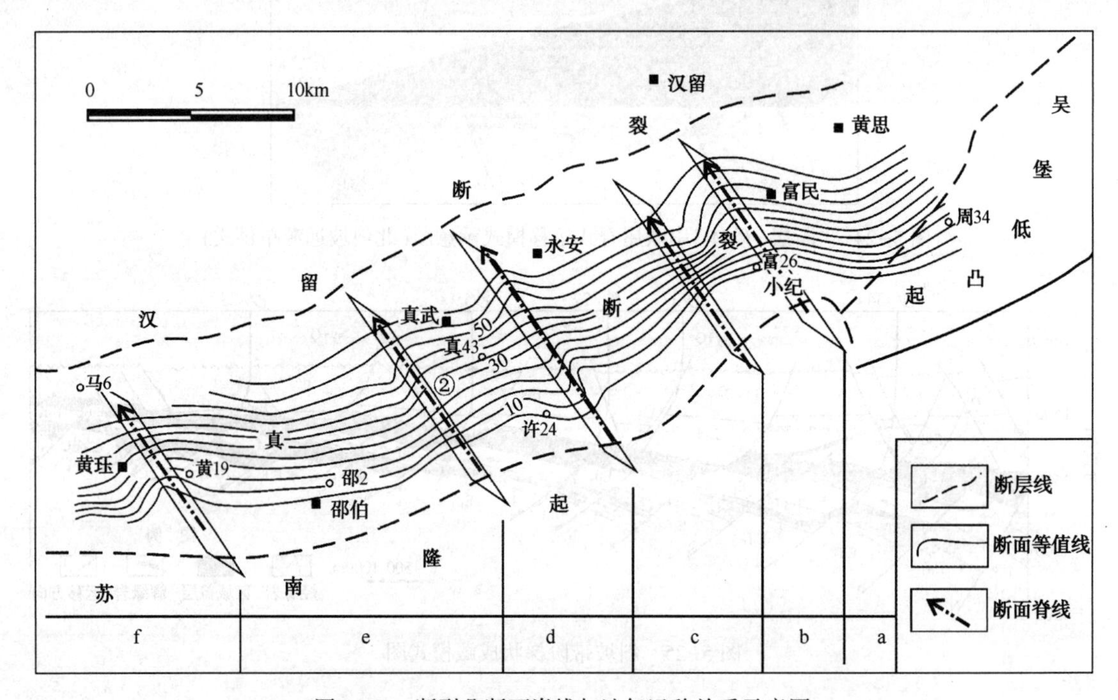

图5-27　断裂凸断面脊线与油气运移关系示意图

断面形态影响油气运聚效率。永7南断层断面呈上凸形，油气运移易形成汇聚流，油气运聚效率高，同时其为面向深凹的第一排油源断层，油源充足，由其控制的永7块油气藏规模大，产量高，油藏充满度较高；汉留断裂断面平直，油气运移形成平行流，油气运聚效率一般，由其控制的永25块油气藏规模相对较小，油藏充满度较低；永21南断层断面呈凹形，油气运移易形成发散流，油气运聚效率低，由其控制的永21块油气藏规模小，油藏充满度最低，由于永21南凹形断面的存在，永21断层以北至今没有发现油气藏(图5-28)。

2. 断层与圈闭匹配关系影响运聚效果

断层与其控制的圈闭及其储层类型在空间的匹配关系不同，形成不同类型和贫富悬殊的断块油藏。按照断层与圈闭的匹配关系可分为四种(图5-29)：

圈闭位于延伸长的断层的中部，圈闭具有最强的聚油能力。如瓦庄东地区的瓦6断层控制的瓦6块，沙埝的沙19断层控制的沙19块等；圈闭位于断层的上倾部位，圈闭具有较强的聚油能力，如发3块；圈闭位于断层的下倾部位，圈闭的聚油能力弱，如卸甲庄的一系列T_3^3圈闭；断层延伸范围小，或者掉向经常发生变化，其控制的圈闭聚油能力差，如发4块。不同的断层形态控制形成油气富集贫富悬殊的断块，在斜坡带，面向油气来源的弧形断层控制的圈闭易形成富集油藏；位于规模较大的断层中央位置的圈闭易形成富集油藏。

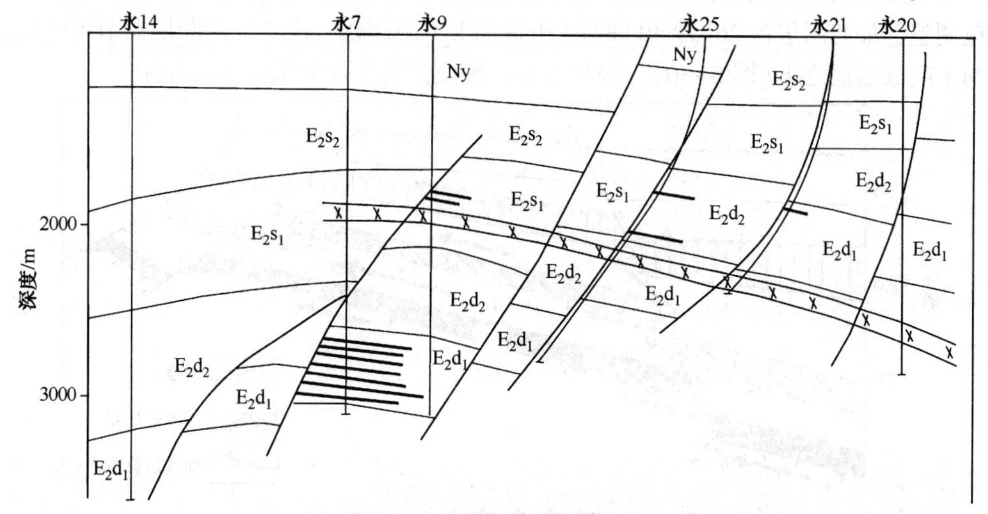

图5-28 永安油田断层封闭油气示意图

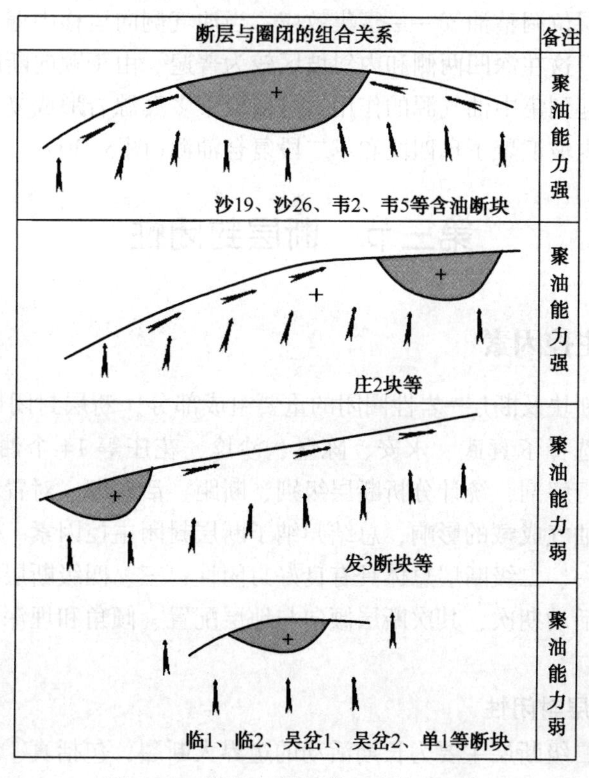

图5-29 断层与圈闭的匹配关系示意

3. 不同倾向断层对油气运移的调整效应

按照断层产状与地层产状的关系，可以分为反向断层和顺向断层。油气经这两类断层调整后，油气运移的层系和方向是完全不同的，勘探方向也是有区别的。

反向断层向上新层位调整油气——扩散效应：当油气侧向运移遇反向断层时，油气向上新层位调整，如北斜坡沙26-沙40油藏E_1f_1油向E_1f_3的调整，由于反向断层调节可能造成油气泄漏于区域盖层之上(图5-30)，因为它是一种使油气更加分散的地质作用。

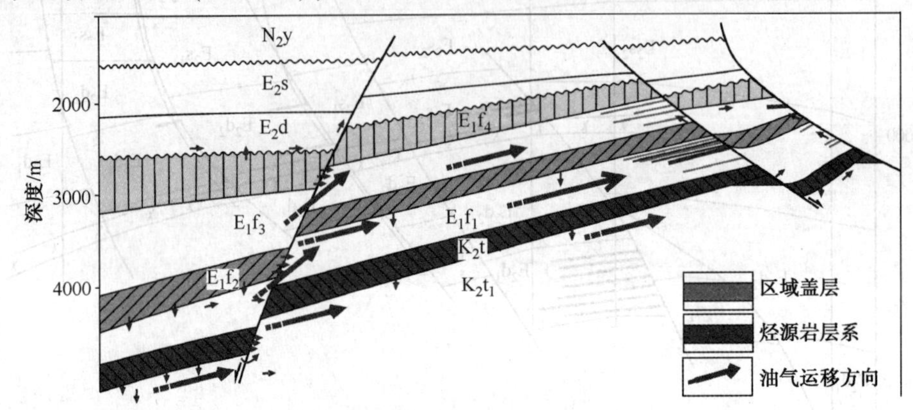

图5-30　断层调节多源复合成藏模式图

顺向断层向上老层位调整油气——富集效应：当油气侧向运移中遇顺向断层时，油气向对盘上部老地层调整，这在深凹两侧和内斜坡区较为普遍。由于顺向断层调节作用只能发生在区域盖层之下，故起到集中油气源的作用。可以汇聚多套源岩形成复合油源，资源更加富足，如南断阶、沙埝内坡汇聚了阜四段和阜二段复合油源(图5-30)。

第三节　断层封闭性

一、断层封闭主控因素

断层是高邮凹陷断块及断层–岩性圈闭的重要组成部分，断层封闭性直接关系到圈闭的有效性。在高邮凹陷选择了真武、永安、陈堡、沙埝、花庄等14个油田、75个油藏和22个典型未成藏断块进行解剖，统计分析断层级别、断距、活动期、对置盘砂地比、倾向及倾角等断层基本要素对油气成藏的影响，总结归纳了断层封闭主控因素。研究表明，不同级别的断层封闭性不同，一、二级断层总体具有良好封闭性；三、四级断层封闭性的主控因素是对置盘砂地比和断层活动期次，其次断层倾向与地层配置、倾角和埋深等对断层封闭性也具有重要影响。

1. 一、二级大断层封闭性

高邮凹陷一级、二级断层主要为长期活动的边界大断裂，包括真①断裂、真②断裂、汉留断裂、吴①断裂和吴②断裂。断裂活动期可作为流体运移的通道，静止期断裂破碎带具有较好的封闭作用。依靠边界大断层作为侧向封挡条件的圈闭，大多具有良好的侧向封闭能力(表5-11)。

统计表明，一、二级断层控制的阜宁、泰州组13个圈闭中，对置盘砂地比高达55%时，圈闭仍然成藏，断层封闭性良好；而一、二级断层控制的三垛、戴南组8个圈闭中，对置盘砂地比小于55%的5个圈闭全部成藏，表明断层封闭性好；大于55%的3个圈闭中，有1个成藏，表明断层封闭具有随机性(图5-31)。总体上看，一、二级断层具有良好的封闭性。

表5-11 边界大断层封闭性分析表

含油断块	层位	断层名称	断层断距/m	断层发育时期	圈闭类型	对接层段	对接岩性	对盘砂地比/%	成藏情况
徐7块	$E_2s_1^7$	真②	>1000	长期活动	断鼻	E_1f_1底	砂泥岩	45	断鼻全充满，油柱高度100m
	$E_2d_2^1$								
	$E_2d_2^3$								
	$E_2d_2^4$					K_2t_2	砂泥岩	25	断鼻全充满，油柱高度90m
	$E_2d_2^5$								
	$E_2d_1^2$					K_2t_1	砂泥岩	60	断鼻全充满，油柱高度150m
周36块	$E_2d_1^1$	周36	20	三垛期	断块	$E_2d_1^1$	砂泥岩	20	断块未充满，油柱高度20m
		吴①	>1000	长期活动		K_2p	砂泥岩	40	
	$E_2d_1^2$	周36	40	三垛期	断块	$E_2d_1^1$	砂泥岩	5	断块未充满，油柱高度40m
		吴①	>1000	长期活动		K_2p	砂泥岩	40	
		周27	40~80	三垛期		$E_2d_1^1$	砂泥岩	13	
永25块	$E_2d_2^5$	汉留	460~700	长期活动	断鼻	E_2s_1中	砂泥岩	50	断鼻全充满，油柱高度70m
	$E_2d_2^4$							56	未成藏
	$E_2d_1^1$							68	未成藏

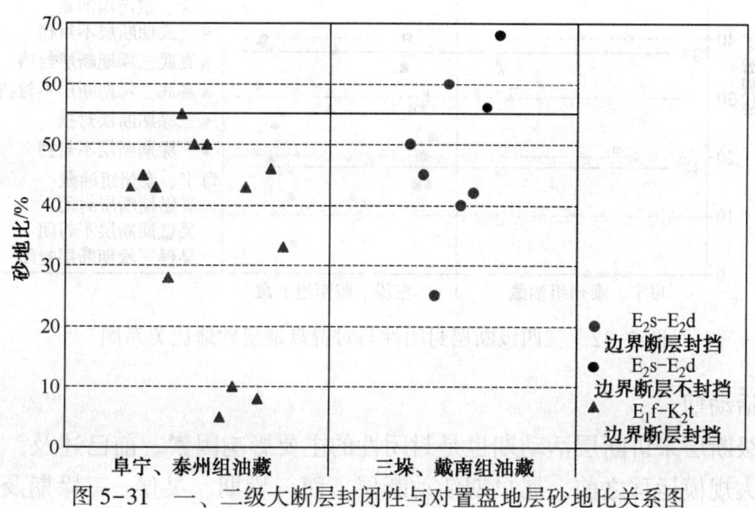

图5-31 一、二级大断层封闭性与对置盘地层砂地比关系图

一、二级长期大断层封闭性好，对对置盘砂地比要求低，砂岩百分含量小于55%时封闭，如陈堡地区陈3块由一级断层吴①断裂控制，E_1f_1油藏对置盘为E_2s_1砂岩地层，砂岩百

分含量高达45%，吴①断裂仍能形成良好封挡，形成富集断块油藏。永25块$E_2d_2^5$和徐7块$E_2d_1^2$油藏为典型的“砂砂对接”成藏模式，其主控断层为边界大断层，与油藏储层对接的对盘地层砂地比大于50%，却依然形成了较高充满程度的油气藏。

2. 三、四级断层封闭性

由三、四级断层控制的构造数量众多，在统计的76个构造中84条控藏断层中有61条断层封闭性好，占统计总数的73%。三、四级断层封闭性的控制因素包括对置盘砂地比、断层活动期次、断层倾向与地层配置、倾角及埋深等，其中对置盘砂地比和断层活动期次占主导地位。

(1) 对置盘地层砂地比

通过对由三、四级控制形成的油藏和未成藏断块的分析认为，三、四级断层封闭性的主控因素是对置盘地层砂地比。在三、四级断层控制的阜宁、泰州组43个圈闭中，对置盘砂地比小于18%的23个圈闭都成藏，封闭性良好；而大于37%的3个圈闭都未成藏，认为断层封闭性差；介于18%~37%之间的17个圈闭中，13个圈闭已经成藏，4个圈闭未成藏，圈闭成藏或充满程度具有不确定性，表明断层封闭性具有随机性。而三、四级断层控制的三垛、戴南组41个圈闭中，对置盘砂地比小于18%的15个圈闭都成藏，封闭性良好；而大于37%的11个圈闭中都未成藏，认为断层封闭性差；介于18%~37%之间的15个圈闭中，10个圈闭成藏，5个圈闭未成藏，圈闭成藏或充满程度具有不确定性，表明断层封闭性具有随机性。根据实例分析和统计，得到高邮凹陷断层封闭性定量评价成果(图5-32)：当对置盘地层砂地比小于18%时，断层封闭性好；当砂地比大于37%时，断层不封闭；当砂地比处于18%~37%时，断层封闭存在多样性。

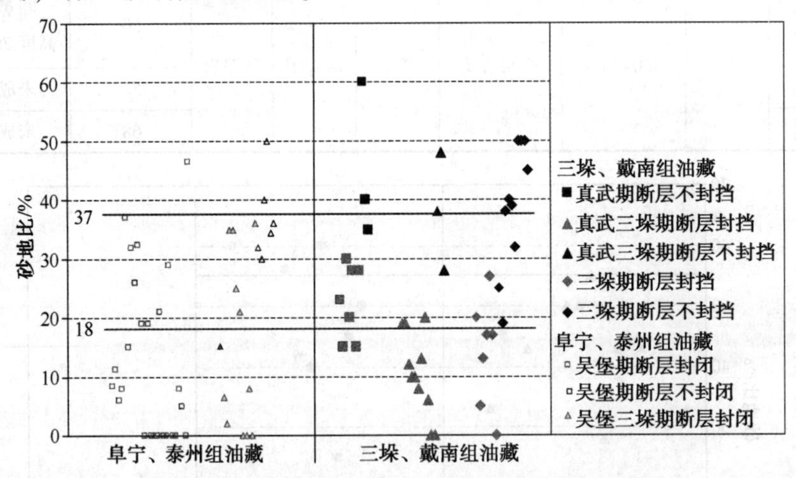

图5-32 三四级断层封闭性与对置盘地层砂地比关系图

(2) 断层活动期

对三、四级断层来讲断层活动期也是封闭性的主要影响因素。前已述及，吴堡期、真武期油藏在油气大规模运移之前，属早期活动断层，而三垛期、吴堡—三垛期及真武—三垛期等都为同期活动断层。从不同活动期的断层控制圈闭的成藏情况看(图5-33)：对置盘地层砂地比介于18%~37%时，早期断层控制构造总数14个，其中13个成藏，占93%；同期断层控制构造总数18个，其中10个成藏，占56%。表明早期断层的断层封闭性要好于同期断层的封闭性，断层活动期对断层封闭性具有重要影响。

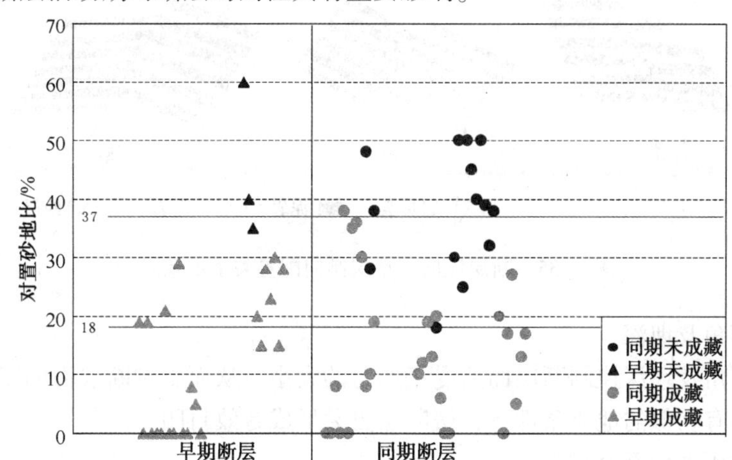

图 5-33　断层活动期与油气成藏关系图

从不同活动期的断层控制油藏的油柱高度看(图 5-34)：由早期断层(真武期、吴堡期)控制形成的 15 个油藏中，油柱高度大于断层断距的为 9 个，占总数的 60%，油柱高度与断层断距相当的为 5 个，占总数的 33%，而油柱高度小于断层断距的只有 1 个，仅占总数的 7%；而由同期断层控制形成的油藏的油柱高度大部分都小于断层断距。表明早期断层具有良好的封闭性，小断层也可控制形成较大规模的油藏。

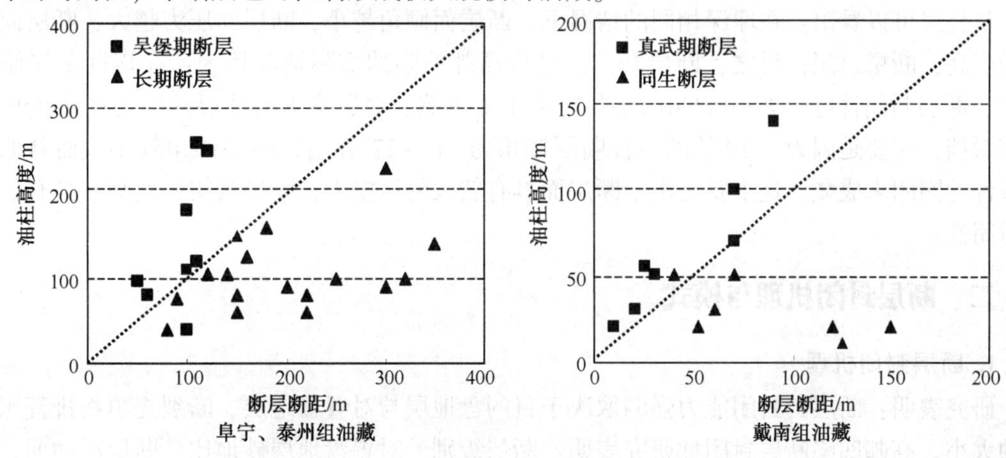

图 5-34　油藏油柱高度与断层断距关系图

(3) 断层倾向与地层配置

根据断层倾向与目标盘岩层倾向的结合关系，可分为三种配置方式(图 5-35)：

A 型：断层两盘地层倾向与断层倾向一致。B 型：断层两盘地层倾向一致，与断层倾向相反。C 型：目标盘与对接盘和断层倾向均相反。

在高邮凹陷，已发现的斜坡区阜宁组、泰州组油藏均为由反向断层控制的油藏；已发现的戴南组、三垛组构造油藏大多由反向断层控制，由顺向断层控制的规模较大的 16 构造圈闭中，只有 3 个(19%)油藏，其中两个具有滚动背斜背景，另一个控制断层为一级断层。因此，在三种配置方式中，B、C 型配置的圈闭封闭性较好，A 型配置的圈闭封闭性较差。

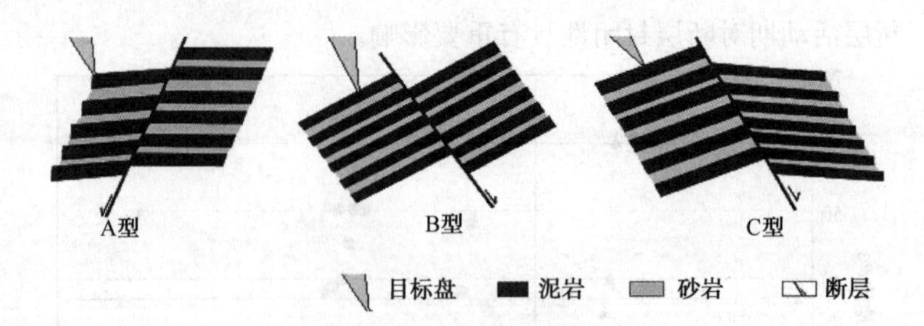

图 5-35　断层倾向与地层倾向配置关系示意图

(4) 断层倾角及埋深

断层面的倾角及埋深控制断层面所受正压力的大小，从而影响断层面的紧闭程度和封闭性。因此，在具有相似的地质条件下，缓断层更易形成有效封闭。

断面所受正压力计算公式为：

$$P=0.009876(\rho_r-\rho_w)\cdot H\cdot\cos\theta$$

式中　P——断面所受的正压力，MPa；

H——断面埋深，m；

ρ_r——上覆地层的平均密度，g/cm^3；

ρ_w——地层水密度，g/cm^3；

θ——断层倾角，(°)。

从公式可以看出：在埋深相同的情况下，断层面倾角越小，断层面压力越大，断层面紧闭程度高，断层封闭；反之，断层开启。结合高邮凹陷的实际情况认为：在该区断层倾角<25°，断层封闭性好。如高邮凹陷的沙 19 井 E_1f_1 油藏，对置盘 E_1f_3 地层的砂地比达 33%仍能够封挡，主要是因为沙 19 块的主控断层倾角为 21°~27°左右，断层倾角较小，而其他相似条件的圈闭未成藏。这主要是由于断层面具有较大的压应力，断层紧闭程度高，具有良好的封闭性。

二、断层封闭机理与模式

1. 断层封闭机理

研究表明：断层的封闭能力强弱取决于目的盘地层与对置盘地层、断裂充填物排替压力差的大小。高邮凹陷断层封闭性研究表明：断层级别、对置盘地层砂地比、断层活动期、断层倾角与埋深等是断层封闭性的主要影响因素。根据封挡物质及封挡作用的不同，将高邮凹陷的断层封闭机理总结为三种(表 5-12)。

表 5-12　断层封闭影响因素及机理分析

影响因素		断层封闭机理	封闭性
一、二级断层		断裂带致密、断层泥	横向封闭性强
三、四级断层	早期断层	断裂带成岩作用强	纵、横向封闭性强
	对置盘砂地比	两盘地层排替压力差	横向封闭性强
	倾向、倾角与埋深	倾角缓、埋深大，压应力大	纵、横向封闭性强

（1）致密断裂带充填物封闭机理

断层级别影响断裂带充填物的致密程度，断层活动期影响着断裂带充填物成岩作用，进而影响断层封闭性。

在高邮凹陷，一、二级断层由于断距大，研磨时间长，能够形成颗粒细小的断层泥，造成断裂带致密，使得一、二级断层具有很好的横向封闭性。而高邮凹陷的三、四级断层由于断距相对较小，一般来讲断裂带的研磨不够，当三、四级断层形成时间早，断裂带内成岩作用较为强烈，从而形成良好的纵、横向封闭性。

大断层研磨和早期断层的成岩作用有利于形成排替压力较大的断裂带，从而阻止流体流动，是断层封闭机理之一。

（2）两盘地层排替压力差封闭机理

统计研究表明，三、四级断层依靠砂地比较低的对置盘地层封挡，是断层封闭的重要形式。对置盘砂地比较低可使对置盘与目标盘地层之间具有较大排替压力差，是断层封闭的重要机理。

（3）断面压应力封闭机理

断层倾角及埋深是断面压应力的主要控制因素，而断面压应力是影响断层闭合程度的重要因素，直接影响断层的封闭性。

当断层倾角缓、地层埋深大时，断层面受到的压应力就大，断层在纵向、横向上的封闭性就好；反之，断层封闭性差。

2. 断层封闭模式

应用断层封闭性控制因素的认识，结合断层封闭形成机理，总结认为高邮凹陷主要具有四种 9 类断层封闭模式(图 5-36)。

（1）大断层封闭模式

长期活动的边界大断层的断层活动贯穿于油气运聚期，对油气具有遮挡和沟通的双重作用。当断层幕式活动时，断裂带间歇性破裂，断层纵向开启，流体纵向流动，断层成为沟通油气的通道；当断层活动停滞时，致密的断裂带充填物使断层封闭。

（2）岩性配置封闭模式

岩性配置封闭模式可分为砂泥对接模式和砂泥混接封闭模式。

砂泥对接封闭模式：遮挡盘地层为泥岩，断层封闭性好。

砂泥混接封闭模式：根据对置盘砂地比及断层封闭性，可分为以下三种情况：Ⅰ型—砂泥混接完全封挡式，对置盘砂地比小于 18%，封闭性好；Ⅱ型—砂泥岩混接部分封挡式，对置盘砂地比介于 18%~37%，断层封闭具有随机性；Ⅲ型—砂泥混接泄漏式，对置盘砂地大于 37%，断层封闭性差。

（3）时间配置封闭模式

早期断层由于断层活动停止时间长，断裂带充填物成岩作用充分，断层具有良好的封闭性。

（4）载荷压力封闭模式

此类封闭模式一般见于埋深较大、断面低缓的断层，由于具有较大的载荷压力而使得断面紧闭形成断层封闭。

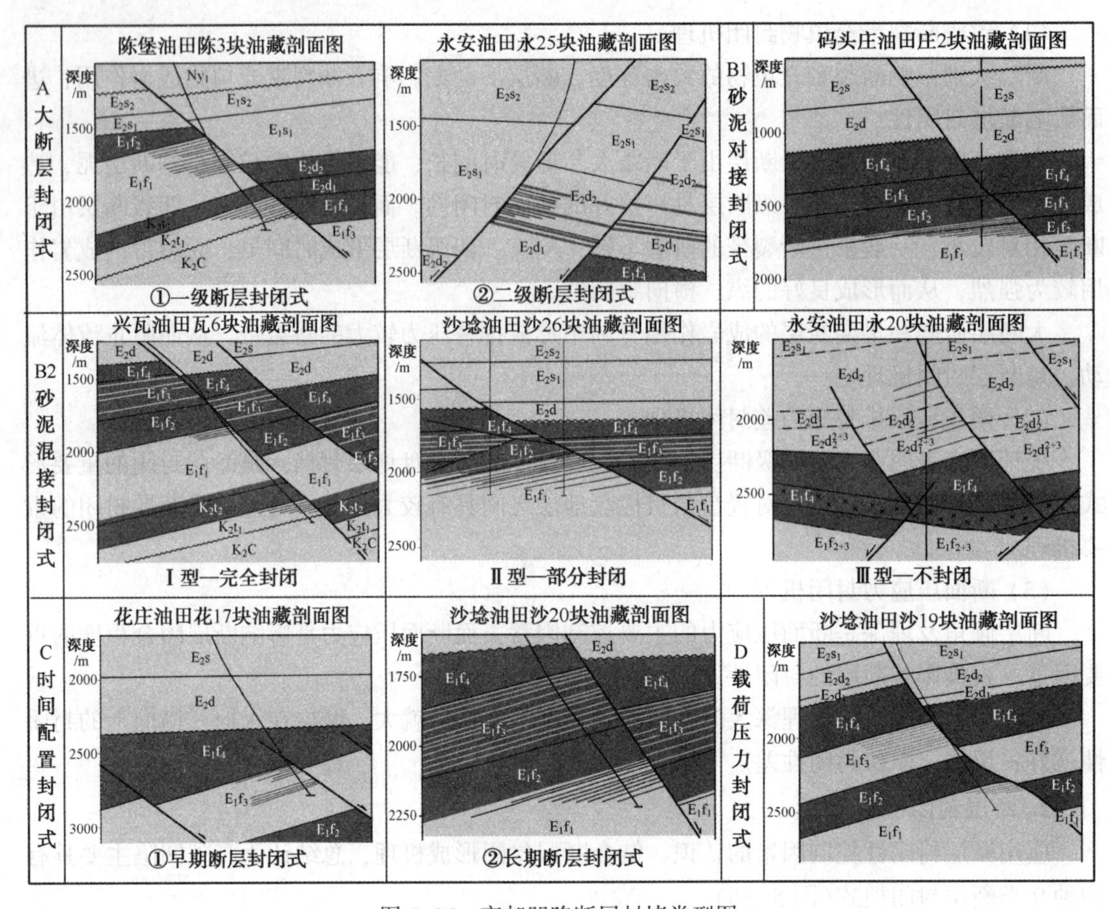

图 5-36 高邮凹陷断层封堵类型图

三、不同构造层断层的封闭性分析

在高邮凹陷主要油气藏位于中、下两个构造层，中构造层油藏包括三垛组、戴南组油藏；而下构造层油藏包括阜宁组、泰州组油藏。由于不同构造层断层基本要素的差异性，断层封闭性也各不相同。

（一）下构造层断层的封闭性

下构造层发育的断层除深凹带发育边界大断层外，斜坡区主要发育三、四级断层。就断层走向而言，北斜坡中东部内、中坡地区三级断层走向以近 EW 向为主，少量为 NE 向，外坡几乎均为 NE 向，四级断层几乎均为 NEE 向，北斜坡西部地区三级断层亦以近 EW 向为主，少量 NEE 向，四级为 NW 向；就断层性质而言，北斜坡中东部内、中坡地区主要为反向正断层，外坡主要为同向正断层，北斜坡西部地区几乎均为反向正断层，仅在凹陷边界位置存在几条同向正断层。

1. 垂向封闭性

下构造层断层倾角大部分介于 30°~50°，仅少量断层或断层局部区域在该范围之外，当断层倾角为 50°时，对应断层垂向封闭临界压力 15MPa 的埋深，即临界埋深为 1476m，而阜宁组、泰州组储层埋深几乎均大于该临界深度，仅临近凹陷边界的少量断层小于该临界深度，因此下构造层断层垂向封闭性好。

2. 侧向封闭性

当断层垂向封闭时，其整体封闭性则取决于其侧向封闭性。下构造层以侧向运移为主，断层侧向封闭性对油气运移聚集的影响更大。

边界大断层为长期活动性断层，活动期为仪征期—盐城期；北斜坡三级断层以吴堡期一次性断层为主，少量吴堡期—三垛期长期活动性断层，北斜坡西部三级断层以吴堡期—三垛期断层为主，少量吴堡期一次性断层；四级断层几乎均为吴堡期一次性断层。

通过高邮凹陷下构造层油藏断层要素统计表(表5-13)可以发现，阜宁组控藏断层全部为反向正断层，活动期主要为吴堡期一次性活动或吴堡—三垛期长期活动性断层。断层倾角较大，大多介于30°~50°。

(1) 一、二级大断层封闭性好

一、二级长期大断层封闭性好，对对置盘砂地比要求低，砂岩百分含量<57%时封闭，如陈堡地区陈3块由一级断层吴①断裂控制，E_1f_1油藏对置盘为E_2s_1砂岩地层，砂岩百分含量高达45%，吴①断裂仍能形成良好封挡，使该区断块富集油气(图5-37)，充分表明一、二级断层具有良好的封闭性。

表5-13 高邮凹陷下构造层油藏断层要素统计表

油藏名称	断层名称	断层类型	主要活动期	断层走向	延伸长度/km	断距/m	倾角/(°)
韦2	韦2	反向正断层	吴堡—三垛	近东西	>10	70~150	36~45
韦5	韦5	反向正断层	吴堡—三垛	近东西	>9	120~290	47
韦6	韦6	反向正断层	吴堡—三垛	近东西	13	0~200	45
韦8	韦8	反向正断层	吴堡—三垛	NEE	>10	350~450	55
韦9	韦9	反向正断层	吴堡	近东西	>7	120~220	54
韦10	韦10	反向正断层	吴堡	近东西	7	160~240	60
韦11	韦11	反向正断层	吴堡—三垛	NEE	>4	>200	42
韦15	韦15	反向正断层	吴堡—三垛	近东西	15	40~100	48
庄2	庄2	反向正断层	吴堡—三垛	近东西	20	0~300	44~63
发2	发2	反向正断层	吴堡	NEE	8	0~152	30~50
沙19	沙19	反向正断层	吴堡	NEE	>12	150~250	25~55
沙20	沙20	反向正断层	吴堡	NE	>10	150~200	23~54
沙23	沙23	反向正断层	吴堡	近东西	5.5	30~100	40
沙26	沙20	反向正断层	吴堡—盐城	NEE	>10	200~300	31~47
陈2	吴2	反向正断层	吴堡—三垛	NE	85	800~1000	38~43
	陈2	反向正断层	吴堡—盐城	近东西	3	400~500	37~39
陈3	吴1	反向正断层	吴堡—盐城	NE	105	900~1500	38~40
瓦2	瓦1	反向正断层	吴堡—三垛	NEE	>10	150~350	45
瓦3	瓦1	反向正断层	吴堡—三垛	NEE	>10	150~350	45

(2) 吴堡期断层封闭性好，油柱高度大

对于三、四级断层而言，吴堡期断层封闭性好。当对置盘砂地比小于37%时，吴堡期断层全部成藏，且封挡的油柱高度普遍大于断层断距。在统计的油藏中，吴堡期断层8条，其中油柱高度大于断层断距的有7条，占吴堡期断层总数的87.5%，断距为100m的断层可以控制250m的油柱高度，为其断距的2.5倍，因此，早期断层封闭性好，小断层可以控制大油藏。

（3）吴堡—三垛期、吴堡—盐城期断层封闭性取决于对置盘地层砂地比

在三、四级断层控制的阜宁、泰州组43个圈闭中，对置盘砂地比小于18%的23个圈闭都成藏，封闭性良好；而大于37%的3个圈闭都未成藏，认为断层封闭性差；介于18%~37%之间的17个圈闭中，13个圈闭已经成藏，4个圈闭未成藏，圈闭成藏或充满程度具有不确定性，表明断层封闭性具有随机性。

根据下构造层地层展布特征，泰二段、阜二段和阜四段为区域性泥岩盖层，分布稳定，北斜坡中东部阜三段砂地比由内坡至外坡逐渐升高，北斜坡西部阜三段为半深湖相泥岩，结合断层倾向与地层配置关系，可以判断下构造层不同区域、不同层段的断层封闭性。

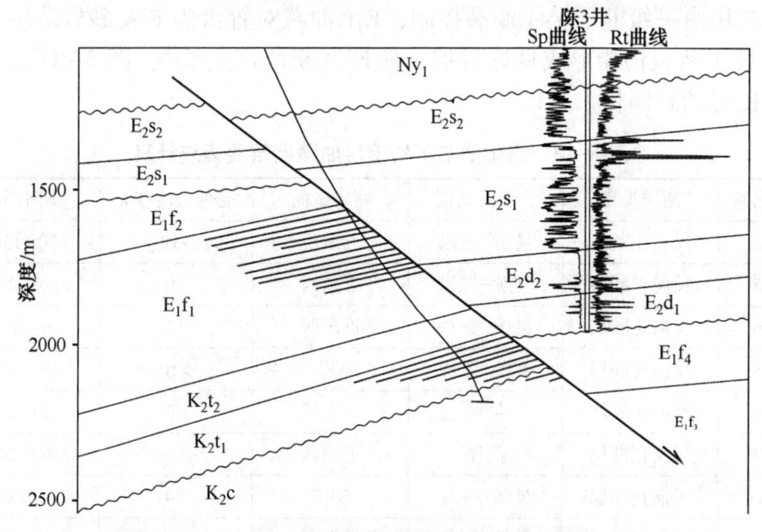

图5-37 陈3块吴①断裂封闭性分析图

研究表明，阜三段断层大部分为封闭性断层，其中反向断层大部分封闭，少部分封闭性不确定，极少开启，顺向断层绝大部分开启，极少封闭；阜三段一亚段反向断层几乎全部封闭，顺向断层绝大部分开启，仅少量几条断距较大断层封闭；阜一段断层封闭性具随机性，总体上北斜坡中东部封闭性不确定断层居多，北斜坡西部封闭性断层明显占优势；阜一段一亚段断层大部分封闭，北斜坡内、中坡断层几乎全部封闭，外坡断层以顺向断层为主，几乎全部开启，北斜坡西部断层几乎全部封闭。

综上所述，北斜坡西部，阜宁组断层封闭性好，北斜坡内、中坡封闭性好，外坡封闭性差。

3. 关键时刻断层的封闭性

下构造层三、四级断层以吴堡期、吴堡期—三垛期为主。吴堡期断层终止于T_3^0不整合面，三垛构造运动对其没有影响，吴堡期—三垛期断层虽然在三垛期仍有活动，但其生长指数一般不超过1.1，对阜宁组、泰州组油气藏的影响可以忽略不计，故认为，关键时刻断层

封闭性与现今的断层封闭性具有一致性，这种一致性有利于油气聚集保存形成大规模的油气藏。

(二)中构造层断层的封闭性

中构造层中的断层主要形成于真武和三垛两个构造活动期，在平面上形成由 NEE、NE、近 EW 和 NW 向四组不同级别断层所构成的网状分布特征。其中，真武断裂带、吴堡断裂带和汉留断裂带是中构造层油气运移和分布最重要的断裂构造带。

1. 垂向封闭性

断层垂向封闭必须满足两个条件：一是断面所受正压力超过膏泥岩塑性变形强度极限，使膏泥岩塑性流动，填塞断裂带伴生的微裂缝；二是断裂带填充物泥质含量必须大于模拟实验测定的下限值，其低孔隙高排替压力断裂带才能阻止油气渗滤散失。确定断层垂向封闭性步骤：①确定封闭油气的断面正压力下限值；②确定断裂带内封闭油气所需泥质含量下限值；③确定封闭油气的断面正压力下限值在研究区所对应的每条断层的埋深值；④通过比较每条断层埋深与其封闭油气的断面正压力下限值对应的埋深大小，结合对置盘泥质含量判断断层的垂向封闭性。

(1) 确定断面正压力下限值

对于断面正压力的求取，前人已经做了大量的工作，并建立了如下关系式：

$$P=H(\rho_r-\rho_w)\times 0.009876\cos\theta$$

式中，P 为断面正压力(单位：MPa)；H 为断面埋藏深度(单位：m)；ρ_r为上覆地层的平均密度(单位：g/cm^3)，研究区取 2.6g/cm^3；ρ_w 为地层水密度(单位：g/cm^3)，全区均取 1.0g/cm^3；θ 为断层倾角。

通过对上构造层 18 个断块油气藏顶部控藏断层断面正压力的计算与统计，油藏顶部断面正压力分布范围是 14.8MPa 至 44.9MPa 之间(图 5-38)。从图上可以清楚看出，高邮凹陷油气垂向封闭的断面正压力下限值是 15MPa。

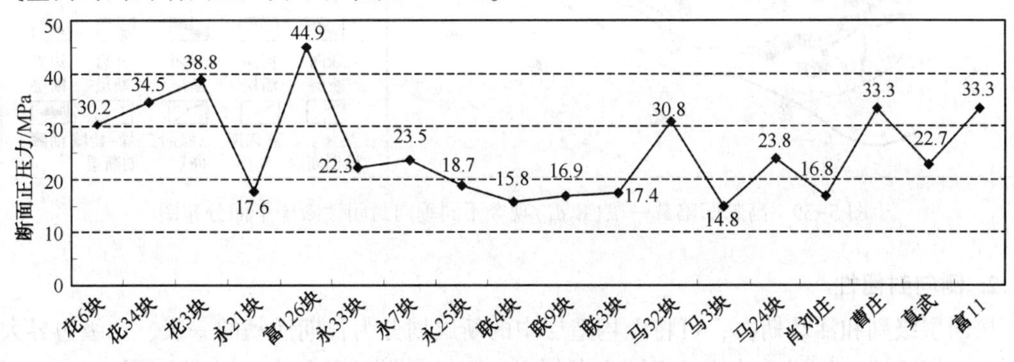

图 5-38 中构造层断块油气藏顶部断面正压力分布图

(2) 确定研究区内断层垂向封闭的临界埋深值

高邮凹陷断层大量发育，为了说明问题的需要，笔者对 T_2^5构造底图的断层进行了抽稀，保留了控藏断层和规模较大的三、四级断层。通过断面正压力求取公式的变形得到：

$$H=P_{下限}/[(\rho_r-\rho_w)\times 0.009876\cos\theta]$$

在处理后 T_2^5构造平面图上，统计了每条断层不同位置的倾角 θ，由上式，就可以求得每条断层在不同的位置断层垂向封闭的临界埋深值。

(3) 确定断裂带内泥质含量封闭油气的下限值

通过前人对断层封闭性与对置盘砂岩百分含量关系的研究成果，当对置盘砂岩百分含量超过37%，即对置盘泥质含量不足63%时，即断层不封闭。因此可以说断裂带内封闭油气所需泥质含量下限值为63%。

(4) 确定断层垂向封闭性

在T_2^5构造平面图上，比较每条断层埋深与其封闭油气的临界埋深大小，结合对置盘泥质含量判断断层的垂向封闭性。当断面埋深大于断面临界埋深，同时对置盘泥岩含量超过63%时，断层垂向封闭。

从E_2d_1现今不同垂向封闭性断层平面分布图(图5-39)可以看出：反向断层垂向封闭性较顺向断层强，至今所发现油藏控藏断层主要为反向断层；垂向封闭断层主要分布在深凹带和西部地区；吴②断层和汉留断裂等二级大断层垂向封闭性好，对成藏有利。

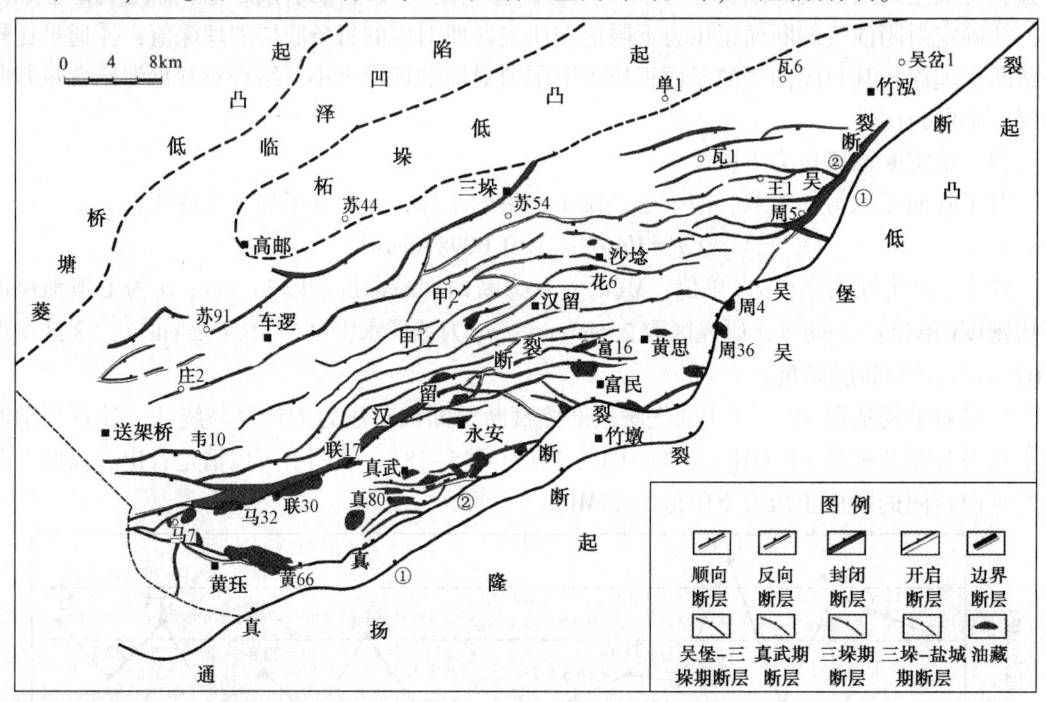

图5-39 高邮凹陷戴一段(E_2d_1)现今不同垂向封闭性断层平面分布图

2. 侧向封闭性

按断层级别和活动期次，可将上构造层中的断层划分为长期活动的一级、二级边界大断层、真武期断层、长期活动的三级同生断层(吴堡—三垛期断层)和三垛期断层(包括三垛—盐城期断层)。

(1) 一、二级大断层封闭性好

高邮凹陷边界大断层活动时间长，断距大，断裂破碎带十分发育。断裂活动期可作为流体运移的通道，静止期断裂破碎带具有较好的封闭作用。大断层封闭性对对置盘砂地比要求不高，封闭能力较强。依靠边界大断层作为侧向封挡条件的圈闭，大多具有良好的侧向封闭能力。

永25块$E_2d_2^5$和徐7块$E_2d_1^2$油藏为典型的“砂砂对接”成藏模式，其主控断层为边界大断层，与油藏储层对接的对盘地层砂地比大于50%，却依然形成了较高充满程度的油气藏(图5-40)。这可能与断层破碎带内断层泥的滑抹作用有关。

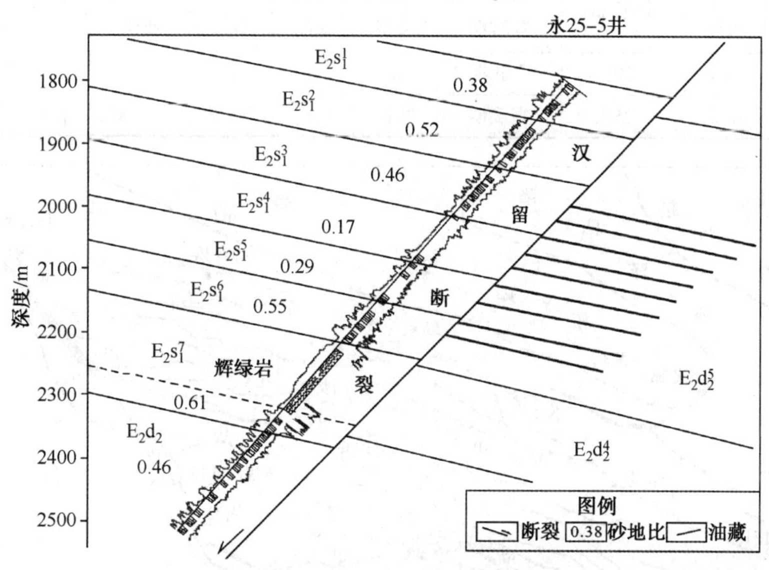

图5-40 永25块汉留断裂封闭性分析图

(2) 真武期断层封闭性好，成藏概率高

真武期断层是指只在E_2d沉积期活动，E_2s沉积期未活动的断层，这类断层多为真武和汉留断裂的羽状分支断层，断层规模较小，在地震剖面上反映为断层向上未切穿T_2^3反射层。真武期断层在E_2d沉积后断层停止活动，由于成岩作用等影响，断层封闭性愈来愈强(图5-41，表5-14)。

真武期断层大多与戴南组沉积期间活动强烈的边界断层或同生断层相伴生，其本身的封闭能力较强，而主控断层多为油源断层，因此由真武期断层和油源断层共同构成的断块圈闭只要有较好的储层发育，其成藏概率很高。

表5-14 高邮深凹带真武期断层封闭性分析表

含油断块	层位	断层名称	断距/m	断层发育时期	圈闭类型	对接层段	对接岩性	对盘砂地比/%	成藏情况
曹17块	$E_2d_1^3$	曹17	30	真武期	断块	$E_2d_1^3$	砂泥岩	23	断块全充满，油柱高度50m。
		曹6	150	同生		$E_2d_1^2$	砂泥岩	20	
曹11块	$E_2d_1^3$	曹11	70	真武期	断块	$E_2d_1^3$	砂泥岩	15	断块全充满，油柱高度100m。
		曹6	150	同生		$E_2d_1^2$	砂泥岩	6	
真111块	$E_2d_2^1$	真11	30	真武期	断层—岩性	$E_2s_1^7$	砂泥岩	30	岩性成藏，油柱高度50m。
		真111	30	三垛期		$E_2d_2^1$	砂泥岩	17	
真54块	$E_2d_2^4$	真11	10	真武期	断块	$E_2d_2^3$	砂泥岩	20	断块未充满，油柱高度20m。
		真9	150	三垛期		$E_2d_2^5$	砂泥岩	17	
真111-2块	$E_2d_2^4$	真11	70	真武期	断层—岩性	$E_2d_2^3$	砂泥岩	28	岩性成藏，油柱高度70m。
		真111	20	三垛期		$E_2d_2^4$	泥岩	0	

续表

含油断块	层位	断层名称	断距/m	断层发育时期	圈闭类型	对接层段	对接岩性	对盘砂地比/%	成藏情况
徐7块	$E_2d_1^1$	徐1	20	真武期	断鼻	$E_2d_1^1$	砂泥岩	15	断鼻全充满，油柱高度100m。
	$E_2d_1^2$	徐1	25	真武期	断鼻	$E_2d_1^2$	砂泥岩	28	

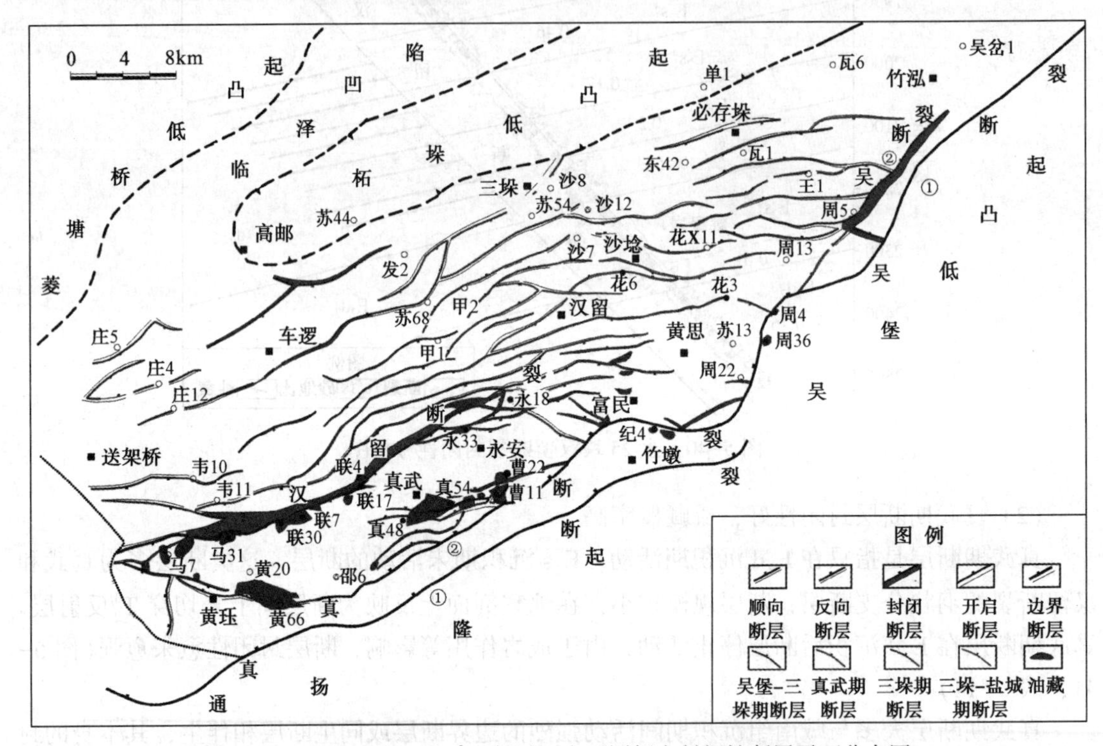

图5-41 高邮凹陷地震T_2^3反射层现今不同侧向封闭性断层平面分布图

(3) 真武—三垛期、三垛期断层封闭性与对置盘岩性密切相关

真武—三垛期断层是指形成于真武期、三垛期又继续活动的断层，受该类断层控制的圈闭，若断层对置盘地层砂岩含量较低，主要为非渗透性地层，则封挡条件好；随着对置盘地层砂岩含量升高，断层封闭能力变差(表5-15)。

三垛期断层是指E_2s沉积期形成的断层，由于其形成期较晚，断层破碎带成岩作用较弱，结构疏松，断层破碎带本身封闭性较差，由于活动期短泥岩涂抹作用不明显，主要依靠对置盘岩性封闭。当对置盘地层砂岩较发育时，断层不封闭；当对置盘地层主要为非渗透性岩性时，断层具有封闭能力(表5-16)。

总体来看，边界大断层封闭能力最强，对盘砂岩含量小于55%时具有较好的封闭性；真武期断层封闭性好，真武三垛期断层，砂岩百分含量小于30%时具有较好的封闭作用；三垛期断层的封闭性能相对较差，主要取决于对盘地层的渗透性(图5-42)。

如周36块的$E_2d_1^1$和$E_2d_1^2$油藏，以断距为20~80m的三垛期断层作为侧向封堵断层，其储集层段的对盘砂岩含量5%~25%，涂抹系数较低(SSF<1.3)，但该油藏充满程度却不高。因此对于短期活动的断层，泥岩涂抹作用不是其封闭性的主要机制，如果用泥岩涂抹系数判

断其封闭性可能会作出错误的判断。

表 5-15 真武油田真武—三垛期断层封闭性分析表

含油断块	层位	断层名称	断距/m	断层发育时期	圈闭类型	封闭层段	封闭岩性	对盘砂地比/%	泥质涂抹系数	构造有效性
真 6 块	$E_2s_1^4$	真⑥	120~130	真武—三垛期	岩性—断层	$E_2s_1^6$	砂泥岩	19	1.3	岩性成藏，油柱高度 10m
真 11 块	$E_2s_1^4$	真⑥	50~70		断鼻—岩性	$E_2s_1^{5-6}$	砂泥岩	19	1.2	岩性成藏，油柱高度 30m
真 11 块	$E_2s_1^{4-9}$	真⑥	50~100		断鼻—岩性	$E_2s_1^{5-6}$	砂泥岩	28	1.4	与对盘真 12 块 $E_2s_1^6$ 油藏连通
真 12 块	$E_2s_1^4$	真⑥	110~130		断鼻—岩性	$E_2s_1^3$	砂泥岩	12	1.3	岩性成藏，油柱高度 20m
苏 62 块	$E_2s_1^4$	真⑥	45~60		岩性—断层	$E_2s_1^4$	砂泥岩	10	1.1	岩性成藏，油柱高度 20m
真 11 西块	$E_2d_2^3$	真⑥	50~90							
		真⑦	20~60		断鼻—岩性	$E_2d_2^4$	砂泥岩	10	1.1	岩性成藏，油柱高度 50m
						$E_2d_2^3$	砂泥岩	8	1.1	
真 11-1	$E_2d_2^4$	真⑥	150		岩性—断层	$E_2d_2^5$	砂泥岩	13	1.2	岩性成藏，油柱高度 20m
苏 62 块	$E_2d_2^1$	真⑥	80		岩性—断层	$E_2s_1^7$	砂泥岩	38	1.6	岩性成藏，与对盘真 11 块 E_2s^7F 油藏连通
		真⑥	20	三垛期		$E_2d_2^2$	砂泥岩	25	1.3	

表 5-16 高邮凹陷深凹带三垛期断层封闭性分析表

含油断块	层位	断层名称	断层断距/m	断层发育时期	圈闭类型	封闭层段	封闭岩性	对盘砂地比/%	泥质涂抹系数	构造有效性
联 2 块	$E_2d_2^2$	联 2	120	三垛期	断块	$E_2s_1^7$	砂泥岩	38	1.6	断块未充满，与对盘联 4 块 $E_2s_1^7$ 油藏连通

续表

含油断块	层位	断层名称	断层断距/m	断层发育时期	圈闭类型	封闭层段	封闭岩性	对盘砂地比/%	泥质涂抹系数	构造有效性
曹7块	$E_2s_1^5$	曹7	50~35	三垛期	断鼻	$E_2s_1^6$	砂泥岩	40	1.7	断鼻全充满，与对盘曹30块 $E_2s_1^6$ 油藏连通
	$E_2s_1^6$	曹7	90~40	三垛期	断鼻	$E_2s_1^6$	砂泥岩	39	1.6	断鼻全充满，与对盘曹30块 $E_2s_1^6$ 油藏连通
	$E_2s_1^7$	曹7	45~85	三垛期	断鼻	$E_2d_2^1$	砂泥岩	32	1.4	断鼻-岩性油藏全充满，与对盘曹30块 $E_2d_2^1$ 油藏连通
徐7块	$E_2s_1^7$	徐7	22~13	三垛期	断鼻	$E_2s_1^7$	砂岩	91	11	断鼻未充满，与对盘纪5-1块 $E_2s_1^7$ 油藏连通，断背构造
纪5-1块	$E_2s_1^7$	徐7	40~60	三垛期	断鼻	$E_2d_2^1$	砂泥岩	50	2	断鼻未充满，与对盘徐7块 $E_2d_2^1$ 油藏连通
	$E_2d_2^1$	徐7	30~60	三垛期	断鼻	$E_2d_2^2$	砂岩	91	12	未成藏，与对盘徐7块 $E_2d_2^1$ 水砂连通
	$E_2d_2^3$	徐7	10~20	三垛期	断鼻	$E_2d_2^3$	砂泥岩	50	2	断鼻未充满，溢出部位与对盘徐7块 $E_2d_2^1$ 油藏连通
	$E_2d_2^4$	徐7	10~40	三垛期	断鼻	$E_2d_2^5$	砂泥岩	50	2	断鼻未充满，溢出部位与对盘徐7块 $E_2d_2^5$ 油藏连通
	$E_2d_2^5$	徐7	10~40	三垛期	断鼻	$E_2d_2^5$、$E_2d_1^1$	砂泥岩	45	1.8	断鼻未充满，溢出部位与对盘徐7块 $E_2d_2^5$、$E_2d_1^1$ 油藏连通
周36块	$E_2d_1^1$	周36	20	三垛期	断块	$E_2d_1^1$	砂泥岩	20	1.3	断块未充满，大于20m的幅度部位溢出
		吴②	大	同生		断层破碎带				
		周27	20~40	三垛期		$E_2d_1^1$	砂泥岩	25	1.3	
	$E_2d_1^2$上	周36	40	三垛期	断块	$E_2d_1^1$	砂泥岩	5	1.1	断块未充满，油柱高度40m
		吴②	大	同生		断层破碎带				
		周27	40~80	三垛期		$E_2d_1^1$	砂泥岩	13	1.1	

3. 关键时期断层的封闭性

关键时期断层的封闭性直接影响断层输导的有效性，关键时期的开启断层可以作为油气运移的中转站或中继站。断层的开启具有幕式特征，断层活动较强时引起断层破裂。幕式破裂期主要依靠断层释放流体和压力，各主要断层即成为系统间的流体压力和油气交流通道。另外，三垛抬升期作为油气运聚关键时期，地层抬升引起断面埋深变浅，断面正压力减小，降低断层垂向封闭性。研究表明，长期活动的戴一段、戴二段边界控藏断层在关键时期大都开启，有利于油气幕式成藏。

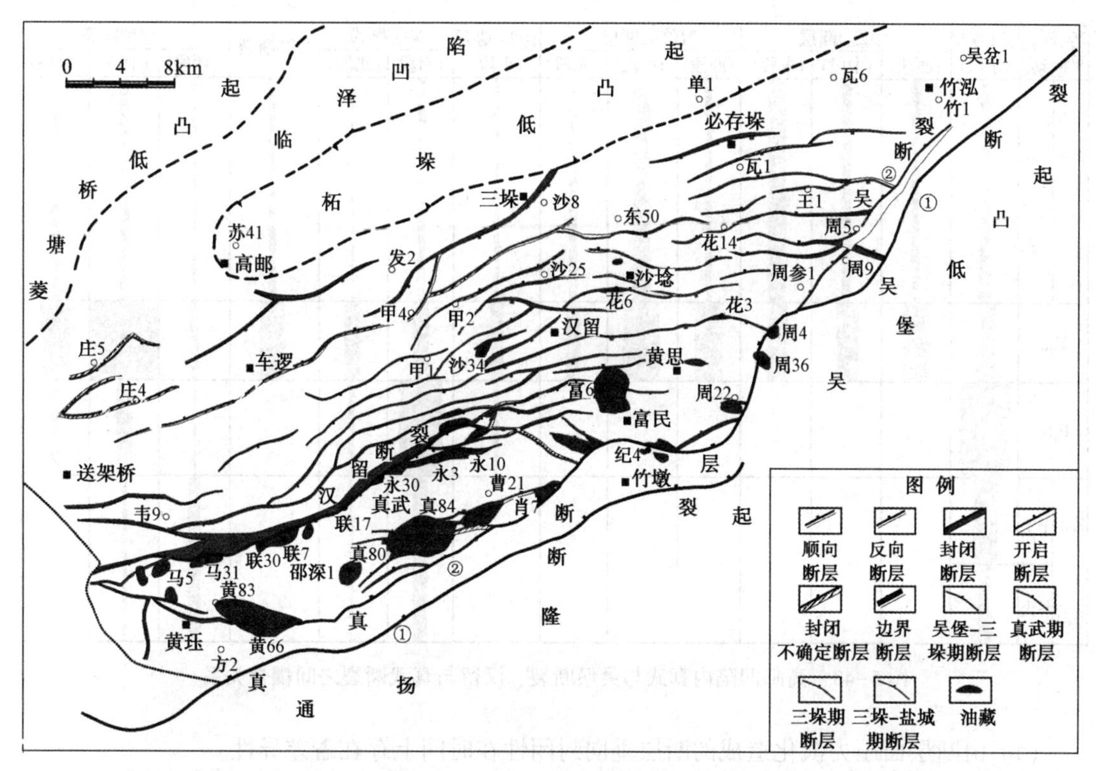

图5-42 高邮凹陷地震 T_2^5 反射层现今不同侧向封闭性断层平面分布图

四、断层封闭能力的差异性

同一断层控制的不同断块有的封闭油气柱高度大，有的封闭油气柱高度小，有的甚至没有油气。断层封闭能力的大小，决定了封闭油柱的高度，也制约了油气充注的序次。

只根据砂-泥对接关系判断断层封闭性是具有局限性的。

1. 剖面上的差异性

由于同一条断层在地层剖面上的位置不同，其断层活动强度（垂直断距）和产状（倾角）是不同的。地层剖面上下地层层位不同，其内发育的泥岩层数和厚度也就不同，被断层错断后落入其断裂带中的泥质含量也就不同。因此说，同一条断层在剖面上的不同部位其断层面压力和断裂带中泥质含量是不同的，即其垂向封闭性在剖面上存在着差异性（图5-43）。

高邮凹陷内真①与吴①断裂、真②断裂与吴②断裂、汉留断层与真②断裂之间显示的是耦合与协同演化的关系，而真①与真②断裂及吴①与吴②断裂显示的是互为消长的关系。

2. 平面上的差异性

同一条断层在不同的地质时期内，其垂向封闭与开启性主要受到活动与开启性的制约，断层活动时期，由于其内及其附近大量伴生和诱导裂缝的形成，断层开启，垂向上无封闭性。只有当断层停止活动后其才有可能形成垂向封闭。由于受埋深等压实以及后期成岩作用的影响，断层垂向封闭性在地质历史时期中是不断变化的，具体表现为以下几个方面。

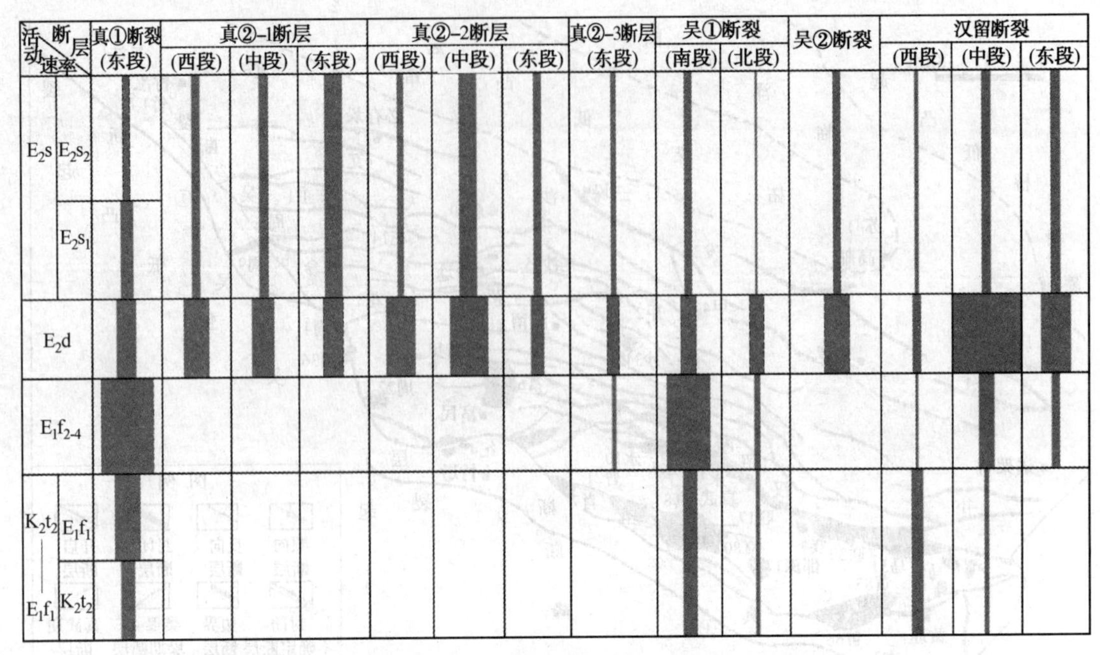

图 5-43　高邮凹陷内真武与吴堡断裂、汉留与真武断裂之间耦合关系

（1）由断层面压力演化造成的断层垂向封闭性在时间上存在着差异性

断层停止活动后的早期阶段，同一条断层在不同地质时期内由于断层活动强度（垂直断距）、断层面埋深、倾角等不同，使得其断层面压力不同，断层垂向封闭性不同。

（2）由封闭机理改变造成的断层垂向封闭性在时间上存在着差异性

断层垂向封闭性在时间上存在着差异性，不同断块的纵向含油气性差异大（图 5-44）。以马家嘴地区 M11X1-M6X1 井对比剖面为例（图 5-45），反向断层封堵好，上盘裂缝发育，封盖能力差。总体表现为，一、二级断层上盘次级断层及裂缝发育程度高，储层物性好；3、4 级断层上盘裂缝发育，封盖能力差，反向断层封堵。

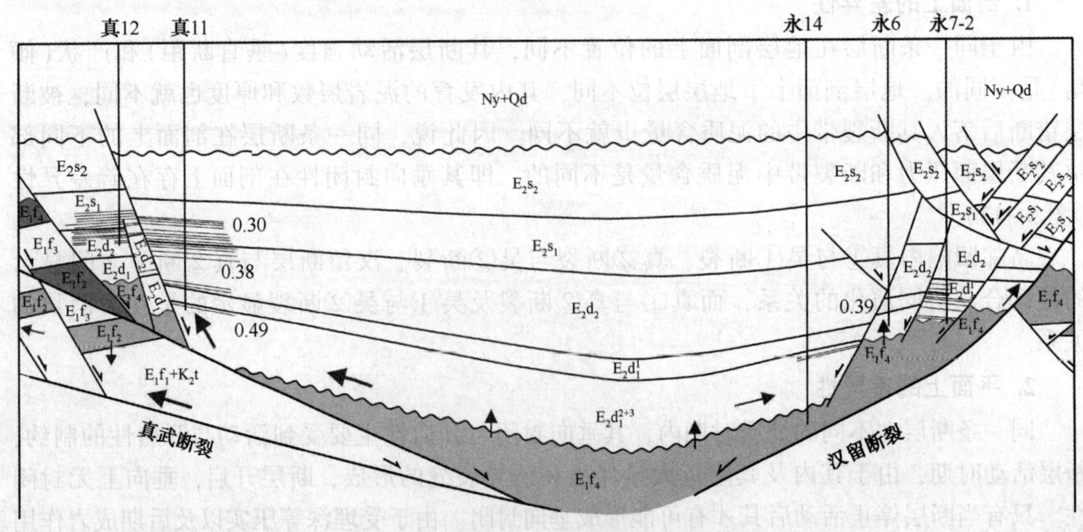

图 5-44　断层垂向封闭能力的差异性

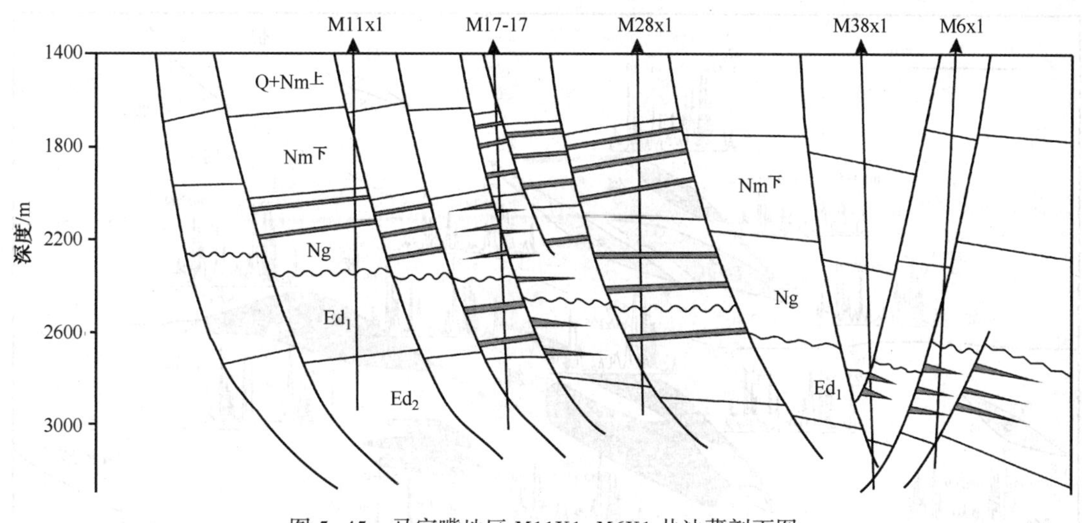

图 5-45 马家嘴地区 M11X1-M6X1 井油藏剖面图

第四节 断裂控藏及富集规律

高邮凹陷的油气富集规律，总体表现为围绕烃源灶在斜坡带呈扇形环带分布，在断裂带沿控凹大断裂呈串珠状分布。大断裂有明显的控源控带作用，控制油气富集区和富集层位，斜坡带和断裂带具备不同的油气富集规律。

一、斜坡带差异性富集

在斜坡带，油气藏主要集中在赤岸油田、码头庄油田、沙埝油田、瓦庄油田及瓦庄东油田等，这些油田围绕箕状烃源灶，呈扇形环带分布，油气沿构造高带成排成带的分布。

斜坡带油藏主要分布在阜三段和阜一段，油气主要由深凹带及内斜坡，沿有效储集砂体呈阶梯状长距离侧向运移为主，在成藏的过程中受沉积微相、地层砂地比、储层物性等多种影响因素控制。纵向上，受区域盖层的控制，斜坡区 E_1f_3、E_1f_1 两个层系具有相对独立的运聚系统。平面上，在内坡带、中坡带、外坡带具有差异性聚集特征。在中坡带，砂岩发育、物性良好，油气主要沿构造脊运移，多形成块状油藏，三级断层控制富集油藏；在内坡带，成藏受构造和砂体双重控制，层状油藏为主，小断层控制大油藏。

1. 阜三段和阜一段为两个相对独立的运聚系统

斜坡带阜三段和阜一段为两个相对独立的运聚系统，能够从地化指标、地层水等方面得以体现。在含氮化合物类型方面，E_1f_1 油藏属Ⅱ型含氮化合物，而 E_1f_3 油藏属Ⅰ型含氮化合物，分层特征明显(图 5-46)；在地层水方面，地层水矿化度和氯根含量随深度的增大而略微降低，但 E_1f_1 油藏的地层水矿化度和氯根含量明显高于 E_1f_3 油藏的含量(表 5-17，图 5-47)，E_1f_3、E_1f_1 油藏差异明显。

盖层厚度与断距大小的匹配关系决定着油气能够做长距离运移。斜坡带的中、内坡带阜四段、阜二段区域盖层厚度较大，而断层断距一般较小，地层未被错开，砂岩发育、物性较好，油气沿构造高带运移能够做距离较长的运移，这也是油气在纵向上具有差异性的主要原因。

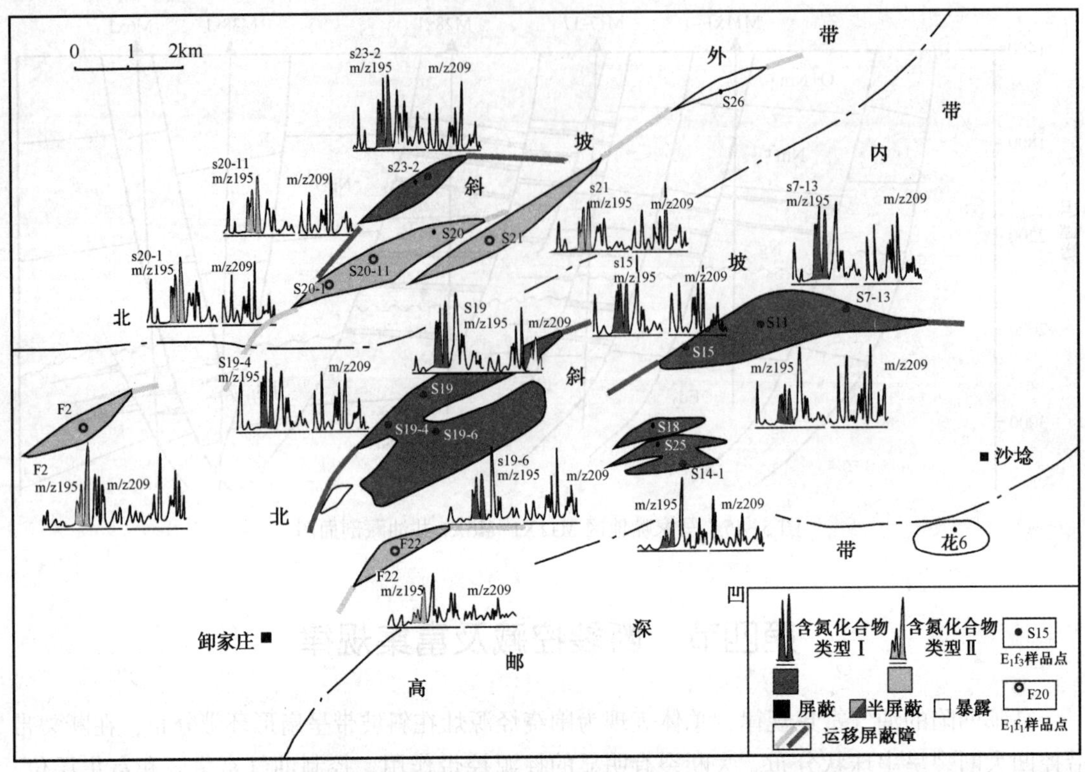

图 5-46　阜三段和阜一段油藏含氮化合物类型分布特征图

表 5-17　北斜坡阜三段和阜一段地层水特征统计表

层　位	矿化度/(g/L)			Cl^-/(g/L)		
	Max	Min	Avg	Max	Min	Avg
E_1f_3	43.77	5.51	24.45	24.82	2.80	13.58
E_1f_1	53.61	12.24	30.61	30.60	6.92	16.48

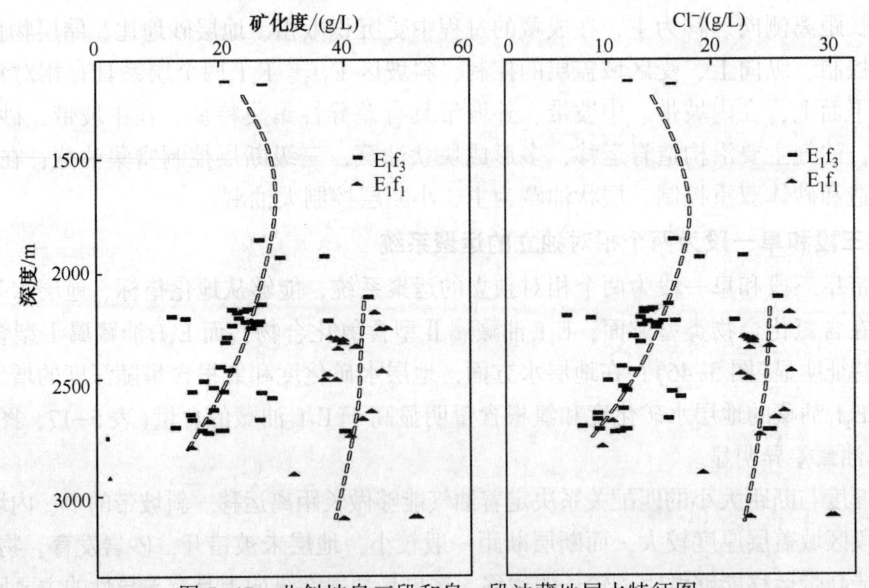

图 5-47　北斜坡阜三段和阜一段油藏地层水特征图

2. 中坡带三级断层控制富集油藏

在中坡带，阜四段、阜二段区域盖层厚度大，砂岩发育、物性较好，三级断层控制主要富集油藏。三级断层断距较大、延伸长度长、主要活动期为吴堡期或吴堡—三垛期，未错断区域盖层，断层封闭性好。在中坡带主要发育6条三级断层，这些断层都控制着富集油藏，每条断层控制的油藏平均探明储量超过500×10^4t。其中，韦2断层控制的韦2块单块探明储量超过1000×10^4t，在整个高邮凹陷是富集程度和规模较大的油藏；同时三级断层控制的油藏储量总和占中坡带储量总和的81.1%，其中瓦庄地区受三级断层控制的瓦2、瓦6块油藏探明储量占总探明储量的99%。

中坡带地区以块状油藏类型为主。E_1f_1、E_1f_3属三角洲前缘亚相沉积，砂体发育，地层砂地比较高，E_1f_1砂地比可达30%~40%，E_1f_3介于20%~40%，储层物性好，孔隙度一般大于18%，渗透率大于$1\times10^{-3}\mu m^2$，属于中孔、中低渗储层。受其影响，砂体连通性强，形成的油藏以块状构造油藏为主(图5-48)。断层侧向封闭主要以砂泥对接封闭模式为主，砂泥岩混置时发生油气泄漏，油藏具有同一油水界面，油柱高度受断距大小控制。

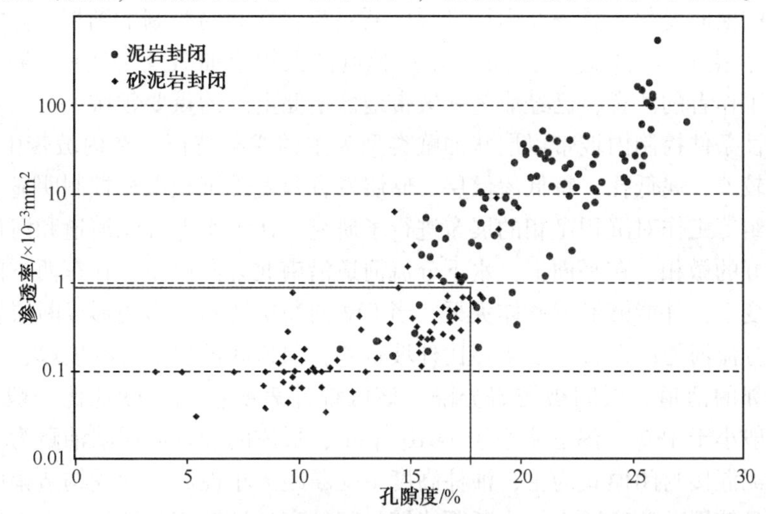

图5-48　高邮凹陷北斜坡E_1f_3不同封闭类型与储层物性关系图

构造脊控制着油气运移途径。物性条件良好的砂岩储层成为油气运移的有利输导层，纵横向连通性好，油气在向高部位运移时，以底部溢出为主，主要受构造高带控制，油气总是沿构造高带运移，构造脊成为油气运移的主要途径，并能向更高部位的圈闭聚集。

至外坡带，较大的断层能够错开区域盖层，油气向上部层位调整或散失(图5-49)，少量同期反向正断层还可导致油气纵向调整运移，这在充满度、原油密度等方面表现明显。

3. 内坡带小断层控制大油藏

在内坡带，E_1f_3砂岩欠发育、物性相对较差，对置盘地层砂泥混接也可形成有效封挡，小断层可控制形成较大规模的油藏。早期断层由于断裂带充填物成岩作用强而具有较好封闭性，在内坡带，阜宁组砂地比为20%~30%，为中孔、低渗储层，最有利于早期断层封闭和断块富集成藏，50~80m断距的早期小断层可控制形成含油层段达200m的富集层状油藏。由于早期隐蔽性断层断距延伸长度较小，断层控制的油藏规模较小，但断层数量多，形成众多的小油藏，储量统计表明，隐蔽性小断层控制的油藏储量占该区总探明储量的62%。

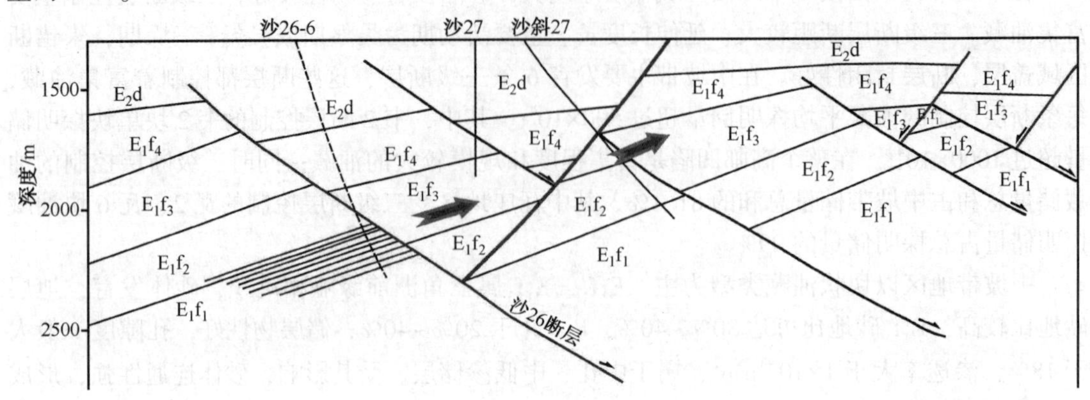

图5-49 外坡带油气沿断层调整和散失

由于砂体的横向变化，具备在内坡带形成断层与岩性共同控制的断层—岩性复合油藏的条件，如沙53、花17等油藏。内坡带小断层控制的大规模油藏及构造-岩性类型的油藏越来越引起勘探工作者的注意，已经成为斜坡带地区增储上产的重要领域。

储层的物性条件控制内坡带以层状油藏类型为主的成藏特征。在内坡带由于埋藏较深，储层物性一般较差，属低孔、特低渗储层，储层发育程度受沉积微相控制明显。通过观察岩心、细分砂层组等工作对沉积微相的展布进行了研究，认为水下分流河道和河口坝沉积是储层发育条件最好的微相。在平面上，水下分流河道沿南北方向展布，在东西方向上河道宽度明显比外坡带变窄，并能够形成砂体尖灭，当EW向断层切割河道便形成断层岩性圈闭；在纵向上，水下分流河道的发育程度明显比外坡带差，河道间泥岩发育程度厚，上部河道基本不切割下部相邻的河道，层间被泥岩分隔。该区统计表明：地层砂地比一般不超过30%，储层孔隙度一般小于18%，渗透率小于$1\times10^{-3}\mu m^2$，形成的油藏以层状油藏为主。

断层以砂泥混接封闭模式为主，油柱高度不受断距大小控制，而受构造幅度控制，该区早期断层发育且储层砂地比适中，小断距能够封闭较高油柱高度的油藏。在内坡带，大量发育的早期断层成为圈闭成藏的有利遮挡条件，提高了对置盘砂地比的界限，可以封闭的对置盘砂地比达到30%左右，而该区砂岩发育程度较低，一般未超过30%，与中坡带相比，大大提高了圈闭的封闭能力，提高了油柱高度。

水下分流河道控制油气运移途径，是内坡带控藏的重要因素。在内坡带，储层有利发育带非均质性强，受水下分流河道的分布控制，油气在运移过程中，受砂体尖灭的影响，难以向高部位输导，而是优选水下分流河道运移。在内坡带，油气显示最高级别在内坡带与砂体展布密切相关(图5-50)。

二、断裂带多样性富集

在断裂带，油气运聚以垂向运移为主，在平面上，富集油藏沿一、二级控凹大断裂串珠状分布，其控制的储量占高邮凹陷总探明储量的48.5%，是高邮凹陷油气分布最富集的地区。在纵向上，油气沿断层向上运移，在多层系聚集成藏，断层对油气聚集、调整等起到多重作用。

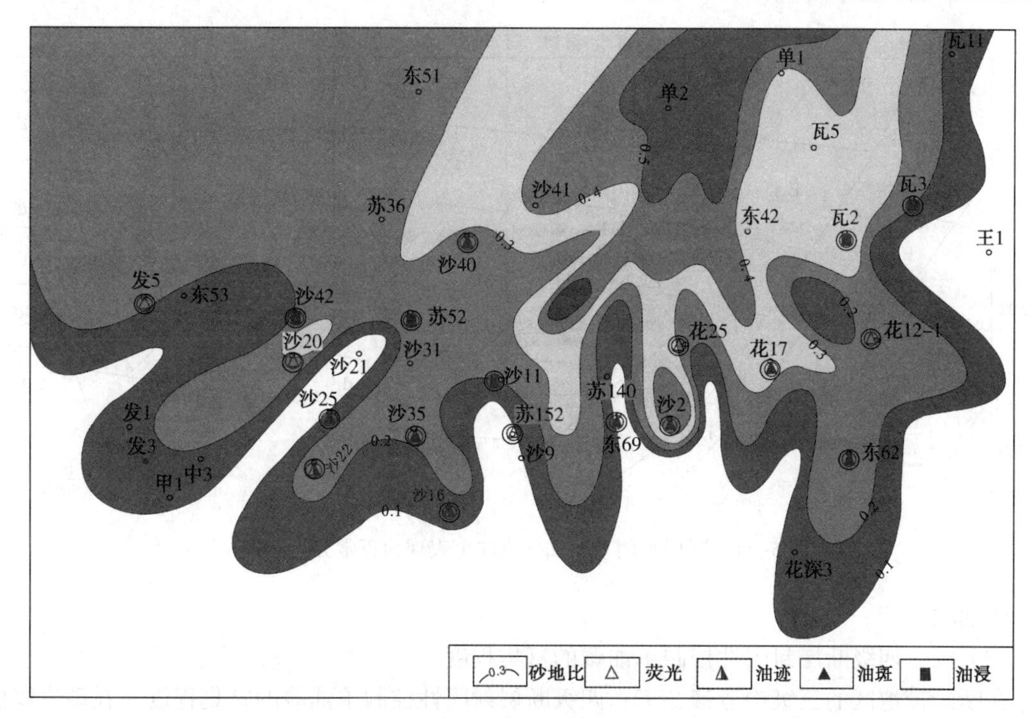

图 5-50 $E_1f_3^{1-1}$油气显示级别与砂地比叠合图

1. 成藏期断层活动性决定油气纵向聚集规律

在断裂带，成藏期断层活动性决定了油气纵向聚集规律，主要有差异聚集和正常分异聚集两种模式。

当成藏期断层不活动，断层封闭性好，油气在纵向运移表现为差异聚集。差异性运聚的油气总是先充满下部圈闭，再向上运移充满上部圈闭，使圈闭的原油密度表现为下部油气轻、上部油气重；同时原油成熟度也表现为下部高、上部低。如真 11 断层，成藏期时不活动，断层封闭性好，油气在充注过程中，先充满下部圈闭，油气从圈闭下部溢出再向上运移，如真武-许庄油田，下部油藏成熟度高、密度小，表明保存情况良好。

永安油田系列断块油藏中，由永 7 块—永 25 块—永 21 块，原油密度由 0. 812→0. 830→0. 840g/cm^3，油藏充满度 1. 0→0. 43→0. 2；陈堡油田陈 3 块油藏由 K_2t_1→E_1f_1，原油密度由 0. 878→0. 911g/cm^3，油藏充满度 1. 0→1. 0。表明永安、陈堡地区油气沿断层由下至上，断层在油气差异聚集过程中起着分配油气的作用。

当成藏期断层活动时，油气在纵向运移为正常分异聚集，油气分布表现为密度下重上轻的正常分异。由于油气成藏时，断层仍在活动，油藏保存情况较差，油藏顶部密度较小的油气沿活动断层向上溢出，并在上部形成密度较小的油藏，从而造成正常分异的油藏分布格局，如富民地区，下部油藏密度较大，成熟度较低，而上部油藏密度小，成熟度较高(图 5-51)。

2. 断层级别及封闭性控制油藏规模

(1) 一、二级断层控制的单个油藏规模较大

一、二级断层规模较大，控制的单个油藏也较大，如一级断层控制周 31 块、周 43 块、陈 2 块及陈 3 块等油藏都超过 200×10^{4}t，其中，陈 3 块是高邮凹陷唯一单块超过 1000×10^{4}t

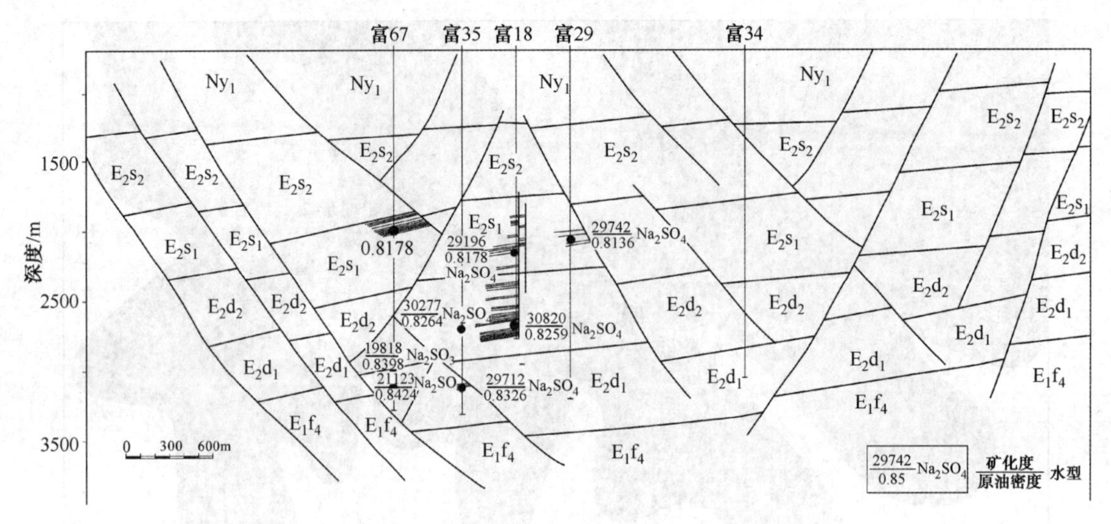

图 5-51　断层封闭差，油气纵向上表现为正常分异聚集

储量的油藏。

（2）三、四级断层封闭性控制单油藏的富集程度

在断阶带地区的三级构造带，三、四级断层封闭性控制单油藏的富集程度。在砂岩厚度百分比低、断层封闭性好的层段油气富集程度高，而砂岩厚度百分比高、断层封闭性差的层段油气富集程度低或不成藏。图 5-52 为永安地区永 7 断层岩性对置与油藏分布关系图，结合对接盘的砂岩厚度百分比分析看出，在戴一段（$E_2d_1^1$）砂岩厚度百分比低、断层封闭性好，油气富集程度高。

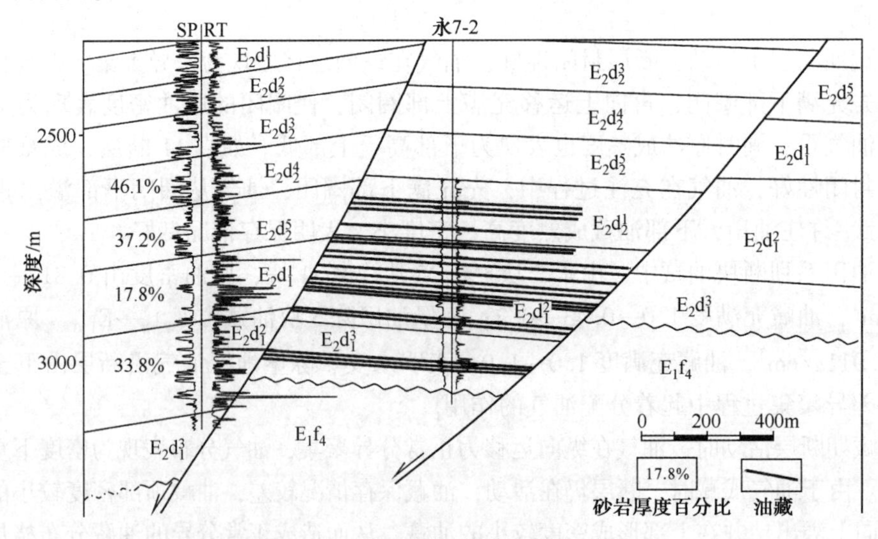

图 5-52　永 7 断层岩性对置关系图

3. 成藏期后断层活动对油藏的破坏和再分配作用

断裂带地区的断层由于长期活动性，造成断层对已经形成的油藏具有破坏再分配的作用。油气富集成藏后，一方面，油源充足的情况下，继续供给的油气从低部位圈闭溢出点沿着断层向高部位圈聚集成藏，在这油气差异聚集过程中断层起着分配油气的作用；另一方

面，构造运动使断层复活造成断层弱封闭失衡渗漏或产生断层切割油气藏，从而引起断层纵向突发，使油藏遭受破坏(图 5-53)。

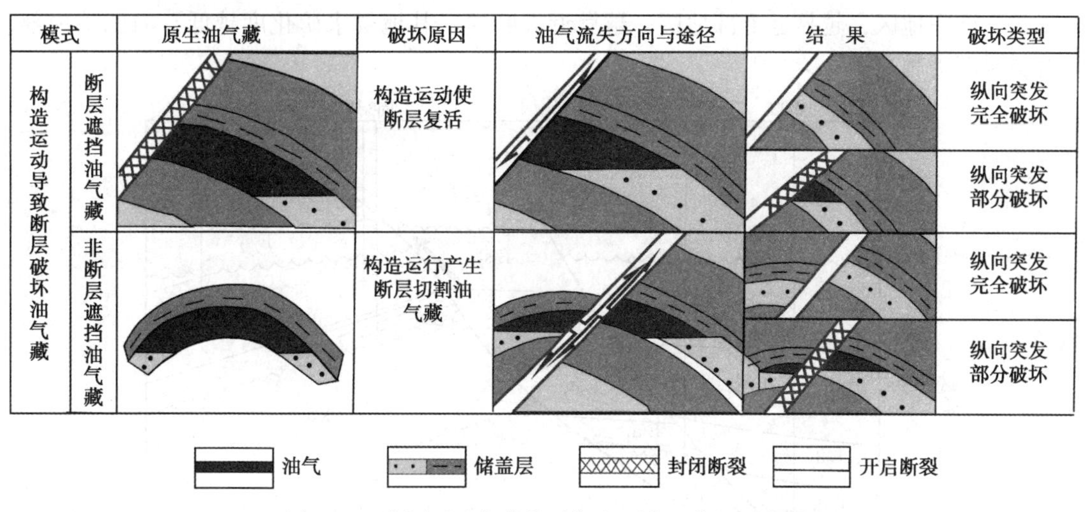

图 5-53　断层对油气藏的破坏和再分配作用示意图

成藏后由于构造运动使得断层复活或产生新的断层切割原有油藏，导致原生油藏调整破坏，主要表现在三个方面：

(1) 大断层长期活动可导致天然气等轻质组分漏失，压力系数降低

真武、曹庄油田普遍发育低压，这些油田均不同程度的存在天然气聚集，低压成因可能与这些地区的天然气漏失有关(图 5-54)。

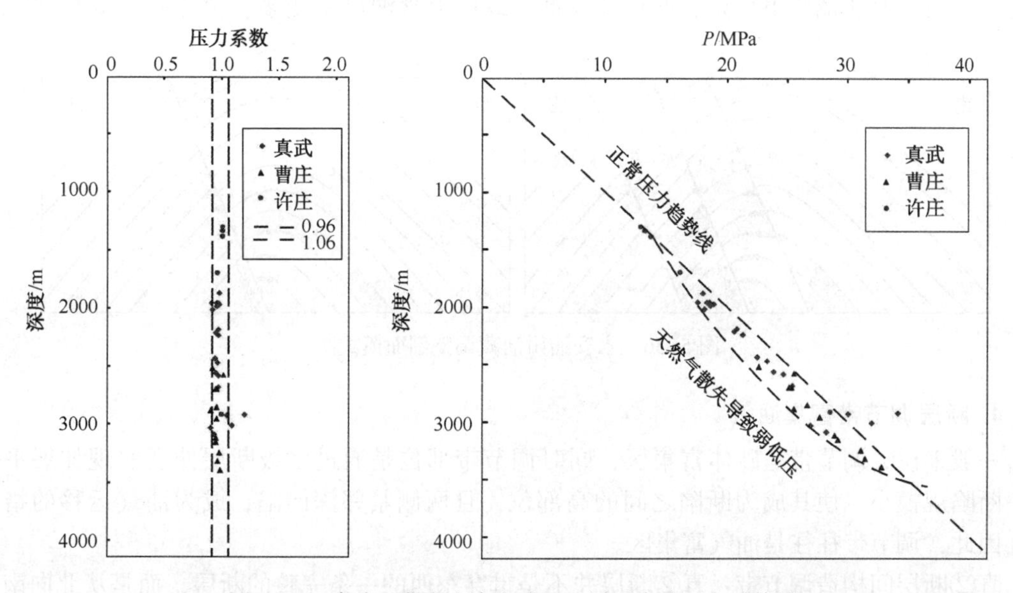

图 5-54　真武、曹庄和许庄油田地层压力及压力系数图

(2) 当成藏期后大断层继续活动可导致油藏充满度降低，并可形成次生油气藏

如周庄地区，下部泰州组、赤山组油藏普遍充满系数较小，原油密度较大，而上部盐城组有气藏存在。高邮凹陷的油气成藏期为三垛期，因此，推断盐城组气藏为次生气藏，是大

断层在成藏期后活动的结果(图 5-55)。

同时，由于大断层长期活动，一直断开第四系，可导致大气水下渗，使保存条件变差。如真武、许庄地区，越靠近上部地层、越靠近大断层，其地层水矿化度越低，向凹陷内部、向地层深部则越高。

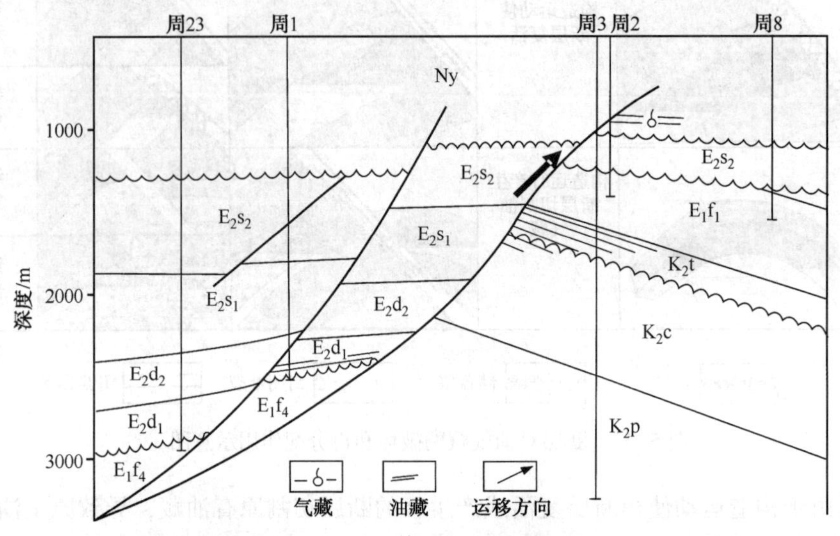

图 5-55　周 2 块盐城组气藏成藏模式图

(3) 三级同生断层在三垛期后复活，导致原生油藏调整破坏

如永安地区，永 7 南断层、汉留断层和永 21 南断层在三垛期后复活，油藏纵向调整，经过调整后，原油藏变小、充满度程度变低、纵向上含油层系变多、含油井段变长(图 5-56)。

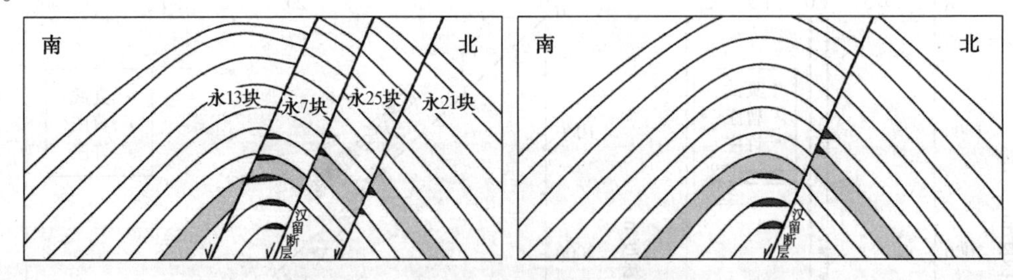

图 5-56　永安油田油藏调整剖面模式图

4. 断层调节带富集油气

一般来说，调节带是砂体富集区，同时调节带部位是通过多级断层伸展实现伸展平衡的，断陷规模小，使其成为断陷之间的高部位，且两侧紧邻深凹陷，成为油气运移的指向区。因此，调节带往往是油气富集区。

真②断层间构造调节带：真②断层并不是贯穿东西的一条完整的断层，而是从北向南由真②-1、真②-2、真②-3 断层组成(徐建，2006)，南断阶并不是前人认识的狭义夹持在完整的真①、真②断层间的断阶带，而是由一系列斜向斜列正断层所控制的构造带，在断层的消失端地层自然过渡，这就为构造调节带的发育提供了一定的条件。调节带东西两侧分别发育了樊川次凹和邵伯次凹，油源条件好，因此真②-2 和真②-3 断层交接处的黄珏南区构造调节带、真②-1 和真②-2 断层交接处的许庄构造调节带都为油气富集区。

真武—吴堡断裂构造调节带：该调节带为雁列式断裂带，控制富民油田油气富集。

汉留—吴②断裂构造调节带：汉留断层与吴②断裂平面上在一条线上，但两条断层倾向相反，属于共线型构造调节带，控制花庄油田油气富集。

吴堡构造调节带：吴①和吴②断裂相互平行而且重叠，因此他们之间的断块属于平行型的构造调节带，控制陈堡油田油气富集。

三、深凹带三元控藏

目前已发现的深凹带油气藏主要分布在戴南组，油藏类型包括构造油气藏、断层—岩性复合油气藏，也有个别地层超覆油气藏(周 22)和自生自储岩性油藏(邵深 1)。油气藏的形成与成熟烃源岩分布、砂体类型、油源断层等因素密切相关。

1. 成熟烃源岩发育区控制油气藏的平面分布

凹陷内主要发育的长期活动一、二级大断裂，对成熟烃源岩的分布有明显的控制作用，进而控制油气富集区和富集层位。首先，大断裂控制的次凹及相连内斜坡为成熟源岩的主体区；第二，大断裂控制残留源岩分布和成熟大局，成熟烃源岩厚度和成熟度从次凹到内斜坡逐渐减小；第三，断层改善源岩初次排烃体系，一是断层切割源岩，其本身可以作为排烃通道，二是断层的活动，可以在其邻近形成宽度不等的裂缝带，此外，由断层的活动性造成的断层“地震泵效应”进一步增强了断层的通道作用。

深凹带油气藏的油源主要来自阜四段(E_1f_4)和戴一段($E_2d_1^1$)烃源岩，阜四段(E_1f_4)烃源岩厚度大，埋藏深，演化程度高，生排烃强度大，运聚效率高，是高邮凹陷油气最丰富的地区，资源丰度达 $23.6\times10^4t/km^2$，尤其邵伯和樊川次凹烃源岩演化程度高，油气最为富集。根据盆地模拟，阜四段(E_1f_4)烃源岩在戴南组沉积末，樊川和邵伯次凹内部已经达到成熟，刘五舍次凹此时期处于低成熟阶段；垛一段沉积末期，樊川和邵伯次凹成熟范围进一步扩大，邵伯次凹内部大部分区域以及樊川次凹中心区域到达大量生烃的高成熟阶段，刘五舍次凹内部也达到成熟。垛二段沉积末期，深凹地区烃源岩均已达到成熟生烃阶段。深凹带生烃强度最大达 $600\times10^4t/km^2$。

戴一段($E_2d_1^1$)烃源岩仅分布在高邮凹陷深凹带，由“五高导”段暗色泥岩构成，厚度约 50m。依据苏北烃源岩有机质丰度评价标准，靠近深凹内部暗色泥岩基本上达到了好以上的级别。根据盆地模拟，该段暗色泥岩顶界在垛一段晚期开始成熟，垛二段沉积晚期进入生油窗进入生烃高峰期，大面积进入成熟阶段。

对于岩性油气藏而言，砂体处于烃源岩中，与烃源岩直接沟通更易成藏。如邵深 1 井戴一段($E_2d_1^2$)岩性油气藏主要受近岸水下扇砂砾岩体岩性变化控制，为扇根砾岩封挡，扇中砂体尖灭形成岩性圈闭，由于处于深凹带戴一段($E_2d_1^1$)成熟烃源岩区，油气直接进入戴一段($E_2d_1^2$)砂体成藏。

2. 砂岩发育程度控制着深凹带油气藏的类型

高邮凹陷 E_2d 和 E_2s 中的油气藏类型主要包括构造型油气藏(断背斜、断鼻和断块油气藏)和构造—岩性复合型油气藏(断层—岩性和断鼻—岩性)两大类五小类。

由前文沉积相类型及砂体展布分析可知，凡是砂岩百分含量高的地区大多处于三角洲和扇三角洲前缘的主体部位，砂体规模较大，且砂体间易形成叠置连通，构造是油气圈闭的主要元素，因此形成的油气藏类型主要为构造油气藏；而砂岩百分含量较低的地区大多处于三角洲(扇三角洲)前缘末端–前三角洲位置，砂体规模普遍较小，横向变化大，砂体间相对孤立，互不连通，易于形成岩性类油气藏。

马家嘴–联盟庄–黄珏地区一直是隐蔽油气藏勘探的重点地区，也是已探明隐蔽油藏储量最多的地区，这些油气藏主要位于三角洲和扇三角洲前缘末端相带，单砂体厚度多在2~4m之间，横向延伸距离一般都在500m以内，具有形成隐蔽圈闭的有利条件，只要具备油源通道，这些砂体就能富集成藏。根据深凹带马家嘴、黄珏、联盟庄、永安、真武、富民、周庄等油田戴南组106个油气藏的类型与砂岩百分含量(亚段)统计关系(表5–18)显示：当砂岩百分含量大于25%时以形成构造类油气藏为主，当砂岩百分含量小于17%时以形成岩性复合类油气藏为主，也就是说，砂岩发育程度控制着戴南组油气藏发育的类型(图5–57)。

表5–18　真武地区油气藏砂岩百分含量统计

区　块	井　块	层　位	含油面积/km²	砂岩百分含量/%	油藏类型
真11	真11	$E_2d_2^1$	0.6	23.5	断背斜
	真11西	$E_2d_2^2$	0.6	23.6	断背斜
	真11西	$E_2d_2^3$	0.4	13.1	断层岩性
	真11东	$E_2d_2^2$	0.3	25.7	断块
	真11东	$E_2d_2^3$	0.2	18.1	断层岩性
	真11东	$E_2d_2^5$	0.3	15.4	断层岩性
	真11-2	$E_2d_2^5$	0.3	16.6	断层岩性
	真13	$E_2d_2^5$	0.2	18.1	断层岩性
真12	苏62	$E_2d_2^2$	0.2	19.3	断块
	苏62	$E_2d_2^5$	0.5	15.8	断层岩性
	真12	$E_2d_2^1$	0.2	18.4	断层岩性
	真12	$E_2d_2^2$	0.4	10.9	断层岩性
	真12	$E_2d_2^3$	0.7	10.4	断层岩性
	真1	$E_2d_1^2$	0.5	10.3	断层岩性
真35	真35	$E_2d_2^3$	0.4	15.8	断层岩性
	真35	$E_2d_2^2$	0.6	37.8	断块
	真167	$E_2d_2^5$	0.2	11.6	断层岩性
	真②5	$E_2d_1^1$	0.8	15.3	断层岩性
真②4	真②4	$E_2d_2^5$	0.4	12.6	断层岩性
	真②4	$E_2d_1^1$	0.6	3.7	断层岩性
真84	真84	$E_2d_1^2$	0.3	1.4	断层岩性
	真92	$E_2d_2^1$	0.2	11.9	断层岩性
真16	真39	$E_2d_2^1$	0.2	7.4	断层岩性
真80	真80	$E_2d_1^2$	0.5	13.4	断层岩性

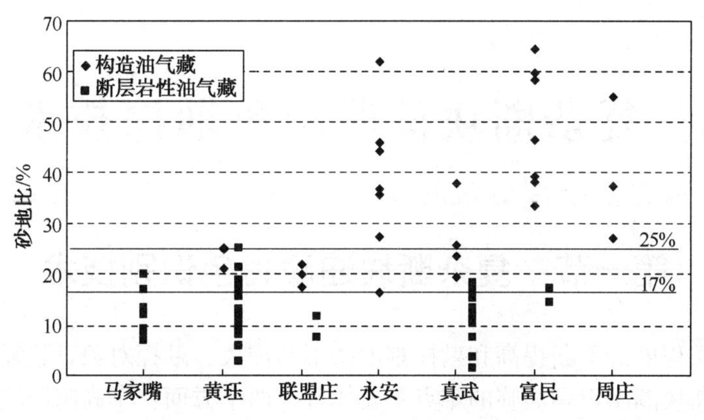

图 5-57　高邮凹陷油藏类型与砂岩厚度百分比含量关系图

断背斜、断块油藏的砂岩百分含量普遍大于 20%，其中真 12 块苏 62 井 $E_2d_2^2$油藏砂岩百分含量最小，为 19.3%，真 35 块真 35-1 井 $E_2d_2^2$油藏砂岩百分含量最大，为 37.8%；构造-岩性油藏砂岩百分含量普遍小于 18%，其中真 84 块真 84 井 $E_2d_1^2$油藏砂岩百分含量最小，为 1.4%，真 12 块真 12 井 $E_2d_2^2$油藏砂岩百分含量最大为 18.4%，可见砂岩的发育程度对油气藏类型具有重要影响。

3. 控凹断裂控制油气运移优势通道

真武断裂和汉留断裂是凹陷内的主要控凹断裂，也是长期活动的主要油源通道和同沉积断裂坡折带。E_2d 储集层和 E_1f 烃源岩分属两个不同的二级层序，深大油源断裂是沟通烃源和圈闭的最有效途径；断裂坡折带对砂体的形成和分布具有重要的控制作用，是圈闭发育的有利地区。控凹断裂、油源通道、断裂坡折三位一体的有效结合构成了深凹带油气藏分布的主要领域。油气藏纵向上呈“串珠”状，平面上呈“裙边”状紧靠控凹断裂展布。

在汉留断裂带，三角洲前缘分支河道砂体、滩坝砂体受断裂坡折的控制，沿断槽带展布延伸，与汉留断层或其派生断层共同构成断层—岩性油气藏、砂岩上倾尖灭油藏等油气藏发育带，由西到东分布有马家嘴、联盟庄、永安等多个油藏。

在真武断裂带，近岸水下扇扇中水道砂体受扇根砾岩封挡形成扇控型岩性油气藏；SN 向分布的扇三角洲前缘分支河道砂体、扇中水道砂体受 EW 向断层切割形成断层—岩性油气藏，由于河道砂体延伸长度较大，可以被平行分布的多条断层切割形成多个相邻的隐蔽油藏。同一油藏中，构造高部位油气富集程度相对较高。真武断裂带由西到东分布有黄珏、邵伯、真武、周庄等多个油气藏。

第六章 复杂断块油藏特色勘探技术与实践

第一节 复杂断块油藏特色识别技术

随着老区勘探程度的不断提高和勘探难度的不断加大，勘探对象日趋复杂，圈闭识别难度也越来越大。断块圈闭识别面临的难点主要体现在两个方面：①高邮凹陷主体已达到三维连片程度，由于地表水网湖泊和地下地震地质条件等原因，地震资料品质整体不佳，影响到构造解释和圈闭的发现和落实。②大的构造油藏多已发现，圈闭识别难度大。随着勘探程度日益提高，落实程度高的圈闭多被钻探，寻找新圈闭的难度越来越大，寻找圈闭研究逐渐向构造带翼部、侵入岩区、复杂断裂带三个主要领域发展。

针对本区地震资料特点，从圈闭形成条件分析入手，明确可能形成圈闭区带，分析各区带成圈特点、难点，开展各种方法技术攻关研究，形成了隐蔽性断层识别、侵入岩发育区小断块精细解释和复杂断裂带断块精细解释等具有针对性技术系列。通过这些技术的应用，发现和落实了一大批圈闭，取得了好的勘探效果。

一、隐蔽性断层精细识别技术

高邮凹陷北斜坡地层向 NNW 方向抬升，主控断层为近 EW 向，断裂与地层走向不匹配，形成圈闭需依靠 EW 向断层弧形弯曲或发育 NE 走向的次生“隐性”小断层。经多年勘探，规模大，延伸长的高序级断层控制的圈闭均已被发现。现阶段，勘探领域向构造高带翼部、结合部转移，在这些地区，寻找 NE 向隐蔽性小断层是发现圈闭的关键。

高邮凹陷“隐蔽性断层”发育模式，主要发育在三、四级断层间形成 y 型、反 y 型、帚型、地堑型和地垒型等多种断裂组合形式。这些断层与主控断层息息相关。经总结，建立了三级断层发育区的“隐性”断层解释主要工作流程(图 6-1)，从分析发育在三、四级断层间小断层的形成机理出发，加强对断距小、延伸短的断层识别和描述。

在隐蔽性断层发育区利用多种技术手段开展隐蔽性断层的识别和描述工作。其中关键技术主要有随机测线法、相干体(方差体)技术、数据融合技术、属性切片以及三维可视化等技术。

笔者采用了有效技术相结合、相印证的隐蔽断层识别与描述思路。作为识别断层的有效技术之一相干体(方差体)技术，如何根据资料特点选取合适的参数是技术关键，研究中首先从常规参数相干数据体出发，对比调节相干计算方向及考虑地层倾角计算方法，卡准 EW 向三级断裂系统，在此基础上，使用滤波技术加强资料信噪比，达到了在三级断裂系统内部突出 NE 向隐蔽性断层的识别效果。在识别出断层位置后，再通过在地震数据体内研究地震反射的细微变化验证它们的可靠性、通过各种方位角的地震随机测线上断面产状的变化确定断层走向等。通过应用上述断层识别方法，在高邮凹陷花庄地区新发现了一批隐蔽性断层控制的圈闭。

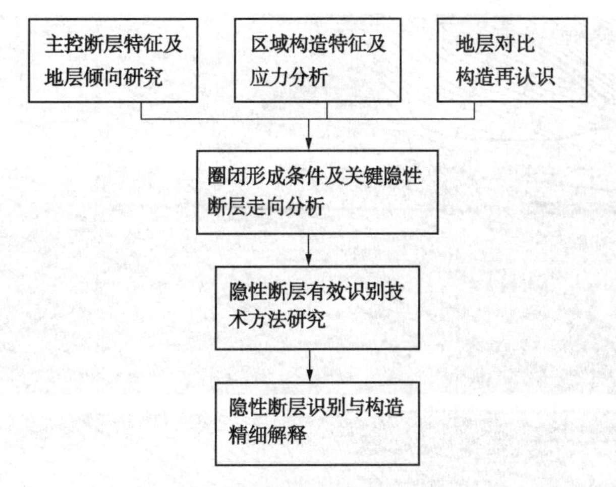

图 6-1　隐蔽性断层精细识别思路

(1) 随机测线法

三维随机测线在方向和长度上的任意性使笔者可以借助它了解区域构造格局和局部构造细节，以往的随机测线仅仅应用在检查层位的闭合解释上，但近几年发现，对于大构造背景落实的地区有方向地切取随机测线可以更好地辅助对4级以下断层的识别和落实，尤其适合像高邮T_3^1反射波组不清楚的目的层断层解释。随机测线法已经成为江苏油田断块解释的常规手段，其应用的关键是切取能最佳反映与断层走向垂直的合适方向。

以高邮凹陷北斜坡东部地区为例，由于E_1f_3地震资料信噪比低、断层密集，如果断块过于狭窄，在主测线或联络测线上控制断块的地震道少，就难以确定该块内地层反射的产状，从而也识别不出与相邻断块的产状差别；而且，对于某些隐蔽性断层来说，主测线和联络测线的方向都不是其断面或断点的最佳成像方向。但通过对不同走向的随机线的观察，则可以发现这些隐蔽性断层。首先，分析测线走向变化，可以显示断块内更多的地震道便于确定反射产状，进而识别产状突变的可疑断点；其次，在可疑断点处进行不同方位角的随机线扫描，可以看到更明显、更突出的断层现象，比如在剖面上表现为一条相位中断、产状突变、振幅频率突变的斜线或有断面反射的出现(图 6-2)。因此在这些地区，除了进行主测线和联络测线的解释控制大的断裂格局外，还要在不同方向的随机测线上寻找断层的“蛛丝马迹”，通过多方求证，确定断层的存在。在花-瓦和沙埝东部地区笔者采用了大量的地震随机线辅助进行断层的识别，结合其他方法，发现了许多NE向小断层，这些断层对形成油藏起到了控制作用。

(2) 相干体(方差体)技术

在以往的相干体(方差体)技术应用中，主要是辅助进行断层平面组合解释。但随着探区勘探程度加深，寻找“隐性”断层，提高断层识别精度成为主要解释任务。因此，针对这一关键问题，笔者展开了详细的技术参数分析比较，旨在寻找适合地震资料特点的有效技术参数。

对高邮凹陷东部拼接三维工区进行了不同相干参数实验处理，形成了相应8套实验数据，重点对地层倾角、相关时窗、相关类型、相关道数及方向开展相干效果分析。通过分析表明，对于同一个地区，选用不同的相干数据进行运算，可能得到不同的效果。

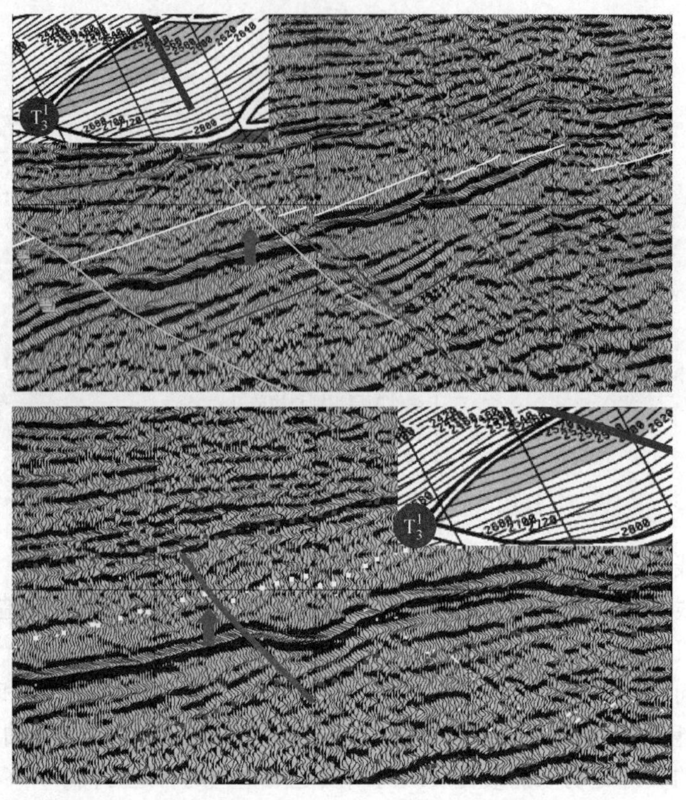

图 6-2　花瓦地区主测线(上)与随机线(下)地震剖面

为排除资料品质差异干扰，笔者选取地震剖面上 T_3^3波组特征好、断点清晰的地区进行试验对比研究，对比发现使用实际地震资料上的地层倾角比不使用地层倾角的相关效果好，而有目的地采取垂直断层走向作为道相关方向比任意其他方向的相关效果好。这两个参数的调整使得切片上两条断层平面走向更清晰。

从不同道数对比研究来看，本区三点相关对于识别断层效果最好，不连续的断层带显示更清晰；九点相关显示的断层带宽而模糊，断层识别效果基本无明显改善；这是因为参与相干计算的道数越多，平均效应越大，这时突出的主要是大断层。相反，相干道数少，平均效应小，就会突出小断层(图 6-3)。

在计算地震相干性时要根据研究目的来选择相干数据的相关时窗。相关时窗的选择一般由地震剖面上反射波视周期 T 决定。当反映断层时，其计算时窗通常取 T/2 到 3/2T；而反映地层分布时，计算时窗大于 3/2T。而如果计算时窗小于 T/2 时，因为相干时窗小，视野窄，看不到一个完整的波峰或波谷，由此计算出的相干数据值小的区带可能反映噪声，不是反映小断层存在的位置。在计算时窗大于 3/2T 时，因为时窗大，多个反射同相轴同时出现，此时计算的相干数据值小的区带可能反映同相轴的连续性，不是断层的反映。所以时窗过大过小都会降低对断层的分辨率。

相关类型一般为最大值、最小值和中值；选择时一般由地震资料的品质来决定。对于地震资料品质较高的地区，检测断层选择最小属性；对于地震资料品质较差的地区，则选择中值属性，或者在相干处理前，对地震数据体进行滤波或影像加强处理后，再选择最小属性。

以本区 T_3^3 为例，其资料品质相对较好，实验中基本可选择最小属性，在其他参数不变的情况下，笔者针对性进行了滤波处理和影像加强处理，从效果看影像加强处理仅对东西方向延伸较长的具一定规模的断层有好的视觉加强作用，但对 NE 方向的次级断层识别效果较差。而进行带通滤波后由于突出主频范围内信息，一定程度上提高了信噪比，相干效果较好，尤其是 NE 方向的小断层识别得到加强，值得推广使用(图 6-3)。

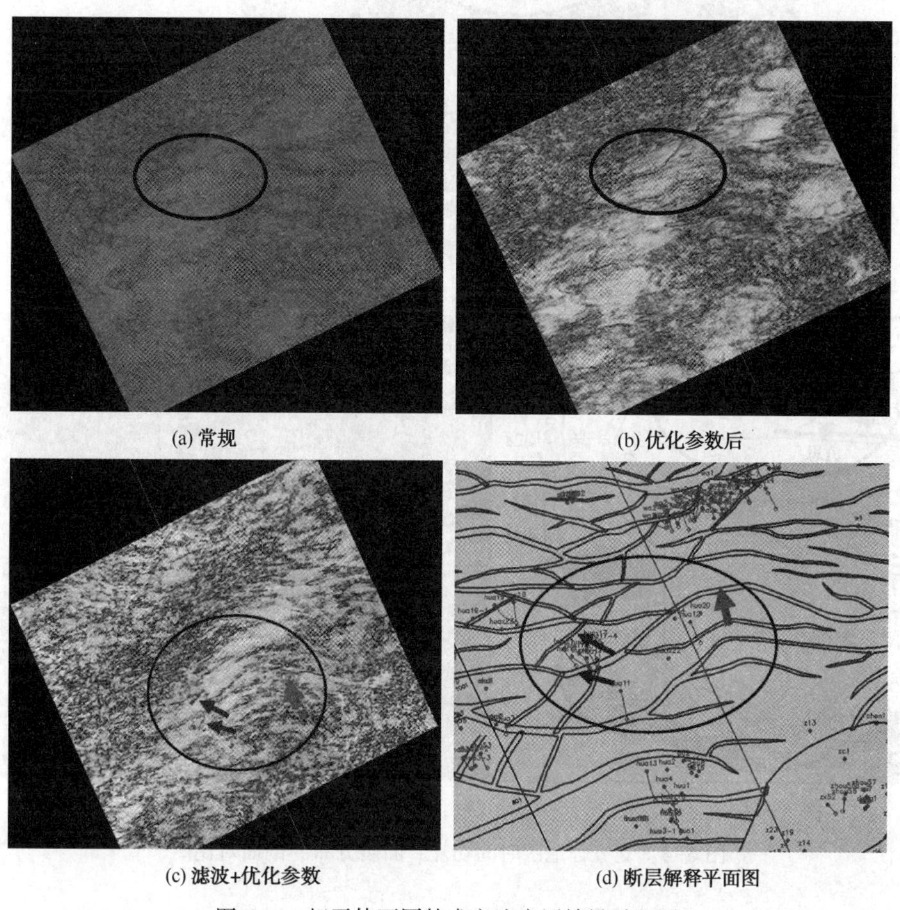

(a) 常规　(b) 优化参数后

(c) 滤波+优化参数　(d) 断层解释平面图

图 6-3　相干体不同技术方法应用效果对比图

（3）时间切片技术

依据隐蔽性断层成因机理以及不同应力环境下隐蔽性断层的发育模式，预测花庄、刘六舍等是 NE 向隐蔽性断层的有利发育区，在刘五舍地区，地震资料品质较花瓦地区好，但断层断距小，剖面上常常表现为层断波不断，断点位置难落实，且同序级断层发育集中，平面断层组合关系难确定。经过多种技术反复试验研究认为时间切片是解决这类问题的有效技术手段，紧紧抓住地震剖面上清晰的地层产状特点，对比时间切片敏感时间范围内的同相轴走向突然变化地带，结合关键方向随机线解释，有效提高了该区隐蔽性断层的可信度，提高圈闭落实程度，成功钻探了花 X24 井，同时在刘五舍地区新发现了一批圈闭，充分显示了隐蔽性断层圈闭勘探前景广阔(图 6-4)。

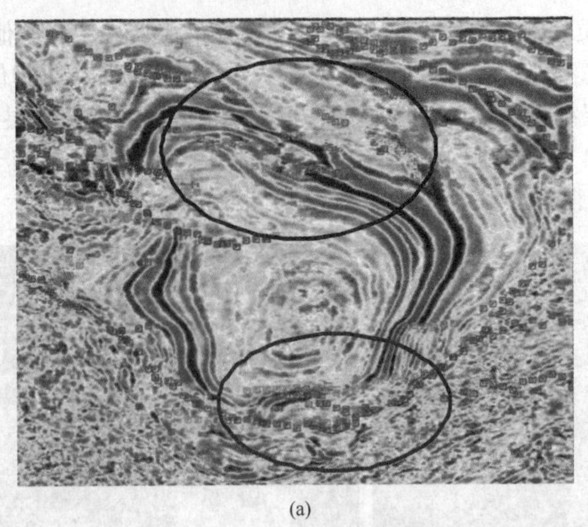

(a)

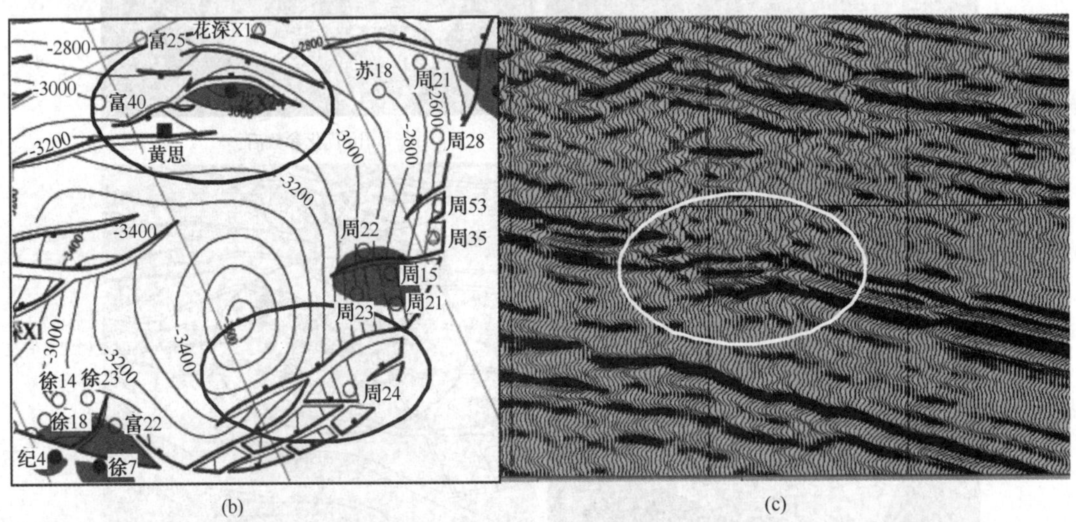

(b)　　　　(c)

图 6-4　刘五舍地区时间切片、断裂分布、剖面对比图

二、侵入岩发育区断层精细识别技术

高邮凹陷侵入岩分布广泛，岩性为深灰、灰黑、灰绿色辉绿岩，纵向上从 E_1f_1 到 E_2s 均有分布，厚度一般几十米至一百多米，平面上主要分布于北斜坡的沙埝、码头庄、兴化—瓦庄东、及断裂带的大仪集、陈堡地区，叠合面积达 645. 5km²，约占高邮凹陷总面积的 14%。其中沙埝、永安地区辉绿岩呈多层系连片分布，厚度变化大，各套辉绿岩关系错综复杂。

辉绿岩是一种高速致密的侵入岩，速度动态范围在 4500～6500m/s，大部分在 5000～6000m/s 范围内，在地震剖面上常表现为中低频、强振幅，连续性好的反射特征。其侵入方式有两种，为穿层侵入和顺层侵入，具有多期侵入的特点。

多期侵入的辉绿岩影响了地震资料品质，同时其厚度、产状的变化产生速度陷阱给断层解释、层位确定追踪带来假象。当侵入时期晚于断层活动时期时，由于其穿层和厚度不稳定，造成的干扰在平面上非均一性，不仅使断层两侧的同一地层界面的地震响应在横向上失去了通常具有的相似特征，使得层位追踪困难，而且其穿过断层无断距，造成断层特征不清，直接影响了断层识别。

1. 侵入岩与围岩地震响应特征研究

通过长期地震解释研究，发现局部地区虽然发育厚层侵入岩，但其上下仍存在一些与正常沉积地层反射平行的弱反射，这些反射特征异常、真伪难辨，能否使用？为此研究中简化地层模型，考虑侵入岩与围岩关系，力争寻找侵入岩附近的可靠反射信息。通过大量正演模型实验，发现侵入岩低角度侵入地层对地震正常反射波影响：侵入岩下伏地层受局部速度高异常上拉，侵入岩厚度越大，上拉现象越明显；正常地层反射波能量随侵入岩增厚而降低，但反射波形态基本不受影响；侵入岩自身反射形态和能量在侵入不同地层时不受影响。当两套侵入岩同时顺层侵入时，两套侵入岩间仍可保存有部分正常反射波组。

当不同厚度单套侵入岩分别顺层侵入不同地层时，地震响应具如下特征：侵入相同地层时，侵入岩增厚产生复波，但侵入岩第一同相轴反射振幅基本稳定；侵入岩反射能量遇弱即强，遇强即弱，与侵入地层速度成反比；侵入岩对下伏地层的影响范围随其厚度变化较小，纵向影响范围基本在50~70m(图6-5)。

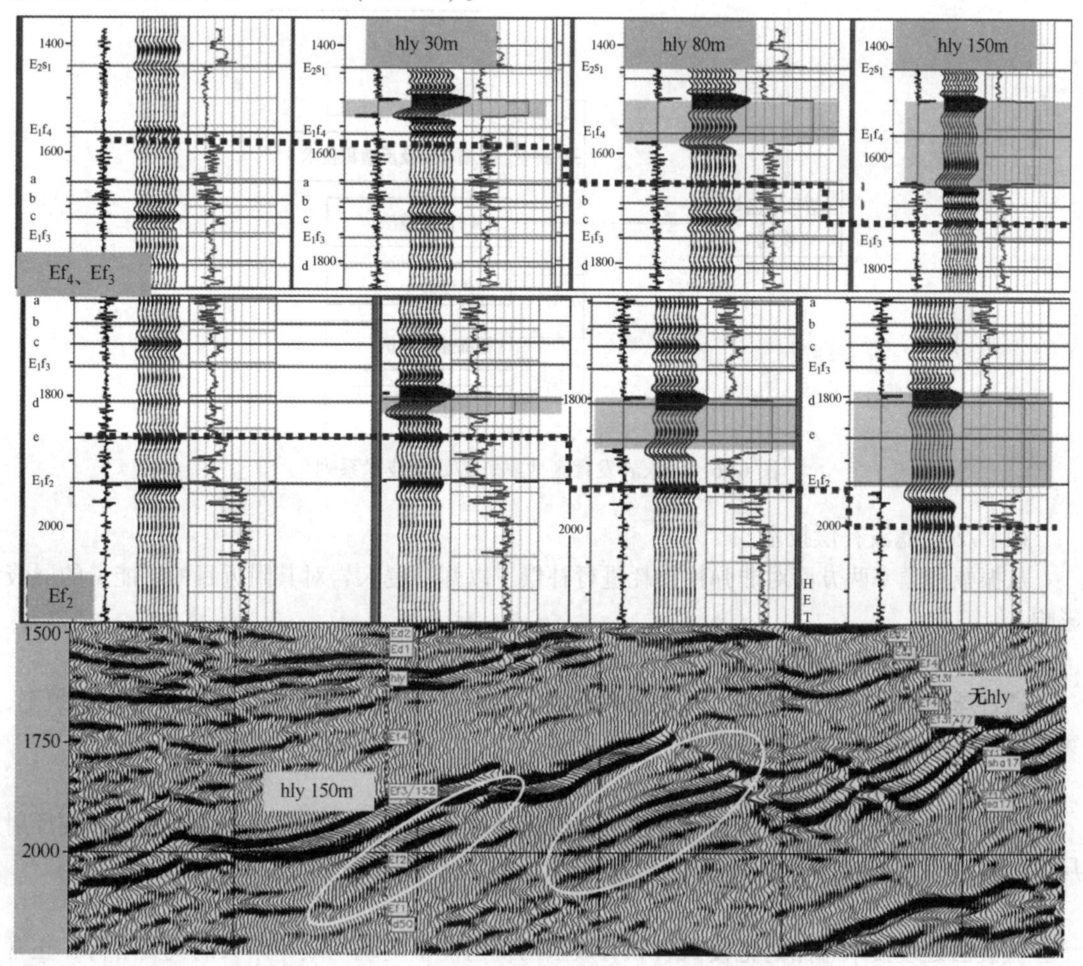

图6-5 正演模拟不同厚度侵入岩对围岩地震反射的影响

2. 侵入岩发育区地震资料特殊处理技术

侵入岩发育区资料处理中的技术关键：一方面，在侵入岩发育区，多次波发育，去噪处理除了运用常规的面波处理、炮检点校正和组合方法信号重建外，还针对性运用叠前拉东(RADON)变换加内切除联合压制多次波处理；另一方面，除了在保存侵入岩反射特征前提下，适当地压制侵入岩强的反射波组，降低其能量，突出被其掩盖了的弱振幅目的层反射波。为了有效地压制侵入岩的强反射，突出目的层的弱反射，针对性地采取了一些技术方法，主要有以下关键处理技术(图 6-6)：反 Q 滤波补偿技术、振幅补偿及反褶积技术、小时窗增益、气囊法、三角滤波、精细速度分析。

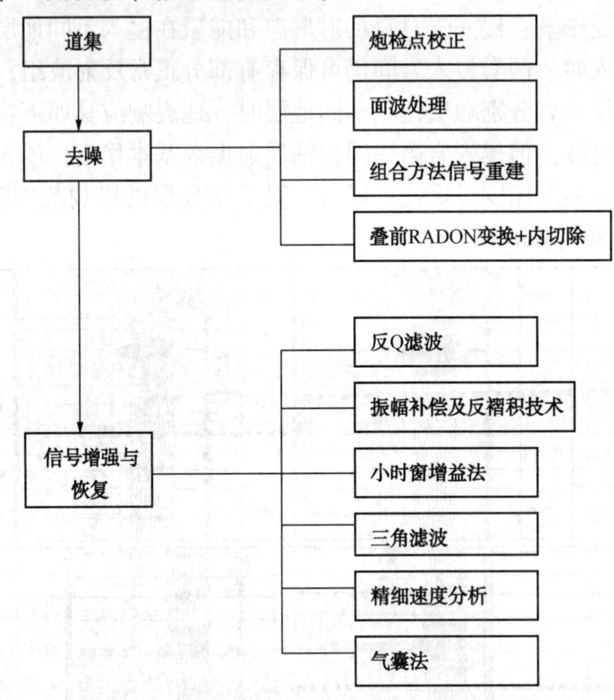

图 6-6 侵入岩发育区地震资料处理技术系列

(1) 反 Q 滤波补偿技术

从振幅和频率两方面对非弹性损耗进行补偿，以弥补侵入岩对其附近目的层能量的屏蔽影响。

(2) 振幅补偿及反褶积技术

通过球面扩散补偿、地表一致性振幅补偿、透射损失补偿和提高弱层反射能量和频率，突出了侵入岩下弱反射的波组特征。

(3) 小时窗增益法

在能量均衡处理过程中，选用合适的小时窗，以达到即突出了紧靠侵入岩的弱振幅反射层，同时又不致于放大噪音。

(4) 气囊法

气囊法处理技术思路是把侵入岩和有效层的反射能量统统当成一个大的气囊看待，正常情况下侵入岩反射这部分能量强，现在就用力压这部分，那么这部分就稍微凹了下去，气囊的另一部分——弱有效反射就相应的要鼓起来。即通过适当压制侵入岩反射能量来提高其附近弱有效波反射能量。

（5）三角滤波法

速度谱生成时，利用三角滤波器相对滤除侵入岩的强反射能量，既能保证侵入岩能量位置，又可以使其上覆和下伏地层能量相对加强。

（6）精细速度分析

在速度谱分析时拾取侵入岩附近弱层能量团，提高侵入岩附近弱层的叠加成像效果。

3. 侵入岩发育区地震解释关键技术

结合多年对侵入岩地区解释的经验教训以及前人对侵入岩与断层关系的认识，合理制定了侵入岩发育区解释基本步骤：

首先须摸清侵入岩基本情况，如侵入层段、发育套数、分布范围、能量规模；其次，遵循先好资料后差资料的解释顺序原则，遵循有井区向无井区推进的原则，即对未受侵入岩影响的资料品质好区和好层段先解释，后解释受侵入岩影响的区域和层段；最后，利用关键技术方法在侵入岩区开展攻关解释研究，落实圈闭。

侵入岩区解释工作重点是抓好层位和断层两方面工作。经多年摸索研究，笔者总结了侵入岩发育区有效的层位和断层解释技术方法系列(图 6-7)

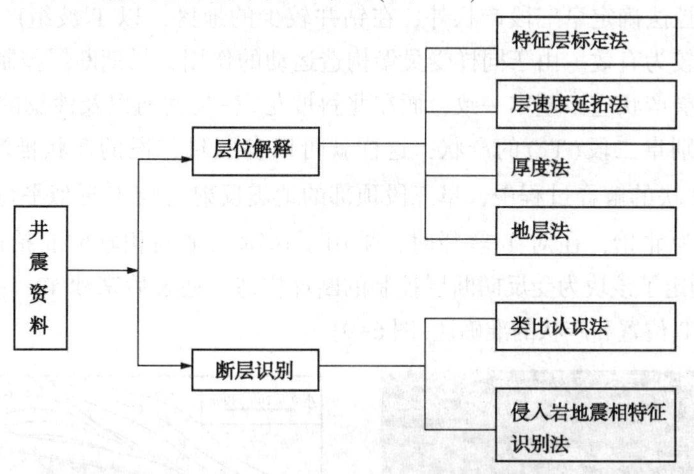

图 6-7　侵入岩发育区地震解释技术系列

1）侵入岩发育区层位解释方法

在辉绿岩发育区，由于辉绿岩反射振幅强和穿层侵入的特点，其产状和正常沉积地层产状交叉，相互干涉，这种强的反射波组掩盖了有效目的层的反射，往往无法确定标志层的位置和产状，难以准确解释勘探目的层。在这种情况下，需要借助于间接手段进行标定和确定产状。

（1）特征层标定法

在辉绿岩发育区，地震资料信噪比低，标志层反射特征被干扰或屏蔽，无法在井上进行直接标定，而辉绿岩在地震剖面上易于标定，辉绿岩波组的第一强相位即是辉绿岩顶，当辉绿岩有一定厚度时，其顶底均能形成较强反射。所以，利用对辉绿岩顶底位置的确定来推测附近的目的层位置是行之有效的。

（2）层速度延拓法

在钻井没有揭示深部目的层的地区，首先利用井标定浅层层位，然后根据附近钻井、地层厚度和测井资料，估算出井底到目的层的地层厚度和层速度，进而计算出从井底到目的层的地震波双程旅行时，用这个时间在地震剖面上标定目的层的位置。

(3) 厚度法

勘探老区钻井虽然较多，但往往因不同年代不同钻探目的导致各井钻遇地层有所差异，在资料差、目的层不清的情况下，笔者充分利用区域地层厚度结合相对较全钻井分层信息，较准确地横向解释目的层，该方法尤其适用于两期断层同时发育、断层切割关系复杂地区，如高邮北斜坡外缘地区。该方法大大提高解释精度，降低钻探误差，在各地区推广应用，勘探效果较好。

(4) 地层法

断块内地层产状和断点位置解释的确定直接关系到局部构造形态、圈闭规模和高点位置的准确性，这对于描述圈闭至关重要。但由于高邮凹陷北斜坡阜三段地层反射能量弱、不稳定，加上在北斜坡大部分地区在 T_3^1 附近有辉绿岩穿插，对阜三段反射有强烈的屏蔽和干扰作用。在这些地区容易把残留多次波、干涉波的产状误认为 T_3^1 的产状。因此，如何在纷繁的地震反射波中去伪存真，确定 T_3^1 的产状是构造解释需要解决的首要问题。

除了采用井控法确定阜三段产状外，在钻井较少的地区，以 T_3^3 波组产状作为参照的区域构造法的判别较为有效。由于同样受吴堡构造运动的作用，早期断层控制的反向断块中的阜二、阜三段地层产状应该基本一致，而在北斜坡花庄-吴岔河以及沙埝的部分地区，从地震剖面上容易识别阜二段(T_3^3)的产状，这样就可以参照阜二段的产状推断阜三段的产状。例如，在对沙 42 块的解释过程中，阜三段顶部的地震反射为与 T_3^0 近似平行的水平产状，而 T_3^3 波组产状表现为北抬，在对 T_3^1 解释时，采用了切割水平同相轴的北抬产状作为 T_3^1 产状(图 6-8)。从而确定了该块为受反向断层控制的断鼻构造。通过后来沙 42、沙 42-1、沙 42-2 的钻探，证实了 T_3^1 位置和产状的准确性(图 6-9)。

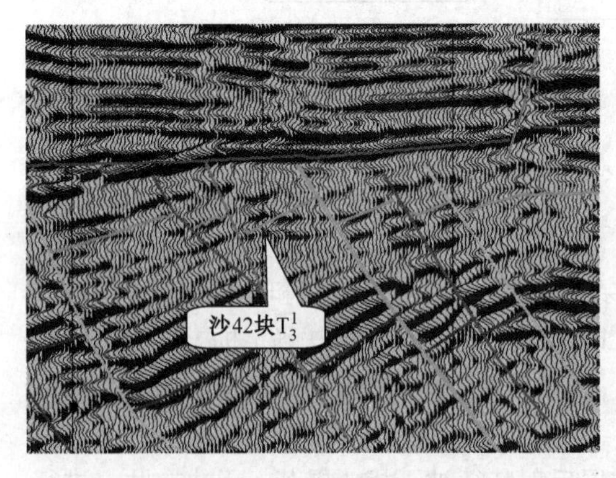

图 6-8　过沙 42 断块主测线

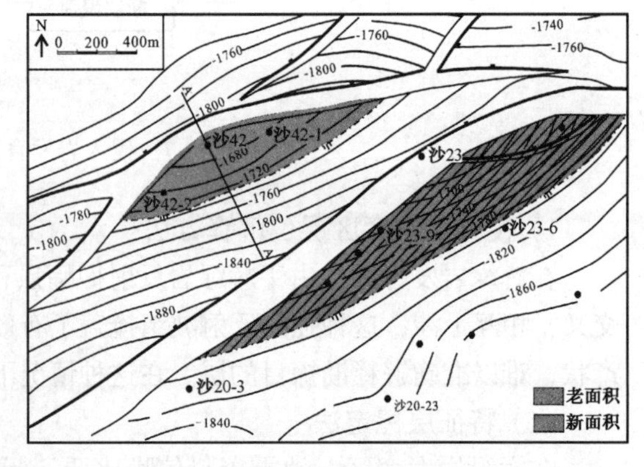

图 6-9　沙 42 块 E_1f_3 含油面积图

2) 侵入岩发育区断层识别方法

侵入岩发育区的断层识别是高邮凹陷地震解释难点之一，后期侵入岩在早期断块地层中穿插，影响早期断层的识别和组合。经过多年的勘探实践，尤其是近几年大量结合钻井、测录井及地震资料联合研究，不断积累解释经验，总结侵入岩区断层识别方法，主要有随机线识别法、类比识别法和侵入岩地震相特征识别法。在实践中运用，取得了很好的效果。

（1）类比识别法

断点识别的困难主要为识别伴生于较大断层附近的中小断层，这些断层在 E_1f_3底部或 E_1f_2顶部与大断层相交，不使 T_3^3波组产生错断，所以很难识别，但在钻井过程中经常钻遇。通过近几年的探井和开发井钻后构造反馈，笔者总结了一些这类断层在地震剖面上的表象，便于以后在该区 T_3^1解释中用于类比和判别。

① T_3^0明显错断。在许多规模较大的早期断层附近，后期仍具有一定的断裂活动，形成一些纵向上错断 E_2s、E_2d、E_1f_4、E_1f_3，并且与早期断层相交的小断层。这类断层在剖面上的特点是从 E_1f_3反射不能确定断层的存在，而上部 T_3^0波组发生了明显的错断。例如瓦 2-1 井在 E_1f_3意外钻遇 77m 断层，从 E_1f 反射无法判断它的存在，但上部 T_3^0波组发生了明显的错断，这是断层存在的直接证据（图 6-10）。

② E_1f_3反射产状、振幅频率突变。与 E_1f_1相比，上覆的 E_1f_3地层更易受到后期构造运动的改造，在构造运动时更易形成断裂，这就是 E_1f_3断层更加密集的原因。由于早期断层在 E_1f_3形成次生断层，这些断层后期不活动，T_3^0波组和 T_3^3波组没有错断。如花 16 井在 E_1f_2顶部断缺 60m 地层，上部 E_1f_3反射也表现出产状和振幅频率的突变，可以辅助确定该处存在断层（图 6-11）。

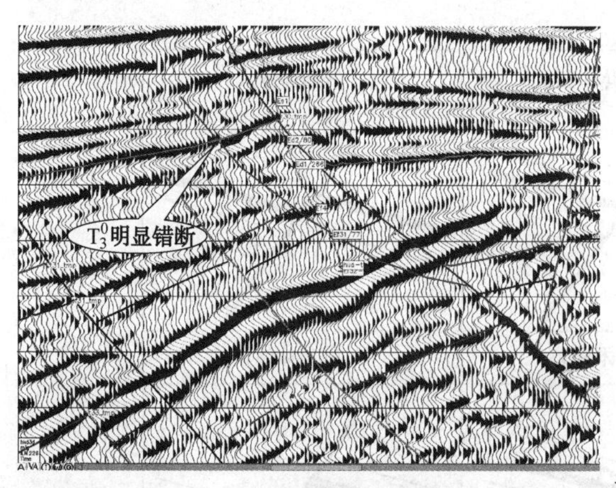

图 6-10　过瓦 2-1 井地震剖面

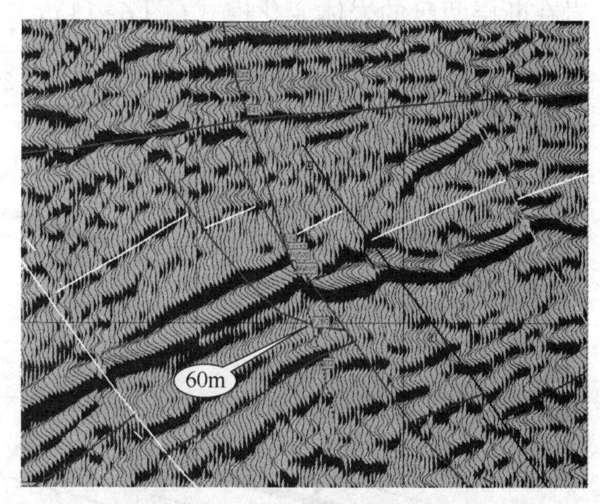

图 6-11　过花 16 井地震剖面

（2）侵入岩地震相特征识别法

辉绿岩的侵入虽然干扰了正常的反射，造成断层识别困难，但辉绿岩反射特征的变化对断层的识别也有一定的帮助。研究表明，当侵入岩穿越早期断层时，受断层两侧地层和断面的影响，断层两侧侵入岩体厚度和产状会发生突变，从而导致侵入岩地震反射振幅、频率、相位等地震相特征的横向突变，通过研究其地震相的平面变化规律，识别呈线状分布的地震相突变点来帮助判别早期断层的存在，是一种可行和有效的方法。

通过研究，总结出了利用辉绿岩地震相突变模式来识别断层的思路和方法（图 6-12）。首先，通过井震结合分析辉绿岩在断层两盘的侵入特征，建立其在断层断点处的岩体变化模式。再利用这个岩体变化模式结合测井资料建立断层两盘地层结构和速度模型。然后，采用基于射线追踪的正演模拟方法产生对应的合成地震剖面，与实际地震剖面对比，建立侵入岩发育区断层识别模式。

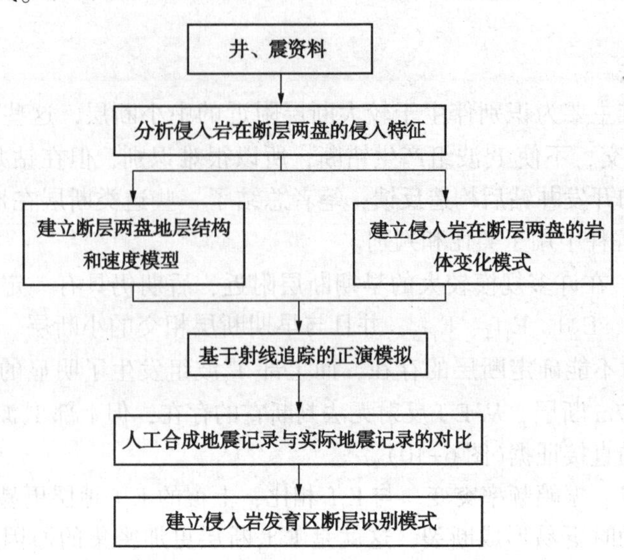

图 6-12　侵入岩地震相特征断层识别法工作思路

① 侵入岩在断层两盘的岩体变化模式。根据本区侵入岩的侵入特点，归纳出六种侵入岩在断层两盘的岩体变化模式(图 6-13)：

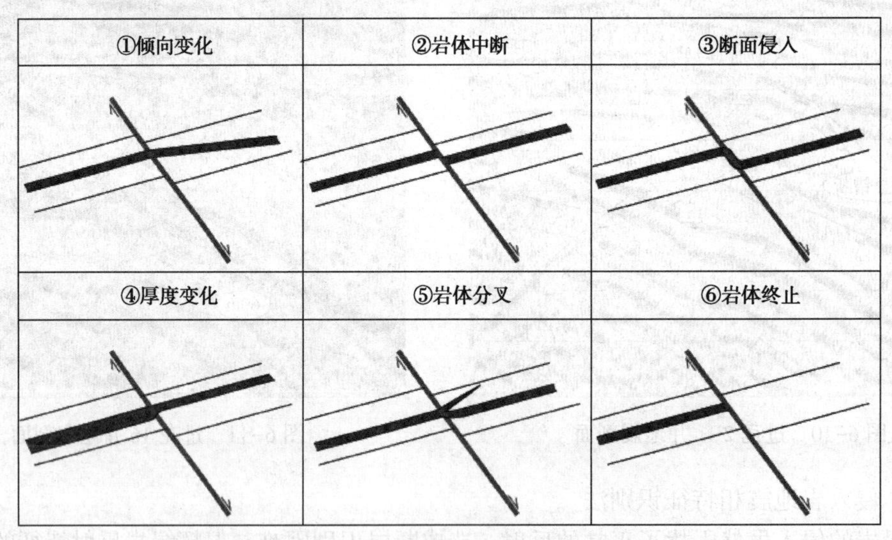

图 6-13　侵入岩在断层两盘的岩体变化模式

a. 倾向变化。侵入岩在穿越断层时，由于断点处两盘地层性质、应力性质发生突变，改变原来的侵入方向。在沿地层倾向剖面上表现为岩体倾向变化。

b. 岩体中断。侵入岩体被断层错断或岩体分别在断层上下盘沿断面走向侵入地层。在与断层走向正交剖面上表现为岩体中断。

c. 断面侵入。侵入岩以某一产状侵入至断层处后，沿断面侵入，在断面某一点又转向插入断层另一盘地层。

d. 厚度变化。侵入岩在穿越断层时，由于断点处两盘地层性质、应力性质发生突变，导致两盘辉绿岩体厚度发生突变。

e. 岩体分叉。侵入岩体在穿越断层进入断层另一盘时，分成多股同时向前侵入。

f. 岩体终止。侵入岩体沿断层一盘地层侵入，在断面处停止，未穿越断层侵入另一盘。

② 正演模拟建立侵入岩在断层断点处的地震相特征类型。根据岩体变化模式分类，结合测井资料建立侵入岩体及沉积地层和断层关系的地层结构和速度模型，采用基于射线追踪的正演模拟方法产生对应于各种模式的合成地震剖面，通过分析侵入岩体在断层断点处的各种变化模式的地震响应，结合地震剖面特征，建立了以下 6 种能够反映断层存在的侵入岩地震相特征类型(图 6-14)。

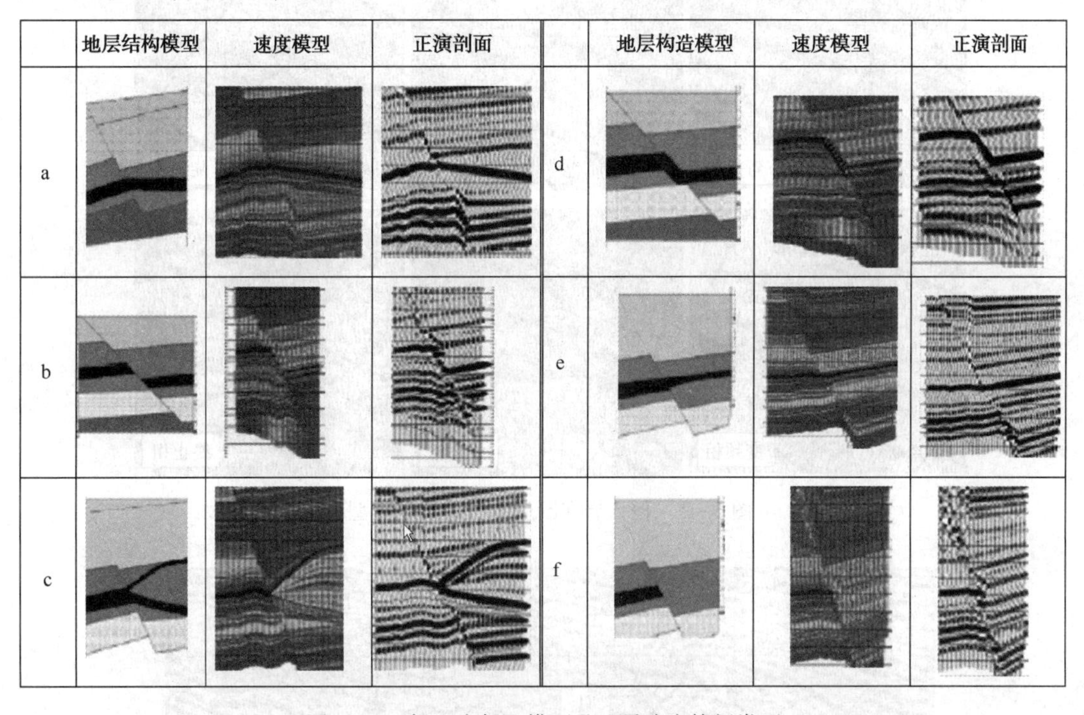

图 6-14　侵入岩侵入模型及地震响应特征类型

a. 弯折相。与倾向变化对应。在地震剖面上表现为侵入岩强反射同相轴连续，但在断点处发生了弯曲或扭折。

b. 陡倾相。与断面侵入对应。在地震剖面上表现为侵入岩强反射同相轴在沿地层延伸时突然发生沿断面的倾向变化，之后又继续在断层另一盘沿地层延伸。

c. 错断相。与岩体中断对应。在与断层走向正交的地震剖面上表现为侵入岩强反射同相轴的错断(正断或逆断)，此时侵入岩反射同相轴断距不代表断层真实断距。

d. 变频相。与厚度变化对应。在地震剖面上侵入岩强反射同相轴虽然连续，但频率发生突变。

e. 分叉相。与岩体分叉对应。在地震剖面上表现为在断点处侵入岩强反射由一组同相轴分叉成几组强反射同相轴。

f. 终止相。与岩体终止对应。在地震剖面上表现为辉绿岩强反射同相轴在断层断点处突然终止。

在高邮凹陷侵入岩发育区，以上 6 种地震相模式在实际地震剖面上频繁出现(图 6–15)，在主要目的层 T_3^1 和 T_3^3 中反射波组间穿插着一套侵入岩强反射同相轴，该同相轴在穿越一系列反向正断层时，表现出了弯折、频变、陡倾、中断和终止地震相特征。例如，在过瓦 3、瓦 4 井地震剖面上，两井间强振幅、低频、连续性反射为侵入岩反射波组，两井分别钻遇 110m 和 67m 侵入岩，侵入岩反射没有错断，但地层对比证实两井间存在断层，说明侵入期晚于断层活动期，在断点处该强反射同相轴发生了扭动和频率变化，所有这些地震相的变化都可以作为解释断层的参考依据(图 6–16、图 6–17)。

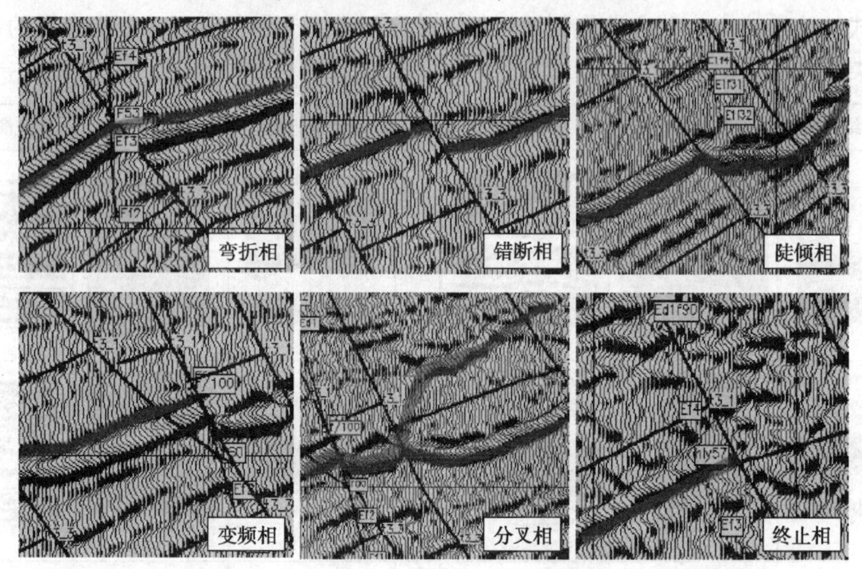

图 6–15　侵入岩在断层部位地震相类型

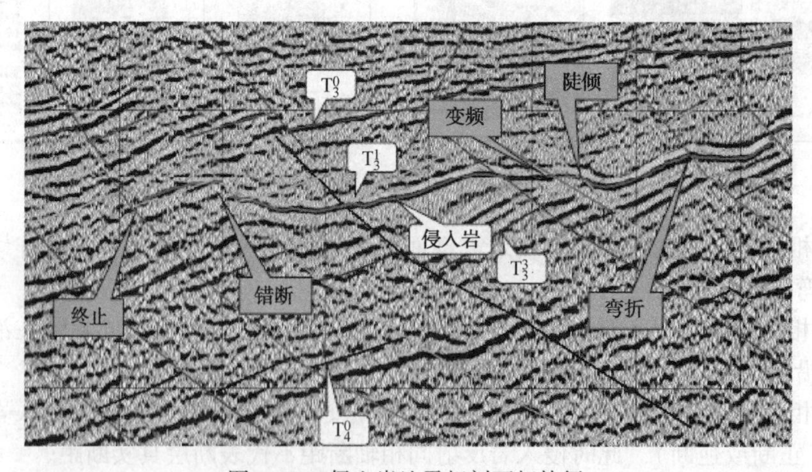

图 6–16　侵入岩地震相剖面相特征

通过侵入岩地震相特征断层识别法解释模式的建立与应用，在高邮凹陷北斜坡侵入岩发育区，与其他方法结合进行断层判别，发现和落实了一批断块圈闭，经钻探取得了很好的勘探效果。

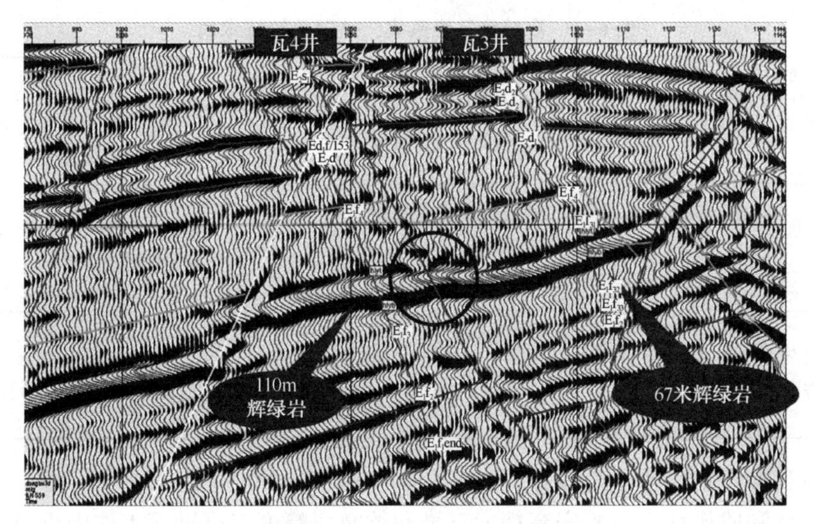

图 6-17　过瓦 3、瓦 4 井地震剖面

三、复杂断裂带小断块精细识别技术

高邮凹陷复杂断裂带往往因断层发育密集使构造复杂化，也间接导致采集时波场复杂，无法得到良好地震资料。因此，针对其特殊性，认真做好区域应力机制剖析，开展小型分支或伴生断层存在的合理性研究及其展布方向分析。同时抓资料源头工作，做好资料重新采集攻关，配合处理、解释技术，重新对断裂带低勘探程度区进行圈闭识别和再落实(图 6-18)。

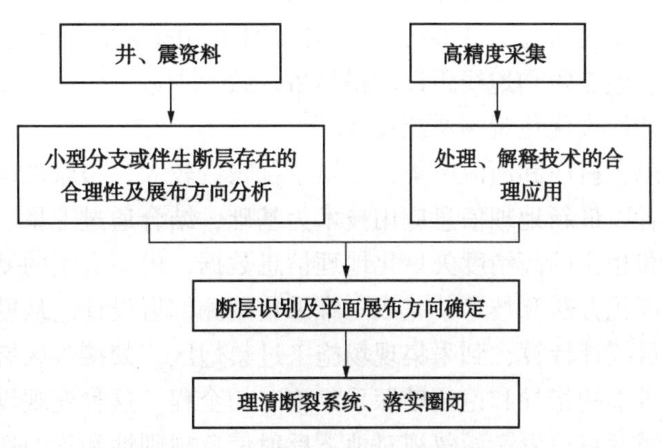

图 6-18　复杂断裂带圈闭识别思路

1. 高精度三维地震采集技术

为改善资料品质，油田在 2008 年和 2009 年分别优选了汉留断裂带的永安区块、南部断阶带的竹墩区块进行高精度三维地震采集。高精度三维地震勘探工作，从制约资料品质的“瓶颈”问题着手，通过优化观测系统、精细的表层调查、科学合理的激发接收参数试验、严格质量控制体系和措施的综合应用，进行针对性技术攻关，针对重点难点优选实施了关键采集、处理技术(表 6-1)，较老资料取得明显效果。

表 6-1 高精度三维采集、处理关键技术表

勘探难点	采集技术对策	处理技术对策
构造破碎，小断层发育，多次波发育	基于叠前成像的观测系统设计	F-K 滤波、Radon、预测反褶积、内切等方法叠前成像
障碍多，干扰严重，低信噪比	基于复杂地表的观测系统设计 严格的噪音控制 采用高覆盖次数	规则化处理 精细的道集净化
近地表结构复杂 主频低、频带窄	精细表层结构调查 逐点设计井深 采用小组合基距	层析静校正 反 Q 滤波与地表一致性反褶积

（1）针对目标设定观测系统设计

提高信噪比和成像精度是永安高精度三维和竹墩高精度三维勘探工作中重中之重。要解决苏北盆地复杂构造成像的问题，叠前成像技术是现阶段最好的选择，而叠前成像要求采集数据具有良好的信噪比和均匀的空间采样。前人的研究表明，偏移效果尤其是叠前偏移仅与空间采样的密度和均匀性有关。因此，在进行观测系统优选时，不仅考量面元大小、覆盖次数、排列长度等因素，保证大部分面元的炮检距和方位角分布均匀，而且考虑空间采样的密度和均匀性。

面元大小的设计采用可变面元的设计方案，面元可细分为 10m×10m、10m×20m、20m×20m、20m×40m，覆盖次数也大幅提高，面元为 10m×10m 时，覆盖次数为 60 次，面元为 20m×40m(常规三维所采用的面元)时，覆盖次数为 480 次。为压制多次波、改善火成岩岩下和深层成像，排列长度也由过去 3000m 左右增加到 4000m 左右。考虑到空间采样的均匀性，道距和接收线距、炮点距和炮线距设计得尽量一致。

（2）基于江苏复杂地表优化观测系统设计

针对江苏探区集镇、村庄和河流密集，环境干扰噪音较大，很难准确布点、使炮检点分布均匀这种情况，笔者以最新地理信息应用技术为基础，结合通过卫星、航拍、扫描等不同方式获得的地形影像和相应的高精度矢量化地理信息数据，模拟真实的复杂地表条件，采用基于地理信息的智能优化方法和技术，完成三维采集观测部署设计。从勘探工程项目的理论部署设计、采集工作量统计计算，到采集现场施工过禁炮区、禁接收区炮点的自动纵向和非纵调整的优化设计，科学的指导和论证勘探采集施工的全程。这种变观设计方法的应用，改变了以往只考虑地表激发点位置，而忽视对地下反射信息规则性和均匀性的影响。

（3）表层结构调查技术

针对永安、竹墩地区表层结构复杂的情况，首先对全工区进行了 1km×2km 的小折射、2km×4km 的微测井的表层结构调查，从而了解整个工区低降速带及各种岩性的分布情况，再通过井深药量试验，寻找耦合好的激发岩性。

在 2km×4km 微测井表层结构调查中了解到三洋河两侧存在较厚的流沙和软泥层，部分地区发现有速度倒转现象。小折射不能解决表层速度反转问题，易导致错误的浅层调查结果。为此，在三洋河两侧又开展微测井加密、加深，总计增加微测井 100 口，密度达到了 1km×1km，局部 0. 5km×0. 5km。

2. 高精度三维地震处理技术

（1）叠前去噪

对于高精度三维地震资料的处理，高精度三维覆盖次数虽然比常规三维高，但由于组合基距变小，原始地震记录的品质比常规三维噪声干扰保留较多，叠前去噪工作是处理非常重要的一个环节。分析原始地震资料中各种噪声分布规律，采用针对性噪声压制方法，对规则噪声如面波、线性干扰波、异常噪声、工业电干扰、多次波等规则噪声综合采用多种手段、多域相结合的复合去噪技术来消除资料中的噪声干扰提高资料的信噪比。

为了给岩性油气藏的探索提供较高分辨率的地震信息，在处理中注意保真、注意对反射信号中的高频成分的保护。采用几何扩散补偿和地表一致性振幅补偿技术，有效的提高深层的反射信息能量。

采用层析静校正处理技术，消除三洋河流域近地表结构的变化而产生的静校正量。采用地表一致性反褶积理方法，消除激发接收条件不一致的影响。提高有效反射信号的主频，拓宽频带，突出主要目的层的波组特征。

（2）压制多次波

永安高精度三维和竹墩高精度三维地震资料多次波都比较发育，多次波主要是盐城组强反射引起的全程多次和层间多次，火成岩引起的全程多次和层间多次等。

经过大量的测试处理，采用拉冬变换压制多次波后再进行串联预测反褶积处理，取得了比较好的效果(图6-19)。压制多次波后，速度谱上有效波能量更强，更易于分析速度；压制多次波后的叠加剖面与压制之前的对比，波组特征有明显的改善，断阶内成像也明显改善。

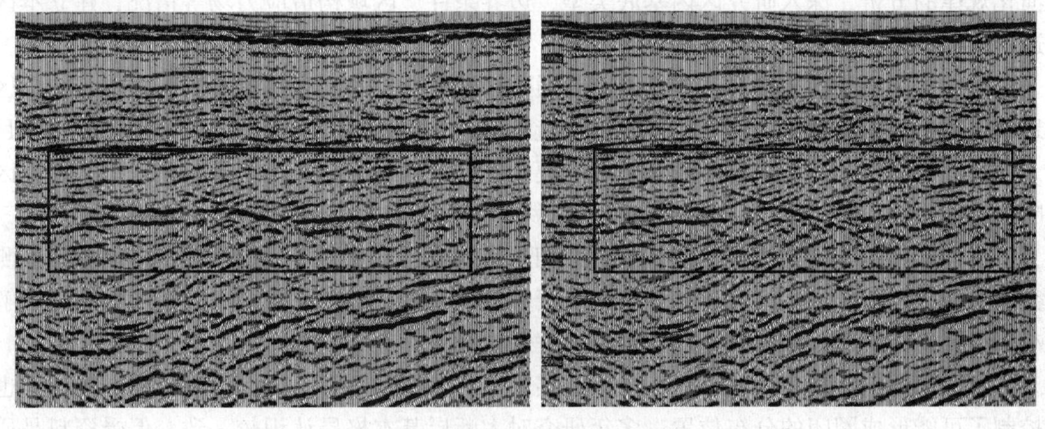

图6-19　Radon 变换压制多次波前(左)后(右)对比剖面

（3）叠前成像

永安和竹墩这两块高精度三维地下构造和速度场都非常复杂，都需要进行叠前成像的处理。要获得较好的叠前成像效果，除前面所述的预处理之外，建立精细速度模型，提高速度分析精度也非常重要。为了准确建立复杂断块速度模型，提高偏移速度分析精度，在建立精确地质模型和研究宏观速度分布规律的基础上，充分利用钻井、测井、VSP 等数据进行地质层位和构造的约束，在综合分析的基础上逐步完善速度模型，建立符合地下实际的速度场。

（4）叠前偏移方法研究

针对不同的处理阶段和不同地质目标任务，开展不同的叠前偏移方法研究。不仅要研究目的层反射波的成像，还要特别重视断面波和绕射波的成像，达到提高刻画断块精度的目的。通过采集、处理技术研究攻关，资料品质得到很大提高(图 6-20)，为后续构造解释研究及圈闭识别打下扎实资料基础。

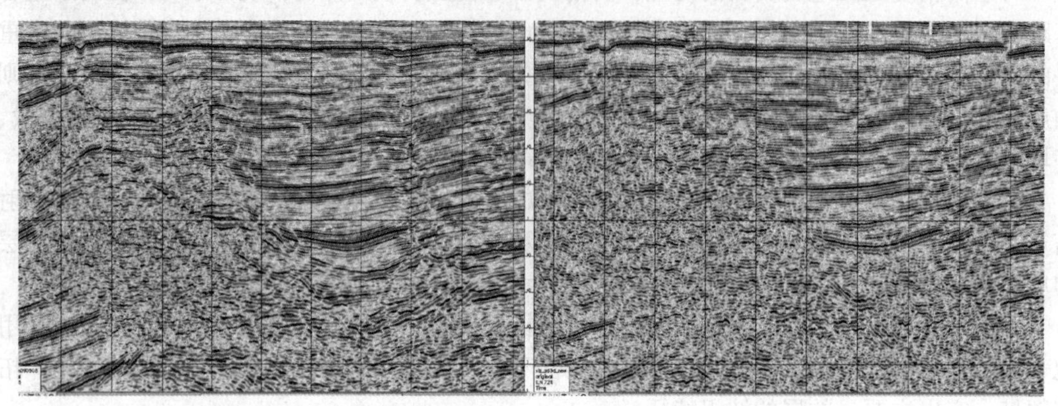

图 6-20　竹墩高精度三维(左)与常规三维(右)剖面对比

在永安、竹墩高精度三维资料基础上，通过精细构造解释，笔者在永安、竹墩地区又新落实一批构造圈闭，分别部署了永 35 井和肖 13 井，均获得很好的发现。

3. 地质模式指导下的构造解释

对于构造极其复杂的断裂带，必须在区域构造背景上开展地震解释，加强区域地质、构造演化规律的分析，深入研究区内基底类型、边界条件、区域构造应力场等情况，建立本区构造及断层模式，指导构造及断层解释。

用地质模式指导构造解释，其思路就是通过构造解释较落实区的构造解释样式，结合区域地质认识特征指导地震低信噪比地区的构造解释，达到减少方案多解性、增加合理性的目的。通过近两年研究，总结了一套基于地质模式的构造解释研究流程：第一步，搞清研究区的断裂基本特征；第二步，明确构造解释具多解性区域范围和周边构造较可靠区域；第三步，搞清构造不落实区的地震资料特点；第四步，根据已有断裂宏观特征和构造面貌，推测研究区可能的构造样式；第五步，结合地震资料情况，通过各项解释技术先落实大断层后解释小断层，确定能符合某种构造样式的构造解释方案。

高邮凹陷复杂断裂带的油藏具有沿大断层呈串珠分布的特点，因此大断层的准确走向也就控制了可能形成圈闭的分布位置。多年研究对大断层基本格局认识较一致，但受资料品质和认识水平的制约，局部地区的大断层剖面位置和平面走向依然不清楚，如汉留断层向东向西逐渐消失的走向和位置，真②断层西部呈雁列分布的断层走向及其发育末端构造展布等。这些地区或由于勘探程度低或由于资料复杂一直难以攻克。近两年，笔者用地质模式指导断层解释样式，采取三维连片整体解释，注重构造转换带和三维结合部断层解剖，重点对真②断层西段深入开展了此项工作。

以黄珏地区解释为例，在研究真②断层在高邮西部走向的过程中，真②断层在黄珏以西如何展布一直困惑着物探解释人员，从区域看，真①断层和真②断层是南断阶的边界断层，真②断层在许庄地区发育为两条主要断层，一条是控制北界真②-1 断层，另一条为真②-2 断层，发育在南部真①断层附近。真②-1 和真②-2 两条断层是除真①断层外在南断阶带断距最大、发育时间最长的两条断层，其断开层位都为 Ny～K_2t，它们发育时间均晚于真①断层，但从它们控制的沉积地层看真②-2 断层发育略早于真②-1，真②-2 断层从现有地震地质资料分析是吴堡运动时开始活动一条断层，到吴堡事件时达到高峰，该断层的下降盘保存有 Ny～K_2t 的全套地层，而在该断层上升盘的许庄许多地方在 Ny 的下部仅保留有 E_1f 和 K_2t，从 E_2s_2始至 E_1f_2包括 E_1f_1的部分地层被剥蚀殆尽，在该断层的断距在 E_1f 和 K_2t 有 1500m 左右，Ny 的断距也有近 200m。而真②-1 断层吴堡运动开始活动，真武运动–三垛运动时达到高峰，盐城运动时仍在活动，到 Ny_2沉积前停止。强烈地控制 E_2d、E_2s 和 Ny_1的沉积，在真②-1 断层下降盘的真武地区 Ny 的底界埋深达一千多米，而在真②-1 断层的上升盘 Ny 底界的埋深仅 750m 左右。E_2s 的厚度下降盘为 1000～1100m，上升盘为 600～700m，E_2d 的厚度下降盘为 700～800m，上升盘为 400～500m。

真②-1 断层由东向西规模变小，并在邵伯地区尖灭，处于这一发育段的真武–邵伯地震资料较好，勘探程度也高，构造落实程度高。取而代之的真②-2 继续从西向东发育，基本平行于真①断层。地震资料在邵伯–黄珏东一带品质较好，但黄珏以西资料状况很差，信噪比低，地震反射波组特征差，加上地层沉积结构复杂，横向对比解释层位更困难，断层位置可摆动范围大，基本无断面波。以上这些因素导致长期对该区构造面貌格局认识不清，加上处于几块三维结合区，关键部位处于资料结合区，资料差异也影响地震解释认识。

从区域断层迹象看，向西真②断层继续为雁列式发育，真 1 大断层下降盘应该还发育有真②-3、真②-4 等一系列断层，这在黄珏南三维 E_1f 解释中有所体现，同时，受真②-1 在真武地区走势和应力机制启发，大胆设想真②-2 断层走向是否有此特点，即断距变小，向北呈马尾撒开(图 6-21)。

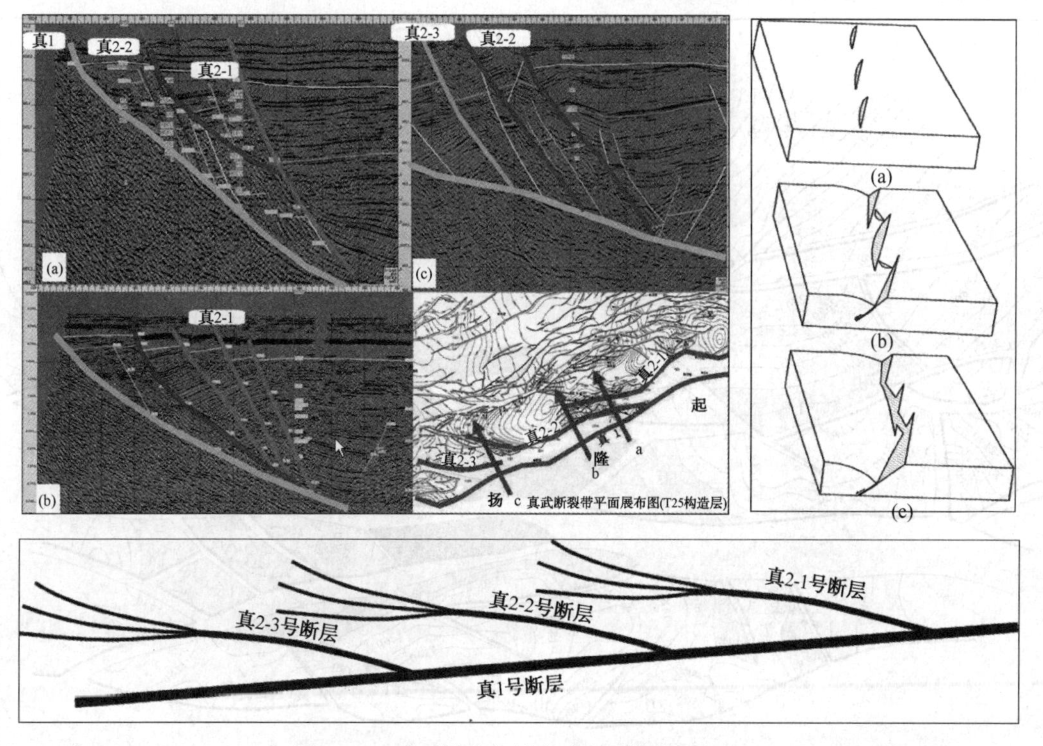

图 6-21　地质模式指导真武断裂带构造解释

基于这样的断层模式设想，在解释中，充分利用了黄珏附近的几套三维资料进行连片解释。连片解释优点是从好资料、构造明朗区向差资料、构造不明朗区逐渐推进，尤其避免单工区资料边部处理的假像，提高解释精度。首先由黄珏好资料、勘探程度高地区向西延伸构造解释，由于资料较差，解释中充分利用过井随机剖面进行大地层沉积格局研究，从过苏98-方2-中港1井NEE随机线剖面上，通过井分层和地震反射特征，发现真①断层倾角平缓，其上发育了几条较大断层，在中港1井向北进行邵伯深凹地区，浅深地层发育齐全，尤其是E_2d沉积较厚，但向南方2井附近，钻探揭示沉积有部分E_2d、E_2s，且E_2d明显变薄，两井间为真②-2断层，E_2d断距为500左右，继续向南，地层反射特征明显不一样，资料显示很可能还发育有与真②-1断层相当的大断层，同时苏98井钻探也揭示了该地段缺失E_2d、E_2s，其地层结构类似许庄地区，因此方2与苏98井之间必然还发育至少一条控沉积大断层，即真②-3断层，同时在上述真②-2断层南侧还发育一条断距相当的断层，即真②-2断层在此处有分叉现象。继续研究向西地震资料特征，从过苏98井-马31块近SN向随机线剖面看，真①断层依然平缓，其上相应位置上发育的真②-2两条分叉断层较上条随机线更容易识别，断层两侧波组有错断或产状突变现象，且断距规模明显变小，显示了真②-2断层向西逐渐呈尾状撒开的特征，真②-3断层虽然在地震资料上较难识别，但依据苏98井资料依然可解释。

通过理清真②断层西部几条主控断层伸展方向，对黄珏地区开展了新一轮构造解释，成功钻探了探井方4井及方5、方4-1、方4-2等7开发评价井，这些井均在E_1f_{2+1}段见到良好油气显示，其中方4井$E_1f_1$10、11号层压裂后日产油31.8m^3。通过进一步构造解释落实圈闭21个(图6-22)，有望继续在黄珏地区实施勘探外甩。

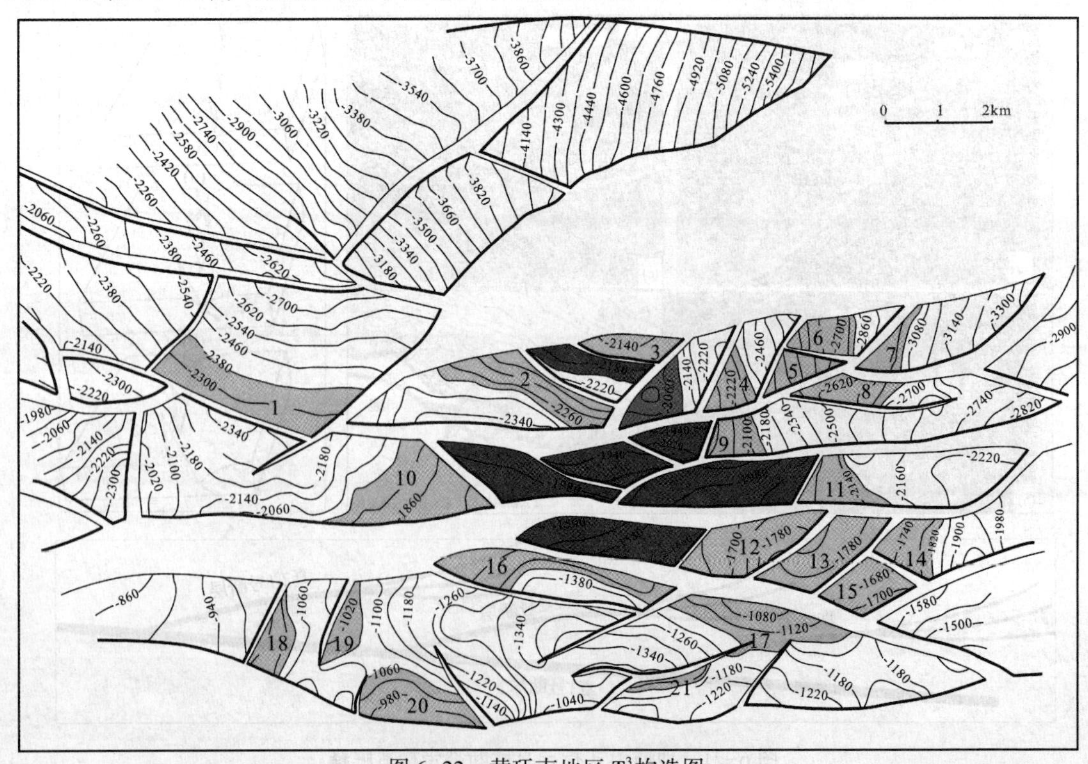

图6-22 黄珏南地区T_3^3构造图

大断裂带的断层解释有其自身的特点，如大断裂活动方式造成的局部构造样式的差异；大断裂与次生断层的组合问题等。在深大断裂带进行断层的识别和组合，除了要运用复杂断块区的断层解释方法外，还需要能够解决如何利用地震资料合理描述大断裂发育模式；如何准确描述次生断层的的发育特点。针对这些问题，笔者采用了断层趋势面法、倾角方位角法、叠后滤波法等有效技术来辅助解决这些问题，取得了一定的效果。

(1) 断层趋势面法

是将断层空间展布特征以平面的方式显示的分析方法，利用断面来考察断层横向展布的合理性。其深度值表示其在某个位置上纵向切入地层的深度，等值线的走向代表断层平面上伸展方向，等值线的疏密程度表示着断层在剖面上的陡缓程度。由于其重点研究的是断层的空间延展趋势特征，这一分析方法主要适合应用在二级以上大断层空间展布规律性研究上。

(2) 倾角方位角法

主要是通过提取地层倾角和方位角数据体，沿层逐道计算样点间的时间变化率和方位角，斜率和方位角突变位置反映了断层的存在。寻找倾角方位角突变处往往是断层或特殊地质体发育的地方。该技术适用条件是断层两边的地层具有明显的倾角方位角变化，深大断裂带断裂带的上升盘、断阶和下降盘地层通常具有不同的产状(图 6-23)，这为笔者利用该方法了解断裂带构造样式提供了有效的方法。

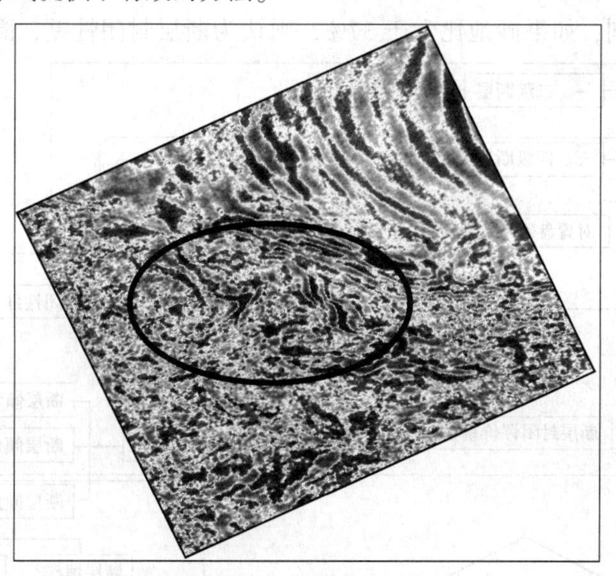

图 6-23　黄珏南地区倾角方位角法识别断层

(3) 叠后滤波法

对于断裂带附近地震资料信噪比低的地区，断层识别困难，而断层的解释又是这些地区解决构造基本面貌的关键。笔者尝试对叠后偏移成果数据进行滤波处理，目的是滤除较高频成分，保留实际地震资料主要频宽范围信息，进一步提高断裂带地震资料信噪比，从而突出较低频的断层信息。

第二节 复杂断块圈闭有效性评价技术

一、断层封闭性评价技术

高邮凹陷断层发育，几乎所有油气藏都与断层有关，断层封闭性研究成为圈闭评价的重要内容。有效的断层封闭评价技术将大大降低勘探开发的风险和成本，在长期的勘探实践中，研究人员总结了一套适合高邮凹陷的断层评价思路和技术方法。

1. 断层封闭性评价思路

断层封闭性研究表明，断层封闭性的影响因素主要包括：断层级别、对置盘地层砂地比、断层活动期、断层倾角及埋深、断层倾向等因素。通过大量油藏和未成藏断块圈闭的解剖，明确了断层级别和对置盘砂地比是高邮凹陷断层封闭的主控因素，断层活动期、断层倾角等是断层封闭性的重要因素。并先后建立了大断层、砂泥对接、砂泥混接、早期断层、载荷压力等多种断层封闭模式。

根据断层封闭性研究成果，笔者确立了断层封闭性的研究思路(图 6-24)。根据断层封闭性影响因素的主次关系，先判断断层级别，如果是一、二级断层，认为断层封闭性良好；如果是三、四级断层，再判断对置盘砂地比含量，如果砂地比小于 18%，则认为断层封闭性好，成藏条件有利，如果砂地比大于 37%，则认为断层封闭性差，圈闭难以成藏；如果

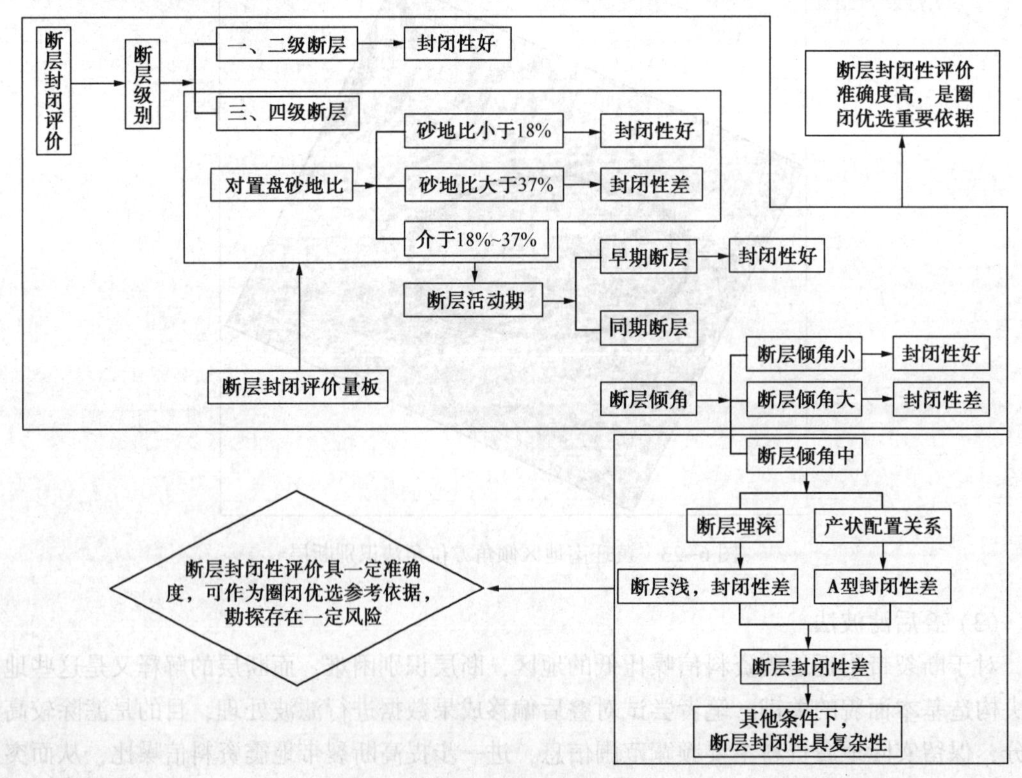

图 6-24 断层封闭性评价流程图

砂地比介于18%~37%，认为断层封闭性存在多样性，则进一步考察断层活动期，如果为吴堡等早期活动断层，则认为封闭性良好；如果不是，则考察断层倾角，如果断层倾角小于25°，则认为断层封闭性好；如断层倾角大于55°，认为断层封闭性差。如果一条断层能在此阶段判断断层封闭性，则断层封闭性评价准确度高，是圈闭优选重要依据，该阶段断层封闭性评价的核心是应用断层封闭量板评价技术。

在断层封闭评价过程中，一般在考察主要因素对封闭性的影响时，还要将其他影响封闭的地质因素进行综合考虑。虽然断层封闭性影响因素有主次之分，但当不利地质因素的影响明显时，往往一种不利的封闭因素会“抵消”另一种有利因素的封闭作用，甚至当一种主要影响因素有利而次要因素具有明显不利时，都有可能造成断层不封闭。如在花瓦地区判断小断层封闭性时，在考虑断层级别、对置盘砂地比、断层活动期等情况时，还要考虑断层产状的配置关系：当其他条件表明封闭有利时，只有B型、C型产状配置的断块封闭，而A型产状配置的断层封闭性差。同时，在断层封闭评价过程中，还要考虑不同区域、不同层系具有不同的封闭判别标准。如在真武、永安等地区断层产状配置的影响就没有花瓦地区明显，在这些地区有大量A型产状配置的断层具有良好封闭性。

按照这一评价思路，针对不同的地区总结了配套的断层封闭评价技术，在实践中得到了广泛应用，并取得了良好的勘探效果。

2. 斜坡带断层封闭性评价技术

（1）斜坡带断层基本特征

斜坡带的断层主要发育三级、四级及以下级别断层。断层封闭性研究表明，对置盘砂地比是该区断层封闭的主控因素，断层活动期、断层倾角、断层产状与地层产状的配置关系等是断层封闭性的重要因素。

斜坡带断层油藏以阜宁组油藏为主，属于下构造层的中含油气系统，控制油藏的主要断层按级别可分为三级、四级、五级及以下断层。在这些断层中，四级、五级断层一般位于T_3^0不整合界面以下，为吴堡期断层，属于早期断层。由于断层活动期较早，且断层停滞时间较长，有利于断裂带的压实、胶结等成岩作用的发展，断层封闭性良好，有利于断层封闭。

勘探实践表明，在斜坡带发现的吴堡期五级断层封闭性良好，认为早期活动的小断层能够封挡并形成富集油藏。这一认识对评价砂地比介于18%~37%的随机封挡断层封闭性起到了积极作用，大大扩大了目标圈闭的优选范围。

在斜坡带，应用断层封闭评价技术对圈闭进行评价，优选出断层封闭性良好的圈闭，成为勘探决策的重要依据，推动了花瓦地区的勘探进程，在勘探中起到了积极作用。

（2）断层封闭性评价技术的应用

斜坡带地区的圈闭以北倾弧形断层与北抬南倾的地层相结合，形成弧形断层控制的单斜或鼻状构造背景的断块圈闭，断层以三级为主，断层断距较大，砂泥对接为主要封闭模式。

断层封闭评价以花17的应用为例进行分析。首先对花17块的主控断层进行分析解剖，并统计断层要素(表6-2)，断层统计表明：花17井由花17北、花17西及花17南三条断层控制，断层断距相对较小，其中花17西断层断距小于100m，为五级断层，其他两条为四级断层，同时，花17块对于花17北和花17西断层而言，是断层的上升盘，而对于花17南断层而言是下降盘(图6-25)；对置盘砂地比介于18%~37%，断层活动期为吴堡期，为早期活动断层；花17三条主控断层延伸程度较短；断层倾角介于28°~43°。总体属于早期小型断层。

表 6-2 花 17 块断层要素统计表

油藏名称	层位	断层名称	断层性质	主要活动期	断层走向	延伸长度/km	断层		
							断距/m	倾角/(°)	对盘砂地比/%
花 17	E_1f_3	花 17 北	反向正断层	吴堡期	近 EW 向	9	80~110	38	E_1f_4：0 E_1f_3：21
		花 17 西	反向正断层	吴堡期	NE 向	2	40~60	43	E_1f_4：0 E_1f_3：30
		花 17 南	顺向正断层	吴堡期	近 EW 向	20	60~140	28~40	$E_1f_3^2$：29

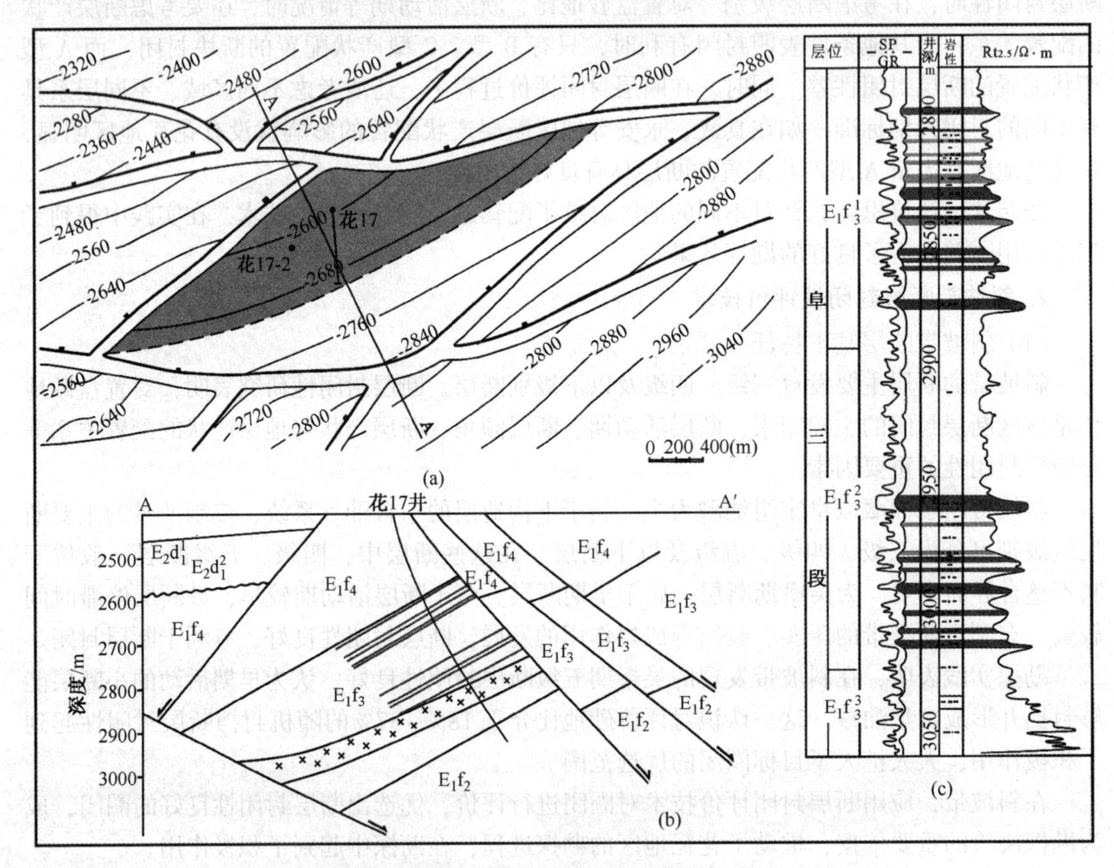

图 6-25 花 17 块阜三段地质综合图

(a)阜三段底构造图；(b)油藏剖面图；(c)花 17 井柱状图

按照断层封闭评价流程，从断层级别和对置盘砂地比来看，断层级序高，对置盘砂地比介于 18%~37%，因此，要进一步考察断层活动期、断层倾角、断层性质等影响因素。

从断层活动期来看，三条断层均为吴堡期断层，断层活动期早于油气大规模运移，断层断裂带有利于胶结作用的进行，易于形成封挡，同时，对三条断层的倾角进行分析，认为断层倾角为中等倾斜程度，对断层封闭性的影响中等；而断层倾向方面，花 17 北和花 17 西断层对花 17 块而言是反向正断层，为 B 型产状配置关系，有利于断层封闭；而花 17 南断层对花 17 块而言是顺向正断层，为 A 型产状配置关系，不利于断层封闭(表 6-3)。

表 6-3　花 17 块断层封闭性判别

断层名称	主要影响因素及单因素封闭判别						影响因素及单因素封闭判别				综合判别
	断距/m	封闭判别	对盘砂地比/%	封闭判别	主要活动期	封闭判别	断层倾向	封闭判别	倾角/(°)	封闭判别	
花 17 北	80~110	中等	E_1f_4：0 E_1f_3：21	中等	吴堡期	好	反向正断层	好	38	中等	好
花 17 西	40~60	中等	E_1f_4：0 E_1f_3：30	中等	吴堡期	好	反向正断层	好	43	中等	好
花 17 南	60~140	中等	$E_1f_3^2$：29	中等	吴堡期	好	顺向正断层	差	28~40	中等	差

从影响条件看，三条断层的断层级别、对置盘砂地比等因素都为中等条件，而断层活动期为早期，有利于断层封闭；从三条断层的判别对比来看，花 17 北、花 17 西断层与花 17 南断层相比断层倾向与地层倾向的产状配置关系不同，前两条断层有利于断层封闭，而后者不利于断层封闭。从阜三段的断层封闭影响因素看，断层倾向的产状配置关系对断层封闭性具有明显影响因素，因此，花 17 北和花 17 西断层封闭性好，而花 17 南断层封闭性差。勘探实践也证实了这一点，花 17 块的油藏面积受花 17 北和花 17 西断层控制，能够封闭油藏；而花 17 南断层不封闭油藏。

3. 断裂带断层封闭性评价技术

（1）断裂带断层基本特征

断裂带断层发育更为复杂，既发育一、二级边界大断层，又有一、二级的伴生断层和调整断层。分析认为，在断裂带地区，一、二级断层断距大、活动期长，断层断裂带发育，结合断层封闭性研究认为一、二级断层封闭性良好，断层规模是断层封闭性的主控因素。同时对断裂带控制圈闭的三、四级断层来讲，断层倾角较大、活动期较晚，一般依靠砂泥混接、砂泥对接封挡，因此，对置盘的砂地比对断层封闭性至关重要，是三、四级断层封闭性的主控因素。

（2）断层封闭性评价技术的应用

在永安地区通过应用断层封闭评价量版技术取得了良好的勘探效果，永安地区勘探层系主要是戴南组，其各个亚段的砂岩发育程度不同，通过对断块的对置盘砂地比进行研究，优选对置盘砂地比合适的层段作为主要勘探层系，这为提高了油气的勘探成功率，并为工程施工等提供了指导。

永 22 是断裂带应用封闭性评价技术又一成功断块，下面以永 22 块的断层封闭评价为例进行分析。首先，通过解剖永 22 块并统计断层要素（图 6-26、表 6-4），永 22 块主要含油层系为 $E_2d_1^{2-3}$，主要由北侧的汉留断层和永 22 南断层控制。其中汉留断层为二级断层，断距大，约为 800m，断层活动期为吴堡—盐城期，属于长期活动的大断层；而永 22 南断层根据断距及活动期的不同又分为西段和东段：西段为四级断层，断距较大，断层活动期为吴堡—三垛期，为同期活动断层，东段为五级断层，断距小，断层活动期为真武—三垛期，为同期活动小断层。永 22 块油藏位于汉留断层下降盘，因此汉留断层属于永 22 块的顺向正断层，断层产状为 A 型配置；而永 22 块位于永 22 南断层上升盘，该断层则属于永 22 块的反向正断层，断层产状为 B 型配置。

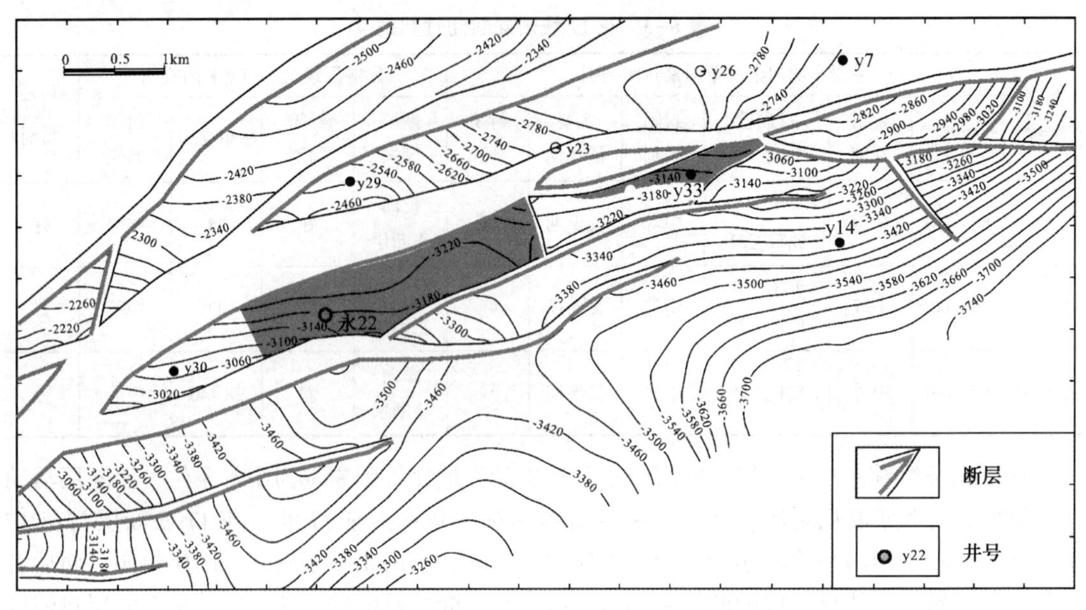

图 6-26 永安西部地区 T_2^5 地震反射层构造图

按照断层封闭评价流程，首先对汉留断层进行断层封闭性分析。从断层级别和对置盘砂地比来看，汉留断层为二级断层，断距大，有利于断层封闭，同时，对置盘对接阜四段(E_1f_4)泥岩，虽然为顺向断层，仍可认为汉留断层具有良好的封闭性。因此，该块断层封闭的研究重点为南部断层。

表 6-4 永安地区永 22 油藏断层要素统计表

层位	断层名称	断层性质	主要活动期	断层走向	延伸长度/km	断层		
						断距/m	倾角/(°)	对盘砂地比/%
$E_2d_1^{2\sim3}$	永 22 南西段	反向正断层	吴堡—三垛	NEE 向	>4	380~440	45°~55°	$E_2d_2^3$：35 $E_2d_2^4$：30
	永 22 南东段	反向正断层	真武—三垛	NEE 向	>2	120	45°~50°	$E_2d_2^1$：20
	汉留断层	顺向正断层	吴堡—盐城	NEE 向	>8	800	45°~55°	E_1f_4：0

对永 22 南断层来讲，从断层级别看，永 22 块南西段断层为四级，断距较大，较有利于断层封闭，但仍需要其他条件配合；而永 22 南东段断层为五级，断距小，不利于断层封闭，封闭性具有多样性；要进一步判断对置盘砂地比及其他断层封闭地质因素。对于永 22 南西段断层来讲，砂地比为 30%~35%，封闭性中等，而永 22 南东段断层，砂地比为 20%，较有利于断层封闭，是断层封闭的有利因素。从其他影响条件来看，对西段断层来讲，活动期、断层倾向较有利，从断距和对置盘砂地比来看，永 22 南两条断层具有较好的封闭性，倾角中等，而东段断层，断层倾向有利，倾角及活动期中等(表 6-5)。

永 22 块南断层在断层级别和对置盘砂地比来看都对断层封闭性较有利，同时，其他断层影响因素没有较大的破坏作用。总体来看，永 22 南断层具有良好的封闭性，永 22 块的封闭性评价成功推动了断裂带的勘探，并在其他断块永 35 块等应用，取得很好的勘探效果。

表 6-5　永 22 块断层封闭性判别

断层名称	主要影响因素及单因素封闭判别						影响因素及单因素封闭判别				综合判别
	断距/m	封闭判别	对盘砂地比/%	封闭判别	主要活动期	封闭判别	断层倾向	封闭判别	倾角/(°)	封闭判别	
永 22 南西段	380~440	较有利	$E_2d_2^3$：35 E_2d_{22}：30	中等	吴堡—三垛	较有利	反向正断层	好	45~55	中等	好
永 22 南东段	120	中等	$E_2d_2^1$：20	好	真武—三垛	中等	反向正断层	好	45~50	中等	好
汉留断层	800	好	E_1f_4：0	好	吴堡—盐城	中等	顺向正断层	差	45~55	中等	好

二、储层评价技术

高邮北斜坡的内坡带，主要目的层阜宁组为深层低孔渗领域。圈闭成藏不但受控于圈闭条件，而且储层对圈闭的有效性有重要影响，储层评价技术是圈闭优选和勘探成功的关键。

1. 砂体预测技术

高邮凹陷阜三段砂岩孔隙类型主要以粒间溶孔和骨架颗粒溶孔为主，其中深层储层次生溶蚀孔隙通常占总孔隙的 80%~90%(图 6-27)。而对于不同埋藏深度的储层，由于成岩作用强度不同，孔隙发育程度不同；处于相同埋藏深度的储层，由于沉积微相的差异带来的岩石结构及成分的不同，其储层物性的差异亦不尽相同(图 6-28~图 6-30)。研究认为，三角洲前缘亚相水下分支河道、河口砂坝细砂级砂岩是相对优质储层。

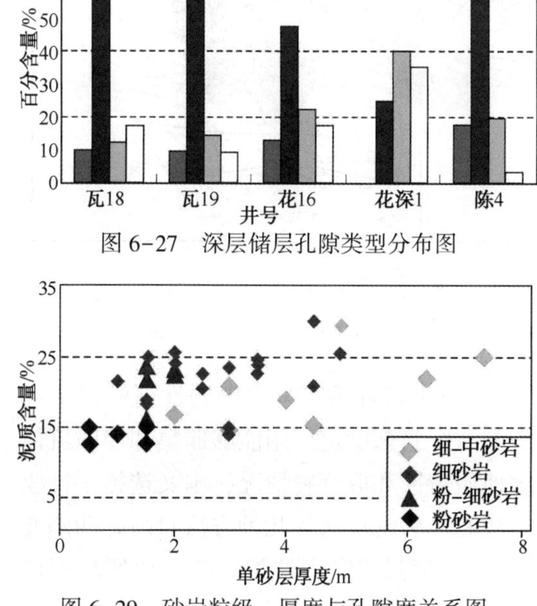

图 6-27　深层储层孔隙类型分布图

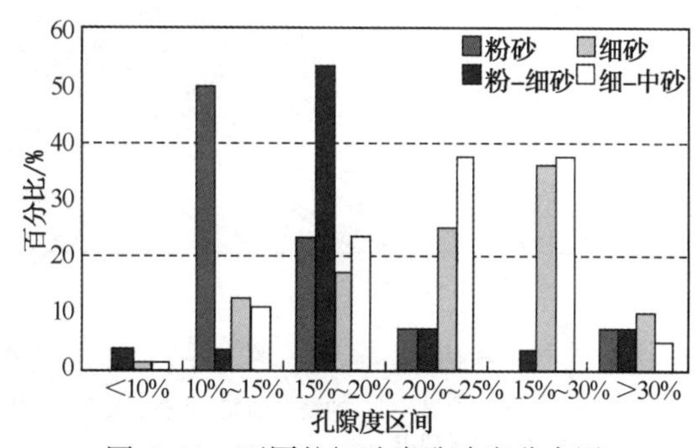

图 6-28　不同粒级砂岩孔隙度分布图

图 6-29　砂岩粒级、厚度与孔隙度关系图

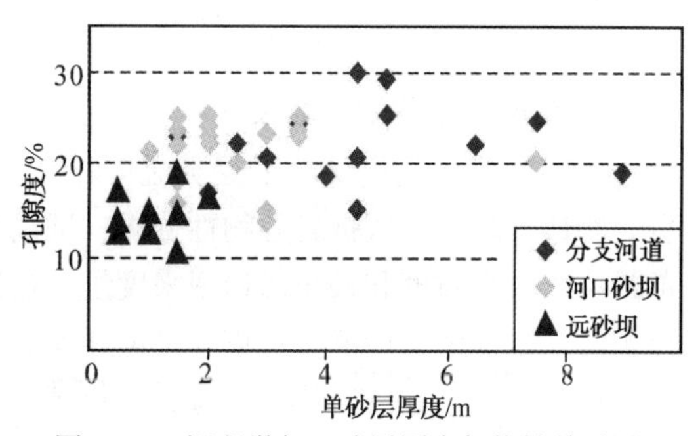

图 6-30　沉积微相、砂层厚度与物性关系图

高邮凹陷北斜坡 E_1f_3 沉积相研究，通过地层对比分析，将 E_1f_3 三个沉积亚段进一步精细划分为10个砂层组，再以砂层组为研究单元，开展沉积精细微相研究，研究水下分支河道展布区域，着重寻找有利砂体发育区。平面上分支河道呈树枝状分布，分支河道发育时期短、改道频繁，这也是造成阜三段砂岩厚度薄、变化快的主要原因；至沙埝-花庄一线以南，分支河道发育规模变小，逐渐进入三角洲前缘与前三角洲的过渡带。通过分支河道砂体展布特征研究，预测各砂层组分支河道发育区，再与构造图叠合，优选分布在河道主体位置上的圈闭作为勘探目标(图6-31)，从而达到构造研究和储层预测的有效结合，判断圈闭的有效性，提高勘探的成功率和勘探效益。

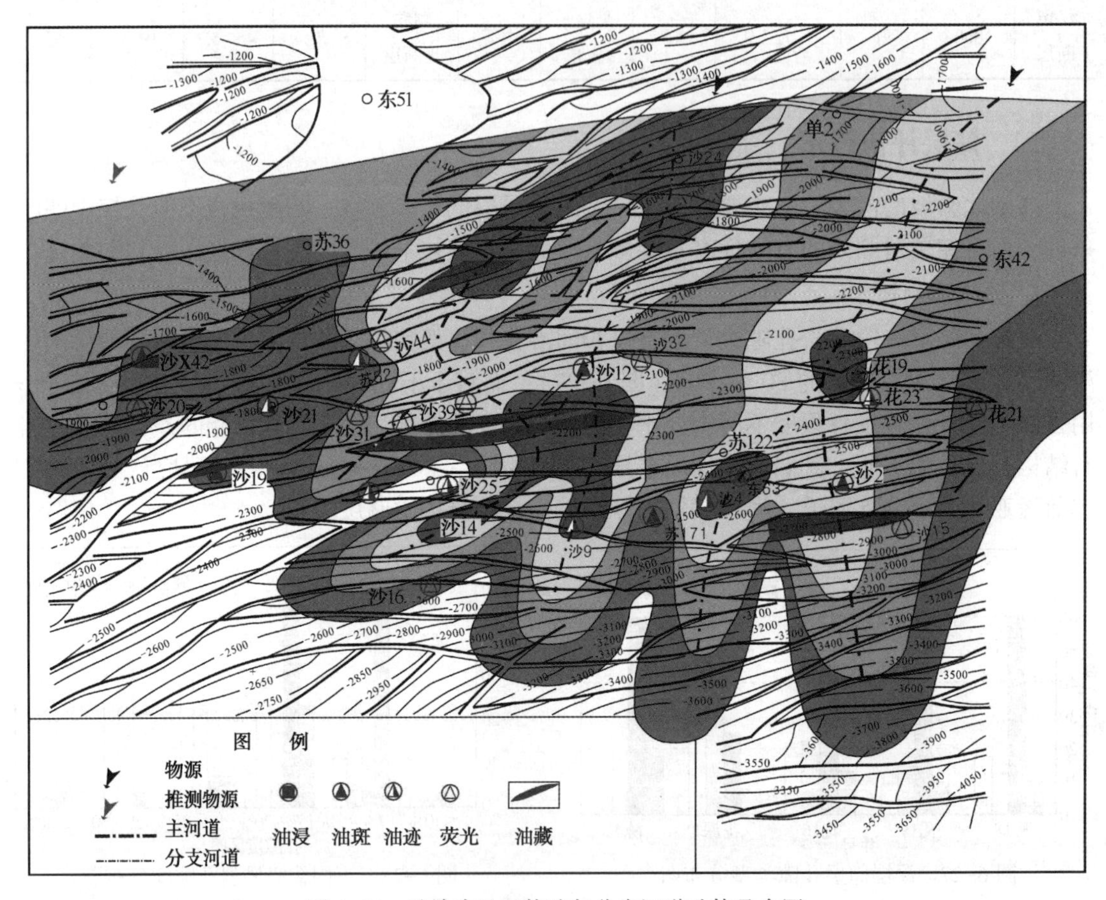

图6-31　沙埝南地区构造与分支河道砂体叠合图

2. 储层物性下限研究技术

有效储集层是指储集了烃类流体并在现有的工艺技术条件下可采出的物性下限以上部分。物性下限一般根据岩心物性分析、试油和生产测试资料来确定，用能够储集和渗滤流体的最小有效孔隙度和最小渗透率来度量。根据本区地质特征和取资料情况，本文选择了排驱压力法、试油法、产能法、束缚水饱和度法、测试法和经验统计法等几种方法对高邮凹陷北部内坡带的35口井进行了阜三段储层物性下限的研究，通过多种方法综合确定该区阜三段的储层物性下限。

(1) 排驱压力法

该方法利用孔喉分析资料，建立排驱压力、中值压力与孔隙度、渗透率关系图，把曲线突变处作为渗透率和孔隙度的物性下限，根据工区 7 口井 79 个压汞数据点，分别确定 E_1f_3砂岩的孔隙度下限为 11.5% 和 10.7%，渗透率下限为 $1.1\times10^{-3}\mu m^2$(图 6-32、图 6-33)。

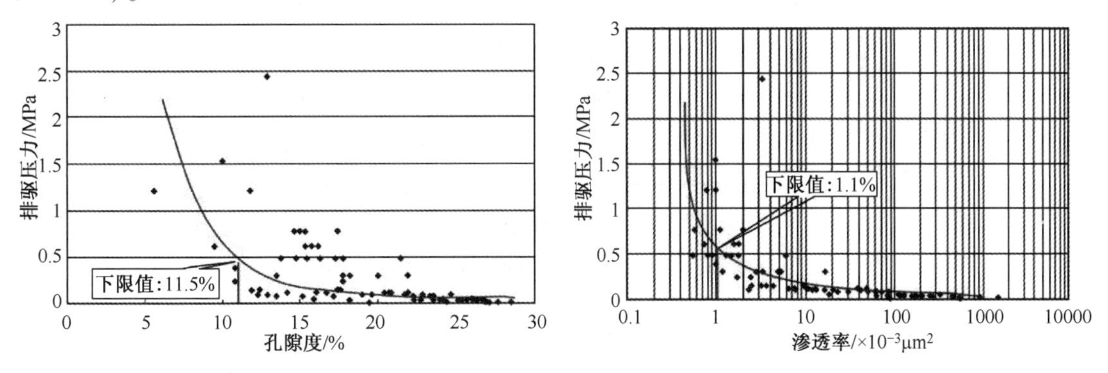

图 6-32 排驱压力法确定物性下限图版

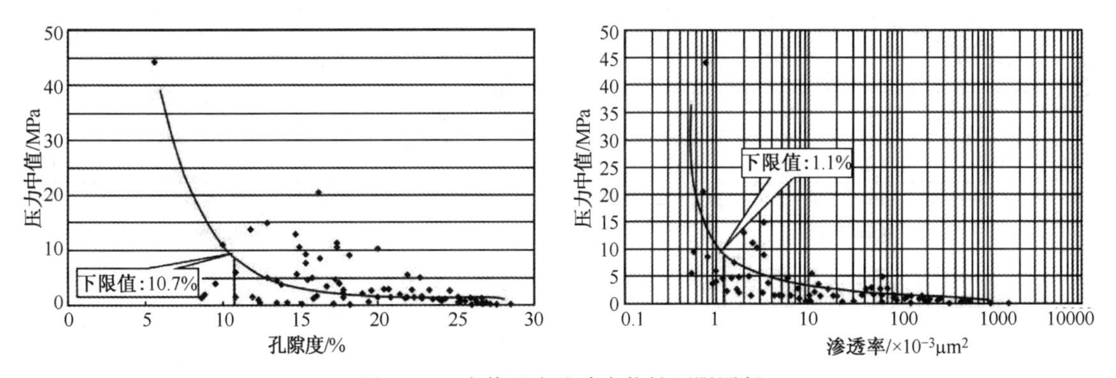

图 6-33 中值压力法确定物性下限图版

(2) 试油法

试油法是将试油结果中的各试油层段储层所对应的孔隙度、渗透率绘制在同一坐标系内，有效储层(油层、水层、油水层)与非有效储层(干层)的分界处对应的孔隙度、渗透率值为有效储层物性下限值(图 6-34)。根据高邮凹陷北斜坡内坡 29 口井的 49 个 E_1f_3试油数据资料，确定了该区 E_1f_3砂岩储集层的孔隙度下限为 10.7%，渗透率下限为 $1.1\times10^{-3}\mu m^2$。

(3) 产能法

产能法是将单层试油数据与储层的物性进行分析，主要是使用产油量、产液量与孔隙度、渗透率进行交汇，来分析储层的物性下限。根据高邮凹陷北斜坡内坡 29 口井的 E_1f_3试油情况，将其与储层物性进行交汇(图 6-35、图 6-36)，以日产油 $0m^3$、日产液 $3m^3$作下限计算值，分别得到储层的物性下限为：

产油法：孔隙度下限为 11.8%，渗透率下限为 $2.7\times10^{-3}\mu m^2$。

产液法：孔隙度下限为 12%，渗透率下限为 $2.5\times10^{-3}\mu m^2$。

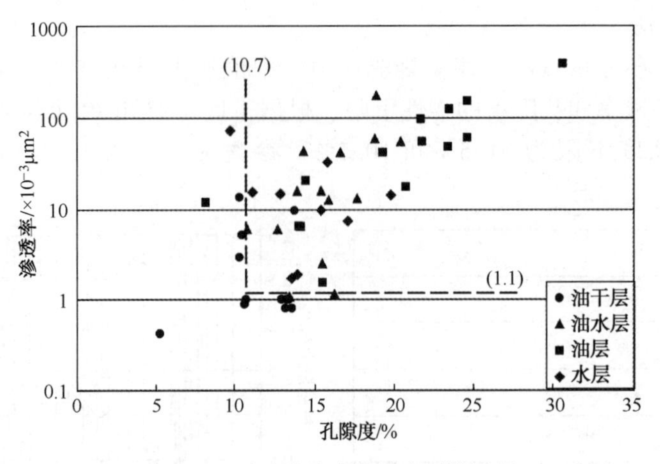

图 6-34 试油法确定孔隙度下限图版

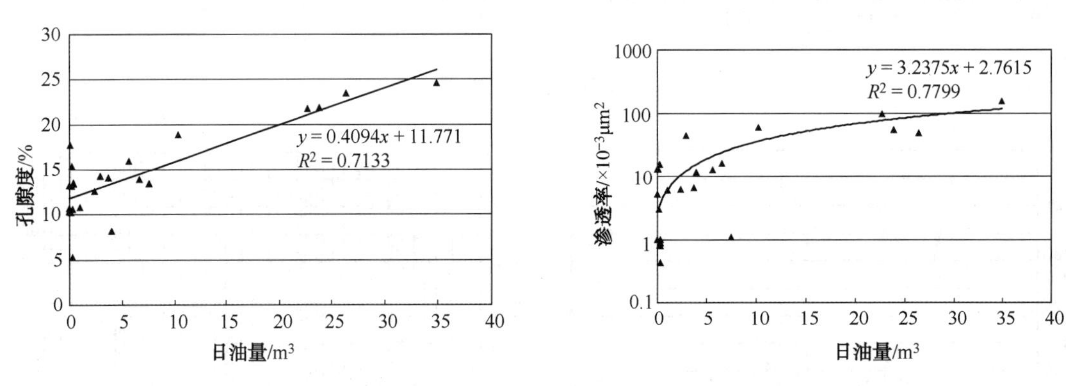

图 6-35 产油法确定孔隙度下限图版

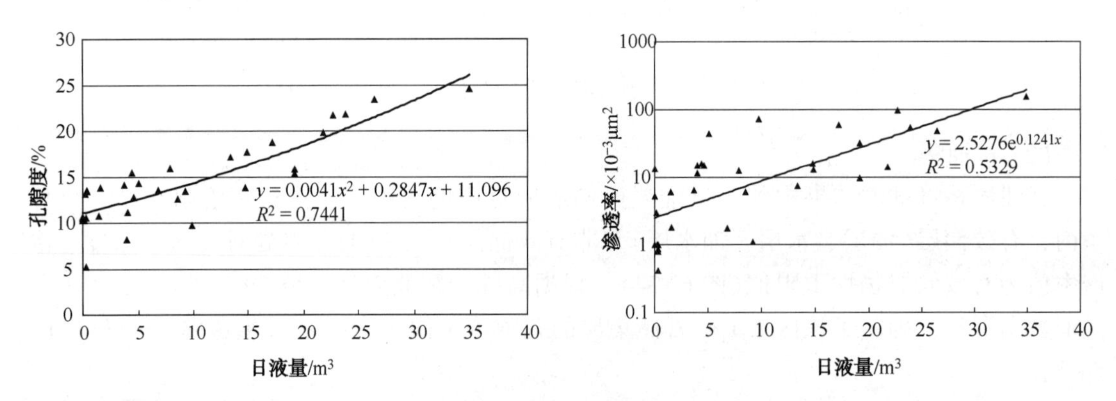

图 6-36 产液法确定孔隙度下限图版

（4）束缚水饱和度法

束缚水饱和度法是建立束缚水饱和度与孔隙度之间的关系，束缚水饱和度达到 80% 的储层，其储集空间主要为微孔隙，不能够储集和渗流流体，由于工区束缚水饱和度的数据较少，故采用压汞实验数据与相渗分析数据相结合的方法来进行分析：以相渗分析所得的束缚水饱和度数据为依据，读取相应压汞实验的压力数据，以该数据为依托，求取其他没有相渗分析数据的压汞实验所对应的束缚水饱和度。以沙 12 井 2058m 处的相渗分析为依据，对应该样品的压汞资料，得到测试压力的对应数据为 1.537MPa，以此压力为标准，读取其他压汞实验所对应的束缚水饱和度值，并结合其他相渗分析的数据与对应的物性进行交汇来成图(图 6-37)，根据此方法共得到 10 口井 105 个数据点，从而得到高邮凹陷北斜坡内坡 E_1f_3储层物性下限为：孔隙度下限为 15.9%，渗透率下限为 $1.6×10^{-3}μm^2$。

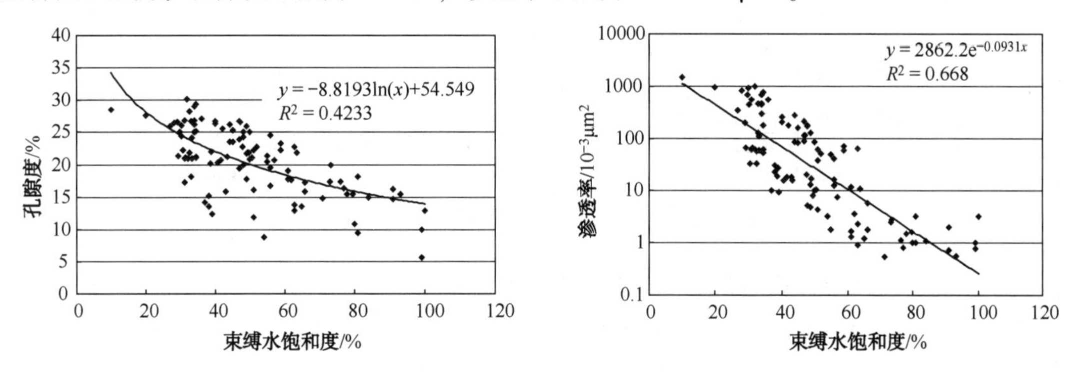

图 6-37　束缚水饱和度法确定孔隙度下限图版

(5) 测试法

单层试油成果是储集层物性、流体饱和度、流体性质和采油工艺技术水平的综合反映，是研究储油层中原油流动与不流动的直接资料。将单层试油成果反映到岩心的物性参数上，就可确定储层的渗透率和孔隙度下限。

根据建立比采油指数与孔隙度和渗透率的关系图(图 6-38)，当比采油指数大于零时，对应的孔隙度和渗透率即为储集层的孔隙度和渗透率下限值，根据阜宁组 E_1f_3单层试油情况确定了 E_1f_3砂岩储集层的孔隙度下限为 11.0%，渗透率下限为 $1.0×10^{-3}μm^2$。

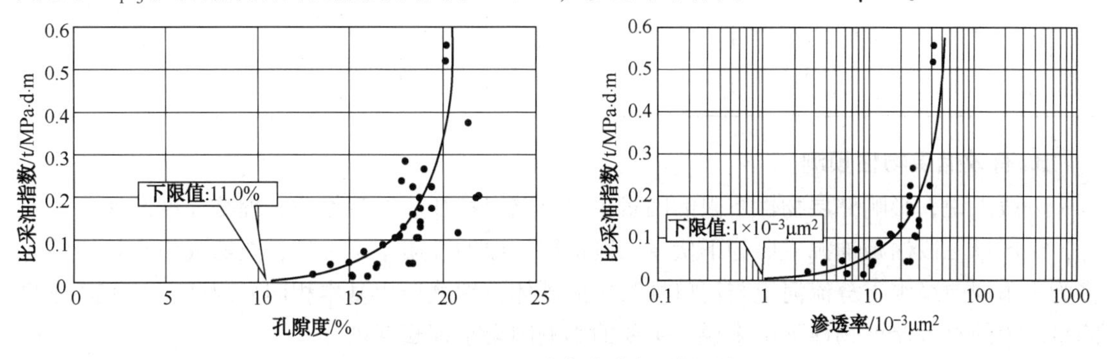

图 6-38　测试法确定孔隙度下限图版

(6) 经验统计法

主要依据取心进行物性分析，将物性按照频数作图，标出累计曲线，并根据分析样品的数量和质量以及储集层的类型，选取合适的经验值，来标定孔渗下限(图 6-39)。目前国内外对低渗透储层的下限经验为累计曲线上的 5%~6%处，此处选用 6%，用经验统计的方法确定 E_1f_3砂岩储集层的孔隙度下限为 10.6%，渗透率下限为 $1×10^{-3}μm^2$。

(7) 北斜坡内坡阜三段储层物性下限的确定

根据上述的各种方法，对其分析(表 6-6)，发现：

① 束缚水饱和度法的下限值明显高出其他方法，这可能是由于相渗分析的束缚水饱和

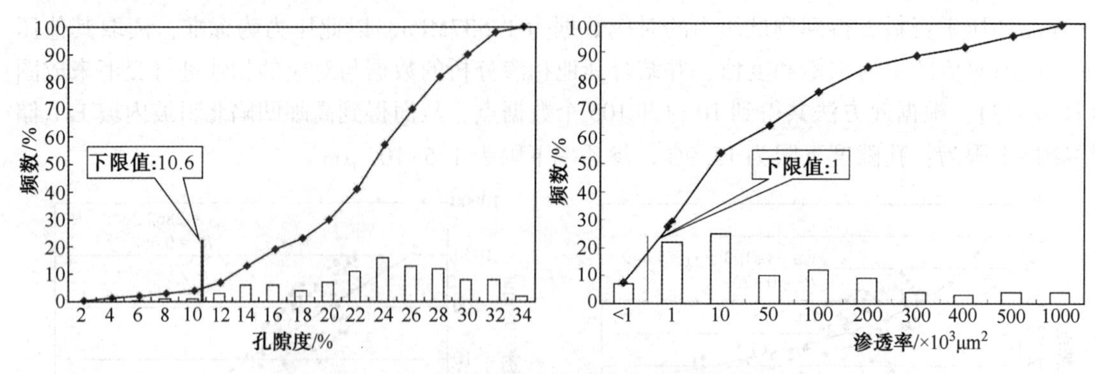

图 6-39 经验统计法确定孔隙度下限图版

度点太少，而通过压汞计算所得数值存在较大误差所致。

② 产能法的渗透率明显偏高，这可能与产能层位皆为较好储层有关，并不能完全代表储层的渗透率下限。

因此，在求取孔隙度下线时，将束缚水饱和度法的值去除并平均各法，在求取渗透率下限时，将产能法数值剔除并平均各法，可得到高邮凹陷北斜坡内坡阜三段储层物性下限值：孔隙度下限为 11.2%，渗透率下限为 $1.1\times10^{-3}\mu m^2$。

表 6-6 北斜坡阜三段(E_1f_3)物性下限综合表

物性下限	压汞分析法		试油法	产能法		束缚水饱和度法	测试法	经验统计法	综合值
	排驱压力法	中值压力法		产液法	产油法				
孔隙度/%	11.5	10.7	10.7	12	11.8	15.9	11	10.6	11.2
渗透率/$\times10^{-3}\mu m^2$	1.1	1.1	1.1	2.5	2.7	1.6	1	1	1.1

3. 有效储层物性预测

一般来说，影响储层物性下限的因素主要有储层特征、原油性质、埋藏深度及埋藏历史等，工区阜三段油藏油源主要为下伏阜二段地层，原油性质基本一致，能够成为有效储层的多为三角洲前缘水下分流河道与河口坝微相的砂体，埋藏历史基本相同，因此，对于高邮凹陷阜三段的有效储层物性下限来说，主要的影响因素是埋藏深度。

通过上述的 6 种方法，得到了高邮凹陷阜三段不同埋深下有效储层的物性下限数据(表 6-7)。为了消除单一方法的误差，以及获得任意深度下的有效储层物性下限数据，将上述方法所得下限值与其对应深度中值做回归拟合(图 6-40)，从而得到有效储层物性下限与深度的函数方程，而由于产能法的渗透率下限值与其他方法差距较大，故在拟合时舍弃不用。拟合所得函数方程如下：

$$\Phi_{cutoff}=-8.5231\times\mathrm{Ln}(H)+79.141 \qquad R^2=0.8569 \qquad (1)$$

$$K_{cutoff}=4.6826\times e^{-0.0005H} \qquad R^2=0.7667 \qquad (2)$$

式中 Φ_{cutoff}——孔隙度下限，%；

K_{cutoff}——渗透率下限，$\times10^{-3}\mu m^2$；

H——埋深，m。

表 6-7　高邮凹陷阜三段储层物性下限表

物性	分布函数曲线法	排驱压力法	束缚水饱和法	试油法	测试法	产能法	
						日油法	日液法
孔隙度下限/%	13.5 (2000—2500) 11.7 (2500—3000) 9.8 (3000—3500)	12.4 (2000—2600)	13.6 (2000—2500)	13.5 (2000—2800) 10.9 (2800—3600)	11.7 (2200—3000)	11.3 (2000—3500)	11.9 (2000—3500)
渗透率下限/ $\times10^3\mu m^2$	1.4 (2000—2500) 1.1 (2500—3000) 0.7 (3000—3500)	1.25 (2000—2600)	1.5 (2000—2500)	1.25 (2000—2800) 1 (2800—3600)	1.4 (2200—3000)	1.7 (2000—3500)	2.1 (2000—3500)

＊物性数据后附深度区间，/m

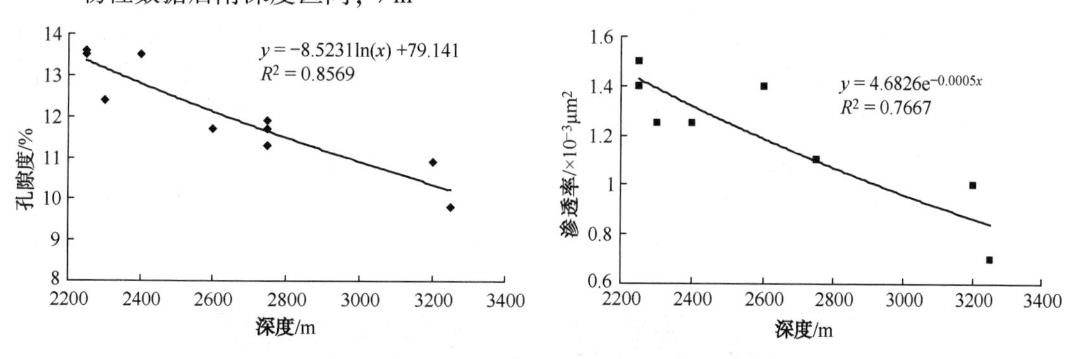

图 6-40　高邮凹陷阜三段储层物性下限与深度关系图

第三节　复杂断块勘探实践

通过对高邮凹陷成藏关键因素——断层作用和复杂小断块精细识别技术开展深入系统研究，形成了一套具有江苏特色的配套勘探技术系列，有效地指导了复杂断块的勘探实践，提高了圈闭识别的精度和勘探成功率。“十一五”以来，部署探井近 80 口，探井成功率从 37% 提高到 52%，取得了很好的勘探效益。

一、花瓦地区隐蔽性断层发育区勘探实践

花瓦构造带是高邮北斜坡主体构造带之一，该区成藏条件十分优越，具有充足的油源基础，储盖组合有利，已发现 K_2t、E_1f_1、E_1f_3、E_2d 四套含油层系。1995~1996 年在花庄三维基础上先后完钻了花 3、花 3A、花 4、花 6、花 5 及花 5A6 口预探井，其中花 3A 和花 6 井在 $E_2d_1^2$ 试获工业油流，为花庄地区 E_2d 的油气勘探打开了局面。2002 年甩开钻探瓦 2 井取得

成功，E_1f_3试油获得37.2m^3/d高产工业油流，随后在其毗邻断块实施了瓦3、瓦5、瓦6等井在E_1f_3、E_1f_1、K_2t取得成功。2003年实施了花庄北三维地震，发现了一些由主控断层控制的构造圈闭，针对E_1f先后钻探了花X11、花X12、花X13、花14等多口井，但勘探效果不明显。

花瓦构造带主体断层走向近EW向，这一系列延伸较长、断距较大的近EW向断层，与南倾的地层相匹配很难形成构造圈闭。因而，能否形成构造圈闭的关键是能否发育NE走向断层。通过详细研究，发现这些EW向断层之间存在着断续分布的NE至NNE向断层。这些NE向断层规模小、延伸短，平面上往往与EW向断层相交或合并；而剖面上向下收敛于高序级断层上，可与高序级断层倾向相同或相反，形成Y型、反Y型、阶梯型、地堑型等多种断裂组合形式。这些NE向小断层在地震剖面上表现为同相轴微小错开或扭曲，振幅突然变弱等形式，用常规地球物理方法难以识别，具有较强的隐蔽性。这些NE向的隐蔽性断层发育在近EW向断层间，延伸1~3km，断距一般60~100m。这些NE向小断层是该区成藏的主要因素，它们与近EW向断层共同控制形成了一系列隐蔽性断块圈闭。

花瓦构造带上这些NE向小断层是断续出现在EW向大断层之间，在空间上它们是沿着NNE方向上成带出现。这些NE—NNE向小断层一致向西倾，NE—NNE向小断层在东西方向上并非单条的出现，常是2~3条成带的出现，是呈断续出现的断层带特征。

花瓦构造带上已发现的NE向断层的地震剖面如图6-41、图6-42。地震剖面上也揭示这些NE向小断层活动时间较早，是吴堡期活动的产物，与反射层构造图所揭示的现象相吻合，这些NE向小断层断面较平直。地震剖面上常见这些NE向小断层终止在EW向断层之上，显示其发育受到EW向断层的限制。一般，这些NE向断层要比旁侧的EW向断层陡，少数情况下也见较缓者。剖面上，NE向小断层皆显示为正断层现象，但是落差皆较小，常是不易识别的断层。当地震剖面上这些NE向小断层不被EW向断层中止时，其向下延伸较大，显示具有较大的切割深度。

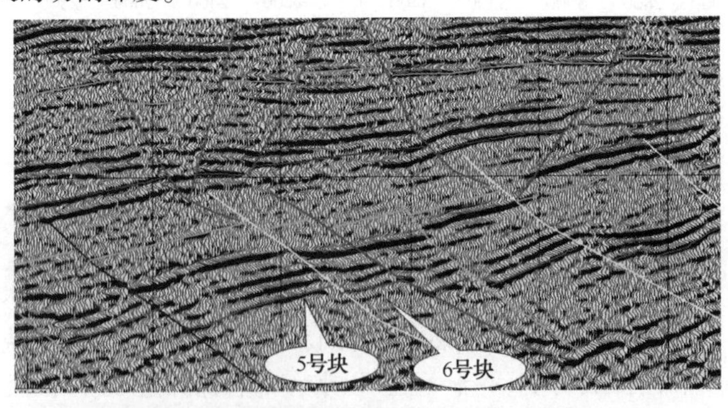

图6-41　花瓦地区主测线上的NE向断层

由于隐蔽性断层具有断距小、延伸短的特点，在地震剖面上难以捕捉，为此采用先平面“扫描”后剖面落实的反常规思路开展断层识别。充分利用平面断层识别各类技术，根据寻找方向性断层优化各类参数，并起到较好的断层识别效果。如在相干体技术中，利用花瓦地区地层南倾特点，采用地层倾角下相干体计算更好对应目的层，同时采用东西方向逐道相关突出NE向道的不连续性(图6-43)。

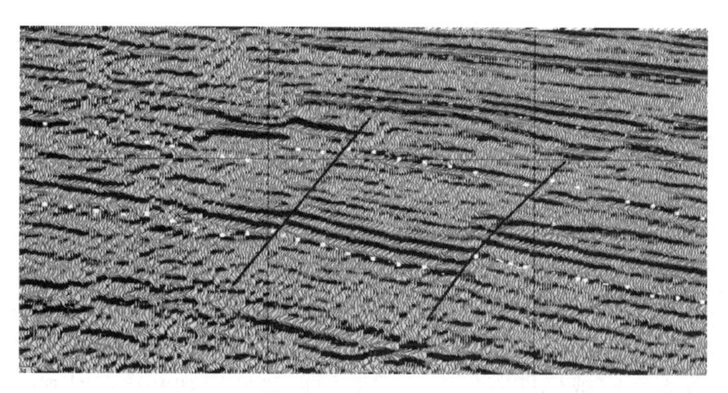

图 6-42　瓦庄南地区联络线上的 NE 向断层

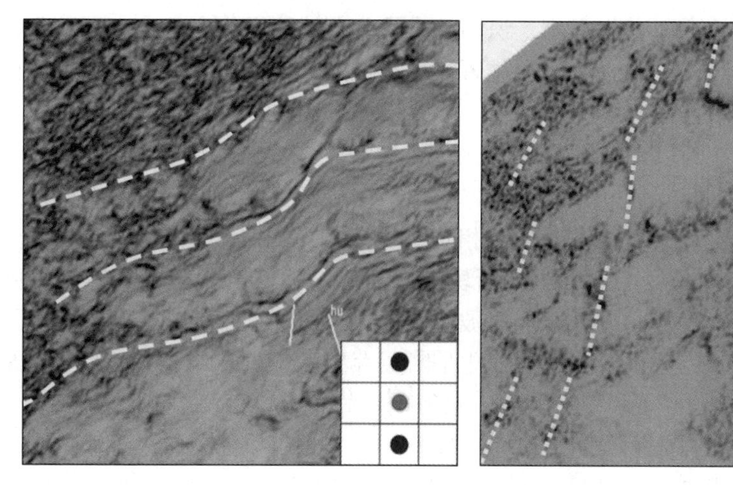

图 6-43　不同方向逐道相关相干体切片对比图

通过对比可以清楚观察到花瓦地区构造上主要受东西走向断层控制，在这些断层之间又发育一系列 NE 走向断层，这些构造复杂化地区也是发育圈闭的有利地段，在地震剖面解释中重点关注此类断层，其中利用截取关键方向随机线是落实隐蔽断层的直接有效手段，如在发现花 16 块、花 17 块、瓦 18 块、瓦 19 块过程中，均遇到正常测线方向上控圈断层无法识别或定位，但在某种方向的随机线上断层特征明显，NE 向断层的识别发现了一批新圈闭。

通过对小断层的识别和组合，钻探发现了花 16、花 17、花 22、花 26、花 28、瓦 18、瓦 19 等富集含油断块等断块油藏，“十一五”以来，实现了该区千万吨级探明储量规模，开辟了该区隐蔽性断块油藏勘探的新思路，从而使花瓦地区油气勘探揭开新的一页。

二、沙埝侵入岩发育区勘探实践

沙埝断鼻断块群位于北斜坡中部，整体呈北高南低的斜坡型构造格局，区内发育大量近东西走向的正断层，主要为反向正断层。在地层区域南倾的构造背景下，由一系列向南弯曲的反向正断层切割形成若干断鼻断块组成的断块群。沙 14、沙 19、沙 20、沙 7 等断块就是其中的主要含油断块。主控断层平面上延伸较长，且与古斜坡走向一致，控制了该区绝大部分油气藏，各断块的主控断层分布规模不尽相同。

沙埝地区是高邮凹陷侵入岩最发育的地区之一，侵入岩以辉绿岩为主，呈多层系连片分布，厚度变化大，各套辉绿岩关系错综复杂，对沙埝地区的构造解释带来了困扰。因此沙埝地区勘探的关键是如何发现和落实圈闭，进一步扩大勘探场面。

多期侵入的辉绿岩影响了地震资料品质，同时其厚度、产状的变化产生速度陷阱给断层解释、层位确定追踪带来假象。当侵入时期晚于断层活动时期时，由于其穿层和厚度不稳定，造成的干扰在平面上变化大，不仅使断层两侧的同一地层界面的地震响应在横向上失去了常有的相似特征，使得层位追踪困难，而且其穿过断层无断距，造成断层特征不清，直接影响了断层识别。辉绿岩的侵入干扰了正常的反射，造成断层识别困难。在压制辉绿岩干扰效果不理想的情况下，研究人员积极转变思路，利用辉绿岩反射特征的变化，来辅助识别断层。

研究表明，当侵入岩穿越早期断层时，受断层两侧地层和断面的影响，断层两侧侵入岩体厚度和产状会发生突变，从而导致侵入岩地震反射振幅、频率、相位等地震相特征的横向突变，通过研究其地震相的平面变化规律，识别呈线状分布的地震相突变点来帮助判别早期断层的存在，是一种可行和有效的方法。通过研究，总结出了利用辉绿岩地震相突变模式来识别断层的研究思路和技术方法。

如前文所述，侵入岩在断层两盘的岩体变化存在六种模式：①倾向变化；②岩体中断；③断面侵入；④厚度变化；⑤岩体分叉；⑥岩体终止。在地震剖面上具有以下 6 种侵入岩地震相特征类型：①弯折相；②错断相；③陡倾相；④变频相；⑤分叉相；⑥终止相。例如，在沙 25-1 井的圈闭落实工作中，在过 25-1 断块主体部位的地震剖面上，T_3^3等地震反射轴特征较弱，难以判断断层位置，而侵入岩反射波组振幅强、连续性好、频率低，特征明显，在剖面上能够看到明显扭断，分析认为这种变化是断层存在的依据，结合沙 39、沙 25 等井的地质分层，最终落实了沙 25-1 的主控断层，取得良好的效益。

沙 61 块也是一个很好的例子，沙 61 块为一条近 NEE 北掉主控断层和东侧近 NNW 东掉断层控制的断块圈闭，该块 T_3^0、T_3^3地震反射较清楚，T_3^1反射波组主要依据 T_3^0、T_3^3反射波组特征变化推定。其周边已钻探成功沙 X18-1、沙 X54、沙 X54-1 等井，原方案解释为一条近 EW 主控断层与一条 NEE 分支断层控制的断块圈闭。

沿其主控断层由西向东依次分布着苏 156、沙 3、苏 122 和沙 1 井早期四口探井，苏 156、沙 3、苏 122、沙 1 等井都见到较好油气显示，测井解释及试油结论证实该块具有良好的成藏条件。在重新对沙 3 块周围的几口井进行复查时，E_1f_3地层厚度基本一致，在原来的对比方案中，四口井都没有发现断层，未能落实有效圈闭。复查后发现这四口井的地层对比存在两个问题：①精细地层对比认为沙 3 井 $E_1f_3^1$底部的辅助标志层——稳定泥岩段缺失，不符合地层发育特征；②苏 156 井上部储层全为水层，下部储层多为油层，不符合该区的油水关系。通过分析两口井的差异，笔者意识到在苏 156 与沙 3 井之间可能存在断层分割，之后笔者通过全方位随机线扫描，发现了 156 与沙 3 井间 T_3^1弱反射层上的微弱断层迹象(图 6-44)，然后根据辉绿岩断层地震相特征及 T_3^1反射层的错断，综合应用断层直接和间接识别定位法，准确确定了该断层的位置，并根据对西边苏 152 和沙 15 两口井的重新认识，经过紧密的井震结合，修改了圈闭西翼的构造方案，最终确定了现在的解释方案并根据新的构造认识部署了沙 X61 井。

沙 X61 井岩屑录井在 E_1f_3见油斑 1 层 0.5m、油迹 4 层 16.5m、荧光 5 层 20m，最终试油日产油 38.18m^3，试采 3.5mm 油嘴自喷日产油 14.09m^3。

通过侵入岩地震相特征断层识别法解释模式的建立与应用，在沙埝地区发现和落实了一批断块圈闭，钻探发现了沙53、沙25-1、沙18-1、沙59、沙61、沙64等断块油藏，“十一五”以来，新增探明储量近千万吨，实现了老区勘探的持续高效。

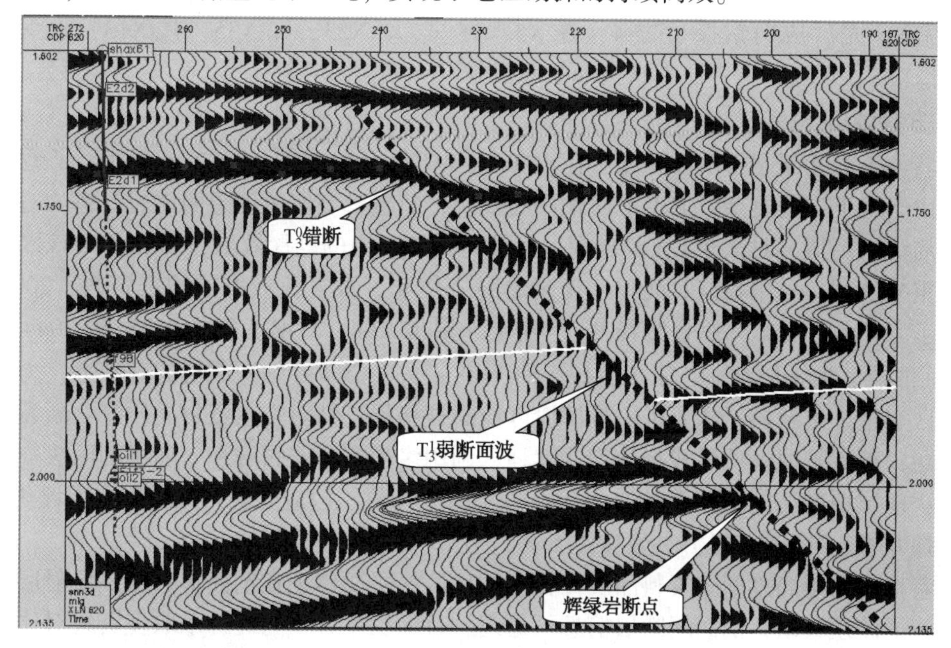

图6-44　沙埝地区沙61块西侧小断层剖面解释

三、复杂断裂带勘探实践

高邮凹陷发育真武、汉留、吴堡三个主要断裂带，这些主断裂带对高邮凹陷的构造演化起着绝对的控制作用，也对油气运移、富集起到了关键作用，致使断阶地区较北斜坡含油气层更丰富，包括E_1f、E_2d、E_2s等层位。经过三十多年勘探，在断阶地区也发现了像陈堡、许庄、永安、真武等典型油田，但随着勘探的深入，具有良好构造高带的正向构造单元基本已得到勘探开发。

为加强断裂带勘探力度，笔者利用解释新思路新技术新方法，首先明确对断裂带研究重点领域：一是如何利用高精度资料进一步落实构造高带细节构造变化，力争重新评价老油田，达到挖潜老区勘探目的；二是转向构造高带结合部的负向构造单元，力求理顺区域构造格局，寻找和优选新钻探目标，实现断阶带外甩。由于断裂带断层异常发育、断阶块窄且密集、目的层的地震反射特征往往很破碎，一方面造成断层平面组合多解性强，另一方面横向准确追踪层位困难，因此，断裂带构造面貌的细节一直很难落实，各正向构造单元间也因勘探程度低而更难搞清区域构造特点，针对以上问题，笔者采取勘探程度高、井分布密度大的老区加强层位标定、特征研究，加强井震结合辅助断层、层位定位，同时从区域上利用地质模式指导断层发育规律研究，广泛利用相干体优化、合适时窗切片等有效技术提高断层解释精度，通过研究，提升了断裂带整体构造落实精度，并发现和成功钻探了一批新圈闭，不仅实现了断裂带老油区的评价升级，也实现了断裂带勘探程度低地区的成功外甩。

通过对三个断裂带的构造解剖新一轮研究，重点对方巷、许庄、永安等地区开展了新一轮或多轮次的构造解释再认识，其中利用高邮凹陷实施的4块高精度三维开展了新资料的构造解释研究，累计解释高精度三维满覆盖面积 587km^2，通过对不同地区不同难点的攻关，在断裂带识别和落实了一批圈闭，为生产提供了多个钻探目标，并获得可喜油气发现，“十一五”以来，先后成功钻探了方 4、方 X5、方 6、许 X33、许 X35、肖 X13、永 X22、永 X33、永 X35、永 X38 等井，再次为断裂带勘探注入活力。

1. 方巷地区

方巷位于真武断裂带西段，先后在 1996~1997 年度和 2001~2002 年度部署了地震资料采集，由于地下构造复杂，加上地面条件的限制，一直没有取得理想的地震资料，对该区的构造格局认识不清，对该区 E_1f 的勘探一直没有取着理想的勘探效果，2007 年对该区加强老资料的重复处理，采用叠前时间偏，处理解释一体化，取着比较好的地震资料。2008 年成功钻探了方 4 井。方 4 井综合解释 E_1f_{2+1} 油层 5 层 15.3m，对 E_1f_1 井段 2038.5~2044.4m，2 层 5.9m 油层、油干层试油，压裂后日产油 31.8m^3。在方 4 井钻探成功的基础上，为更好在方巷地区实施外甩勘探，需要进一步搞清区域断裂格局，针对方巷资料品质差、断裂格局不清的问题，笔者采取地质模式指导构造解释，利用多套资料兼顾解释、随机剖面法、倾角方位角法、地层厚度法等解释手段，重新梳理方巷 T_3^3 反射层构造面貌，先后提交了评价井方 5 井，预探井方 6 井和方 X7 井，其中方 5 井、方 6 井获得工业油流。

方巷地区属于高邮凹陷资料品质比较差的地区，主要体现在剖面上各主要反射层横向可追踪的特征波组欠缺，剖面间断层信息不稳定，且断层发育，为此，采取多资料对比，取长补短，优选利用该区 2002 年常规处理地震资料和 2007 年叠前时间偏处理地震资料，从对比情况看，两套资料各有优缺点：A、真②断层断面和方 4 井主控断层断面，老资料比新资料清楚；B、在新资料上方 4 块南的异常得到消除；C、新资料上小断层更加清楚。因此，在解释时采用两套资料兼顾的原则。

方巷地区处于真②断层向西延伸形成的构造面貌，通过近几年的研究，认为该区是真②断层在此演化成真②-2、真②-3 断层，受真②-2、真②-3 断层分割，在真②-2 断层上升盘，形成 T_3^3 构造的低、中、高台阶，在低台阶 E_2s、E_2d、E_1f 保留完整；在中台阶没有 E_2d，E_1f 遭受剥蚀，E_2s 直接覆盖在 E_1f 上；而到了高台阶，E_1f 剥蚀更厉害，只剩下 E_1f_1。

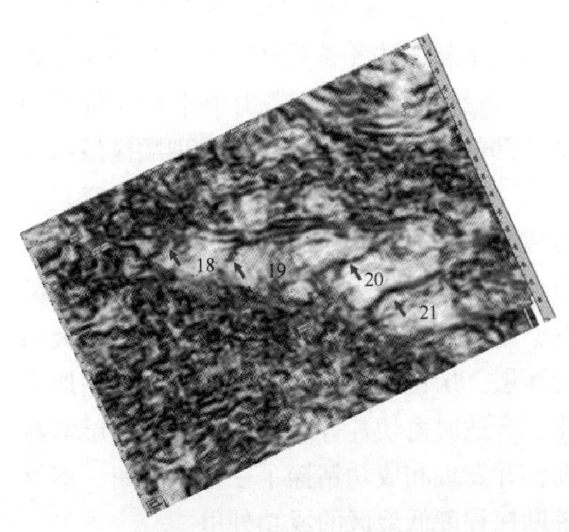

图 6-45　方巷局部地区相干体 1320ms 时间切片图

认清了基本构造格局，利用相干体、倾角方位角进一步加强断阶内部构造细节研究(图 6-45)，可以看出，夹持在全区近东西走向的断层间发育 NE 走向次级小断层，将中台阶分割成更破碎的断块群。利用该方法识别出了方 5 块、方 6 块及方 7 块等一批构造圈闭(图 6-46)。在此基础上，优选钻探了方 5 井、方 6 井和方 7 井。其中方 5 在 E_1f_2 段解释油层 21 层 59.5m，试油日产油 8.1t，方 6 井在 E_1f_1 段解释油层 5 层 7m，试油日产油 9.2t，取得了较好的勘探效果。

2. 许庄地区

许庄地区位于高邮凹陷的南部断阶带的中部，该区有北部樊川次凹和邵伯次凹双向供油，油源充足，多期断裂发育，油气运移畅通，纵向上发育多套储盖组合，成藏条件十分优越。从已发现的油藏来看，含油层系主要集中在中下构造层(E_2s_1、E_2d_2、E_1f_{2+1})。许庄构造带整体为一破碎的鼻状构造背景，SN 向可分为三个台阶，地层南抬明显；EW 向具有三个构造高带，中部为构造主体，东西两翼构造较低。许庄地区的主体部位发现许 5、真 18 等富集断块，储层发育、埋深适中，油气聚集有利；北部台阶发现真 43、真 32 等块，储层发育但埋深较深，以低渗透为主；南部埋藏较浅，储层发育，具备成藏的潜力。东西两翼具有局部高带，构造宽缓，也具有油气聚集的能力，三个高带均值得勘探。

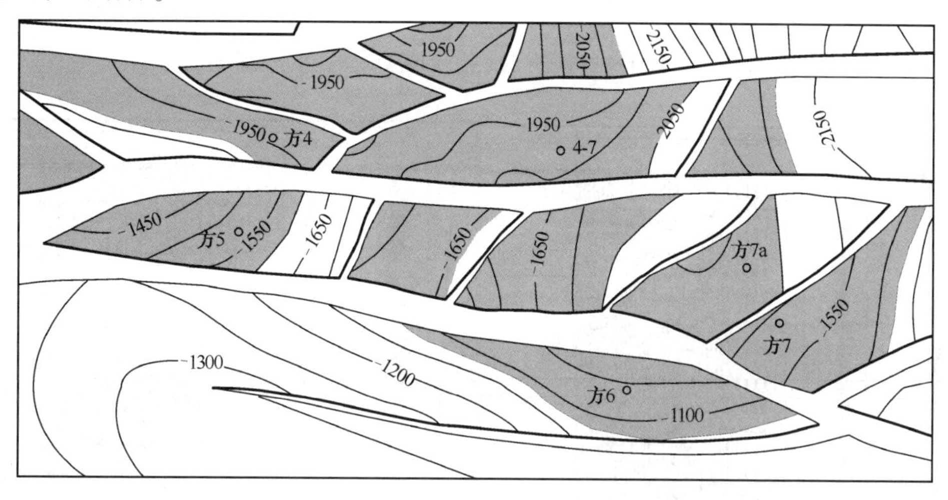

图 6-46 方巷局部地区 T_3^3反射层构造及圈闭分布图

许庄地区尽管取得了不少成果，但由于构造破碎，地震资料品质较差，构造落实较为困难，制约了该区勘探的进一步发展。为了提高该区的地震资料品质，2008~2009 年先后部署了 2 块高精度三维：竹墩高精度三维和真武—联盟庄高精度三维，许庄地区主体位于真武—联盟庄高精度三维，其东翼位于竹墩高精度三维，依托这两块高精度三维，对许庄地区为主要勘探区域对真武断裂带进行勘探，充分运用多种解释技术，对该区构造进行了精细解释。

许庄地区由北向南由三条较大的断层分割为四级逐级抬升的台阶，大断层间发育次级断层，分叉切割，形成复杂破碎的构造格局。东西两翼断层较少，构造相对完整。构造主体部位次生断层较多，构造复杂破碎。针对许庄地区构造复杂的特点，选取合适的井，通过井旁道合成地震记录逐井、逐块标定，井震结合，根据钻井钻遇断层的断距及钻缺层位，确定层位；充分利用高精度地震资料断面、断点清楚的特点，识别断层，在主线联络线断层断点不清楚的地方，利用不同方向的随机线扫描，发现落实断层；在较窄的断块，利用过构造长轴方向的线发现解释次级小断层；充分采用相干体分析技术、水平切片解释技术及数据融合技术等断层解释技术，对小断层进行深入研究，构造解释取得不错的效果。

(1) 应用井旁道合成记录进行层位标定

子波是控制合成地震记录频率变化和波组特征的重要因素，制作合成地震记录的子波可以用理论子波也可从井旁地震道提取子波，在许庄地区用井旁道子波合成地震记录更接近于真实的地层反射特征。

以真 X43 井为例，井旁道提取的子波(图 6-47 上)与雷克子波(图 6-47 下)在波形上存在较明显差异。井旁道提取的子波合成的地震记录(图 6-48)在绿色圈中的真①和真②断层更加清楚，在地震剖面上大断层表现为一个强相位，其特征更为清晰。通过合成地震记录本区的层位在大部分地区可以准确识别。

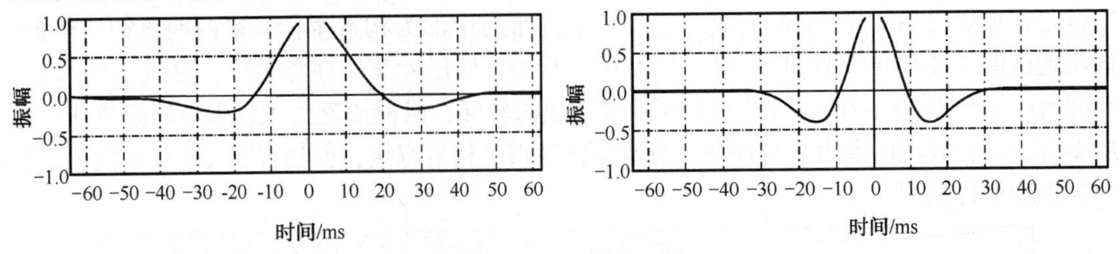

图 6-47 真 43 井旁道子波(上)和雷克子波(下)波形对比

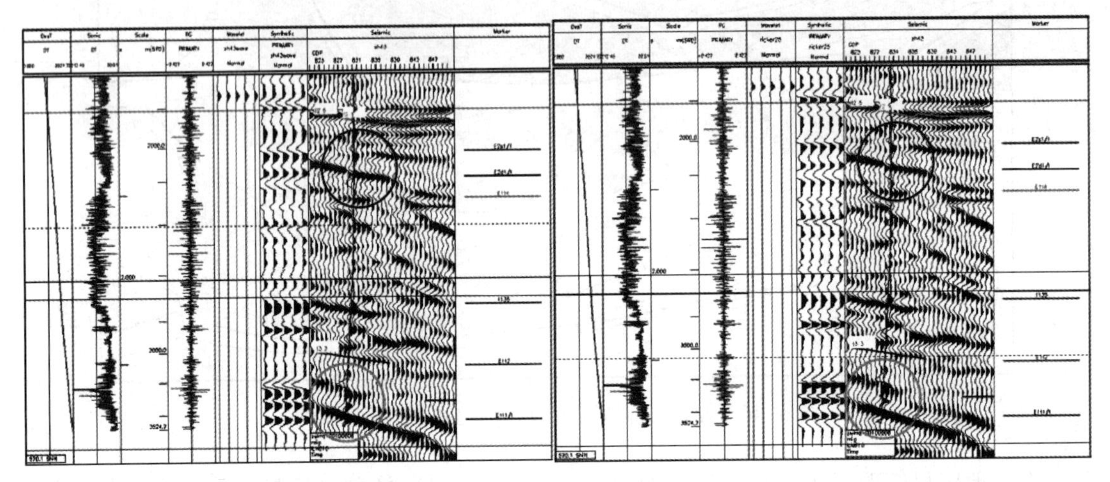

图 6-48 真 43 井旁道子波合成地震记录(左)和雷克子波合成地震记录(右)对比图

(2) 利用相干体切片技术识别断层平面组合

从相干体时间切片来看，在许庄地区的上升盘，由于断距比较大，断距的范围 80～760m 之间，为了突出断层的分辨率，在垂直于断层的走向选择道数多，因此，选择正交 7 道，垂直走向方向的 5 道，时窗取 140ms，在 916ms 方差体时间切片上看(图 6-49)，真①、真②′和真②断层能够很清楚的显示，真②′断层用粉红色表示，在其北边能够定性的表示真②断层所派生出来的羽状断层，其走向比较清楚。真②′断层北边对应的是 E_2s_2；在真①和真②′断层之间是 E_1f_{2+1}，由于范围较窄，夹在真①和真②′之间的断层分辨率较差，效果不好。进一步针对真①、真②′内部，在高台阶运用相干体切片进行断层识别。在 1306ms 相干体切片(图 6-50)上可以看到，许 35 块与许 18 块位于一个台阶，其相干体切片上具有一定的相似性，进一步确定了这一地区的断层平面组合关系。

沿层 T_2^3 相干切片中(图 6-51)真 X200 井旁边的两个主控断层显示清楚及可以清楚的看见小断层的走向及位置。沿层 T_2^5 相干切片中真 X200 旁边的北边主控断层显示清楚，而在东边的小断层走向及位置有一些迹象，从这两种图上可明显突出断层的平面展布规律，实现断层的平面正确组合和发现解释中易于遗漏的小断层。水平时间切片在地震层位解释之前，主要反映断层的走向及断层的组合特征；沿层时间切片与水平时间切片相比，在地震层位解释之后，可以识别断层，尤其是小断层更清楚和更清晰地显示断层的展布特征，辅助验证了断层识别及断层组合的合理性。

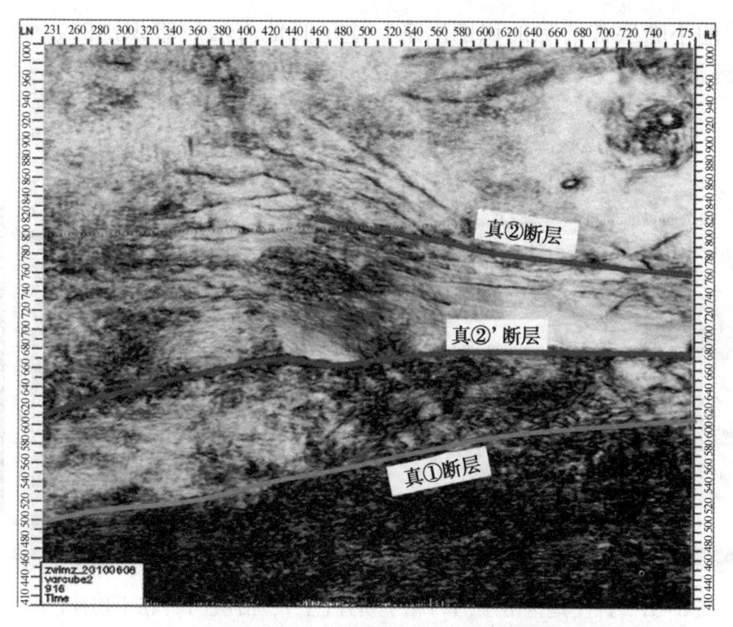

图 6-49 许庄地区 916ms 方差体时间切片

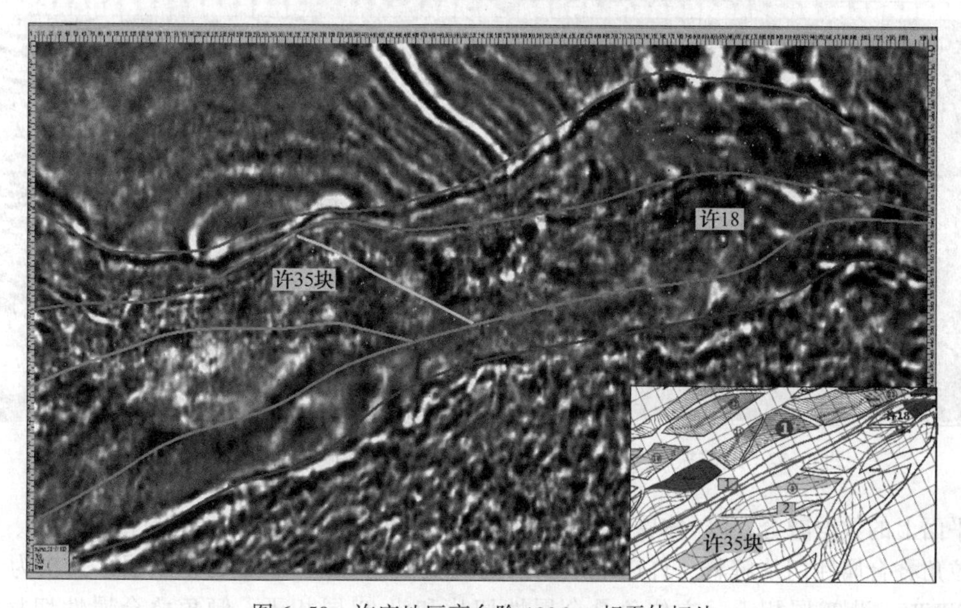

图 6-50 许庄地区高台阶 1306ms 相干体切片

（3）利用数据融合技术识别小断层

由于在许庄地区还发育有中低孔渗、非均质性极强的砂砾岩储层，利用传统的相干研究方法较难识别小断层的发育位置，因此，笔者另外选择了剖面上和平面上的数据融合方法，对小断层级断层组合方式进行识别。

剖面上的数据融合：图 6-52 右为地震振幅剖面，图中绿色圆圈里小断层的显示模糊，图 6-52 左为地震振幅与相干体叠加显示剖面，各种不同的颜色代表变密度显示，波形代表相干体属性，黑色代表不相干区，反映地层的错断或岩性横向的不连续性，与图 6-52 右相比，绿色圆圈里的小断层被清除的识别出来，这是其他方法较难识别的。

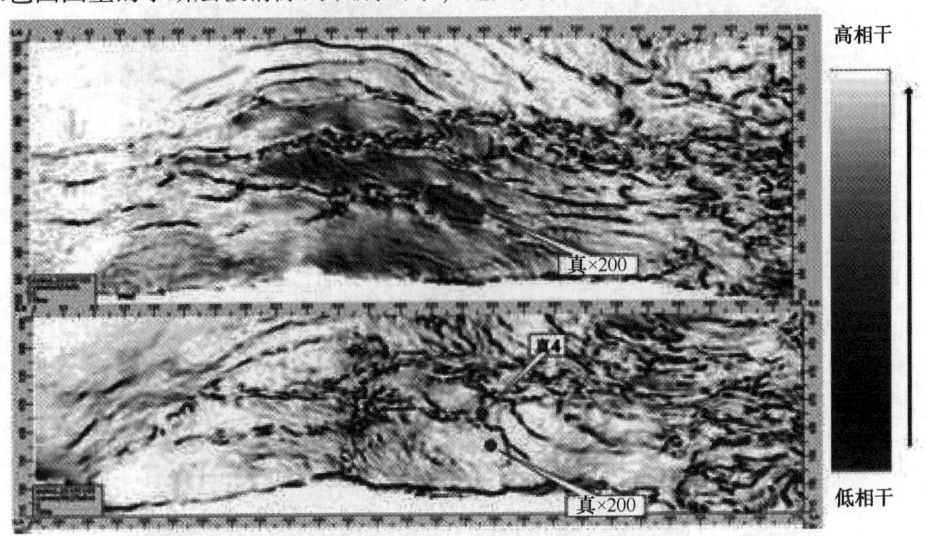

图 6-51 许庄地区沿层(T_2^3)相干切片(上)，沿层(T_2^5)相干切片(下)

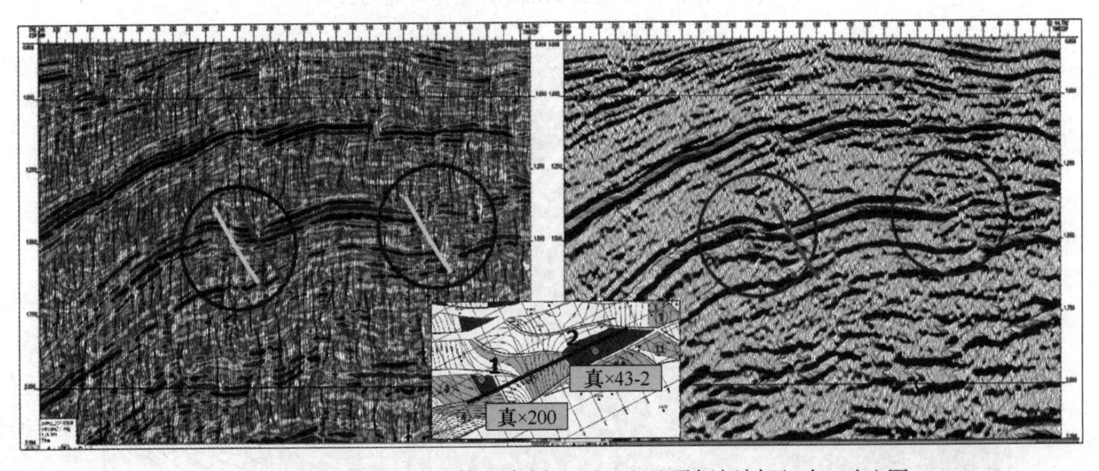

图 6-52 地震振幅与相干体融合剖面(左)和地震振幅剖面(右)对比图

平面上的数据融合：以“体属性相干+倾角检测+方位角”为核心。通过沿层相干、倾角和方位角叠合属性切片解释，许庄地区断层走向主要为 NE、NEE 的正断层，其次为 NW，少有 NWW。沿 T_2^5层相干、方位角叠合属性切片和沿 T_2^5层相干、倾角叠合属性切片中真 X200 井右边的小断层都被清楚的识别出来，断层细节及组合方式也被清晰地展示。通过倾角、方位角和相干体的叠加，可以清楚地显示裂缝带和小断层的特征，为合理部署井位提供有利的条件。

笔者利用复杂断裂带小断块精细识别技术重新解释了许庄地区的 T_2^5、T_3^3地震反射构造层面貌，其中在 T_2^5反射层新发现圈闭 13 个，T_3^3反射层新发现圈闭 21 个。依托圈闭评价和优选，部署并实施一批探井，其中真 X43-2、许 X33、许 X35 等井获得成功。尤其是许 X35 井首次在该区 K_2t 新层系取得突破，解释 K_2t_1油层 2 层 13.4m，抽汲日产油 22.4m^3，证实许庄地区西部 K_2t 具有较大的勘探潜力，对该区下步拓展具有十分重大的意义。

3. 永安地区

永安地区直接面向生油深凹，成藏条件优越。永安构造是一个被汉留断裂系切割了的“破”背斜，总体表现为汉留主干断层以南地层南倾，汉留主干断层以北地层北倾的特点。北部构造相对简单，断层发育程度相对较低，而南部断层极为发育，断层关系极为复杂，构造及其破碎，为永安构造的主体地区。剖面上，汉留断层下降盘发育与汉留断层伴生的阶梯状顺向正断层，浅层呈花状结构；上升盘发育两套断裂系统：早期发育反向的北掉断层，而后期同时发育北掉和南掉断层，这些断层共同控制着该区油气的运移、聚集与成藏，是油气富集成藏的重要控制因素。

2008 年在永安地区布署采集了江苏油田第一块高精度三维地震，一次覆盖面积 264. 21km^2，满覆盖面积 137. 61km^2，地震资料品质得到改善，提高了该区圈闭落实程度。以永安高精度三维为依托，对该区进行成藏再认识与新一轮构造精细解释，来研究该区构造特征，重点通过优选多种解释技术，调整和完善解释方案，解决细节构造方案的可变性。

在永安地区主要采用的解释技术有：①井旁道合成记录标定层位；②井震结合确定断层断点；③随机线落实小断层、随机线验证地层连续性；④时间切片技术等。

（1）井旁道时变子波合成记录标定层位

针对高精度资料主频高，频带宽，以及从上往下频率变化大的特点，在进行合成记录标定时从实际资料的应用上做到：①声波时差曲线与自然电位曲线及电阻曲线的联合应用，提高反射系数序列精度；②运用井旁道提取时变子波。如永 7 井测井曲线比较全，测量长度长，从 Ny_2 到井底都有测量值，高精度三维频率变化大，提取时变子波可以兼顾深浅层不同频率，从图 6-53 看，在永 7 井运用井旁道提取时变子波后，合成记录与实际地震资料相关性更高，更便于浅层与中深层的层位标定。

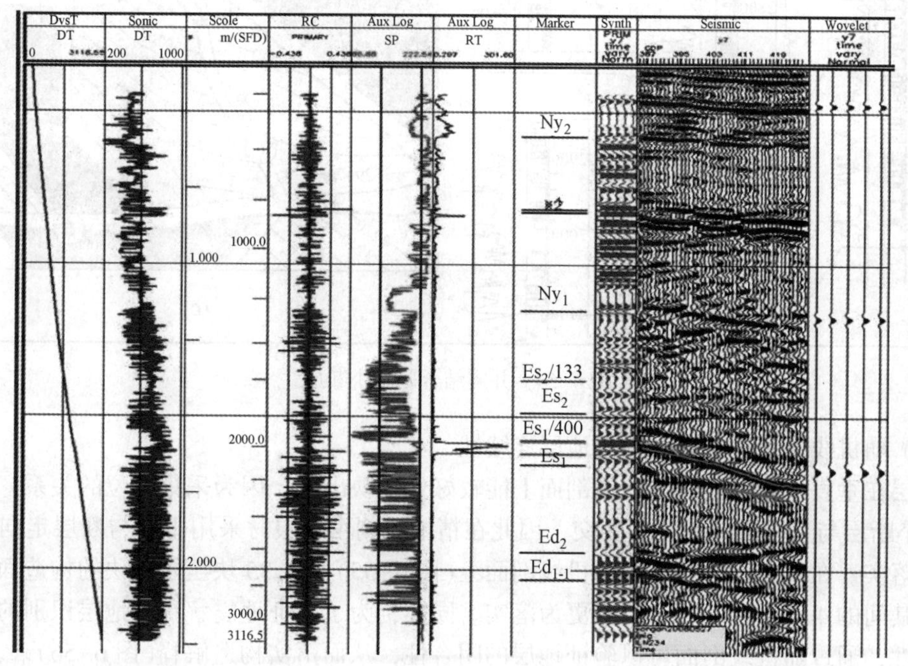

图 6-53　永 7 井时变子波后合成记录

（2）井震结合确定断层断点

汉留断层贯穿了整个永安地区，造成小断层十分发育、构造复杂破碎，研究中充分利用永安前排构造中已钻探井、开发井进行精细层位对比，如永 6、永 6-1 及永 13 井间的层位关系(图 6-54)，通过井震结合落实断层断点位置，从而更准确的刻画永安前排构造面貌，进一步寻找和落实有利圈闭。

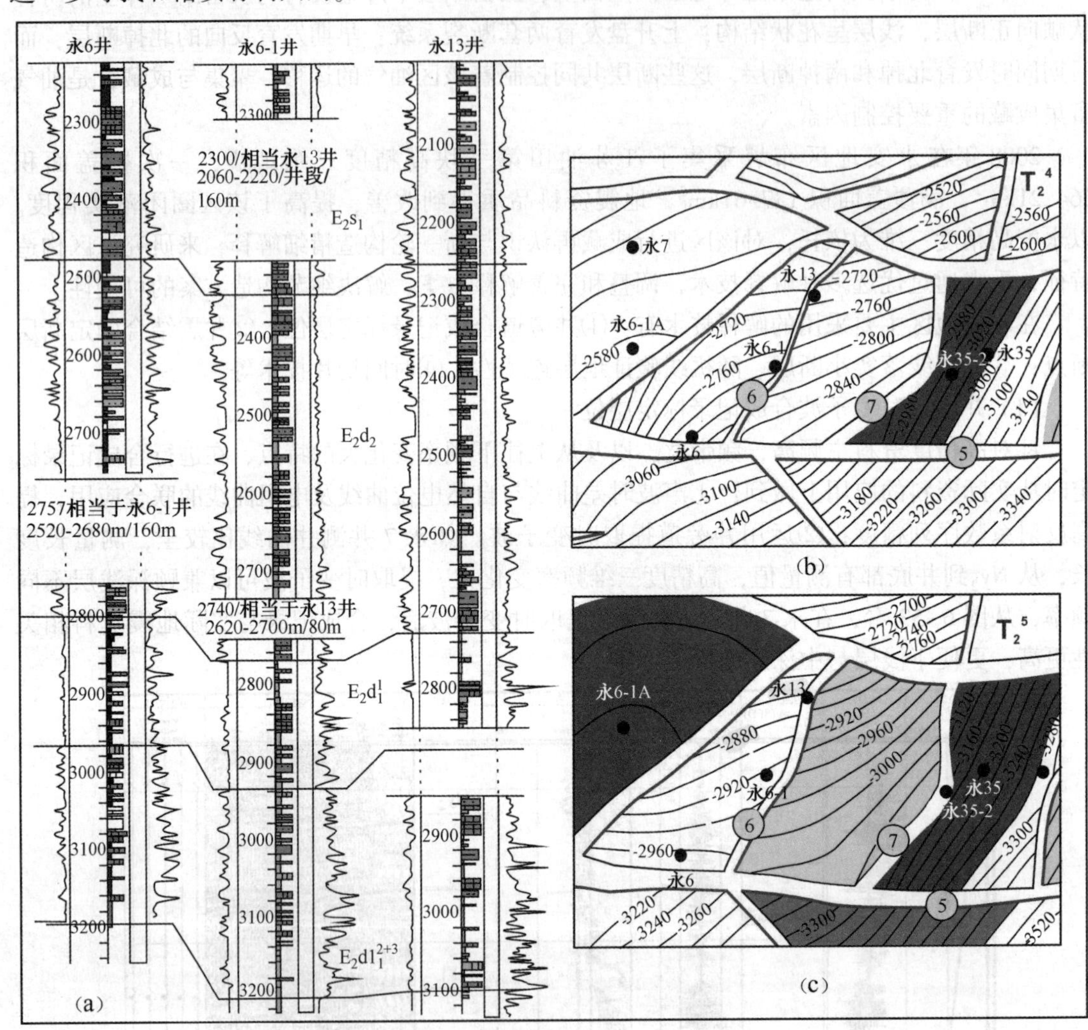

图 6-54 井震结合确定小断层

（3）随机线识别小断层、验证地层连续性

断层在垂直于断层走向的地震剖面上能较好地反映出来，因为采集方位的关系，永安地区 NE 小断层与主线方向成锐角相交，因此在精细雕刻小断层时采用垂直与断层走向的随机线进行落实。在垂直于小断层的随机线剖面上(图 6-55)，永 35 块至永 7 块的构造面貌更加清晰，其间的 4 条小断层断点位置更为落实。同样，为了验证地震解释中地层识别的准确性和连续性，通过随机线剖面可以验证地层的闭合性，从而落实构造解释(图 6-56)。

（4）时间切片技术识别断层

汉留断层在工区内裂变为两、三条断层组成的汉留断裂带，如果依靠单纯的剖面解释，很难确定其在断层在平面上的组合关系，而借助水平切片就可以比较好地指导断层平面组合。永安地区东部的永41块两条主控断层中(图6–57)，南边1号断层波组中断，断层两侧反射波特征变化明显，可以在剖面上进行识别，但北边的2号断层处，上部发育一套辉绿岩影响，导致主要目的层段地层反射波组连续性变差，2号断层在地震剖面上较难识别。运用振幅时间切片，对辉绿岩下目的层段进行研究，两条主控断层在振幅时间切片(图6–58)上均可以清晰的识别。

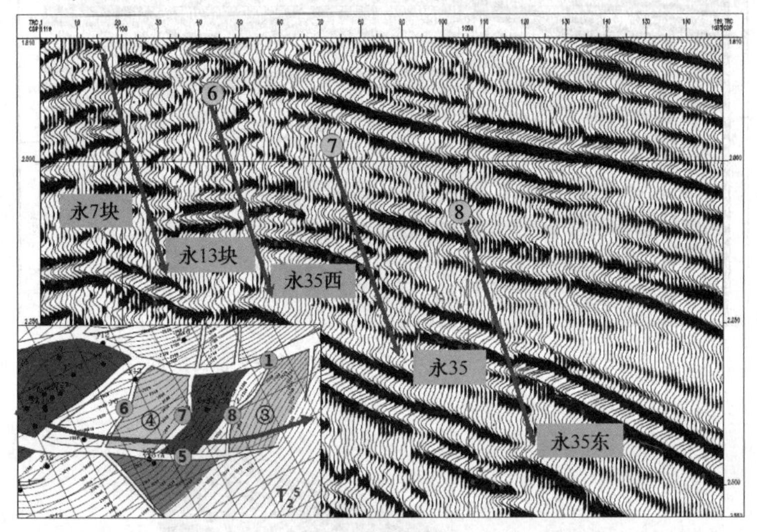

图6–55　永安近东西方向随机线剖面

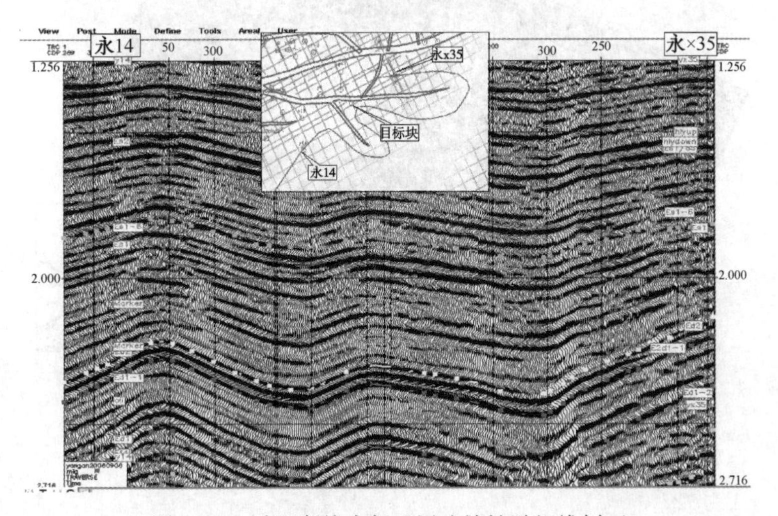

图6–56　验证断块内部地层连续性随机线剖面

通过对永安地区高精度三维新一轮精细解释，在永安地区发现一批T_2^4反射层、T_2^5反射层圈闭。通过目标优选，部署并实施一批探井，勘探取得了喜人的成果，相继发现了永22、永33、永35、永38等富集含油断块。

高邮凹陷复杂断块油藏勘探获得成功，不仅展示了江苏油田良好的勘探前景，同时，也带来了重要的启示：①多专业联合攻关是基础；②创新理论是勘探突破的关键；③创新技术的应用是勘探突破的有力保障。

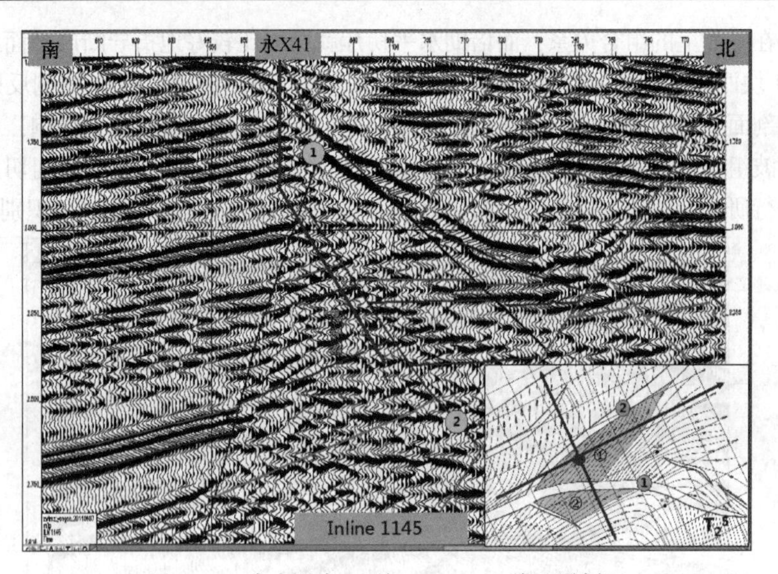

图 6-57　永安过永 41 块 Inline1145 线地震剖面

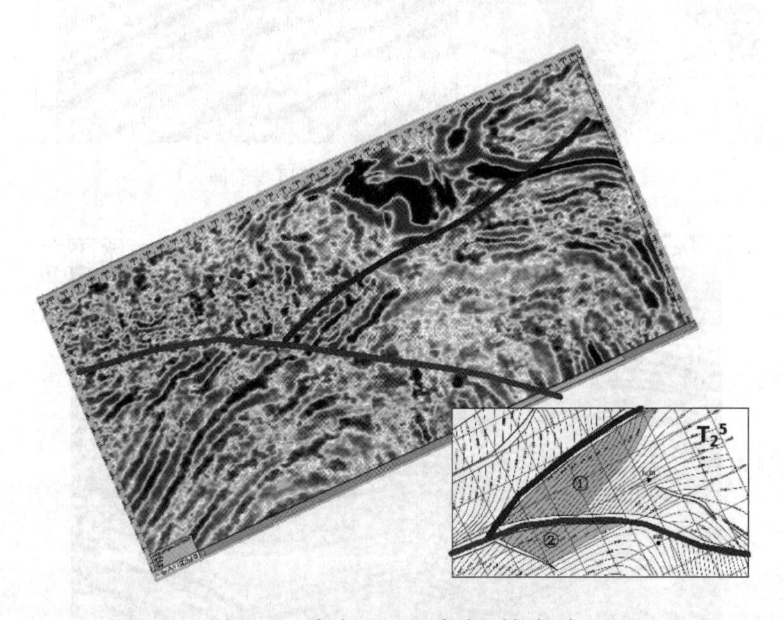

图 6-58　永安 2224ms 振幅时间切片

参 考 文 献

[1] 白新华，罗群．利用异常地层压力参数判断断层封闭性[J]．大庆石油地质与开发，2004，23(6)：13~15.
[2] 薄永德，贺向阳．苏北盆地高邮凹陷邵伯西地区戴南组隐蔽油藏研究[J]．石油物探，2004，43(2)：159~162.
[3] 蔡希源，郑和荣，李思田．陆相盆地高精度层序地层学——隐蔽油气藏勘探基础、方法与实践[M]．北京：地质出版社，2003.
[4] 曹冰，刘小燕，熊学洲．断层在高邮凹陷复杂断块区成藏中的作用[J]．江汉石油学院学报，2003，25(S2)：3~4.
[5] 曹瑞成，陈章明．早期探区断层封闭性评价方法[J]．石油学报，1995，16(2)：36~41.
[6] 常象春，郭海花，张金亮，等．江苏高邮凹陷永安气藏烃类流体包裹体特征和天然气成藏条件[J]．地质通报，2003，22(10)：808~813.
[7] 常象春，王明镇，刘玉瑞．苏北盆地烃类流体包裹体与油气成藏[J]．新疆石油地质，2006，27(1)：23~26.
[8] 陈安定．苏北第三系成熟演化指标与深度关系的 3 种模式[J]．石油实验地质，2003，25(1)：58~63.
[9] 陈莉琼，李浩，刘启东，等．高邮凹陷吴堡断裂构造带对陈堡油田油气运移的控制作用[J]．地球学报，2009，30(03)：404~412.
[10] 陈莉琼．苏北盆地形成演化与油气成藏关系研究[J]．石油天然气学报，2006，28(04)：180~181.
[11] 陈莉琼，李浩，刘启东，等．高邮凹陷吴堡断裂构造带对陈堡油田油气运移的控制作用[J]．地球学报，2009，30(3)：404~412.
[12] 陈平原，杨立干，冯武军，等．高邮凹陷韦庄地区油气长距离运移影响因素探讨[J]．江汉石油学院学报，2003，25(S2)：5.
[13] 陈伟，吴智平，侯峰，等．油气沿断裂走向运移研究[J]．中国石油大学学报(自然科学版)，2010，34(6)：25~29.
[14] 陈永峤，周新桂，于兴河，等．断层封闭性要素与封闭效应[J]．石油勘探与开发，2003，30(6)：38~40.
[15] 程克明，王铁冠，钟宁宁，等．烃源岩地球化学[M]．北京：科学出版社，1995.
[16] 崔海军，常象春．高邮凹陷沙埝地区烃原岩生物标志物研究[J]．内蒙古石油化工，2005(6)：103~105.
[17] 邓运华．断裂-砂体形成油气运移的中转站模式[J]．中国石油勘探，2005，10(6)：11~14.
[18] 邓运华．裂谷盆地油气运移“中转站”模式的实践效果——以渤海油区第三系为例[J]．石油学报，2012，33(1)：18~24.
[19] 杜春国，郝芳，邹华耀，等．断裂输导体系研究现状及存在的问题[J]．地质科技情报，2007，26(1)：51~56.
[20] 冯有良，李思田，解习农．陆相断陷盆地层序形成动力学及层序地层模式[J]．地学前缘，2000，7(3)：119~132.
[21] 付广，刘洪霞，段海风．断层不同输导通道封闭机理及其研究方法[J]．石油实验地质，2005，27(4)：404~408.
[22] 付广，吕延防，祝彦贺．断层垂向封油气性综合定量评价方法探讨及应用[J]．地质科学，2005，40(4)：476~485.
[23] 付广，薛永超，付晓飞．油气运移输导系统及其对成藏的控制[J]．新疆石油地质，2001，22(1)：24~26.

[24] 付晓飞，方德庆，吕延防，等．从断裂带内部结构出发评价断层垂向封闭性的方法[J]．地球科学——中国地质大学学报，2005，30(3)：328~336.
[25] 付晓飞，付广，赵平伟．断层封闭机理及主要影响因素研究[J]．天然气地球科学，1999，10(3)：54~62.
[26] 龚再升，杨甲明．油气成藏动力学及油气运移模型[J]．中国海上油气(地质)，1999，13(4)：235~239.
[27] 龚纪文，崔建军，席先武，等．FLAC 数值模拟软件及其在地学中的应用[J]．大地构造与成矿学，2002，26(3)：321~325.
[28] 郭睿，储集层物性下限值确定方法及其补充[J]，石油勘探与开发，2004，31(5)：140~143.
[29] 郝芳，邹华耀，方勇．隐蔽油气藏研究的难点和前沿[J]．地学前缘，2005，12(4)：1721~1731.
[30] 郝芳，邹华耀，姜建群．油气成藏动力学及其研究进展[J]．地学前缘，2000，7(3)：11~21.
[31] 郝芳，邹华耀，王敏芳，等．油气成藏机理研究进展和前沿研究领域[J]．地质科技情报，2002，21(4)：7~14.
[32] 何伟．断层封堵性的三级评价方法[J]．油气地质与采收率，2005，12(2)：23~29.
[33] 侯读杰，朱俊章，唐友军，等．应用地球化学方法评价断层的封闭性[J]．地球科学——中国地质大学学报，2005，30(1)：97~101.
[34] 侯建国，林承焰，姚合法，等．断陷盆地成藏动力系统特征与油气分布规律——以苏北盆地为例[J]．中国海上油气，2004，16(6)：361~364.
[35] 侯启军，冯子辉，邹玉良．松辽盆地齐家-古龙凹陷油气成藏期次研究[J]．石油实验地质，2005，27(4)：390~394.
[36] 胡见义，黄第藩，徐树宝，等．中国陆相石油地质理论基础[M]．北京：石油工业出版社，1991.
[37] 华伟，刘建芳．高邮凹陷南部断阶带复杂区圈闭识别[J]．勘探地球物理进展，2003，26(3)：204~207.
[38] 焦翠华，夏冬冬，王军，等，特低渗砂岩储层物性下限确定方法——以永进油田西山窑组储集层为例[J]，石油与天然气地质，2009，30(3)：379~383.
[39] 姜华，王建波，张磊，等．南堡凹陷西南庄断层分段活动性及其对沉积的控制作用[J]．沉积学报，2010，28(6)：1047~1053.
[40] 蒋有录，张煜．控制复杂断块区油气富集的主要地质因素——以渤海湾盆地东辛地区为例[J]．石油勘探与开发，1999，26(5)：39~42.
[41] 解习农，王增明．盆地流体动力学及其研究进展[J]．沉积学报，2003，21(1)：21~23.
[42] 金强．有效烃源岩的重要性及其研究[J]．油气地质与采收率，2001，8(1)：1~4.
[43] 黎茂稳．油气二次运移研究的基本思路和几个应用实例[J]．石油勘探与开发，2000，27(4)：11~19.
[44] 李储华，刘玉瑞，王路，等．泥岩涂抹定量计算的对比分析及应用[J]．石油天然气学报，2009，31(1)：164~166.
[45] 李储华，罗龙玉，陈平原，等．断层封闭模糊评判中权重系数及隶属函数的分析应用[J]．复杂油气藏，2009，2(1)：5~13.
[46] 李东亮，王玲歌，崔宝雷．辉绿岩发育区地震综合解释方法研究[J]．石油天然气学报，2008，30(3)；275~279.
[47] 李鹤永，邱旭明，刘启东．高邮凹陷戴南组一段暗色泥岩生烃条件再认识[J]．复杂油气藏，2009，2(4)：17~22.
[48] 李洁，林舸．同一条断层垂向封闭的差异性分析[J]．大庆石油地质与开发，2006，25(5)：4~8.
[49] 李梅，金爱民，楼章华，等．高邮凹陷南部真武地区地层水化学特征与油气运聚的关系[J]．中国石油大学学报(自然科学版)，2010，34(5)：50~56.

[50] 李明诚．石油与天然气运移[M](第3版)．北京：石油工业出版社，2004.
[51] 李丕龙，庞雄奇．隐蔽油气藏形成机理与勘探实践[M]．北京：石油工业出版社，2004.
[52] 李平平．叠合型盆地断层封闭性评价的地质模型[J]．新疆石油地质，2005，26(2)：164~166.
[53] 李素梅，刘洛夫，王铁冠．生物标志化合物和含氮化合物作为油气运移指标有效性的对比研究[J]．石油勘探与开发，2000，27(4)：95~98.
[54] 李素梅．非烃(吡咯类、酚类)地球化学研究：方法、分布特征与应用[M]．北京：地质出版社，1999.
[55] 李素梅，庞雄庞，黎茂稳，等．低熟油、烃源岩中含氮化合物分布规律及其地球化学意义[J]．地球化学，2002，31(1)：1~7.
[56] 李素梅，庞雄奇，万中华．南堡凹陷混源油分布与主力烃源岩识别[J]．地球科学——中国地质大学学报，2011，36(6)：1064~1072.
[57] 李素梅，王铁冠，张爱云，等．原油中吡咯类化合物的地球化学特征及其意义[J]．沉积学报，1999，17(2)：312~317.
[58] 李亚辉，徐健．高邮凹陷构造转换带控油机制研究与实践[J]．石油天然气学报，2006，28(5)：21~23.
[59] 李亚辉．高邮凹陷古水动力场及其与油气运聚的关系[J]．中国石油大学学报(自然科学版)，2006，30(3)：12~16.
[60] 李亚辉．苏北盆地高邮凹陷构造转换带控油机制研究[J]．石油实验地质，2006，28(2)：109~112.
[61] 练铭祥．薛冰，杨盛良．苏北新生代盆地断陷和坳陷的形成机理[J]．石油实验地质，2001，23(3)：256~260.
[62] 梁兵．金湖凹陷戴南组隐蔽油气藏研究[J]．江汉石油学院学报，2003，25(2)：35~36.
[63] 梁兵．联盟庄地区戴南组岩性油气藏勘探分析[J]．江汉石油学院学报，2004，26(1)：15~16.
[64] 刘华，蒋有录，杨万琴，等．东营凹陷中央隆起带油源特征分析[J]．石油与天然气地质，2004，25(1)：39~43.
[65] 刘俊榜，郝琦，梁全胜，等．基于地震资料的断层侧向封闭性定量研究方法及其应用[J]．石油勘探与开发，2010，34(3)：18~23.
[66] 刘琨，胡望水，陆建林．系统分析评价断层封闭能力的思路[J]．石油勘探与开发，2004，31(2)：87~89.
[67] 刘启东，李储华，卢黎霞．高邮凹陷断层封闭性研究[J]．石油天然气学报，2010，32(2)：58~61.
[68] 刘小平，王俊芳，李洪波．苏北盆地高邮凹陷热演化史研究[J]．石油天然气学报，2005，27(1)：17~18.
[69] 刘小平，徐健，杨立干．有机包裹体在油气运聚研究中的应用——以苏北盆地高邮凹陷为例[J]．石油实验地质，2004，26(1)：94~99.
[70] 刘小平，徐健．高邮凹陷韦庄地区原油吡咯类含氮化合物运移分馏效应[J]．地球科学——中国地质大学学报，2004，29(4)：461~466.
[71] 刘玉瑞，刘启东，杨小兰．苏北盆地走滑断层特征与油气聚集关系[J]．石油与天然气地质，2004，25(3)：279~283.
[72] 刘玉瑞，王建．苏北盆地复杂断块油气藏勘探及技术[J]．江苏地质，2003，27(4)：193~198.
[73] 刘玉瑞．苏北盆地油藏类型与成因机制探讨[J]．油气地质与采收率，2011，18(4)：6~9.
[74] 刘玉瑞．苏北后生断陷层序地层格架与沉积体系[J]．复杂油气藏，2010，3(1)：10~14.
[75] 刘玉瑞．苏北盆地断层封堵类型及定量评价[J]．石油实验地质，2009，31(5)：531~536.
[76] 刘玉瑞．苏北后生断陷阜四段高位域的发现及其意义[J]．复杂油气藏，2011，4(2)：9~13.
[77] 楼章华，蔡希源，高瑞祺．松辽盆地流体历史与油气藏分析[M]．贵阳：贵州科学技术出版社，1998.

[78] 鲁兵，陈章明，关德范，等．断面活动特征及其对油气的封闭作用[J]．石油学报，1996，17(3)：33~38.
[79] 李丕龙，庞雄奇等，陆相断陷盆地隐蔽油气藏形成—以济阳坳陷为例[M]．北京：石油工业出版社，2004.
[80] 陆友明，牛瑞卿．封闭性断层形成机理及研究方法[J]．天然气地球科学，1999(5)：12~16.
[81] 吕延防，陈章明．非线性映射分析判断断层封闭性[J]．石油学报，1995，16(2)：36~41.
[82] 吕延防，付广，张云峰，等．断层封闭性研究[M]．北京：石油工业出版社，2002.
[83] 吕延防，付广．油气藏封盖研究[M]．北京：石油工业出版社，1996.
[84] 吕延防，马福建．断层封闭性影响因素及类型划分[J]．吉林大学学报：地球科学版，2003，33(2)：163~166.
[85] 罗群，白新华．断裂控烃理论与实践——断裂活动与油气聚集研究[M]．武汉：中国地质大学出版社，1998.
[86] 罗群，庞雄奇，姜振学．断裂控藏机理与模式[M]．北京：石油工业出版社，2007.
[87] 罗群，庞雄奇，姜振学．一种有效追踪油气运移轨迹的新方法——断面优势运移通道的提出及其应用[J]．地质论评，2005(2)：156~162.
[88] 罗晓容．沉积盆地数值模型的概念、设计及检验[J]．石油与天然气地质，1998，19(3)：196~204.
[89] 罗晓容．油气运聚动力学研究进展及存在问题[J]．天然气地球科学，2003，14(5)：337~346.
[90] 马力，钱基．苏北—南黄海盆地的构造演化[J]．江苏油气．1990，1(1)：7~25.
[91] 马力．苏北—南黄海盆地的构造演化和烃类形成[J]．南京大学学报(自然科学)．1993，5(2)：148~163.
[92] 毛凤鸣，陈安定，严元锋，等．苏北盆地复杂小断块油气成藏特征及地震识别技术[J]．石油与天然气地质，2006，27(6)：827~840.
[93] 毛凤鸣，张金亮，许正龙．高邮凹陷油气成藏地球化学[M]．北京：石油工业出版社，2002. 63~76.
[94] 牟荣．复杂小断块圈闭识别描述方法——以苏北盆地为例[J]．石油与天然气地质，2006，27(2)：269~274.
[95] 庞金梅，曹冰．高邮凹陷戴南组隐蔽油气藏的成因及勘探实践[J]．海洋石油，2005，25(3)：7~13.
[96] 庞雄奇，陈冬霞，张俊．隐蔽油气藏成藏机理研究现状及展望[J]．海相油气地质，2007，12(1)：56~62.
[97] 庞雄奇．地质过程定量模拟[M]．北京：石油工业出版社，2003.
[98] 漆家福，王德仁，陈书平，等．兰聊断层的几何学、运动学特征对东濮凹陷构造样式的影响[J]．石油与天然气地质，2006，27(4)：451~459.
[99] 邱旭明．扭动作用在苏北盆地构造体系中的表现及其意义[J]．江汉石油学院学报．2002，24(2)，5~7.
[100] 邱旭明．苏北盆地断块圈闭分类及油气成藏特征[J]．石油与天然气地质，2003，24(4)，371~374.
[101] 邱旭明．苏北盆地扭动构造油气藏[J]．石油勘探与开发，2004，31(3)：26~29.
[102] 邱旭明．苏北盆地真武吴堡断裂带的构造样式及圈闭类型[J]．石油天然气学报，2005，27(3)：278~280.
[103] 邱旭明，刘玉瑞，傅强．苏北盆地上白垩统—第三系层序地层与沉积演化[M]．北京：地质出版社，2006.
[104] 任红民，陈军，张春峰，等．精细地震解释技术在花庄北地区的应用[J]．石油地球物理勘探，2009，44(2)：179~184.
[105] 任红民，刘小燕，廖准良．高邮凹陷 SN 地区地震综合勘探技术应用研究[J]．江汉石油学院学报，2003，25(2)：52~53.
[106] 任红民，徐建，张伟青，等．高邮凹陷南部断阶带油气勘探潜力分析[J]．海洋石油，2006，26(2)：13~17.

[107] 任建业，陆永潮，张青林．断陷盆地构造坡折带形成机制及其对层序发育样式的控制[J]；地球科学，2004，29(5)：596~603.
[108] 施振飞，张振城，叶绍东，等．苏北盆地高邮凹陷阜宁组储层次生孔隙成因机制探讨[J]．沉积学报，2005，23(3)：429~436.
[109] 史文东．断裂带封闭势研究及应用[J]．油气地质与采收率，2004，11(4)：16~18.
[110] 舒良树，王博，王良书，等．苏北盆地晚白垩世—新近纪原型盆地分析[J]．高校地质学报，2005，11(4)：534~543.
[111] 宋宁，王铁冠，陈莉琼，等．苏北盆地上白垩统泰州组油气成藏期综合分析[J]．石油学报，2010，31(2)：180~186.
[112] 苏向光，邱楠生，柳忠泉，等．济阳坳陷惠民凹陷热演化史分析[J]．天然气工业，2006，26(10)：15~17.
[113] 孙宝珊，周新桂．油田断裂封闭性研究[J]．地质力学学报，1995(2)：21~27.
[114] 孙珍，徐守礼，王良书，等．苏北地区中古生界地热史恢复和生烃史模拟[J]．高校地质学报，1998，4(1)：79~84.
[115] 谈彩萍．利用流体包裹体确定古地温梯度的探讨——以苏北盆地为例[J]．石油实验地质，2003，25(S1)：610~613.
[116] 唐焰，陈安定，冯武军．包裹体测温资料在苏北盆地高邮、金湖凹陷油气成藏期研究中的应用[J]．石油天然气学报，2005，27(1)：19~20.
[117] 田世澄，毕研鹏．论成藏动力学系统[M]．北京：地震出版社，2000.
[118] 田世澄，孙自明，傅金华，等．论成藏动力学与成藏动力系统[J]．石油与天然气地质，2007，28(2)：129~138.
[119] 童亨茂．断层开启与封闭的定量分析[J]．石油与天然气地质，1998(3)：215~220.
[120] 万涛，蒋有录，林会喜，等．断层活动性和封闭性的定量评价及与油气运聚的关系[J]．石油天然气学报，2010，32(4)：18~24.
[121] 万天丰，王明明，殷秀兰，等．渤海湾地区不同方向断裂带的封闭性[J]．现代地质，2004，18(2)：157~163.
[122] 王捷，关德范．油气生成运移聚集模型研究[M]．北京：石油工业出版社，1999.
[123] 王军，刘小燕．高邮凹陷北斜坡辉绿岩区解释方法研究[J]．石油物探，2004，43(2)：163~166.
[124] 王来斌，徐怀民．断层封闭性的研究进展[J]．新疆石油学院学报，2003，11(1)：11~15.
[125] 王朋岩．利用灰色关联分析法评判断层的封闭性[J]．大庆石油学院学报，2003，27(1)：4~6.
[126] 王平．论断层封闭的广泛性、相对件和易变性[J]．断块油气田，1994(1)：1~8.
[127] 王铁冠，李素梅，张爱云，等．利用原油含氮化合物研究油气运移[J]．石油大学学报：自然科学版，2000，24(4)：83~86.
[128] 王铁冠，李素梅，张爱云，等，2000. 应用含氮化合物探讨轮南油田油气运移[J]．地质学报，74(1)：85~92.
[129] 王铁冠，李素梅．应用含氮化合物探讨新疆轮南油田油气运[J]，地质学报，2000，74(1)：85~93.
[130] 王志欣，信荃麟．关于地下断层封闭性的讨论[J]．高校地质学报，1997，3(3)：293~300.
[131] 汪祖智．苏北盆地的断陷性质及NW构造线分布[J]．江苏油气，1993，4(1)：15~23.
[132] 谢晓军，邓宏文．陆相断陷盆地构造层序地层研究需注意的几个问题[J]．天然气地球科学，2007，18(6)：838~842.
[133] 吴根耀，马力，陈焕疆，等．苏皖地块构造演化、苏鲁造山带形成及其耦合的盆地发育[J]．大地构造与成矿学，2003，27(4)：337~353.
[134] 吴向阳，李宝刚．高邮凹陷油气运移特征研究[J]．石油大学学报(自然科学版)，2006，30(1)：

22~25.
[135] 吴向阳．苏北盆地高邮凹陷北斜坡西部油气运移研究[J]．石油实验地质，2005，27(3)：281~287.
[136] 刘琨，胡望水，陆建林．系统分析评价断层封闭能力的思路[J]．石油勘探与开发，2004，31(2)：87~89.
[137] 闫爱英，杨艳．高邮凹陷沙埝地区复杂地震资料的构造解释[J]．石油物探，2006，45(1)：93~97.
[138] 杨克明，龚铭段，铁军，等．塔里木盆地断裂的输导和封闭性[J]．石油与天然气地质，1996，17(2)：123~127.
[139] 杨琦，陈红宇．苏北-南黄海盆地构造演化[J]．石油实验地质，2003，25(S1)：562~565.
[140] 杨琦，谈彩萍，陈宏宇，等．苏北盆地油气富集与分布的主控因素[J]．江苏地质，2006，30(4)：241~248.
[141] 杨勇，邱贻博，查明．用模糊综合评判方法研究断层封闭性——以高邮凹陷陈堡地区为例[J]．新疆石油地质，2005，26(1)：102~104.
[142] 姚合法，侯建国，林承焰，等．多旋回沉积盆地地温场与烃源岩演化——以苏北盆地为例[J]．西北大学学报(自然科学版)，2005，35(2)：28~34.
[143] 叶绍东，任红民，李储华，等．苏北盆地新生代侵入岩分布特征及地质意义[J]．地质论评，2010，56(2)：269~274.
[144] 叶绍东，郑元财，卢黎霞．高邮凹陷辉绿岩变质带储集条件分析[J]．复杂油气藏，2010，3(1)：20~22.
[145] 余一欣，周心怀，汤良杰，等．渤海湾地区斜型正断层及油气意义[J]．地质学报，2009，83(8)：1083~1088.
[146] 于雯泉，叶绍东，陆梅娟．高邮凹陷阜三段有效储层物性下限研究[J]．复杂油气藏，2011，4(1)：5~9.
[147] 张春明，赵红静，梅博文，等．微生物降解对原油中咔唑类化合物的影响[J]．石油与天然气地质，1999，20(4)：341~344.
[148] 张金亮，刘宝珺，毛凤鸣，等．苏北盆地高邮凹陷北斜坡阜宁组成岩作用及储层特征[J]．石油学报，2003，24(2)：43~49.
[149] 张金亮，杨子成．流体包裹体分析方法在惠民凹陷油气成藏研究中的应用[J]．中国石油大学学报：自然科学版，2008，32(6)：33~39.
[150] 张金亮．高邮凹陷阜三段沉积相分析[J]．青岛海洋大学学报(自然科学版)，2002，32(4)：591~596.
[151] 张立宽，罗晓容，廖前进，等．断层连通概率法定量评价断层的启闭性[J]．石油与天然气地质，2007，28(2)：181~190.
[152] 张力．郯庐断裂带中段周边拉张应力场的演变[D]．安徽：合肥工业大学，2010.
[153] 张善文．济阳坳陷第三系隐蔽油气藏勘探理论与实践[J]．石油与天然气地质，2006，27(6)：731~740.
[154] 张照录，杨红，含油气盆地的输导体系研究[J]．石油与天然气地质，2000，21(2)133~135.
[155] 张卫海，查明，曲江秀．油气输导体系的类型及配置关系[J]．新疆石油地质，2003，24(2)：118~120.
[156] 张西娟，曾庆利，马寅生．断裂带中的流体活动及其作用[J]．西北地震学报，2006，28(3)：274~280.
[157] 张喜林，朱筱敏，杨俊生．苏北盆地高邮凹陷古近系戴南组地震相研究[J]．西安石油大学学报(自然科学版)，2005，20(3)：44~47.
[158] 张喜林，朱筱敏，钟大康，等．苏北盆地高邮凹陷第三系-上白垩统层序地层格架特征[J]．沉积学报，2004，22(3)：393~399.

[159] 张喜林，朱筱敏，钟大康，等．苏北盆地高邮凹陷古近系戴南组沉积相及其对隐蔽油气藏的控制[J]．古地理学报，2005，3(2)：32~36.

[160] 张树林，田世澄．不同溢出点类型的差异聚集作用与断层封闭性分析[J]．现代地质，1993，7(2)：235~242.

[161] 赵靖舟．油气包裹体在成藏年代学研究中的应用实例分析[J]．地质地球化学，2002，30(2)：83~88.

[162] 赵孟军，宋岩，潘文庆，等．沉积盆地油气成藏期研究及成藏过程综合分析方法[J]．地球科学进展，2004，19(6)：939~946.

[163] 赵密福，信荃麟，李亚辉，等．断层封闭性的研究进展[J]．新疆石油地质，2001，22(3)：258~261.

[164] 赵勇，戴俊生．应用落差分析研究生长断层[J]．石油勘探与开发，2003，30(3)：13~15.

[165] 赵忠新，郭齐军．油气输导体系的类型及其输导性能在时空上的演化分析[J]．石油实验地质，2002，24(6)，527~532.

[166] 郑秀娟，于兴河，王彦卿．断层封闭性研究的现状与问题[J]．大庆石油地质与开发，2004，23(6)：19~21.

[167] 郑有恒，黄海平，文志刚，等．根据原油的含氮化合物判断东营凹陷大芦湖油田油气运移方向[J]．天然气地球科学，2004，15(6)：650~651.

[168] 钟思瑛．高邮凹陷北斜坡中东部地区阜三段储层综合评价[J]，石油天然气学报，2009，31(2)：41~44.

[169] 周庆华．从断裂带内部结构探讨断层封闭性[J]．大庆石油地质与开发，2005，24(6)：1~3.

[170] 周天伟，周建勋，董月霞，等．渤海湾盆地南堡凹陷新生代断裂系统形成机制[J]．中国石油大学学报(自然科学版)，2009，33(1)：12~17.

[171] 周玉琦，周荔青，郭念发．中国东部新生代盆地油气地质[M]．北京：石油工业出版社，2004.

[172] 朱光，朴学峰，张力，等．合肥盆地伸展方向的演变及其动力学机制[J]．地质论评，2011，57(2).

[173] 朱光辉，蒋恕，蔡东升，等．中国碎屑岩隐蔽油气藏勘探进展与问题[J]．石油天然气学报，2007，29(2)：1~8.

[174] 朱平，毛凤鸣，李亚辉．复杂断块油藏形成机理和成藏模式[M]．北京：石油工业出版社，2008.

[175] 朱平．江苏油田油气藏基本特征及其分类[J]．断块油气田，2001，8(5)：12~15.

[176] 朱平．南黄海盆地北部凹陷含油气系统分析[J]．石油实验地质，2007，29(6)：549~553.

[177] 朱扬明，傅家谟，盛国英，等．塔里木盆地不同成因原油吡咯氮化合物的地球化学意义[J]．科学通报，1997，42(23)：2528~253.

[178] 祝厚勤，朱煜，郑开富．苏北盆地盐城组天然气藏成藏条件及控制因素探讨[J]．海洋地质动态，2003，19(09)：22~26.

[179] 卓勤功，宁方兴，荣娜．断陷盆地输导体系类型及控藏机制[J]．地质论评，2005，84(4)：138~147.

[180] 卓勤功．断陷盆地洼陷带岩性油气藏成藏机理及运聚模式[J]．石油学报，2006，27(6)：19~23.

[181] Alexander L，Handschy J. Fluid flow in a faulted reservoir system，South Eugene Island Block 330 field，offshore Louisiana[J]. AAPG Bullet in，1998，82(3)：387~411.

[182] Allan U. S. A model for the migration and entrapment of hydrocarbon with in faulted structures[J]. AAPG bulletin，1989，73：803~811.

[183] Allen U S. Model for hydrocarbon migration and entrapment within fault[J]. AAPG Bulletin，1994，78：355~377.

[184] Anderson，R N，Flemings P，Losh S，J Austin，and R Woodhams. Gulf of Mexico growth fault seen as oil-gas migration pathways[J]：Oil&Gas Journal，June 6，1994，92(23)97~104.

[185] Bachu S，and Hitchon B，Regional-scale flow of formation waters in the Williston basin[J]：AAPG Bulletin，1996，v80，248~264.

[186] Bell J S，Vertical migration of hydrocarbons at Alma，off-shore easternCanada[J]：Bulletin of Canadian Pe-

troleum. 1989, 37: 358~364.

[187] Bellahsen N, Daniel J M. Fault reactivation control on normal fault growth: an experimental study. Journal of Structural Geology, 2005, 27: 769~780.

[188] Berg R B, and Avery A H. Sealing properties of Tertiary growth faults, Texas Gulf Coast: [J]AAPG Bulletin, 1995, 79: 375~393.

[189] Berg R R, DeMis W D, andMitsdarffer A R. Hydro-dynamic effects on Mission Canyon (Mississippian) oil accumulations, Billings nose area, North Dakota[J]: AAPG Bulletin, 1994, 78: 501~518.

[190] Bissada K K. Geochemical constraints on petroleum generation and migration-a review[J]: Proceedings at the ASEAN Council on Petroleum1982, 81, 69~87.

[191] Bouvier J D. Three dimensional seismic interpretation and fault sealing investigations Nun River field, Nigeria [J]. AAPG Bulletin 1989, 73(9): 1397~1414.

[192] Bradley J S, Abnormal formation pressure[M]: AAPG Bulletin, 1975, 59: 957~973.

[193] Burrus J K. Osadetz S, Wolf B, et al. A two-dimensional regional basin model of Williston basin hydrocarbon systems[J]: AAPG Bulletin, 1996, 80: 248~204.

[194] Burruss R C. Hydrocarbon fluid inclusions in studies of sedimentary diagenesis [G]// Hollister L S , Crawford M L. Fluid inclusions : Applications to petrology. Mineralogical Association of Canada Short Course Notes, 1981: 138~156.

[195] Burruss R C. Practical aspects of fluorescence microscopy of petroleum fluid inclusions[G]// Barker C E , Kopp O C. Luminescence microscopy and spectroscopy: Qualitative and quantitative applications. SEPM Short Course 25, 1991: 127.

[196] Carruthers D, Ringose P. Secondary oil migration: Oil-rock contact volumes, flow behavior and rates[A]. In : Parnell J. Dating and Duration of Fluid Flow and Fluid-rock Interaction (Vol. 144)[C]. s. l.]: Geological Society Special Publication, 1998: 205~220.

[197] Catalan L, Xiaowen F, Chatzis I, et al. An experimental study of secondary oil migration[J]. AAPG Bulletin, 1992, 76(4): 638~650.

[198] Caine, J. S. , Evans J P, Forster C B. Fault zone architecture and permeability structure: Geology, 1996, 24: 1025~1028.

[199] Chester F M, Evans J P, and Biegel R L. Internal structure and weakening mechanisms of the San Andreas fault: Journal of Geophysical Research, 1993, 98: 771~786.

[200] Chester, F. M, Logan J M. Implications for mechanical properties of brittle faults from observations of the Punchbowl fault zone, California: Pure and Applied Geophysics, 1986, 124: 79~106.

[201] Dembicki, H. Jr, and M. J. Anderson, Secondary migration of oil: experiments supporting efficient movement of separate, buoyant oil phase along limited conduits[J]: AAPG Bulletin, 1989, 73: 1018~1021.

[202] Engelder J T. Cataclasis and the generation of fault goupe[J], AAPG Bulletin , 1974, 58: 1515~1522.

[203] England WA, Mackenzie A S, Mann DM, et al. The movement and entrapment of petroleum fiuids in the subsurface[J]. Journal of the Geological Society, 1987, 144: 327~347.

[204] Faulds J E, Varga R J. The role of accommodation zones and transfer zoncs in the regional segmentation of extended terranes. In: Faulds J E, Stewart J H eds. Accommodation Zones and Transfer Zones: The Regional Segmentation of the Basin and Range Province. Geological Society of America Special Paper, 1998, 323: 1~46.

[205] Ferrill D A, Morris A P, Stamatakos J A, Sims D W. Crossing conjugate normal faults[J]. AAPG Bulletin, 2000, 84 (10): 1543~1559.

[206] Fowler W A J. Pressure hydrocarbon accumulation, and salinities Chocolate Bayou field, Brazoria County,

Texas[J]. Jou rnal of Petroleum Technology, 1970, 22(2): 411~423.

[207] Gibson R G . Fault-zone seals in silici clasticst rata of the Columbus Basin, offshore Ttrinidad[J]. AAPG-Bulletin, 1994, 78(8): 1372~1385.

[208] Handle A D. Petroleum migration pathway sand charge concentration: a three- dimensional model[J]. AAPG Bulletin, 1997, 81(9): 1451~1481.

[209] Heller P L, Paola C. Downstream changes in alluvial architecture: An exploration of controls on channel—stacking patterns[J]. Journal of Sedimentary Research, 1996, 66: 397~306.

[210] Hindle A D, Petroleum migration pathways and charge concentration: A three-dimensional model[J]. AAPG Bullet in 1997, 81(9): 1451~1481 .

[211] Harding T P, Tuminas A C. Interpretation of footwall(lowside)fault traps sealed by reverse fault sand convergent wrench faults[J]. AAPG Bulletin, 1988, 72(6): 738~757.

[212] Hippler S J. Microstructures and diagenesis in North Sea fault zones: implications for fault-seal potential and fault migration rates[J]. AAPG Memoir, 1997, 67: 103~131.

[213] Hooper E C D. Fluid migration along growth faults in compacting sediments[J]. Journal of Petroleum Geology, 1991, 14(2): 161~180.

[214] Knipe R. J. Juxtaposition and seal diagrams to help analyze fault seals in hydrocarbon reservoirs[J]. AAPG Bullet in, 1997, 81(2): 187~195.

[215] Knott Steven D. Fault seal analysis in the north sea[J]. AAPG Bulletin, 1993, 77(3): 778~792.

[216] Lehner F K, Pilaar W F. On a mechanism of clay smear emplacement in synsedimentary normal faults[J]. AAPG Bulletin, 1991, 75(3): 619~628.

[217] Lindsay N G , Murphy FC, Walsh J J. Outcrop studies of shale mear on fault surface[J]. International Association of Sedimentologists Special Publication, 1993, 15(1): 113~123.

[218] Luo X R, Dong W L, Yang J H , et al . Overpressuring Mechanisms in the Yinggehai Basin, South China Sea[J], AAPG Bull, 2003, 87 (4): 629~645.

[219] Macgregor D S. Factors controlling the destruction of preservation of giant light oil field[J]. Petroleum Geoscience, 1996, (2): 197~217.

[220] Morlay C K, Nelson R A, Patton T L, et al. Transfer Zones in the East African rift system and their relevance to hydrocarbon exploration in rifts. American Assoc Petroleum Geol Bull, 1990, 74: 1234~1253.

[221] Morley C K, Haranya C, Phoosongsee W, et al. Activation of rift oblique and rift parallel pre-existing fabrics during extension and their effect on deformation style: examples from the rifts of Thailand. Journal of Structural Geology, 2004, 26: 1803~1829.

[222] Munz I A. Petroleum inclusions in sedimentary basins: systematics, analytical methods and application[J]. Lithos, 2001, 55(1/4): 195~212.

[223] Pratsch J C. Determination of exploration by migration pathways of oil and gas[J]. Foreign Oil and Gas Exploration, 1997, 9(1) : 63~68.

[224] Rhea, L, M. Person, Marshy, E. Ledoux and et al, Geostatistical models of secondary oil migration within heterogeneous carrier beds: a theoretical example[J], AAPG Bulletin, 1994, 78: 1679~1691.

[225] Roberts S J, Nunn J A, Cathles L, etal. Expulsion of abnormally pressured fluids along faults[J]. Journal of Geophysical Research, 1996, 101: 28231~28252.

[226] Sales J K. Seal strength vs trap closure—a fundamental control on the distribution of oil and gas[J]. AAPG Memoir, 1997, 67: 57~83.

[227] Schowalter, T. T, Mechanics of secondary hydrocarbon migration and entrapment[J]: AAPG Bulletin, 1979, 63: 723~760.

[228] Simon C G, Manzur A, Keyu L, et al . The analysis of oil trapped during secondary migration[J]. Organic Geochemistry, 2004, 1: 1~20.

[229] Smith D A. Sealing and non sealing faults in Louisiana Gulf Coast Salt Basin[J]. AAPG Bulletin, 1980, 64 (2): 145~172.

[230] Smith D A. Theoretical consideration of sealing and non sealing faults[J]. AAPG Bulletin, 1966, 50 (2): 363~374.

[231] Steams, D. W, and M. Friedman, Reservoirs in fractured rock, in R. E. King, Stratigraphic oil and gas fields[J]: AAPG 1972, Memoir 16: 82~106.

[232] Watts N. Theoretical aspects of cap-rock and fault seals for single and two-phase hydrocarbon migration and entrapment[J]. Marine and Petroleum Geology, 1987, 4: 274~307.

[233] Weber K J. The role of faults in hydrocarbon migration and trapping in Nigeria growth fault structures[J]. Offshore Technology Conference, 1978, 10: 2643~2653.

[234] Yielding G, Freeman B, Needham D T. Quantitative fault seal prediction[J]. AAPG bulletin, 1997, 81 (6): 897~917.

[235] Zhang Likuan, Luo Xiaorong, Liao Qianjin, et al. Quantitative evaluation of synsedimentary fault opening and sealing properties using hydrocarbon connection probability assessment[J]. AAPG bulletin, 2010, 94 (9): 1379~1399.